Offene Hernienchirurgie

Ulrich A. Dietz · Guido Beldi · René H. Fortelny · Armin Wiegering
*(Hrsg.)*

# Offene Hernienchirurgie

Mit Geleitworten von Wolf O. Bechstein und Heinz-Johannes Buhr

*Hrsg.*
Ulrich A. Dietz
Klinik für Viszeral-, Gefäss- und Thoraxchirurgie
Kantonsspital Olten
Olten, Schweiz

René H. Fortelny
Abteilung für Allgemein-, Viszeral- und Tumorchirurgie
Wilhelminenspital
Wien, Österreich

Guido Beldi
Universitätsklinik für Viszerale Chirurgie und Medizin
Inselspital Bern
Bern, Schweiz

Armin Wiegering
Klinik und Poliklinik für Allgemein-, Viszeral-, Transplantations-, Gefäß- und Kinderchirurgie
Universitätsklinikum Würzburg
Würzburg, Deutschland

ISBN 978-3-662-61347-4 ISBN 978-3-662-61348-1 (eBook)
https://doi.org/10.1007/978-3-662-61348-1

Die Deutsche Nationalbibliothek verzeichnet diese Publikation in der Deutschen Nationalbibliografie; detaillierte bibliografische Daten sind im Internet über ► http://dnb.d-nb.de abrufbar.



Fotonachweis Umschlag: © Prof. Dr. Ulrich Dietz
Illustrationen: Nicola Keller (Basel); schematische Skizzen: Michaela von Aichberger (Erlangen)

Planung/Lektorat: Fritz Kraemer
Springer ist ein Imprint der eingetragenen Gesellschaft Springer-Verlag GmbH, DE und ist ein Teil von Springer Nature.
Die Anschrift der Gesellschaft ist: Heidelberger Platz 3, 14197 Berlin, Germany

*„All that we do*
*Is touched with ocean, yet we remain*
*On the shore of what we know."*
*(Richard Wilbur, 1921–2017)*

# Geleitwort

Hernien haben die Geschichte der Menschheit begleitet seit den ältesten schriftlichen Zeugnissen im Papyrus Ebers und der Beschreibung der anatomischen Strukturen des Leistenkanals durch Galen. Während der letzten 30 Jahre – also innerhalb einer Chirurgengeneration – hat die minimalinvasive bzw. laparoskopische Chirurgie viele Handlungsfelder des allgemein- und viszeralchirurgischen Alltags erobert. Braucht es vor diesem Hintergrund heute noch ein Buch über offene Hernienchirurgie? Ja, mehr denn je! Während schicksalhaft erworbene und angeborene Hernien die gleichen sind wie vor 100 Jahren, so begegnen uns heute im chirurgischen Alltag Herausforderungen, die unsere chirurgischen Lehrer nicht kannten. Genannt seien hier als Beispiel nur riesige abdominelle Narbenhernien mit Verlust des Heimatrechts der inneren Organe. Diese können nach chirurgischen Katastrophen auftreten, die früher nicht überlebt wurden, heute aber dank der Fortschritte in der Intensivmedizin sich überhaupt erst manifestieren können. Vor diesem Hintergrund zeichnet sich ein Tätigkeitsfeld ab, welches von einigen als *Abdominal Core Health* bezeichnet wird, nämlich das praktische Wissen und die Beherrschung der Wiederherstellung der Integrität der Bauchwand.

Die Herausgeber und Autoren dieses Buchs gehören zu den herausragenden Protagonisten der Hernienchirurgie im deutschsprachigen Raum. In der vorliegenden Monografie wird auf einzigartige Weise das aktuelle Wissen über Entstehung, anatomische Voraussetzungen und chirurgische Therapie der Bauchwandhernien vermittelt. Hierbei haben es die Autoren in hervorragender Weise verstanden, die jeweiligen Techniken in einen historischen Zusammenhang zu stellen, sodass der Leser an die chirurgische Tradition und die daraus folgenden Konzepte erinnert wird und gleichzeitig eine Handreichung für den chirurgischen Alltag bekommt, die in die Zukunft weist. Das Bildmaterial ist in der grafischen Umsetzung durch den Springer-Verlag in hervorragender Weise gelungen. Zusätzlich zur Beschreibung der einzelnen chirurgischen Krankheitsbilder und OP-Techniken bietet das Werk einen Überblick über die aktuellen Themen der Zeit wie die verschiedenen Netze für die Hernienreparation, das Watchful-Waiting-Konzept, die sogenannte Sportlerleiste, bis hin zum mündigen Patienten und Übungskonzepten für die Ausbildung. Ein Überblick über Hernienversorgung in anderen Ländern rundet das Werk ab. Es bereitet große Freude, dieses Werk zu lesen. Der Chirurg bzw. die Chirurgin in der Ausbildung finden hier einen umfassenden Überblick über alle aktuellen Techniken der offenen Hernienchirurgie, aber auch erfahrene Chirurgen werden dank der Begeisterung der Autoren für Details der Anatomie und Technik auch im historischen Kontext von der Lektüre profitieren.

**Wolf O. Bechstein**
Frankfurt am Main

# Geleitwort

Hernien.

Benötigen wir eine weitere Abhandlung über Hernien?

Kaum eine andere chirurgische Erkrankung ist in den letzten zwei Dekaden „wissenschaftlich" so bearbeitet, um nicht zu sagen beackert worden, wie dieses Krankheitsbild. Nach Bassini und Shouldice waren die Chirurgen doch weltweit über viele Jahrzehnte der Ansicht, viel Neues wird nicht hinzukommen und die Ergebnisse werden sich kaum verbessern lassen, wenn man das wichtigste chirurgische Gesetz kennt und beachtet: nämlich die anatomischen Strukturen und ihre Bedeutung in der Leiste. Dabei verlangte die Leistenhernien-Anatomie schon von uns Studenten im anatomischen Unterricht viel ab im Dreidimensionalen Denken. Aber durch neue verstärkende Netzmaterialien und durch die MIC-Operationsverfahren haben die Hernien einen enormen publikatorischen Aufschwung erhalten und sind von allen Seiten (anatomischen und operativen Seiten) neu beleuchtet worden. Sehr viel chirurgische Energie wurde minimalinvasiven Techniken, Netzstrukturen und Netzmaterialien gewidmet. Kongresse und Symposien, die diese Themen behandeln, sind nicht mehr zu zählen. Entscheidend ist aber: die chirurgischen Ergebnisse sind besser geworden! Und so blieb es nicht aus, dass die konventionellen Methoden in den Hintergrund getreten waren. Aber nicht alle Methoden, die über Nacht gepriesen wurden, waren auch langfristig zum Vorteil der Patienten!

Eine Metapher besagt, dass die Wissenschaft mit einem unfertigen Gobelin vergleichbar ist, an dem Generation für Generation gemeinsam gewebt wird: einige Erkenntnisse und Konzepte prägen ihr Muster dauerhafter in dieses Gemeinschaftswerk ein, andere werden nach kurzer Zeit schon wieder abgelöst. Die offene Hernienchirurgie gehört zu jenen Bereichen, die sich seit Beginn der modernen Chirurgie bewährt und weiterentwickelt haben: Sie festigt sogar neben den aktuellen minimalinvasiven und robotischen Verfahren ihre Berechtigung im Zeitalter Patienten-individualisierter Chirurgie.

David C. Chen, Leiter der Lichtenstein-Amid-Hernia-Clinic in Kalifornien (USA) bringt es in seinem Kapitel in diesem Buch auf den Punkt: „Allein die Tatsache, dass man ein eigenes Lehrbuch benötigt, um die wichtige Rolle der offenen Hernienchirurgie zu lehren und zu stärken, wäre vor einer Generation noch unvorstellbar gewesen. Es ist nicht nur akademische Rhetorik, dass Chirurginnen und Chirurgen offene Operationsverfahren beherrschen müssen; es ist eine pragmatische Bedingung, da die offene Technik als Grundlage für Minimal-Invasive-Chirurgie dient und schlussendlich oft die einzige Wahl für die komplexesten Fälle bleibt."

Somit gilt: Ja, wir benötigen eine sorgfältig aktualisierte Abhandlung für die „offene Hernienchirurgie".

**„In Dir muss brennen, was Du in anderen entzünden willst."**

Dieser Satz von Augustinus gilt insbesondere den Autoren dieses hervorragenden Buches. Dieses Werk zeigt die Liebe zur Hernienkrankheit und die Vision, mit exzellenten anatomischen Kenntnissen bessere Ergebnisse für den Patienten zu erreichen. Das vorgelegte Buch ist sorgfältig erstellt, jede Seite mit den entsprechenden Abbildungen spiegelt nicht nur die mehr als umfangreichen Kenntnisse in Anatomie und Technik der Autoren wieder, sondern es zeigt auch wie wichtig es ist, dass jeder Chirurg zuerst diese offenen Techniken beherrscht, als Voraussetzung für minimalinvasive Verfahren. Das Buch ist in jeder Hinsicht sehr empfehlenswert und stellt einen neuen Maßstab dar. Ich wünsche diesem Buch weltweiten großen Erfolg!

**Heinz-Johannes Buhr**
Berlin

# Vorwort der Herausgeber

Die Anregung zu diesem Buch kam von Dr. Fritz Kraemer vom Springer-Verlag, dem anlässlich der Verleihung des Julius-Springer-Preises 2016 an einen der Herausgeber auffiel, dass ein aktuelles Werk zur offenen Hernienchirurgie, im Festvortrag als „Chirurgie des Häufigen" dargestellt, fehlt. In den darauf folgenden zwei Jahren hat die Herausgebergruppe aus den drei deutschsprachigen Ländern herausragende Koautoren gewinnen können und den Inhalt in drei Teile gegliedert: Abschnitt I ist im Sinne einer Operationslehre zu den gängigen offenen Reparationsverfahren gehalten; Abschnitt II bringt aktuelle Themen, die diagnoseübergreifend relevant sind; und Abschnitt III kontextualisiert die Bedeutung der offenen Hernienchirurgie mit anderen Teilen Europas und der Welt.

Exzellente Qualität in Theorie und ihrer Umsetzung dürfen gerade im Bereich der häufigen Operationen keine Gegensätze bilden. So liegt die Betonung des Buches auf etablierten Standards, deren Aktualität durch kurz gehaltene Kommentare der Herausgeber ergänzt werden. Das Buch richtet sich vor allem an junge Chirurginnen und Chirurgen, die teilweise zunehmend immer weniger Gelegenheit zu offenem Operieren haben und mit Arbeitszeitkompensationen und Teilzeitanstellungen eine immer pragmatischere OP-Präsenz haben bzw. brauchen. Ihnen wollen wir anatomische Grundkenntnisse, Prinzipien der Reparation und den auf den individuellen Patienten zugeschnittenen Eingriff anschaulich darstellen sowie aus dem gar unüberschaubar gewordenen therapeutischen Pluralismus eine an der Erfahrung und Evidenz orientierte Selektion des Sinnvollen bieten. Dabei sind offene Reparationsverfahren für die Herausgeber komplementär zu den modernen minimalinvasiven und robotischen Verfahren, kein Entweder-oder.

Um die Eindeutigkeit der Bildsprache gerade in der modernen multikulturellen und doch evidenzbasiert konvergierenden Hernienchirurgie zu nutzen, wurde das Buch aufwendig von Nicola Keller (Basel) und Michaela von Aichberger (Erlangen) illustriert. Dabei stehen klassische Zeichnungen Seite an Seite mit neuen Konzeptillustrationen. Anders als bei Andreas Vesal (1514–1564) und der modernen Fotodokumentation, wurden mehrere Illustrationen in der Tradition von Bernhard Siegfried Albinus (1697–1770) (der normale Anatomie von der Variation zu unterscheiden vermochte) nicht als Momentaufnahmen entworfen, sondern mit parallel dargestellten konsekutiven Operationsschritten versehen, eingebettet in erweiterte topografische Anatomie. Exemplarisch seien zwei Beispiele aus ► Kap. 5 genannt: die Abbildungen zur offenen *Retrorectus*-Netzimplantation bei queren Inzisionalhernien und die Anatomie der posterioren Komponentenseparation sind noch aus keiner anderen Publikation bekannt und wurden im Austausch und der Diskussion mit renommierten Experten eigens für dieses Buch entworfen. Die Illustrationen wurden dank einer großzügigen Unterstützung der Solothurner Spitäler AG möglich gemacht.

Die biografischen Informationen in den Fußnoten wurden, wenn nicht anders angegeben, aus dem biografischen Lexikon der Hervorragenden Ärzte aller Zeiten und Völker, herausgegeben von August Hirsch (Urban und Schwarzenberg 1886), Isidor Fischer (Urban und Schwarzenberg 1962) und Peter Voswinkel (Georg Olms 2002) entnommen. Bei abweichender Orthografie der Namen wurde die Schreibweise des biografischen Lexikons beibehalten. Ein spezieller Dank gilt Dr. Christoph Weißer (Würzburg) für seine kostbare Hilfe bei weiterführenden biografischen Recherchen, immer dann wo in den gängigen Quellen Lücken waren.

Bedanken wollen wir uns sehr bei unseren Ehefrauen, die uns erden und immer wieder zeigen, dass das Leben mehr ist als die Chirurgie, und ohne deren Unterstützung wir nur einen Bruchteil von dem machen könnten, was uns zu tun gegeben ist. Genannt seien an dieser Stelle auch unsere chirurgischen Lehrer, die – aus unterschiedlichen Schulen und Regionen der Welt stammend – in uns die Faszination der Anatomie, die Wertschätzung der rekonstruktiven Chirurgie und die Liebe zum vulnerablen Patienten gepflanzt haben. Aus diesem Kontext heraus geben wir als Teil der Wissenschaftler-Gemeinschaft dieses Buch heraus. Unser Dank gilt auch besonders allen Koautoren, die uns mit ihrer Zeit beschenkt, mit ihren Konzepten inspiriert und mit ihrer Expertise unterstützt haben. Für die hervorragende Begleitung durch alle Phasen der Entstehung dieses Buches danken wir auch besonders Frau Hiltrud Wilbertz und Dr. Fritz Kraemer vom Springer-Verlag.

Wir wünschen allen Leserinnen und Lesern viel Freude beim Nachschlagen, beim Lesen, beim kritischen Nachdenken und, last but not least, beim Operieren.

**Ulrich A. Dietz**
**Guido Beldi**
**René Fortelny**
**Armin Wiegering**
Olten, Bern, Wien und Würzburg
Im Winter 2020/2021

# Inhaltsverzeichnis

## VII Aktuelle Themen der offenen Hernienchirurgie

# Autorenverzeichnis

**PD Dr. med. Georg Arlt**
Abteilung für Allgemein-, Viszeral- und minimal-invasive Chirurgie, Park-Klinik Weissensee, Berlin, Deutschland
arlt@park-klinik.com

**Dr. med. Johannes Baur**
Klinik für Viszeral-, Gefäss- und Thoraxchirurgie, Kantonsspital Olten, Olten, Schweiz
johannes.baur@spital.so.ch

**Prof. Dr. med. Guido Beldi**
Universitätsklinik für Viszerale Chirurgie und Medizin, Inselspital, Universität Bern, Bern, Schweiz
guido.beldi@insel.ch

**Paolo Benin MD**
Department of General Surgery, Piove di Sacco Hospital – Immacolata Concezione, Padua, Italien
p.benin@tiscali.it

**Prof. Dr. med. Dr. med. h.c. Reinhard Bittner**
Emeritus Direktor des Marienhospital Stuttgart, Stuttgart, Deutschland

I.M. Sechenov First Moscow State Medical University of the Ministry of Health of the Russian Federation (Sechenov University), Moskau, Russland

**Dr. Walter Brunner**
Klinik für Allgemein-, Viszeral-, Endokrin- und Transplantationschirurgie, Kantonsspital St., St. Gallen, Schweiz
walter.brunner@kssg.ch

**David C. Chen MD, FACS**
Department of Surgery, Lichtenstein Amid Hernia Clinic, UCLA Medical Center, Santa Monica, USA
DCChen@mednet.ucla.edu

**PD Dr. med. Joachim Conze**
UM Hernienzentrum Dr. Conze, München, Deutschland
jc@hernien.de

**PD Dr. med. Bernhard Dauser FEBS**
Chirurgische Abteilung, Barmherzige Brüder, Wien, Österreich

**Pedro Henrique de Freitas Amaral MD**
Hernia Center, Oswaldo Cruz German Hospital, São Paulo, Brasilien

**Flavio De Sanctis MD**
Department of Experimental Medicine and Surgery, University of Rome Tor Vergata, Rom, Italien
flaviodesanctis@libero.it

**Luigi De Santis MD**
Department of General Surgery, Nuova Clinica Annunziatella, Rom, Italien
luigidesantis@tiscali.it

**Prof. Dr. Dr. med. Ulrich A. Dietz**
Klinik für Viszeral-, Gefäss- und Thoraxchirurgie, Kantonsspital Olten, Olten, Schweiz
ulrich.dietz@spital.so.ch

**Dr. med. Lukas Eisner FACS**
Klinik für Viszeral-, Gefäss- und Thoraxchirurgie, Kantonsspital Olten, Olten, Schweiz
lukas.eisner@spital.so.ch

**José Macario Faylona MD**
Department of Surgery, UP College of Medicine, University of the Philippines-Manila, Manila, Philippinen
jvfaylona@up.edu.ph

**Univ.-Prof. Dr. René Fortelny**
Abteilung für Allgemein-, Viszeral- und Tumorchirurgie, Wien, Österreich
rene.fortelny@mail.sfu.ac.at

**Dr. med. Joël L. Gerber**
Universitätsklinik für Viszerale Chirurgie und Medizin, Inselspital, Universität Bern, Bern, Schweiz
joel.gerber@insel.ch

**Prof. Dr. Jean-François Gillion**
Unité de Chirurgie Viscérale, Hôpital Privé d'Antony, Antony, Frankreich

**PD Dr. Karl S. Glaser**
Abteilung für Allgemein-, Tumor und Viszeralchirurgie, Klinik Ottakring des Gesundheitsverbundes, Wien, Österreich
Karl.glaser@wienkav.at

**PD Dr. Simone K. Gruber-Blum**
Abteilung für Allgemein-, Tumor und Viszeralchirurgie, Klinik Ottakring des Gesundheitsverbundes, Wien, Österreich

**Dr. med. Simone Andrea Günster**
Operatives Zentrum für Allgemeinchirurgie, Klinikum Fürth, Fürth, Deutschland
simone-andrea.guenster@klinikum-fuerth.de

**Dr. med. Manuel Halbherr**
Universitätsklinik für Anästhesiologie und Schmerztherapie, Bern, Schweiz
manuel.halbherr@insel.ch

**Prof. George B. Hanna MD, PhD**
Imperial College London, London, Vereinigtes Königreich
g.hanna@imperial.ac.uk

**PD Dr. med. Henry Hoffmann**
ZweiChirurgen, Zentrum für Hernienchirurgie und Proktologie, Basel, Schweiz
hoffmann@zweichirurgen.ch

**Ching-Shui Huang MD, FACS**
Department of Surgery, Cathay General Hospital, Taipei, Taiwan
cshuang@cgh.org.tw

**Prof. Dr. med. Daniel Inderbitzin**
Klinik für Viszeral-, Thorax- und Gefässchirurgie, Bürgerspital Solothurn, Solothurn, Schweiz
daniel.inderbitzin@spital.so.ch

**Dr. med. Manuel Jakob**
Universitätsklinik für Viszerale Chirurgie und Medizin, Inselspital, Universität Bern, Bern, Schweiz
manuel.jakob@insel.ch

**PD Dr. med. Philipp Kirchhoff**
ZweiChirurgen, Zentrum für Hernienchirurgie und Proktologie, Basel, Schweiz
kirchhoff@zweichirurgen.ch

**Prof. Dr. med. Uwe Klinge**
Klinik für Allgemein-, Viszeral- und Transplantationschirurgie, Universitätsklinikum der RWTH Aachen, Aachen, Deutschland
Uklinge@ukaachen.de

**PD Dr. Gernot Köhler MS**
Abteilung für Allgemein-, Viszeral-, Gefäß-, Thorax- und Transplantationschirurgie, Ordensklinikum Linz, Linz, Österreich
gernot.koehler@ordensklinikum.at

**Dr. med. Bernhard Lammers**
Chirurgische Klinik I, Städtische Kliniken Neuss – Lukaskrankenhaus, Neuss, Deutschland
blammers@lukasneuss.de

**PD Dr. med. Johannes C. Lauscher**
Klini für Allgemein-, Viszeral- und Gefäßchirurgie, Charité Campus Benjamin Franklin, Berlin, Deutschland
johannes.lauscher@charite.de

**Dr. med. Ralph Lorenz**
Praxis 3+CHIRURGEN, Berlin, Deutschland
lorenz@3chirurgen.de

**Manuel López-Cano MD, PhD**
Abdominal Wall Surgery, Hospital Universitari Vall d'Hebrón, Universtat Autonoma de Barcelona, Barcelona, Spanien
Manuel.Lopez@uab.cat

**Stella Mavroveli PhD**
Imperial College London, London, Vereinigtes Königreich
s.mavroveli@imperial.ac.uk

**PD Dr. Franz Mayer**
Universitätsklinik für Allgemein-, Viszeral- und Thoraxchirurgie, Paracelsus Medizinische Universität Salzburg (PMU), Salzburg, Österreich
f.mayer@salk.at

**Prof. Dr. med. Jürg Metzger**
Klinik für Allgemein- und Viszeralchirurgie, Kantonsspital Luzern, Luzern, Schweiz
juerg.metzger@luks.ch

**Univ.-Prof. Dr. med. Thomas Meyer**
Klinik und Poliklinik für Allgemein-, Visreral-, Transplantations- Gefäß- und Kinderchirurgie der Universität Würzburg, Abteilung für Kinderchirurgie - Kinderurologie und Kindertraumatologie, Würzburg, Deutschland
Meyer_t@ukw.de

**Danilo Miskovic MD, PhD**
St. Marks Hospital, Director of Education and Consultant Colorectal Surgeon, London, Vereinigtes Königreich
dmiskovic@medicalsecretarial.co.uk

**Prof. Agneta Montgomery PhD**
Department of Surgery, Skåne University Hospital, Malmö, Schweden
Agneta.Montgomery@skane.se

**Prof. Dr. phil., Dr. theol. Nils Ole Oermann**
Fakultät Nachhaltigkeitswissenschaften, Institut für Ethik und Transdisziplinäre Nachhaltigkeitsforschung, Leuphana Universität Lüneburg, Lüneburg, Deutschland
oermann@leuphana.de

**Dr. med. Martina Pabst**
Klinik für Viszeral-, Gefäss- und Thoraxchirurgie, Kantonsspital Olten, Olten, Schweiz
martina.pabst@spital.so.ch

**Fotis Petrou**
Imperial College London, London, Vereinigtes Königreich
f.petrou@ic.ac.uk

**Georges Petrou**
Imperial College London, London, Vereinigtes Königreich

**PD Dr. Alexander H. Petter-Puchner**
Abteilung für Allgemein-, Tumor und Viszeralchirurgie, Klinik Ottakring des Gesundheitsverbundes, Wien, Österreich
Alexander.Petter@trauma.lbg.ac.at

**Dr. med. Michaela Ramser**
Klinik für Viszeral-, Gefäss- und Thoraxchirurgie, Kantonsspital Olten, Olten, Schweiz
michaela.ramser@spital.so.ch

**Gabrielle H. van Ramshorst MD, PhD**
Amsterdam, Niederlande
g.vanramshorst@vumc.nl

**Dr. rer. nat. Felix Rebitschek**
Harding-Zentrum für Risikokompetenz, Fakultät für Gesundheitswissenschaften Brandenburg, Universität Potsdam, Potsdam, Deutschland
rebitschek@mpib-berlin.mpg.de

**Prof. Dr. med. Mathias Rohr**
SoM General Surgery, University of Namibia, Windhoek, Namibia
rohr@iway.na

**Prof. Sergio Roll MD, PhD, FACS**
Department of Surgery, School of Medical Sciences of Santa Casa of São Paulo, São Paulo, Brasilien

**Prim. Dr. Rudi Schrittwieser**
Abteilung für Allgemeinchirurgie, LKH Hochsteiermark, Bruck an der Mur und Leoben, Österreich
rudolf.schrittwieser@kages.at

**Prof. Dr. med. Robert Schwab Oberstarzt**
Klinik für Allgemein-, Viszeral-, Thoraxchirurgie und Zentrum für Viszeralmedizin, Bundeswehr-Zentralkrankenhaus, Koblenz, Deutschland
robertschwab@bundeswehr.org

**Prof. Dr. med. Christoph Seiler**
Allgemein-, Visceral- und Gefäßchirurgie, Josephs-Hospital Warendorf, Warendorf, Deutschland
C.Seiler@jhwaf.de

**Prof. Neil Smart MD, FRCS**
Colorectal Surgery, Royal Deveon & Exeter Hospital, Exeter, Vereinigtes Königreich
n.smart@nhs.net

**Jimmy Kyaw Tun MD, PhD**
Imperial College London, London, Vereinigtes Königreich
jimms@doctors.org.uk

**PD Dr. med. Andreas Vogt**
Universitätsklinik für Anästhesiologie und Schmerztherapie, Inselspital, Universitätsspital Bern, Bern, Schweiz
andreas.vogt@insel.ch

**Dr. med. Ulla Volmer**
Abteilung für Allgemein-, Viszeral- und minimal-invasive Chirurgie, Park-Klinik Weissensee, Berlin, Deutschland
volmer@park-klinik.com

**Prof. Dr. med. Dirk Weyhe**
Klinik für Allgemein- und Viszeralchirurgie, Universitätsklinik für Viszeralchirurgie, Pius Hospital Oldenburg, Oldenburg, Deutschland
dirk.weyhe@pius-hospital.de

**PD Dr. med. Armin Wiegering**
Klinik und Poliklinik für Allgemein-, Viszeral-, Transplantations-, Gefäß- und Kinderchirurgie, Universitätsklinikum Würzburg, Würzburg, Deutschland
Wiegering_A@ukw.de

**PD Dr. med. Arnulf G. Willms**
Klinik für Allgemein-, Viszeral- und Thoraxchirurgie, Bundeswehr-Zentralkrankenhaus, Koblenz, Deutschland
arnulfwillms@bundeswehr.org

**PD Dr. med. Guido Woeste**
Klinik für Allgemein- und Viszeralchirurgie, Agaplesion Elisabethenstift, Darmstadt, Deutschland
Woeste.guido@eke-da.de

# Ventrale Hernien

Inhaltsverzeichnis

# Epigastrische Hernien

*Joël L. Gerber und Guido Beldi*

## Inhaltsverzeichnis




U. A. Dietz et al. (Hrsg.), *Offene Hernienchirurgie*,
https://doi.org/10.1007/978-3-662-61348-1_1

Der Begriff „epigastrische Hernie" wurde erstmals 1812 von Léveillé[1] verwendet. Anfangs glaubte man, dass der Magen immer im epigastrischen Bruchsack zu finden sei. Ebenso glaubte man, dass die epigastrische Hernie das Ausheilen von Magengeschwüren verzögern würde. Epigastrische Hernien sind Defekte der supraumbilikalen Mittellinie, welche in der medianen Aponeurose der seitlichen Bauchwandmuskulatur (Linea alba) zwischen Processus xiphoideus und Nabel auftreten. Die Linea alba wird von drei Schichten überkreuzender Kollagenfasern der rechten und linken Rektusscheiden gebildet, welche hier nicht enden, sondern im Scherengittermuster kreuzen (dekussieren) (Askar 1978). Die drei Schichten und ihre Faserverläufe entsprechen den Sehnenblättern der seitlichen Bauchmuskulatur (▣ Abb. 1.1).

Biomechanisch stellt die Linea alba die Hauptbelastungszone der ventralen Bauchwand dar. Feine Fasern der Intersectiones tendineae strahlen in die mediane Aponeurose ein und übertragen dadurch die sagittalen Kräfte des M. rectus abdominis auf die Linea alba. Kranial inserieren im Schnittbereich zwischen Intersectiones tendineae und supraumbilikaler medianer Aponeurose zusätzlich Faserzüge des Diaphragmas. Diese bindegewebigen Verbindungspunkte unterstehen nicht nur den Kräften der gesamten Abdominalmuskulatur, sondern erfahren zusätzlichen Zug durch das Diaphragma und sind damit als Schwachstellen in der Hauptbelastungszone der ventralen Bauchwand für die Hernienbildung prädilektiert. Aufgrund dieser anatomischen Besonderheiten treten epigastrische Hernien zuweilen auch multipel als sog. Gitterbruch auf.

### ▪ Pathogenese

Die Pathogenese epigastrischer Hernien ist komplex und üblicherweise multifaktoriell. Nebst den genannten anatomischen Besonderheiten ist mitunter eine angeborene Schwächung der Linea alba durch unzureichende Ausbildung von dekussierenden Kollagenfaserzügen prädisponierend. Weiter besteht oft eine angeborene oder erworbene Störung des Kollagenstoffwechsels. Zu Letzterem führen beispielsweise Tabakkonsum, welcher eine zentrale Rolle bei der Entstehung von Hernien und insbesondere Narbenhernien einnimmt, oder die langfristige Einnahme von Glukokortikoiden. Ein weiterer ätiologischer Faktor ist der unphysiologische chronische Überdruck im Abdomen, wie er bei stetigem Husten im Rahmen bronchopulmonaler Erkrankungen, bei abdominal betonter Adipositas, bei Aszites oder bei exzessiven sportlichen Belastungen auftreten kann. Epidemiologisch liegt der Erkrankungsgipfel zwischen 20 und 50 Jahren. Epigastrische Hernien treten bei Männern 2- bis 3-mal häufiger auf.

▣ **Abb. 1.1** Faserverlauf im Bereich der supraumbilikalen Linea alba

### ▪ Beschwerdebild und Patientenberatung

Größere epigastrische Hernien imponieren durch eine sicht- und tastbare Vorwölbung in der Mittellinie. Obgleich mutmaßlich viele epigastrische Hernien zumindest initial keine Beschwerden verursachen, stellen sich viele Patienten aufgrund eines kleinen, intermittierend unangenehmen oder schmerzenden Knotens im medianen Oberbauch vor. Diese Beschwerden sind oft durch Erhöhung des intraabdominellen Druckes (Husten, Bauchpresse, Defäkation, Heben schwerer Lasten) provozierbar und können plötzlich auftreten und wieder sistieren.

Patienten müssen darüber informiert werden, dass eine epigastrische Hernie im Erwachsenenalter sich spontan nicht zurückbildet. Bei asymptomatischen Hernien kommen – je nach Patientenwunsch – zwei Strategien infrage. Einerseits kann beobachtend zugewartet werden (Watchful Waiting), bis der Leidensdruck zunimmt oder eine dringliche bzw. notfallmäßige Indikation zur Hernienreparation besteht. Andernfalls entscheidet sich der Patient primär für eine elektive Operation (Kokotovic et al. 2016; Holihan et al. 2016, 2017). Hier gilt es, das Risiko von Strangulation und Inkarzeration abzuwägen, denn insbesondere die infektiöse Morbidität ist bei notfallmäßiger Operation relevant höher. Über eine Zeitdauer von 10 Jahren wird zudem rund die Hälfte der asymptomatischen Patienten

1 Jean-Baptiste-François Léveillé (1769–1829): Studierte am Hôtel-Dieu in Paris unter Pierre-Joseph Desault (1744–1795) – bevor dieser nach Berlin an die Charité ging – und wechselte einige Jahre später nach Pavia (Italien), wo er sich mit Antonio Scarpa (1752–1832) befreundete. 1800 kehrte er nach Paris zurück und widmete sich der Behandlung der Armen. Lévéllier war wissenschaftlich sehr aktiv und veröffentlichte verschiedene Arbeiten auch mit Scarpa zusammen.

Beschwerden entwickeln. Bei bereits symptomatischer Hernie wird primär eine elektive Operation empfohlen. Eine dringliche Indikation zur Operation besteht bei chronisch inkarzerierten Hernien. Akut inkarzerierte Hernien müssen notfallmäßig versorgt werden.

## ▪ OP-Vorbereitung

Auf Patientenwunsch ist bei kleineren Hernien und gesunder Biologie eine Direktnaht in Lokalanästhesie möglich. Ansonsten ist zur Operation eine Allgemeinanästhesie erforderlich. Der Eingriff erfolgt in Rückenlage. Eine Muskelrelaxation kann zur Rekonstruktion der Bauchwand nicht nur hilfreich, sondern zuweilen entscheidend sein. Bei der Ausleitung muss seitens Anästhesiologie darauf geachtet werden, übermäßiges Pressen und Husten möglichst zu vermeiden.

## ▪ Operationsschritte

Der standardmäßige Zugangsweg ist die mediane Längsinzision der Haut über der Hernie. Diese Schnittführung erlaubt bei Bedarf eine Erweiterung nach kranial und kaudal. Zur Resektion überschüssiger Haut kann bei größeren Hernien eine transversal verlaufende elliptische Hautinzision erfolgen.

Danach folgt die Dissektion des subkutanen Fettgewebes mit Präparation des Bruchsackes, der Darstellung der Linea alba und der vollständigen Freilegung des Faszienrings um die Bruchpforte. Dabei muss sowohl das subkutane Fettgewebe vom vorderen Rektusscheidenblatt als auch das präperitoneale Fettgewebe vom hinteren Rektusscheidenblatt zirkumferenziell abgelöst werden, da eine Fettgewebsinterposition zwischen Faszienrändern deren narbigen Durchbau verhindert (◘ Abb. 1.2). Der Bruchsack besteht bei kleinen Hernien üblicherweise aus präperitonealem Fettgewebe, kann aber bei zunehmender Größe auch Omentum majus, Dünndarm, Dickdarm oder Magen beinhalten. Der Bruchsack sollte deshalb bevorzugterweise eröffnet und inspiziert werden. Bei Hernien infolge übermäßiger Aszitesbildung sollte das Peritoneum zur Vermeidung von Fisteln möglichst nicht eröffnet werden. Der Bruchsack wird verschlossen und reponiert, gegebenenfalls kann die Reposition unter Zuhilfenahme einer Tabaksbeutelnaht gesichert werden. Präperitoneales Fettgewebe kann, wo störend, reseziert werden.

## ▪ Nahtreparation

Bei singulären Bruchpforten bis zu 1 cm Größe empfiehlt sich die Reparation durch transversale Direktnaht. Verbreitet sind analog zur Versorgung von primären Umbilikalhernien im europäischen Raum die Stoß-auf-Stoß-Naht in Einzelknopftechnik (◘ Abb. 1.3) und im angloamerikanischen Raum die Fasziendoppelung nach Mayo. Beide Techniken werden im ► Kap. 3 beschrieben und diskutiert.

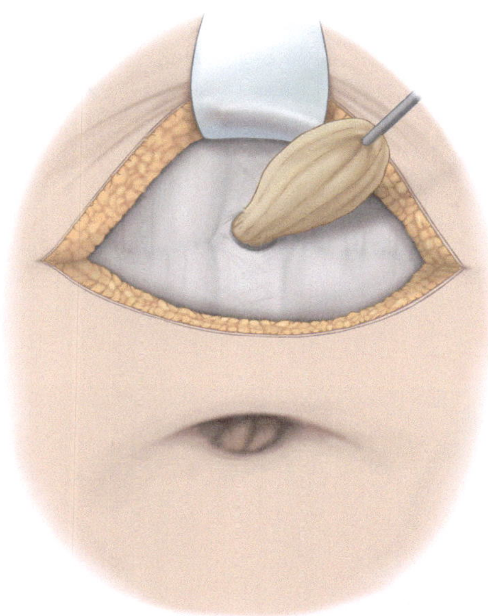

◘ **Abb. 1.2** Anteriorer Aspekt einer supraumbilikal gelegenen epigastrischen Hernie nach Freilegung des Bruchsacks. Das Subkutangewebe wurde breitflächig von der Linea alba abgelöst, um die Anatomie zu illustrieren

## ▪ Netzreparation

Bei einer Bruchpfortengröße ab 1 cm, konkomitanter Rektusdiastase oder Vorliegen von Risikofaktoren wie Diabetes mellitus, morbider Adipositas oder Tabakkonsum profitieren Patienten von einer alloplastischen Netzverstärkung, da reine Herniorrhaphien nachweislich erhöhte Rezidiv- und Re-Operationsraten mit sich bringen. Eine Netzimplantation kann in unterschiedlichen Lokalisationen erfolgen, wobei das Netz die Bruchpforten ausreichend unterfüttern sollte. Bei den medianen Faszienverschlüssen ist eine Gewebsinterponation (Peritoneum, präperitoneales Fettgewebe, Rektusmuskelfasern, subkutanes Fettgewebe) zu vermeiden. Zur Reduktion der Hämatom- und Seromrate können bei alloplastischer Netzimplantation prophylaktische Drainagen eingelegt werden. Je nach Befund muss das Netz zur Gewährleistung einer ausreichenden Unterfütterung und Stabilität in unterschiedliche Positionen eingebracht werden (s. auch ◘ Tab. 19.1 und ◘ Abb. 19.3).

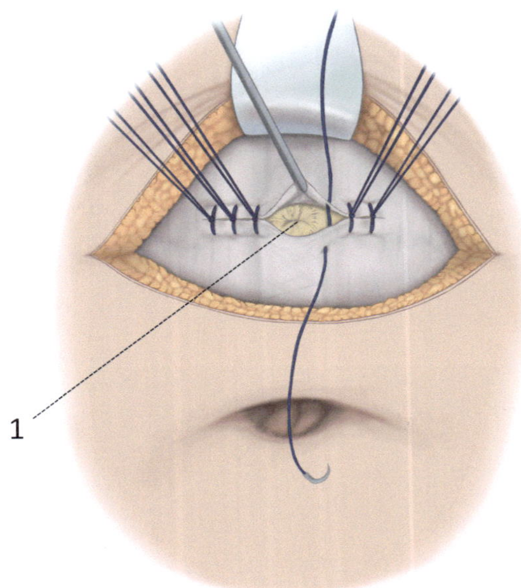


■ **Abb. 1.3** Nahtreparation einer epigastrischen Hernie. Der Bruchsackhals ist auf Ebene der hinteren Rektusscheide verschlossen *(1)*, darüber werden Einzelknopfnähte in transversaler Nahtführung mit langfristig oder nicht resorbierbarem Nahtmaterial (z. B. PDS 2-0 USP) gestochen

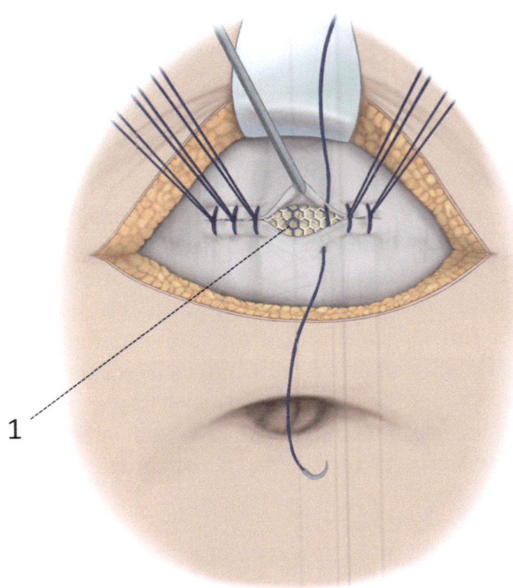


■ **Abb. 1.4** Netzreparation einer epigastrischen Hernie. Der Bruchsackhals ist auf Ebene der hinteren Rektusscheide verschlossen; das flache großporige, nichtresorbierbare Netz *(1)* liegt in *Retrorectus*-Position und wird je nach Individualfall fixiert oder nicht. Die vordere Rektusscheide wird in transversaler Nahtführung mit langfristig resorbierbarem Nahtmaterial (z. B. PDS 2-0 USP) verschlossen

*Onlay*-Position
Das Netz wird auf dem vorderen Rektusscheidenblatt platziert und lateral auf dem vorderen Rektusscheidenblatt fixiert.

*Retrorectus* (Rives-Stoppa-Operation)
Nach longitudinaler Eröffnung der Rektusscheide wird die retromuskuläre Schicht zwischen M. rectus abdominis und dem hinteren Rektusscheidenblatt präpariert, wobei Gefäße und Nerven nach Möglichkeit erhalten werden sollten. Falls störend, muss der Umbilicus abgelöst und später refixiert werden. Das Netz wird in der *Retrorectus*-Schicht implantiert. Diese Methode wird von vielen Chirurgen insbesondere für größere Hernien bevorzugt (■ Abb. 1.4).

*Präperitoneal* (ehemals Underlay)
Bei dieser Technik wird das Netz präperitoneal zwischen Peritoneum und hinterem Rektusscheidenblatt statt in der retromuskulären Schicht implantiert.

*Intraperitoneales* Onlay Mesh (IPOM)
Hier können zwei Methoden unterschieden werden: das klassische IPOM mit flachem Netz und das IPOM mit vorgefertigtem Composite-Patch-Netz. In beiden Varianten ist zunächst eine Laparotomie über die Bruchpforte, gegebenenfalls mit Erweiterung der Bruchlücke, erforderlich. Bei Gitterbrüchen werden die schlitzartigen Bruchlücken durch Inzision miteinander verbunden.

IPOM mit Composite-Netz-Patch: Hierbei handelt sich um unterschiedliche Netzfabrikate mit Positionierungsbändern und Positionierungssystem (Memory-Ring), welche mittels atraumatischer Klemme in die Bauchhöhle eingebracht werden. Nach dem Einbringen entfaltet sich das Netz dank Memory-Ring zurück in seine ursprüngliche Form. Digital muss die Lage des Patches kontrolliert werden, um eine Interposition von Gewebe und Adhäsionen auszuschließen. Die Positionierungsbänder werden mit nichtresorbierbarem Nahtmaterial fixiert, die Faszienränder mit Einzelknopfnähten Stoß-auf-Stoß adaptiert und die Positionierungsbänder auf Faszienniveau gekürzt. Zu fester Zug an den Positionsbändern kann zu Verkrümmung des Netzes und dadurch zu erhöhten Rezidiv- und Adhäsionsraten führen. Diese Methode wird von vielen Chirurgen für kleinere Hernien bevorzugt, welche für eine Direktnaht zu groß sind, da hierfür nur eine kurzstreckige Hautinzision erforderlich ist und auf eine Erweiterung der Bruchlücke verzichtet werden kann. Sie haben den Nachteil, dass bei prominentem Ligamentum falciforme keine flache und ausreichende Gewebeschicht zur Netzinkorporation möglich ist, was zu häufigen Rezidiven und Komplikationen führen kann.

IPOM mit flachem Netz: Bei Vorliegen eines großen Bruches wird der Bruchsack komplett dargestellt, eröffnet, sein Inhalt inspiziert und reponiert. Allfällige Adhäsionen werden gelöst. Danach wird ein ausreichend großes Netz in die Bauchhöhle eingebracht. Die zirkumferenzielle Fixation kann mittels U-Nähten oder fortlaufender Naht erfolgen.

### ■ Direktnaht oder Netzimplantation?

Bei primären epigastrischen Hernien ab 1 cm Größe sowie bei konkomitanter Rektusdiastase zeigt die einschlägige Literatur tiefere Rezidivraten nach Netzimplantation (◻ Tab. 1.1). Die Vorteile einer Direktnaht liegen bei der tieferen Serom- und Wundinfektrate. Für singuläre primäre epigastrische Hernien mit einer Bruchpforte bis zu 1 cm ist ein offenes Repair mit Direktnaht deshalb der aktuelle Standard. Bei einer Bruchpforte zwischen 1 und 10 cm, einem Gitterbruch oder konkomitanter Rektusdiastase empfiehlt sich ein laparoskopisches oder offenes Verfahren mit Netzimplantation. Ab einer Bruchpforte von 10 cm oder komplexer Hernie mit Eventration eines wesentlichen Teils der Viszera bedarf es einer individualisierten Vorgehensweise. Hier wird analog der Inzisionalhernien zuweilen eine Kombination von Komponentenseparationstechnik mit Netzimplantation angewandt.

### ■ Ergebnisse aus der Literatur

Eine Metaanalyse von 62 Studien mit kumulativ 5824 Patienten ergab, dass nach Netzimplantation posterior des M. rectus abdominis *(präperitoneal* oder *retrorectus)* die Rezidivraten signifikant niedriger waren als bei Inlay- oder Onlay-Implantation (Albino et al. 2013).

Netze sollten aus nichtresorbierbarem Material bestehen und die Fixationsspannung sollte das Netz straff, aber ohne Falten zu liegen kommen lassen. Ein zu schlaff oder zu straff fixiertes Netz verursacht Faltenbildung, was nach gängiger Lehrmeinung wiederum zu einer erhöhten Rate an Adhäsionen oder Rezidiven führen kann. Eine multizentrische randomisierte kontrollierte Studie berichtete über ähnliche Rezidivraten beim Composite-Patch-Netz verglichen mit der präperitonealen Technik, wobei beim Composite-Patch-Netz mehr Komplikationen auftraten (Ponten et al. 2019).

Zur Frage, ob anstelle eines offenen Netzverfahrens lieber ein laparoskopisches Verfahren erfolgen sollte, gibt es Studien. Rezidiv- und Komplikationsraten sind bei beiden Techniken insgesamt ähnlich. Beschrieben wurde eine tiefere postoperative Wundinfektionsrate, insbesondere von tiefen Wundinfektionen und Netzinfektionen, bei laparoskopischer Technik, wohinge-

**◻ Tab. 1.1** Rezidivraten, Seromraten und Wundinfektraten bei Versorgung primärer ventraler Bauchwandhernien mittels Direktnaht oder Netzimplantation

| Studie, Jahr | N | Hernientyp | Studientyp | Größe | Rezidiv | | Serom | | Wundinfektion | |
|---|---|---|---|---|---|---|---|---|---|---|
| | | | | | Direktnaht | Netz | Direktnaht | Netz | Direktnaht | Netz |
| Nguyen et al. (2014) | 1,782 | PVH | SR-MA | Divers | 8,2 % | 2,7 % | 3,8 % | 7,7 % | 6,6 % | 7,3 % |
| Winsnes et al. (2016) | 306 | PUH | RCS | 0,4–4,0 cm | 9,0 % | 8,2 % | k. A. | k. A. | 2,4 % | 13,5 % |
| Kaufmann et al. (2018) | 300 | PUH | RCT | 1.0–4.0 cm | 11,4 % | 3,6 % | 0,7 % | 3,4 % | 0,7 % | 2,1 % |
| Bisgaard et al. (2019) | 656 | PUH | SR-MA | Divers | 11,6 % | 2,5 % | 2,8 % | 4,0 % | 4,2 % | 3,4 % |
| Shrestha et al. (2019) | 620 | PUH | SR-MA | Divers | 10,7 % | 2,5 % | 2.3 % | 4,7 % | 3,0 % | 2,8 % |
| Blonk et al. (2019) | 5,935 | PVH | SR-MA | Divers | 6,0 % | 2,6 % | k. A. | k. A. | k. A | k. A. |

*PVH* primäre ventrale Bauchwandhernie, *PUH* primäre Umbilikalhernie, *SR-MA* systematischer Review und Metaanalyse, *RCS* retrospektive Kohortenstudie, *RCT* randomisierte kontrollierte Studie, *k. A.* keine Angabe

gen das Risiko einer Darmverletzung beim offener Versorgung geringer ist (Misra et al. 2006; Barbaros et al. 2007; Bittner et al. 2014, 2019). Uneinheitliche Resultate zeigen sich bislang hinsichtlich der Seromraten (Blonk et al. 2019; Bittner et al. 2014, 2019). Postoperative Schmerzen sind bei laparoskopischem Repair signifikant seltener und die Hospitalisationsdauer kürzer (Misra et al. 2006; Beldi et al. 2011). Die Dauer bis zur Rückkehr zu alltäglichen Aktivitäten ist vergleichbar, hingegen die Rückkehr zur Arbeit nach laparoskopischen Operationen zügiger möglich (Misra et al. 2006; Beldi et al. 2011).

## 1.1 Kommentar der Herausgeber: Rektusdiastase

Meistens entsteht die Rektusdiastase als Folge von Schwangerschaften, nach Gewichtsreduktion oder bei Kollagenstörungen; selten ist die Rektusdiastase ontogenetisch bedingt (Emanuelsson et al. 2016). Es gibt keine genauen Maße für die Definition der Rektusdiastase, diese wird immer in der Gesamtschau der Beschwerden und des Befundes definiert. Die Symptome variieren von ästhetischer Störung bis zu Schmerzen oder urogenitalen Problemen. Für genaue Maße, ab wann es sich um eine Rektusdiastase handelt, besteht kein Konsens, die Daten der Beer-Klassifikation dienen als Richtwert (Abb. 1.5 und Tab. 1.2) (Beer et al. 2009). Die Rektusdiastase nimmt direkt proportional zur Anzahl der Schwangerschaften zu.

**Tab. 1.2** Breite der Linea alba bei nulliparen Frauen. (Nach Beer et al. 2009)

| Bereich | Normale Breite der Linea alba in mm | |
|---|---|---|
| | Alter < 45 Jahre | Alter > 45 Jahre |
| Auf Ebene des Xiphoids | 10 | 15 |
| 3 cm kranial des Nabels | 27 | 27 |
| 2 cm kaudal des Nabels | 9 | 14 |

Es gibt verschiedene Klassifikationssysteme für die Rektusdiastase; eine dieser Klassifikationen ist eine Anpassung der Ventralhernienklassifikation der International Endohernia Society (EHS), basierend auf der

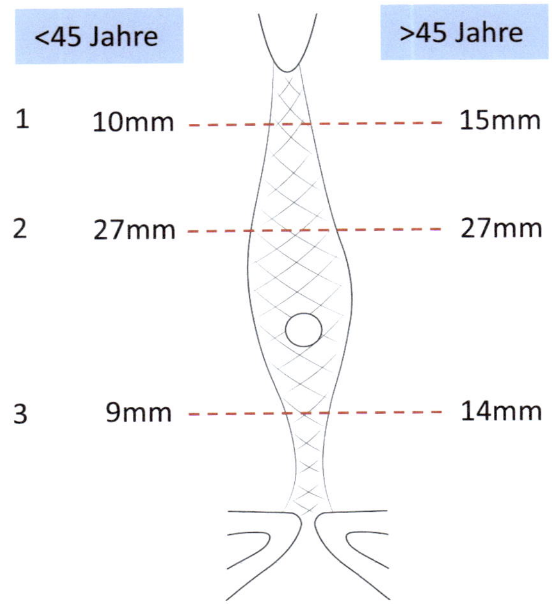


**Abb. 1.5** Normale Maße der Linea alba: *(1)* subxiphoidal, *(2)* 3 cm kranial des Nabels und *(3)* 2 cm kaudal des Nabels

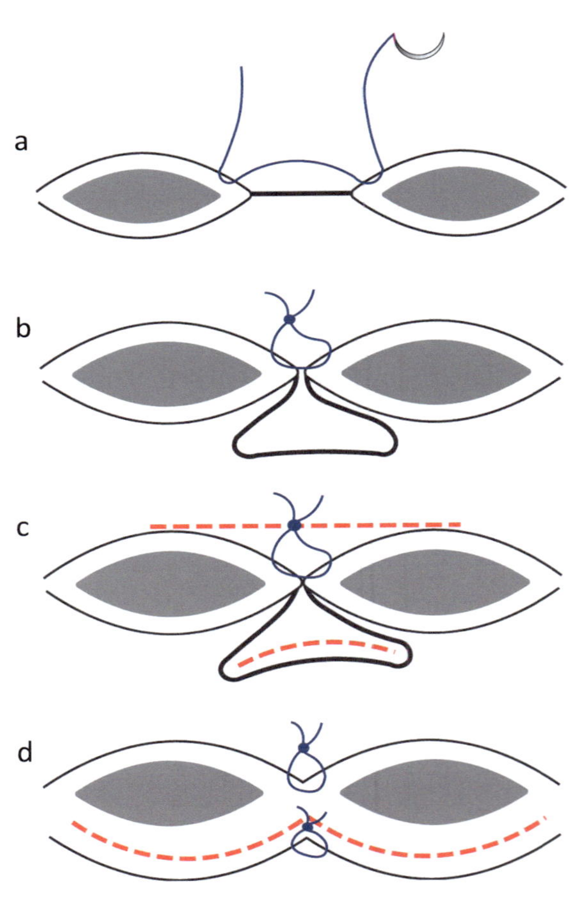


**Abb. 1.6** Offene Techniken zur Raffung der Rektusdiastase: **a**, **b** Naht-Plikatur der Linea alba; **c** Einlage eines Netzstreifens in die Plikaturfalte oder alternativ als Onlay-Netz; **d** mediane Bauchdeckenrekonstruktion mit Netzimplantation in *Retrorectus*-Position

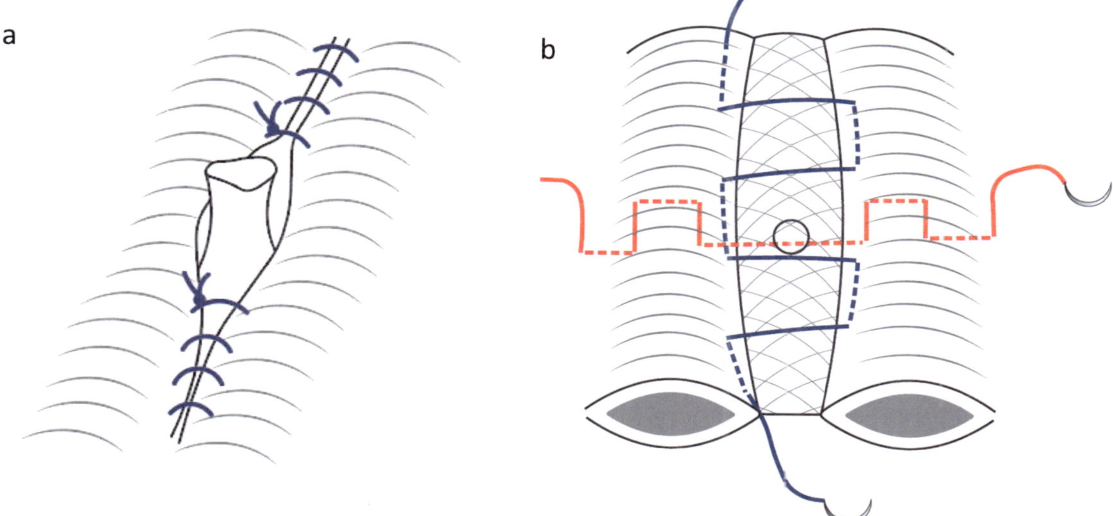


**Abb. 1.7** Operationstechnische Strategien bei offene Techniken zur Raffung der Rektusdiastase: **a** Nahtplikatur der supra- und infraumbilikalen Linea alba mit Aussparung des in situ belassenen Nabels (Nabeltransposition); **b** die longitudinale Plikatur der Linea alba wird lateral derselben im Bereich der Rektusscheide als Matratzennaht verankert (blaue Nahtlinie); sollte gleichzeitig eine Relaxation der lateralen Bauchdeckenmuskulatur bestehen, kann diese mittels sog. „off-midline"-Plikatur (transversale Naht rote Nahtlinie) ergänzt werden (Boudreault und Sieber 2019)

Messung der Länge und Breite (Reinpold et al. 2019). Diese Klassifikation ist wahrscheinlich für prospektive Datenvergleiche von Bedeutung, hat allerdings weniger Einfluss auf die Operationsindikation und -technik.

Die physiotherapeutische Behandlung mittels Stärkung der lateralen Bauchdeckenmuskulatur ist sinnvoll, es liegen aber keine genauen Daten zum Erfolg vor. Die Operationsindikation kann bei Frauen nach mehreren Schwangerschaften aus kosmetischen Gründen gegeben sein oder auch bei Bauchdeckeninsuffizienz bestehen. Auch bei Männern kommt Rektusdiastase vor. Besonders profitieren diejenigen Patienten von einer Operation, die präoperativ Bauchdeckenschmerzen nach Sitzen über 30 min oder bei körperlicher Arbeit bzw. Sport haben; bei diesen kommt es zu einer messbaren Verbesserung der Bauchdeckenfunktion durch die Operation, egal ob mittels Plikatur der Linea alba mit Naht (Nahtmaterial mit Widerhaken) oder durch *Retrorectus*-Netzimplantation (Emanuelsson et al. 2016; Strigård et al. 2016; Mommers et al. 2017). Die Plikatur der Linea alba wird mit nichtresorbierbarem Nahtmaterial durchgeführt und kann ohne Netz oder mit Netzverstärkung erfolgen (Abb. 1.6 und 1.7). Die Versorgung der Rektusdiastase wird oft, bei grösserer Diastase und/oder Hautüberdehnung ergänzt durch eine Abdominoplastik (Abb. 1.8) (Boudreault und Sieber 2019). Die Fixation der Subkutis an die externe abdominelle Faszie zur Seromprophylaxe nach Baroudi ist optional (Baroudi und Ferreira 1998; Mendes et al. 2019). Empfohlen sind postoperativ nach Abdominoplastik für 3–4 Tage Bettruhe sowie „beach-chair"-Lagerung; elastische Bauchbinden werden für 6 Wochen empfohlen.

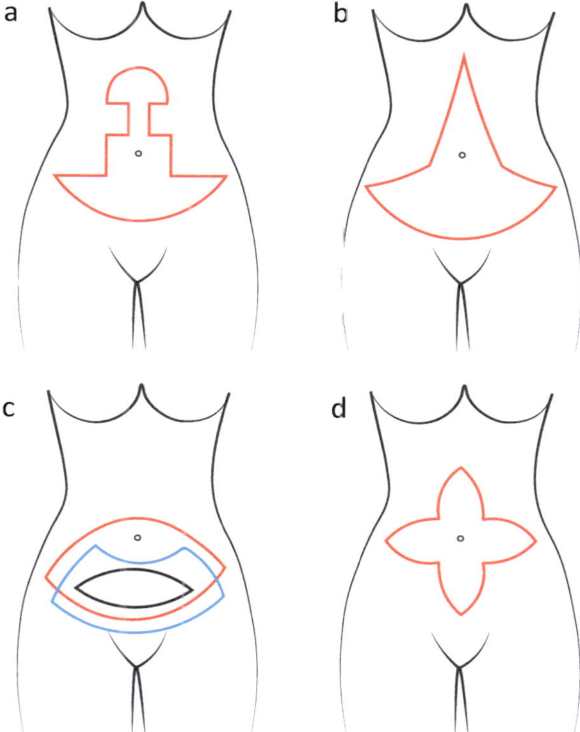


**Abb. 1.8** Möglichkeiten der Abdominoplastik: **a** Fleur-de-Lis-Technik mit Neuanlage des Nabels (Mendes et al. 2019); **b** invertierte T-Technik mit Transposition des Nabels (Boudreault Boudreault und Sieber 2019); **c** suprapubische Resektion mit Transposition des Nabels (Boudreault und Sieber 2019); **d** sternförmige Hautresektion unter Belassung des Nabels (sinnvoll bei Bauchdeckeninsuffizienz nach mehreren Schwangerschaften und überschüssiger dünner Haut bzw. geringem subkutanen Fettgewebe)

1

## Literatur


Albino FP, Patel KM, Nahabedian MY, Sosin M, Attinger CE, Bhanot P (2013) Does mesh location matter in abdominal wall reconstruction? A systematic review of the literature and a summary of recommendations. Plast Reconstr Surg 132:1295–1304

Askar OM (1978) A new concept of the aetiology and surgical repair of paraumbilical and epigastric hernias. Ann R Coll Surg Engl 60:42–48

Barbaros U, Asoglu O, Seven R, Erbil Y, Dinccag A, Deveci U, Ozarmagan S, Mercan S (2007) The comparison of laparoscopic and open ventral hernia repairs: a prospective randomized study. Hernia 11:51–56

Baroudi R, Ferreira CA (1998) Seroma: how to avoid it and how to treat it. Aesthet Surg J 18:439–441

Beer GM, Schuster A, Seifert B, Manestar M, Mihic-Probst DA, Weber SA (2009) The normal width of the linea alba in nulliparous women. Clin Anat 22:706–711

Beldi G, Wagner M, Bruegger LE, Kurmann A, Candinas D (2011) Mesh shrinkage and pain in laparoscopic ventral hernia repair: a randomized clinical trial comparing suture versus tack mesh fixation. Surg Endosc 25:749–755

Bisgaard T, Kaufmann R, Christoffersen MW, Strandfelt P, Gluud LL (2019) Lower risk of recurrence after mesh repair versus non-mesh sutured repair in open umbilical hernia repair: a systematic review and meta-analysis of randomized controlled trials. Scand J Surg 108:187–193

Bittner R, Bingener-Casey J, Dietz U, Fabian M, Ferzli GS, Fortelny RH et al (2014) Guidelines for laparoscopic treatment of ventral and incisional abdominal wall hernias (International Endohernia Society [IEHS])-Part 2. Surg Endosc 28:353–379

Bittner R, Bain K, Bansal VK, Berrevoet F, Bingener-Casey J, Chen D, Chen J, Chowbey P, Dietz UA et al (2019) Update of guidelines for laparoscopic treatment of ventral and incisional abdominal wall hernias (International Endohernia Society [IEHS]) Part A. Surg Endosc. 33: 3069–3139.; Part B: do

Blonk L, Civil YA, Kaufmann R, Ket JCF, van der Velde S (2019) A systematic review on surgical treatment of primary epigastric hernias. Hernia ► https://doi.org/10.1007/s10029-019-02017-4

Boudreault DJ, Sieber DA (2019) Getting the best results in abdominoplasty: current advanced concepts. Plast Reconstr Surg 143:628e

Emanuelsson P, Gunnarsson U, Dahlstrand U, Strigard K, Stark B (2016) Operative correction of abdominal rectus diastasis (ARD) reduces pain and improves abdominal wall muscle strength: a randomized, prospective trial comparing retromuscular mesh repair to double-row, self-retaining sutures. Surgery 160:1367–1375

Holihan JL, Henchcliffe BE, Mo J, Flores-Gonzalez JR, Ko TC, Kao LS, Liang MK (2016) Is nonoperative management warranted in ventral hernia patients with comorbidities?: a case-matched, prospective, patient-centered study. Ann Surg 264:585–590

Holihan JL, Flores-Gonzalez JR, Mo J, Ko TC, Kao LS, Liang MK (2017) A prospective assessment of clinical and patient-reported outcomes of initial non-operative management of ventral hernias. World J Surg 41:1267–1273

Kaufmann R, Halm JA, Eker HH, Klitsie PJ, Nieuwenhuizen J, van Geldere D, Simons MP, van der Harst E, van't Riet M, van der Holt B, Kleinrensink GJ, Jeekel j, Lange JF (2018) Mesh versus suture repair of umbilical hernia in adults: a randomised, double-blind, controlled, multicentre trial. Lancet 391:860–869

Kokotovic D, Sjolander H, Gogenur I, Helgstrand F (2016) Watchful waiting as a treatment strategy for patients with a ventral hernia appears to be safe. Hernia 20:281–287

Mendes FH, Donnabella A, Moreira ARF (2019) Fleur-de-lis abdominoplasty and neo-umbilicus. Clin Plast Surg 43:49–60

Misra MC, Bansal VK, Kulkarni MP, Pawar DK (2006) Comparison of laparoscopic and open repair of incisional and primary ventral hernia: results of a prospective randomized study. Surg Endosc 20:1839–1845

Mommers EHH, Ponten JEH, Al Omar AK, de Vries Reilingh TS, Bouvy ND, Nienhuijs SW (2017) The general surgeon's perspective of rectus diastasis. A systematic review of treatment options. Surg Endosc 31:4934–4949

Nguyen MT, Berger RL, Hicks SC, Davila JA, Li LT, Kao LS, Liang MK (2014) Comparison of outcomes of synthetic mesh vs suture repair of elective primary ventral herniorrhaphy: a systematic review and meta-analysis. JAMA Surg 149:415–421

Ponten JEH, Leclercq WKG, Lettinga T, Heemskerk J, Konsten JLM, Bouvy ND, Nienhuijs SW (2019) Mesh or patch for hernia on epigastric and umbilical sites (MORPHEUS-Trial): the complete two-year follow-up. Ann Surg 270:33–37

Reinpold W, Köckerling F, Bittner R, Conze J, Fortelny R, Koch A, Kukleta J, Kuthe A, Lorenz R, Stechemesser B (2019) Classification of rectus diastasis-a proposal by the german hernia society (DHG) and the international endohernia society (IEHS). Front Surg 28(6):1. ► https://doi.org/10.3389/fsurg.2019.00001

Shrestha D, Shrestha A, Shrestha B (2019) Open mesh versus suture repair of umbilical hernia: meta-analysis of randomized controlled trials. Int J Surg 62:62–66

Strigård K, Clay L, Stark B, Gunnarsson U (2016) Predictive factors in the outcome of surgical repair of abdominal rectus diastasis. Plast Reconstr Surg Glob Open 4:e702

Winsnes A, Haapamaki MM, Gunnarsson U, Strigard K (2016) Surgical outcome of mesh and suture repair in primary umbilical hernia: postoperative complications and recurrence. Hernia 20:509–516

# Umbilikalhernien: Ätiologie, Anatomie und Diagnostik

*Ulrich A. Dietz*

## Inhaltsverzeichnis




U. A. Dietz et al. (Hrsg.), *Offene Hernienchirurgie*,
https://doi.org/10.1007/978-3-662-61348-1_2

Seit den Arbeiten von Vidal[1] (1843) und Richet[2] (1856) nimmt man an, dass elastische Fasern aus der obliterierten Nabelvene am Oberrand des Nabelrings mit in den Aufbau der Linea alba aufgenommen werden und daher eine strukturelle Schwäche entsteht, die erklärt, warum die meisten Nabelhernien am Nabeloberrand entstehen (◘ Abb. 2.1). Die embryonale Entwicklung des Nabels mit dem extraembryonischen Zölom und der späteren Relokation des Darmes sowie Verschluss der Bauchdecke in der 15. bis 16. Schwangerschaftswoche sind am ehesten an der Entstehung der Nabelhernie beteiligt. Frühgeborene bzw. untergewichtige Neugeborene haben zu über 70 % eine Nabelhernie; am Ende des ersten Lebensjahres haben gerade einmal 1 % der Kinder noch eine Nabelhernie. Bei Erwachsenen kommen Nabelhernien besonders häufig bei Zirrhotikern sowie bei Frauen nach Schwangerschaften auf. Nicht selten treten Nabelhernien in Kombination mit der Rektusdiastase auf.

Für die chirurgische Versorgung von Nabelhernien ist die Kenntnis der Anatomie von besonderer Bedeutung. Nicht nur die Kenntnis des Nabelrings ist wichtig, auch der Verlauf der intraabdominellen, am Nabel konfluierenden Plicae ist von Bedeutung: Sie gestalten die periumbilikale peritoneale Fläche unregelmäßig, was in den vergangenen Jahren zu zahlreichen Komplikationen bei Implantation vorgefertigter Netze geführt hat (◘ Abb. 2.2; s. auch ▶ Kap. 5).

1 Auguste-Théodore Vidal (geboren in Cassis bei Marseille) (1803–1856): Studierte in Marseille und wechselte anschließend zu Guillaume Baron Dupuytren (1778–1835) nach Paris. Vidal widmete sich dem medizinischen Journalismus und war Herausgeber mehrerer Zeitschriften, in denen er zum Teil ausgezeichnete kritische Reviews publizierte. Er war auch Herausgeber eines Lehrbuches und publizierte 1848 zur Nebelhernie und zur eligastrischen Hernie.

2 Louis-Alfred Richet (1816–1891). Studierte in Paris und war dort Prosektor und später Professor an der Chirurgischen Klinik der Fakultät.

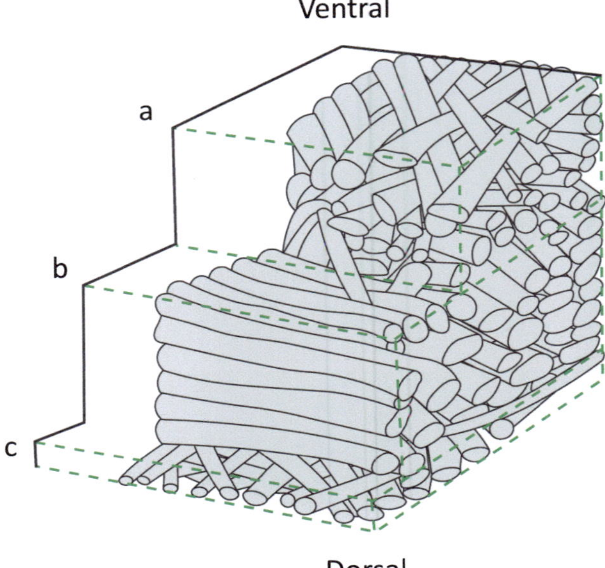


◘ **Abb. 2.1** Verlauf und Dekussation der kollagenen Fasern im Bereich der supraumbilikalen Linea alba: **a** quer dekussierende Fasern (Lamina fibrae oblique), **b** transversal verlaufende Fasern (Lamina fibrae transversae), **c** unterschiedlich verlaufende Fasern (Lamina fibrae irregularium) (Axer 2001)

Die Diagnose der Umbilikalhernie ist meist klinisch. In der Regel prolabiert präperitoneales Fettgewebe, ohne dass ein formaler peritonealer Bruchsack besteht. Wenn ein peritonealer Bruchsack ausgebildet ist, befindet sich meistens Omentum majus darin, selten Darmschlingen. Allerdings kann die Nabelhaut bei Aszites sehr dünn und der Bruchsack besonders groß werden. Selten kommt es bei besonderer Nabelkonfiguration zur Retention von Schweiß im Nabelgrund bzw. zur Inflammation eines offenen Urachus oder einer Urachuszyste, was differenzialdiagnostisch bedacht werden muss. Asymptomatische Umbilikalhernien von weniger als 1 cm im Durchmesser können verlaufsbeobachtet werden; bei Größenprogredienz ist die Operation allerdings auch bei asymptomatischen Hernien

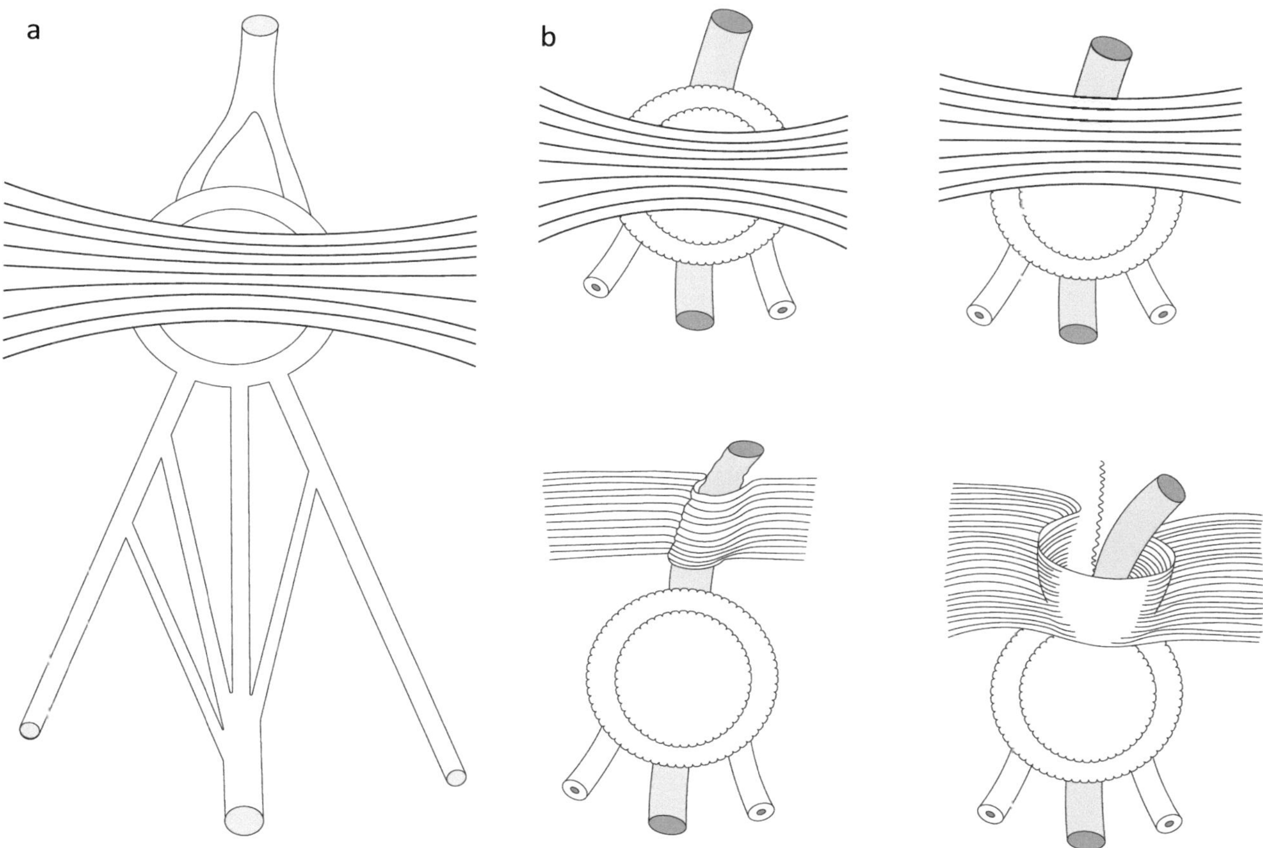


**Abb. 2.2** Posteriore Sicht des Nabels und der am Nabel konfluierenden Plicae. **a** Schematische Darstellung der Durchschnittsanatomie des Nabels auf Faszienniveau. **b** Vier Sonderformen der Anatomie des Nabels. (Nach Louis Alfred Richet)

sinnvoll, um den Zeitpunkt einer „kleinen" Reparation mit geringer Morbidität nicht zu verpassen.

## Literatur

Axer H, Graf v. Keyserlingk D, Prescher A (2001) Collagen fibers in Linea alba and rectus sheaths. I – General scheme and morphological aspects. J Surg Res 96 127–134

# Nahtverfahren bei Umbilikalhernien

*Joël L. Gerber und Guido Beldi*

## Inhaltsverzeichnis




U. A. Dietz et al. (Hrsg.), *Offene Hernienchirurgie*,
https://doi.org/10.1007/978-3-662-61348-1_3

Nahtverfahren galten lange als Methode der Wahl zur Reparation sämtlicher Umbilikalhernien und zählen noch heute zu den Standardverfahren zum Verschluss von kleineren primären Umbilikalhernien. Neuere Daten zeigen zwar, dass Patienten auch bei kleineren Nabelhernien von einer Netzimplantation profitieren. Sowohl Registerstudien wie auch randomisierte kontrollierte Studien beschreiben bei primären Nabelhernien mit einer Bruchpforte zwischen 1 und 2 cm sowie bei konkomitanter Rektusdiastase signifikant niedrigere Rezidivraten nach Netzimplantation, ohne dass Komplikationen der Netzimplantation deren Vorteile aufwiegen (Christoffersen 2013; Kaufmann 2018; Köhler 2015). Nichtsdestotrotz stellt der Nahtverschluss bei primären Umbilikalhernien mit Bruchpforten bis zu 1 cm oder als Alternative bei Ablehnung einer Netzimplantation vonseiten des Patienten aktuell das zu bevorzugende Verfahren dar und wird von Leitlinien entsprechend empfohlen (Bittner 2014, 2019). Zur Reduktion von Rezidiv- und Wundinfektraten sollten eine Adipositas und ein Diabetes mellitus vor einer elektiven Operation optimiert und ein Nikotinabusus sistiert werden (Liang 2017). Bei einem BMI > 50 oder HbA1c > 8,0 % wird ein elektives Vorgehen aufgrund der relevant erhöhten Komplikationsrate nicht mehr empfohlen (Nguyen 2014).

> Auch bei kleinen Umbilikalhernien (1–2 cm) in Kombination mit Rektusdiastase sind Netzverfahren indiziert.

#### Vorbereitung

Die Direktnaht einer kleineren Umbilikalhernie kann – je nach Patientenwunsch und Komorbiditäten – in Lokal-, Regional- oder Allgemeinanästhesie erfolgen. Der Eingriff erfolgt in Rückenlage. Obgleich es zur antibiotischen Prophylaxe kaum Evidenz gibt, wird hierzu oft Cefazolin verwendet. Die Eingriffsdauer ist kurz und beträgt üblicherweise weniger als 30 min.

#### Operationsverfahren

Der am meisten praktizierte Zugangsweg ist die semizirkuläre infraumbilikale Inzision nach Spitzy („smiling incision"; s.u.), nicht zuletzt, weil sie gute kosmetische Resultate erzielt. Bei simultanem Vorliegen einer weiteren ventralen Bauchwandhernie kommt alternativ die semizirkuläre linkslaterale Inzision nach Drachter infrage, da sie die Erweiterung der Schnittführung entlang der Mittellinie erlaubt. Eine transumbilikale Inzision kommt in Betracht, wenn die Indikation zur vollständigen Nabelexzision besteht – beispielweise bei Nabelnekrose oder Nabelmetastase –, allerdings bringt sie auch sehr gute kosmetische Ergebnisse.

Zuerst erfolgt die Dissektion des Bruchsackes. Hierbei müssen Subkutis und Nabel vom Bruchsack bis auf die Bruchpforte sukzessive abpräpariert und die Linea alba dargestellt werden. Wenn erforderlich, kann der Nabel abgelöst werden. Der die Bruchpforte umgebende Faszienring wird umfahren und zirkumferenziell mit ausreichend Abstand freigelegt. Dabei sollte auch das umringende präperitoneale Fettgewebe vom hinteren Rektusscheidenblatt stumpf abgelöst werden, um eine Interposition mit Fettgewebe beim Bruchlückenverschluss zu vermeiden. Bei kleinsten Hernien besteht der Bruchsack in aller Regel aus präperitonealem Fettgewebe und muss nicht zwingend eröffnet werden. Der Bruchinhalt kann mittels Tabaksbeutelnaht versenkt werden. Bei größerem Bruchsack oder unklarem Befund empfiehlt sich dessen Eröffnung zur Inspektion des Bruchinhaltes. Störendes präperitoneales Fettgewebe kann reseziert werden.

> Die Bruchlücke (der Faszienring) von primären Nabelhernien sollte im Rahmen der Operation nicht erweitert werden, denn dadurch wird eine ventrale Hernie mit geringer Rezidivprognose in eine inzisionale Hernie mit höherer Rezidivprognose verwandelt. Eine technische Alternative ist, den Ring vorsichtig zu dehnen.

#### Stoß-auf-Stoß-Naht nach Spitzy[1]

Nachdem die Faszienränder dargestellt und ausreichend freigelegt sind, erfolgt eine quer verlaufende Stoß-auf-Stoß-Naht der Faszienränder mit Einzelknopfnähten (langsam oder nichtresorbierbares Nahtmaterial, Fadenstärke mindestens 2-0 USP) (Abb. 3.1). Hier muss bei der Naht bzw. beim Knüpfen unbedingt auf eine unerwünschte Gewebsinterposition zwischen den Faszienrändern geachtet werden, um einem Rezidiv möglichst vorzubeugen.

#### Fasziendoppelung nach Mayo[2]

Die Fasziendoppelung nach Mayo ist umso schwieriger zu realisieren, je kleiner die Bruchlücke ist. Hierzu werden zunächst U-Nähte einzeln vorgelegt. Dabei sollten die vollwandigen Stiche mit 2–3 cm Abstand zum Faszienrand des überlappenden Teils erfolgen. Die vorgelegten U-Nähte werden dann verknotet, was zu ein einem leichten Überlappen der Faszienränder führt („vest over pants"). Der überlappende Faszienrand

---

1 Hans Spitzy (1872–1956) war ein österreichischer Arzt, Kinderarzt und Otrhopäde; er studierte in Graz und machte in Würzburg eine Weiterbildung in Kinderorthopädie. 1918 wurde er in Wien a.o. Professor für Orthopädie. Nach ihm wird der umbilikale Hautzugang zur Nabelhernie benannt.

2 William James Mayo (1861–1939). Der Gründer der Mayo Klinik (St. Mary's Hospital) in Rochester (USA) hat die Nabelhernienchirurgie über eine lange Zeitperiode mit der überlappenden transversalen Naht der Umbilikalhernie (1899) geprägt.

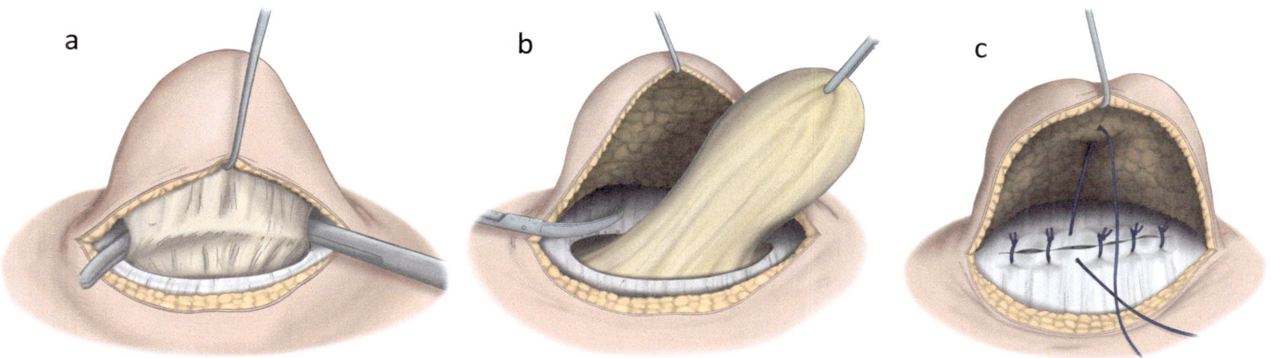


**Abb. 3.1** Nahtversorgung einer kleinen Umbilikalhernie. Der Zugang erfolgt über einen infraumbilikalen halbkreisförmigen Schnitt (z. B. nach Spitzy). **a** Nach Darstellung der Linea alba wird die Basis des Bruchsackes mit einer Klemme umfahren. **b** Der Bruchsack wird eröffnet oder alternativ von der Nabelhaut abgetragen und durch die umbilikale Bruchpforte invaginiert. **c** Die Rekonstruktion erfolgt mittels Einzelknopfnaht (langfristig resorbierbares Nahtmaterial (z. B. PDS 2-0 USP), abschließend wird der Nabelgrund reinseriert

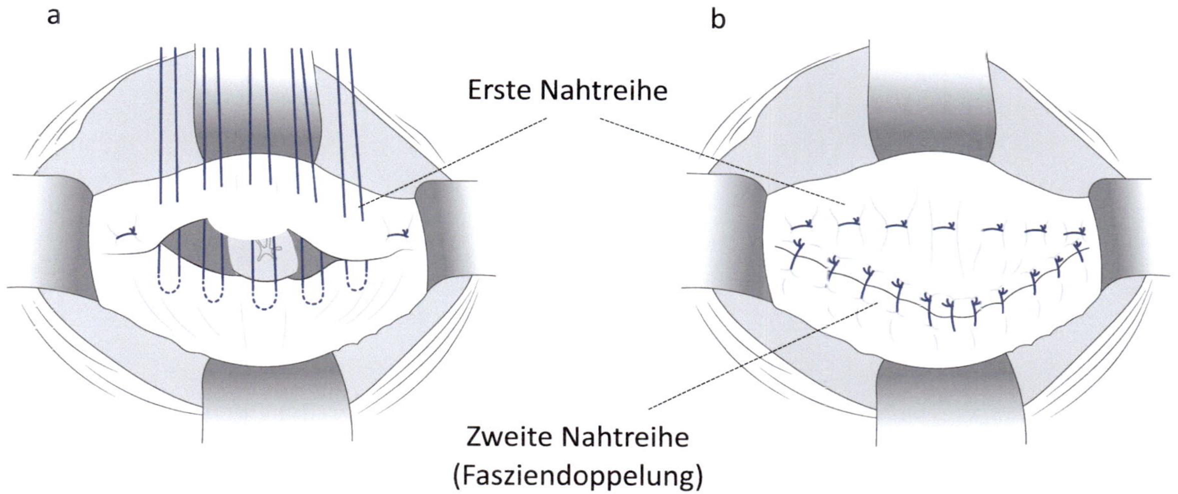


**Abb. 3.2** Nahtversorgung der Umbilikalhernie mittels Fasziendoppelung nach Mayo.: **a** der Bruchsack wurde versorgt, die erste Nahtreihe schafft eine Lefze zur späteren Überlappung der proximalen Lefze nach kaudal (**b**). Die zweite Nahtreihe ist die eigentliche Fasziendoppelung

wird dann durch Einzelknopfnähte oder Fortlaufnaht auf dem Untergrund fixiert, um die Spannung auf der ersten Nahtreihe zu reduzieren (Abb. 3.2).

Der quere Bruchlückenverschluss sollte spannungsarm erfolgen. Unterstützend kann hier eine Muskelrelaxation von Vorteil sein. Bei hoher Nahtspannung können auch laterale Entlastungsinzisionen der vorderen Rektusscheidenblätter helfen. Davon unabhängig muss auf eine Erweiterung der Bruchlücke unbedingt verzichtet werden. Der Rückzug erfolgt durch gegebenenfalls Nabelrefixation (resorbierbarer Faden, Stärke 3-0 USP), Adaptation der Subkutis und intrakutaner Hautnaht.

### Ergebnisse aus der Literatur

Ältere Studien beschrieben bei umbilikalen Narbenhernien für die Fasziendoppelung nach Mayo Rezidivraten bis zu 54 % (Luijendijk 1997; Paul 1998), weshalb diese Technik heute von vielen Chirurgen verlassen wurde, obgleich jüngere Studien solche Zahlen

**Tab. 3.1** Ergebnisse der Nahttechniken Stoß-auf-Stoß oder nach Mayo bei Versorgung von primären Umbilikalhernien

| Studie, Jahr | N | Nahttechnik, Material | Größe | Rezidivrate | Follow-up |
|---|---|---|---|---|---|
| **Stoß-auf-Stoß-Technik** | | | | | |
| Arroyo (2001) | 100 | *nr* | k. A | 11,0 % | 64 Monate |
| Lau und Patil (2003)[a] | 24 | *nr* | 1,0–1,5 cm | 8,7 % | 24 Monate |
| Schumacher (2000) | 108 | *nr* | <1,0 cm<br>1,0–2,0 cm<br>2,0–3,0 cm<br>3,0–4,0 cm<br>>4,0 cm | 6,,3 %<br>4,1 %<br>14,3 %<br>25,0 %<br>54,5 % | 30 Monate |
| Kamer (2007)[a] | 32 | *nr* | 0–3,8 cm | 9,,4 % | 25 Monate |
| Berger (2014) | 266 | *nr* | 2,0 cm | 7,5 % | 81 Monate |
| Yildiz und Koca (2017) | 100 | *nr* | 0–2,0 cm | 16,0 % | 67 Monate |
| Kaufmann et al. (2018) | 150 | *nr* | 1,0–4,0 cm | 11,4 % | 25 Monate |
| Kuck et al. (2019) | 31 | *r* | 1,0–4,0 cm | 12,9 % | 36–120 Monate |
| Heise Heise et al. 2019 | 216 | *nr*<br>*(modifizierte Technik)* | <2,0 cm<br>2,0–8,0 cm | 4,0 %<br>6,0 % | 55 Monate |
| **Technik nach Mayo** | | | | | |
| Bowley und Kingsnorth (2000) | 393 | k. A | k, A, | 4,1 % | 25 Monate |
| Lau und Patil (2003)[b] | 43 | nr | 1,0–2,3 cm | 0,0 % | 24 Monate |
| Polat et al. (2005) | 18 | k. A | 0–4,0 cm | 11,1 % | 22 Monate |
| Kamer et al. (2007)[a] | 18 | nr | 0–3,8 cm | 5,6 % | 25 Monate |
| Stabilini et al. (2009) | 34 | nr | 0,5–10,0 cm | 14,7 % | 53 onate |

*r* resorbierbar, *nr* nicht resorbierbar, *k. A.* keine Angabe
[a] *Modifizierte Technik*
[b] Studien, welche beide Nahtverfahren separat untersucht haben

für primäre und kleinere Nabelhernien nicht bestätigen können. Die Frage, welches Nahtverfahren angewendet werden soll, wird nach wie vor diskutiert. Während im angloamerikanischen Raum die Fasziendoppelung nach Mayo verbreitet ist, wird im europäischen Raum üblicherweise die Stoß-auf-Stoß-Adaptation der Faszienränder nach Spitzy angewandt. Die einschlägige Literatur liefert hierzu keine Antworten. Es existieren nur wenige qualitativ hochwertige Studien mit vollständig nachvollziehbarer chirurgischer Technik und entsprechender Reproduzierbarkeit. Die meisten Studien und ebenso vorhandene Metaanalysen hingegen beziehen sich zumeist auf die Frage nach Reduktion des Rezidivrisikos durch Netzverstärkung, ohne Nahtverfahren explizit zu untersuchen bzw. miteinander zu vergleichen. Studien berichten über Rezidivraten zwischen 4,6 % und 16,0 % für die Stoß-auf-Stoß-Einzelknopfnaht (Tab. 3.1) und zwischen 0,0 % und 14,7 % für die Fasziendoppelung nach Mayo (Tab. 3.1). Für Hernien mit einer Größe von über 1–2 cm sind höhere Rezidivraten als für kleinere Bruchlücken beschrieben worden. Die aktuelle Datenlage deutet außerdem darauf hin, dass die Rezidivrate durch Verwendung von nichtresorbierbarem Nahtmaterial relevant gesenkt werden kann (Köhler 2015; Westen 2014).

> Der Bruchlückenverschluss sollte transversal erfolgen (also im Winkel von 90° zur Linea alba), da die hernienprovozierenden Hauptkräfte der Bauchdecke in transverser Richtung verlaufen. Dadurch wird bei Zunahme der Spannung die Naht nicht belastet (Forstemann 2011; Rastegarpour 2016).

### Postoperative Nachsorge

Die Nachbehandlung ist beschwerdeadaptiert. Mobilisation und Rückkehr zu Alltagsaktivitäten können, so wie es die Schmerzen erlauben, unmittelbar erfolgen. Das Heben schwerer Lasten und intensive sportliche Aktivitäten sollten für 1–2 Wochen postoperativ vermieden werden. Dies dient jedoch ausschließlich der Schmerzreduktion und erbringt keine nachweisliche Reduktion der Rezidivraten. Häufige frühpostoperative Komplikationen sind Hämatome, Serome und Wundinfekte. Zu den langfristigen Problemen gehören chronische Schmerzen und Hernienrezidive.

## Literatur

Arroyo A, Garcia P, Perez F, Andreu J, Candela F, Calpena R (2001) Randomized clinical trial comparing suture and mesh repair of umbilical hernia in adults. Br J Surg 88:1321–1323

Berger RL, Li LT, Hicks SC, Liang MK (2014) Suture versus preperitoneal polypropylene mesh for elective umbilical hernia repairs. J Surg Res 192:426–431

Bittner R, Bingener-Casey J, Dietz U, Fabian M, Ferzli GS, Fortelny RH et al (2014) Guidelines for laparoscopic treatment of ventral and incisional abdominal wall hernias (International Endohernia Society (IEHS)-part 1. Surg Endosc 28:2–29

Bittner R, Bain K, Bansal VK, Berrevoet F, Bingener-Casey J, Chen D et al (2019) Update of guidelines for laparoscopic treatment of ventral and incisional abdominal wall hernias (International Endohernia Society (IEHS))-Part A. Surg Endosc 33:3069–3139

Bowley DMG, Kingsnorth AN (2000) Umbilical hernia, Mayo or mesh? Hernia 4:195–196

Christoffersen MW, Helgstrand F, Rosenberg J, Kehlet H, Bisgaard T (2013) Lower reoperation rate for recurrence after mesh versus sutured elective repair in small umbilical and epigastric hernias. A nationwide register study. World J Surg 37:2548–2552

Forstemann T, Trzewik J, Holste J, Batke B, Konerding MA, Wolloscheck T et al (2011) Forces and deformations of the abdominal wall–a mechanical and geometrical approach to the linea alba. J Biomech 44:600–606

Heise JW, Ewodo Beyeme JM, Tomczak J, Tosuncuk Ari N (2019) Die doppelreihig fortlaufende Nahtversorgung von primaren Nabelhernien – Analyse eines Versorgungskonzeptes nach 282 Fallen. Zentralbl Chir 144:44–49

Kamer E, Unalp HR, Derici H, Tansug T, Onal MA (2007) Laparoscopic cholecystectomy accompanied by simultaneous umbilical hernia repair: a retrospective study. J Postgrad Med 53:176–180

Kaufmann R, Halm JA, Eker HH, Klitsie PJ, Nieuwenhuizen J, van Geldere D, Simons MP, van der Harst E, van't Riet M, van der Holt B, Kleinrensink GJ, Jeekel J, Lange JF (2018) Mesh versus suture repair of umbilical hernia in adults: a randomised, double-blind, controlled, multicentre trial. Lancet 391:860–869

Köhler G, Luketina R-R, Emmanuel K (2015) Sutured repair of primary small umbilical and epigastric hernias: concomitant rectus diastasis is a significant risk factor for recurrence. World J Surg 39:121–126

Kuck L, Seitz F, Wiegering A, Dietz U, Meyer T (2019) Ohne Netz und doppelten Boden: Vergleich der Nabelherniotomie nach Spitzy im Kindes- und Erwachsenenalter. Zentralbl Chir 144:32–37

Lau H, Patil NG (2003) Umbilical hernia in adults. Surg Endosc 17:2016–2020

Liang MK, Holihan JL, Itani K, Alawadi ZM, Gonzalez JR, Askenasy EP et al (2017) Ventral hernia management: expert consensus guided by systematic review. Ann Surg 265:80–89

Luijendijk RW, Lemmen MH, Hop WC, Wereldsma JC (1997) Incisional hernia recurrence following „vest-over-pants" or vertical Mayo repair of primary hernias of the midline. World J Surg 21:62–65

Nguyen MT, Berger RL, Hicks SC, Davila JA, Li LT, Kao LS et al (2014) Comparison of outcomes of synthetic mesh vs suture repair of elective primary ventral herniorrhaphy: a systematic review and meta-analysis. JAMA Surg 149:415–421

Paul A, Korenkov M, Peters S, Kohler L, Fischer S, Troidl H (1998) Unacceptable results of the Mayo procedure for repair of abdominal incisional hernias. Eur J Surg 164:361–367

Polat C, Dervisoglu A, Senyurek G, Bilgin M, Erzurumlu K, Ozkan K (2005) Umbilical hernia repair with the prolene hernia system. Am J Surg 190:61–64

Rastegarpour A, Cheung M, Vardhan M, Ibrahim MM, Butler CE, Levinson H (2016) Surgical mesh for ventral incisional hernia repairs: understanding mesh design. Plast Surg (Oakv) 24:41–50

Schumacher OP, Peiper C, Lorken M, Schumpelick V (2000) Langzeitergebnisse der Nabelhernienreparation nach Spitzy. Chirurg 74:50–54

Stabilini C, Stella M, Frascio M, De Salvo L, Fornaro R, Larghero G et al (2009) Mesh versus direct suture for the repair of umbilical and epigastric hernias. Ten-year experience. Ann Ital Chir 80:183–187

Westen M, Christoffersen MW, Jorgensen LN, Stigaard T, Bisgaard T (2014) Chronic complaints after simple sutured repair for umbilical or epigastric hernias may be related to recurrence. Langenbecks Arch Surg 399:65–69

Yildiz I, Koca YS (2017) A new approach to umbilical hernia repair: the circular suture technique for defects less than 2 cm. Ann Ital Chir 6:449–453

# Präperitoneales Netzverfahren bei Umbilikalhernien

*Georg Arlt und Ulla Volmer*

**Inhaltsverzeichnis**




U. A. Dietz et al. (Hrsg.), *Offene Hernienchirurgie*,
https://doi.org/10.1007/978-3-662-61348-1_4

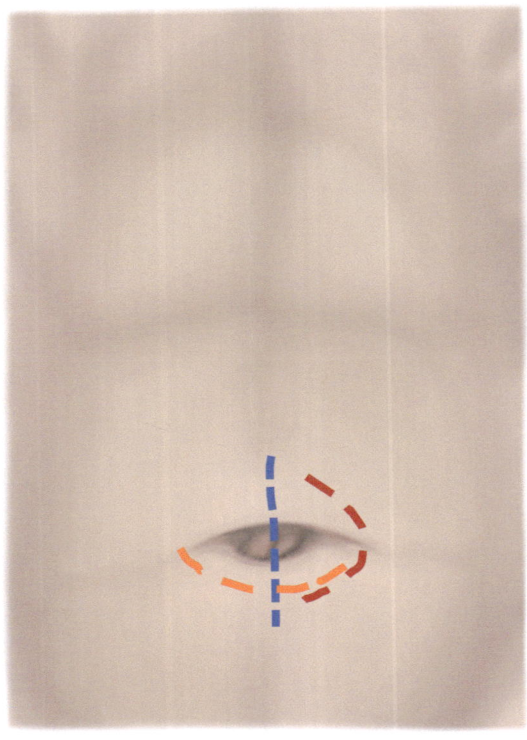

**Abb. 4.1** Schnittführung nach Spitzy, *(gelb)*, Drachter *(rot)* oder transumbilikal *(dunkelblau)* als Zugang zur anterioren Versorgung einer Nabelhernie in der PUMP-Technik

Für die offene Operation einer Nabelhernie kommen drei Zugangswege in Betracht: Die semizirkuläre infraumbilikale Inzision nach Spitzy, die semizirkuläre linkslaterale Inzision nach Drachter[1] und die vertikale transumbilikale Schnittführung (Abb. 4.1). Letztere bietet im Ergebnis eine nahezu „narbenfreie" Reparation, sollte aber wegen der potenziellen Infektionsgefahr nur bei zuverlässig zu desinfizierenden Hautverhältnissen ohne tiefe, unzugängliche Hautfalten angewandt werden (Mislowsky et al. 2008). Bei entzündlich veränderter oder nekrotischer Nabelhaut wird der Nabel primär exzidiert und der Eingriff mit der Rekonstruktion einer Nabelgrube beendet.

Nach dem Hautschnitt erfolgt bei den Zugängen nach Spitzy oder Drachter die Präparation bis auf die Faszie, das Umfahren des Bruchsacks im Faszienniveau, die Ablösung oder besser Durchtrennung an der Nabelbasis und die Versenkung über eine Tabaksbeutelnaht. Alternativ wird der Bruchsack im Faszienniveau zirkulär eröffnet, der Bruchinhalt reponiert und das Peritoneum nach Mobilisierung vom hinteren Blatt der Rektusscheide mit einer Naht (z. B. Polyglykolsäure 2-0 oder 3-0 USP) verschlossen.

Beim transumbilikalen Zugang wird der Bruchsack regelhaft schon beim Hautschnitt eröffnet. Es erfolgt die Reposition des Bruchsackinhaltes und die zirkuläre Auslösung von Bruchsackbasis und Nabelpfeiler auf dem Niveau der Faszie. Nach Mobilisierung des Peritoneums wird dies per Naht verschlossen.

Für Nabelhernien von 2–4 cm im Durchmesser – entsprechend der mittleren Defektgröße in der EHS-Klassifikation (European Hernia Society) – weist die überwiegende Zahl der Studien einen Vorteil für die Netzreparation gegenüber dem Nahtverschluss aus. Die Rezidivquoten liegen für netzbasierte Verfahren bei 2–4 % gegenüber 10–12 % nach Nahtreparation. Perioperative Komplikationen wie Serome, Hämatome und Wundinfekte werden in vergleichbarer Frequenz bzw. nach Netzimplantation nur geringfügig häufiger beobachtet (Shankar et al. 2017; Kaufmann et al. 2018).

### *Präperitoneale* umbilikale Mesh-Plastik (PUMP-Reparation)

Dieses Verfahren ist gut geeignet für Fasziendefekte mit einer Größe von 2–4 cm. Vorzüge der PUMP-Reparation sind die einfach zu erlernende Technik, die Verwendung eines individuell angepassten, kostengünstigen, flachen Netzes und die zuverlässige Vermeidung eines direkten Darm-Netz-Kontaktes (Huhn und Kersten 2009). Nach Versorgung des Bruchsackes bzw. des peritonealen Defektes wird das Peritoneum durch teils stumpfe, teils scharfe Präparation vom Rand des Fasziendefektes in allen Richtungen auf einer Strecke von 3 cm gelöst (Abb. 4.2). Hierbei ist auf eine sorgfältige Blutstillung zu achten. Aus einem großporigen und ggf. auch leichtgewichtigen Netz fertigt man ein kreisrundes oder querovales Implantat von mindestens 6 cm Durchmesser und versieht es mit 2–3 zur Fixation bestimmten Nähten (z. B. Polyglykolsäure 2–0 USP) außerhalb des Situs. Danach wird das Implantat im *präperitonealen* Raum plan ausgebreitet und durch locker geknüpfte Nähte durch die Faszienhinterwand fixiert (Abb. 4.3) (s. auch Tab. 19.1 und Abb. 19.3). Im Bereich der Linea alba können diese Fixierungsnähte transfaszial gestochen und auf der Faszie geknotet werden. Der Fasziendefekt wird mit einer fortlaufenden Naht (z. B. Polypropylen oder Polydioxanon 0 oder 2-0 USP) quer verschlossen. Die Fixierung der Nabelbasis und eine Hautnaht beenden den Eingriff.

Bei sehr großen Nabeldefekten über 4 cm ist unter Umständen eine Lösung des Peritoneums vom hinteren Blatt der Rektusscheide nach lateral nicht möglich. In diesen Fällen kann der Defekt mit einer retromuskulären *(retrorectus)* Netzplastik analog zu einer Narbenhernienreparation in der Mittellinie verschlossen werden. Liegt gleichzeitig eine ausgeprägte Rektusdiastase vor, wird die Reparation der Mittellinie nach kranial bis zum Xiphoid empfohlen.

1 Richard Drachter (1883–1936) studierte unter anderem in Würzburg und München Medizin. Nach seiner Habilitation 1917 war er Direktor der Kinderklinik der Chirurgischen Universitätsklinik in München. 1930 erschien sein Buch „Chirurgie des Kindesalters", welches er gemeinsam mit J.R. Grossman herausgab.

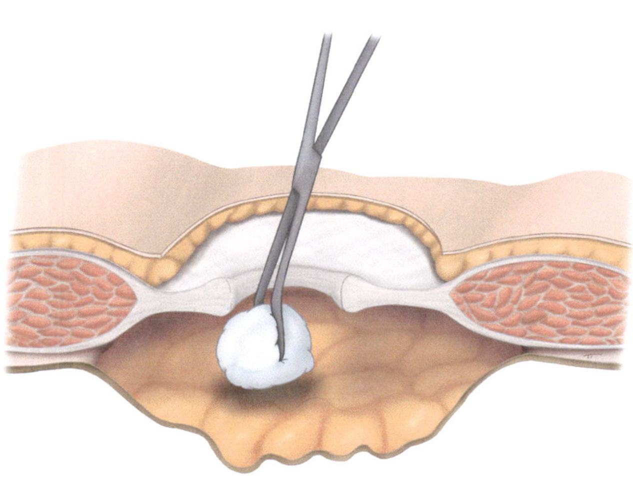


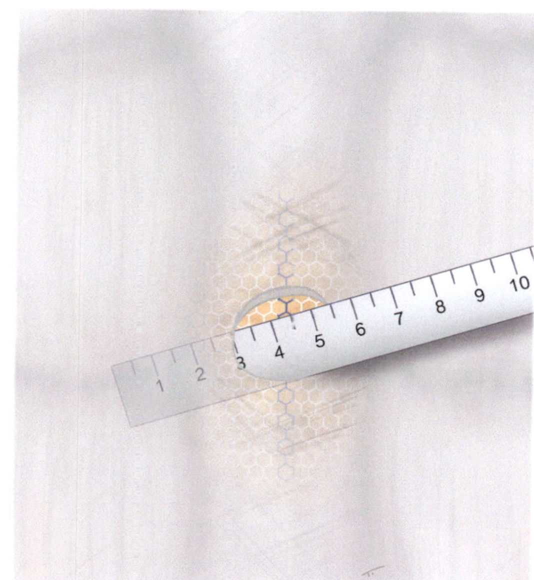


**Abb. 4.2** a, b Stumpfe bzw. bipolare Präparation des Netzlagers **a** mit zirkumferenzieller Ablösung des präperitonealen Fettgewebes bzw. des Peritoneums; nach Möglichkeit soll diese Präparation in alle Richtungen **b** auf ca. 3 cm erfolgen

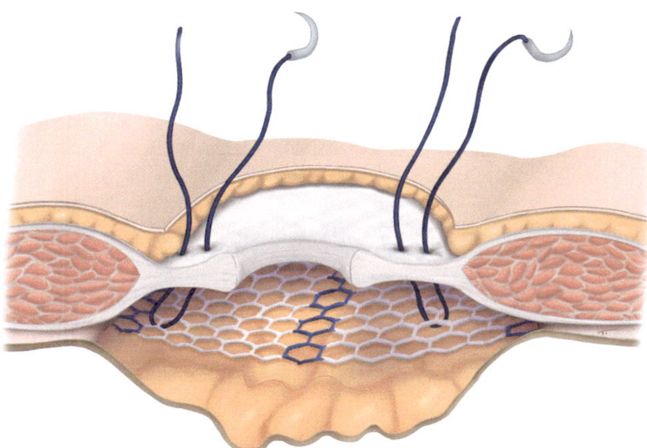

**Abb. 4.3** Platzierung des zugeschnittenen flachen Netzes im präperitonealen Raum mit vorgelegten resorbierbaren Fäden zur transfaszialen Netzfixation

Alternativ zur präperitonealen Implantation eines individuell getrimmten flachen Netzes können auch vorgefertigte Netzprothesen für die offene *präperitoneale* Platzierung genutzt werden (Porrero et al. 2019). Die OP-Technik ist vergleichsweise einfach, da bei diesen Prothesen keine transfasziale Nahtfixierung notwendig ist. Im Gegensatz zu einem flachen Netz stellen diese Implantate jedoch eine hohe Fremdkörperbelastung dar und sind zudem relativ teuer.

- **Komplikationen**

Am Nabel werden bei offener Reparation Wundheilungsstörungen durch Infektion und Durchblutungsstörungen aufgrund der Durchtrennung der Nabelbasis provoziert. Eine perioperative Antibiotikaprophylaxe wird vielfach empfohlen, ist jedoch nicht evidenzbasiert. Hinsichtlich der Durchblutungsstörung der Nabelhaut sollten eine angepasste Schnittführung und eine sparsame Dissektion des Bruchsackes von der Nabelhaut das Risiko minimieren. Darmverletzungen sind selten, aber bei jeder OP-Technik beschrieben und entsprechend aufklärungspflichtig. Intra- und postoperative Blutungen resultieren aus der speziellen Anatomie der Bauchwand mit den Gefäßen an der Plica umbilicalis mediana.

Nabelhernien bei Leberzirrhose mit Aszites stellen besondere Anforderungen an die Operation (Coelho et al. 2016). Die Inkarzerationsneigung ist größer und es finden sich häufiger Hautulzerationen sowie postoperative Aszitesleckagen. Neben dem Versuch der präoperativen Rekompensation der Zirrhose zur Aszitesreduktion empfiehlt sich die Anlage einer abdominellen Drainage über 10–14 Tage bis zur Wundheilung, um Aszitesfisteln zu verhindern und die Rezidivrate zu senken (Marsman et al. 2007; Ammar 2010).

## 4.1 Kommentar der Herausgeber: Präperitoneale Netzimplantation

Bei schlanken Patienten kann die Platzierung von Nahtmaterialknoten unter die Haut und in Nähe der Nabengrube zu Beschwerden führen, die über mehrere Wochen andauern. In diesen Fällen ist es hilfreich, das Netz wie oben beschrieben plan im präperitonealen Raum auszu-

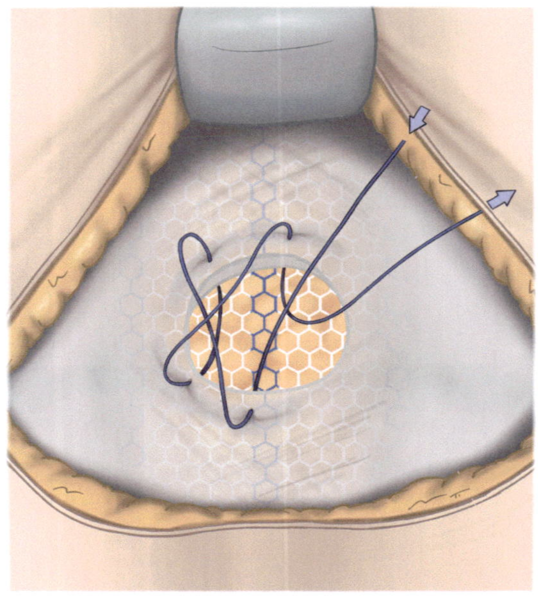


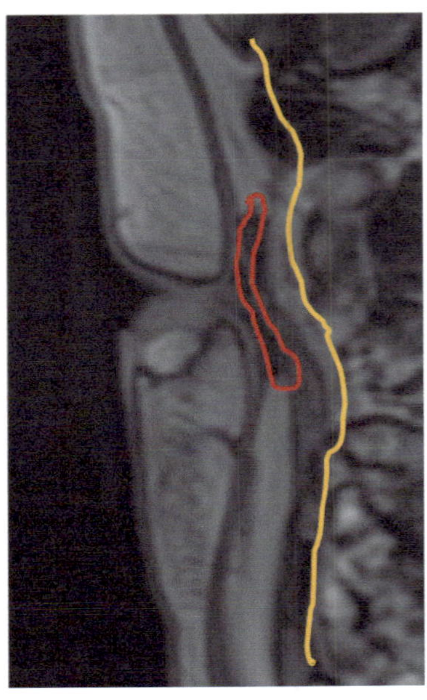


**Abb. 4.4** a, b In der Modifikation der umbilikalen Netzreparation gemäß der Würzburger NANEP-Technik erfolgt die Netzfixation **a** mit der Achternaht des Bruchlückenverschlusses (1–2 invertierende Achternähte, je nach Größe der Umbilikalpforte); **b** MRI-Bild eines Netzes in NANEP-Technik mit sagittalem Schnitt der Bauchdecke auf Ebene der Linea alba 1 Jahr postoperativ mit Darstellung des präperitonealen Polyvinylidenfluorid-(PVDF-)Netzes *(rot)* und des Peritoneums *(gelb)*

breiten und die Fixation lediglich im Rahmen des Nahtverschlusses der Umbilikalpforte vorzunehmen. Dabei hat sich die invertierte Achternaht bewährt, bei der der Knoten nach präperitoneal verlagert ist (Abb. 4.4). Diese Technik (auch NANEP genannt) ist bei einer Bruchpfortengröße von 0,8–2,0 cm zu empfehlen; bei Verwendung eines im MRI darstellbaren Netzes kann die Netzposition im Verlauf bildlich dargestellt werden.

## Literatur


Ammar SA (2010) Management of complicated umbilical hernias in cirrhotic patients using permanent mesh: randomized clinical trial. Hernia 14:35–38

Coelho JCU, Claus CPM, Campos ACL, Costa MAR, Blum C (2016) Umbilical hernia in patients with liver cirrhosis: a surgical challenge. World J Gastrointest Surg 8:476–482

Huhn U, Arlt G, Kersten CC (2009) The PUMP repair – open preperitoneal umbilical mesh plasty. Hernia Suppl, Abs.70

Kaufmann R, Halm JA, Eker HH, Klitsie PJ, Nieuwenhuizen J, van Geldere D, Simons MP, van der Harst E, van't Riet M, van der Holt M, Kleinrensink GJ, Jeekel J, Lange JF (2018) Mesh versus suture repair of umbilical hernia in adults: a randomised, double-blind, controlled, multicentre trial. Lancet 391:860–869

Marsman HA, Heisterkamp J, Halm JA, Tilanus HW, Metselaar HJ, Kazemier G (2007) Management in patients with liver cirrhosis and an umbilical hernia. Surgery 142:372–375

Mislowsky A, Hemphill A, Nasrallah DV (2008) A scarless technique of umbilical hernia repair in the adult population. Hernia 12:627–630

Porrero JL, Cano-Valderrama O, Villar S, Sanchez-Cabezudo C, Ramos B, Porrero B, Cendrero M, Bnachia O, Torres AJ (2019) Umbilical hernia repair with composite prosthesis: a single-centre experience. Hernia 23:143–147

Shankar DA, Itani KM, Brien WJ, Sanchez VM (2017) Factors associated with long-term outcomes of umbilical hernia repair. JAMA Surg 152:461–466

# Offene IPOM-Technik bei Umbilikalhernien

*Guido Woeste*

## Inhaltsverzeichnis




U. A. Dietz et al. (Hrsg.), *Offene Hernienchirurgie*,
https://doi.org/10.1007/978-3-662-61348-1_5

Die aktuelle Datenlage – so zum Beispiel das Dänische Hernienregister mit fast 5000 Patienten – zeigt, dass die Rezidivrate nach Versorgung einer Umbilikalhernie durch die Verwendung eines Netzes im Vergleich zu Nahtverfahren signifikant niedriger ist (Christoffersen et al. 2013). Nach operativer Versorgung einer kleinen (<2 cm) Nabelhernie bzw. epigastrischen Hernie mit Verwendung eines Netzes liegt die Reoperationsrate wegen Rezidivs nach 21 Monaten bei 2,2 % im Vergleich zu 5,6 % ohne Netz. Auch eine randomisierte Multizenterstudie aus den Niederlanden zur operativen Therapie von Nabelhernien zwischen 1 cm und 4 cm Größe zeigte eine signifikante Reduktion der Rezidivrate bei Verwendung eines Netzes von 11,4 % auf 3,6 % nach 25,1 Monaten Nachbeobachtung (Kaufmann et al. 2018).

Die Frage, ob ein Netz bei der Versorgung einer Nabelhernie über 1 cm Größe verwendet werden soll, ist also geklärt. Allerdings gibt es verschiedene Möglichkeiten und Techniken der Netzplatzierung und damit verbunden verschiedene Arten von Implantaten.

Neben der im vorhergehenden Kapitel beschriebenen Implantation eines flachen Netzes in *präperitonealer* Technik soll nun die *intraperitoneale* Implantation von vorgefertigten runden Implantaten (Composite-Netz-Patch) beschrieben und auf die dabei verwendeten Netze eingegangen werden (s. auch ◘ Tab. 19.1 und ◘ Abb. 19.3).

> Bei Nabelhernien über 1 cm Bruchlückendurchmesser soll ein Netzverfahren verwendet werden.

### ▪ Zugang

Der am häufigsten verwendete Zugang für die offene Versorgung von Nabelhernien ist eine infraumbilikale Inzision. Bei größeren Hernien wird im eigenen Vorgehen bevorzugt eine Inzision in der Mittelinie von kranial bis kaudal des Nabels mit Linksumschneidung desselben gewählt. So ist eine Erweiterung des Zugangs möglich. Nach Ablösen des Nabels und Darstellen des Bruchsackes erfolgt zur *intraperitonealen* Platzierung des Netzes nun die Eröffnung des Bruchsacks und das Eingehen in die Peritonealhöhle.

### ▪ Netz-Patches

Die *intraperitoneale* Lage des Netzes (IPOM) erfordert ein speziell für diese Anwendung vorgesehenes Composite-Netz-Patch. Es sind verschiedene Produkte auf dem Markt erhältlich (◘ Tab. 5.1). Allen gemeinsam ist die vorgefertigte rundliche Form, die mehrschichtige Composite-Konfiguration und eine Form des antiadhäsiven Schutzes (s. auch ▶ Kap. 31).

Die Beschichtung soll die Bildung von Adhäsionen und die Entstehung von Darmfisteln verhindern. Im Tiermodell zeigten der Ventralex- und der Parietex-Patch eine hervorragende Mesothelisation und eine daraus resultierende geringe Adhäsionsbildung. Der Proceed-Patch führte zu einer vermehrten Bildung von Verwachsungen als die anderen Composite-Netz-Patches (García-Moreno et al. 2014, 2015). Muysoms et al. geben allerdings zu bedenken, dass es durch die *intraperitoneale* Lage der Patches zu Komplikationen kommen kann. So beschreiben die Autoren Fälle von Darmperforationen und Penetration der Composite-Netz-Patches in den Darm (Muysoms et al. 2011). Auch im eigenen Patientenkollektiv haben wir ähnlich konfigurierte Netze aufgrund der Ausbildung von Darmfisteln entfernen müssen.

**◘ Tab. 5.1** Composite-Netz-Patches zur Versorgung von Nabelhernien in *intraperitonealer* Position

| Name | Hersteller | Material | Beschichtung | Größen |
|---|---|---|---|---|
| Parietex Composite Ventral Patch (PCO-VP) | Medtronic | Monofilament Polyester | Hydrophiler Kollagenfilm | 4,6 cm<br>6,6 cm<br>8,6 cm |
| Proceed Ventral Patch (PVP) | Ethicon | Polypropylen-PDS-PGS teilresorbierbar | Oxidierte regenerierte Cellulose | 4,3 cm<br>6,4 cm |
| Ventralex ST Hernia Patch | BARD | Polypropylen, Monofil Absorbable Memory Ring (PDS) | Hydrogelbarriere (Seprafilm) | 4,3 cm<br>6,4 cm<br>8,0 cm |
| Ventralex Hernia Patch | BARD | Polypropylen | ePTFE | 4,3 cm<br>6,4 cm<br>8,0 cm |
| CA.B.S. AIR | Cousin Biotech | Polypropylen | ePTFE | 5,0 cm<br>7,0 cm<br>9,0 cm |

*PDS* Polydioxanon, *PGS* Polyglykolsäure, *ePTFE* expandiertes Polytetrafluorethylen

**Wichtig**

Eine Erweiterung der Bruchlücke bei Nabelhernie ist in der Regel nicht angemessen und sollte vermieden werden.

Durch präperitoneale Platzierung der Composite-Netz-Patches könnten intraabdominelle Komplikationen vermieden werden.

Bei der Nabelhernienversorgung ist eine Netzüberlappung von 2–3 cm ausreichend.

Die Versorgung von Nabelhernien mit Bruchlücken über 4 cm mit einem Composite-Netz-Patch wird in Literatur nicht empfohlen.

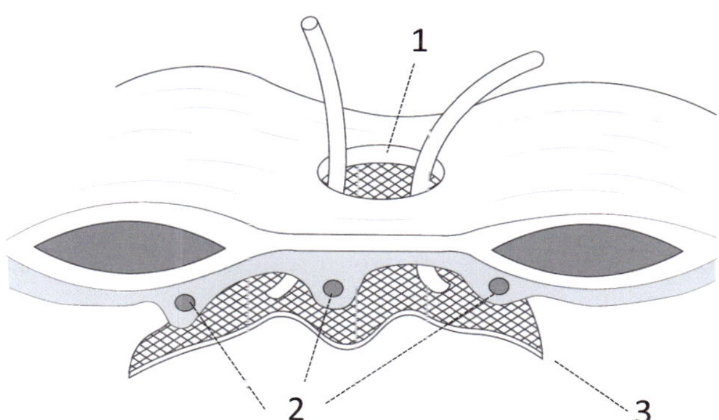


**Abb. 5.1** Bei anteriorer (offener) Reparation der Umbilikalhernie mit vorgefertigtem Composite-Netz-Patch in IPOM-Position *(1)* kommt es wegen der infraumbilikalen Plicae *(2)* zur Verkrümmung des Netzrandes *(3)* („potato-chip-curling" bzw. „cupping"), weshalb diese Netze für diese Anwendung nicht mehr indiziert sind

### Platzierung des Composite-Netz-Patches

Die Platzierung des Composite-Netz-Patches ist bei kleinen Nabelhernien im Vergleich zu anderen Hernien durch die begrenzte Größe der Lücke erschwert. Eine ausreichende Überlappung des Netzes ist entscheidend, um Rezidive zu vermeiden (Berrevoet et al. 2011). Porrero et al. haben gezeigt, dass bei Verwendung eines *intraperitonealen* Composite-Netz-Patches eine Überlappung von weniger als 1 cm signifikant häufiger zu Rezidiven führt und daher eine Überlappung von mindestens 1 cm erreicht werden soll (Porrero et al. 2018). In der multizentrischen, prospektiven PANACEA-Studie zur Beurteilung der Versorgung von Ventralhernien mit dem Parietex Composite Ventral Patch wurden Defekte von 1–3 cm mit einem Patch von 6,6 cm oder 8,6 cm Durchmesser versorgt. Bei einer Lücke über 3 cm wurde ein 8,6 cm großes Netz verwendet (Berrevoet et al. 2017). Porrero et al. verwendeten in einer zweiten Studie bei einer Bruchlücke unter 2 cm einen Patch von 4,3 cm Durchmesser, bei einer Bruchlücke von 2–5 cm ein 6,4-cm-Netz und bei einer Bruchlücke von 5–6 cm einen 8-cm-Patch (Porrero et al. 2019). Die Herniengröße scheint ein Risikofaktor für ein Rezidiv zu sein. Bontinck et al. folgerten aus ihrer retrospektiven Analyse der Verwendung eines großen PVP mit 6,4 cm Durchmesser, dass dieser nur für die Versorgung von Hernien unter 2 cm suffizient ist. Bei größeren Defekten stellten sie eine erhöhte Rezidivrate fest (Bontinck et al. 2014). Bei großen Nabelhernien (über 4 cm Durchmesser) ist die Versorgung mit einem größeren, individuell angepassten flachen Netz indiziert, das dann bevorzugt in *Retrorectus*-Position eingesetzt wird (s. auch ▶ Kap. 20).

### Ausbreitung des Netzes

Bei der *intraperitonealen* Platzierung ist eine Präparation eines ausreichend großen Raumes nicht erforderlich. Allerdings muss sichergestellt werden, dass sich das Netz entfalten kann. Entscheidend für eine niedrige Rezidivrate ist eine korrekte Ausbreitung des Netzes. Eine Kontrolle der Netzlage ist allerdings nur bedingt möglich (Berrevoet et al. 2011). Eine Lagekontrolle erfolgt in der Regel mit dem Finger oder einem Stieltupfer oder einer Péan[1]-Klemme. So soll auch sichergestellt werden, dass zwischen ventraler Seite des Implantates und der Bauchdecke kein Gewebe (Darm oder Omentum) liegt. Wenn die Ränder des Implantates nach innen in die Bauchhöhle umschlagen, wird dies als „potato-chip-curling" oder „cupping" bezeichnet, was meistens durch die anatomischen Gegebenheiten der umbilikalen Plicae hervorgerufen wird (Abb. 5.1, s. auch Abb. 2.2). Dies könnte zu einem unzureichenden Verschluss der Bruchlücke und einer erhöhten Rezidivrate führen (Berrevoet et al. 2010, 2011; Tollens et al. 2011). Nach Einbringen des Netzes in die Bauchhöhle werden die an dem Implantat befestigten Haltebänder angezogen. Man geht davon aus, dass dieses Manöver das Netz an die Bauchdecke anlegt. Durch zu starken Zug an den Haltebändern kann wiederum ein „cupping" begünstigt werden. Wenn das Netz nicht flach ausgebreitet ist, erhöht sich auch das Risiko für Adhäsionen.

### Kontrolle der Netzlage durch Laparoskopie

Eine genaue Lagekontrolle des eingebrachten Implantates ist leider durch die in der Regel kleinen Bruchlücken nicht möglich. Berrevoet et al. überprüften in einer Studie die Position des Composite-Netz-Patches mittels Laparoskopie (Berrevoet et al. 2010). Dabei wurde vor dem Einbringen des Netzes festgestellt, dass durch die stumpfe digitale Präparation bei über 80 % noch Adhäsionen zur Bauchwand bestanden oder das Ligamentum umbilicale eine flache Netzposition verhindern kann, meistens im Sinne eines „potato-chip-curlings". Bei einer Subgruppe von 10 Patienten der PANACEA-Studie erfolgte ebenfalls eine lapa-

1 Jules P. Péan (1830–1898).

5

roskopische Lagekontrolle. Hier wurde bei 60 % eine korrekte Platzierung an der Bauchdecke beobachtet. Bei 40 % kam es durch Interposition von Fettgewebe oder „cupping" des Netzes am Ligamentum falciforme zu einer verbesserungspflichtigen Fehllage (◘ Abb. 5.1) (Berrevoet et al. 2017). Ein Problem bei der Ausbreitung einiger Composite-Netz-Patches scheint zu sein, dass der Memory-Ring der Implantate nicht stark genug ist, um das Netz komplett flach aufzuspannen, insbesondere nicht, wenn Gewebe – wie z. B. ein fettiges Ligamentum umbilicale – eine glatte Auflagefläche verhindert. Bei der alltäglichen Anwendung wird keine laparoskopische Kontrolle des Implantates durchgeführt. Eine akkurate chirurgische Technik ist von entscheidender Wichtigkeit bei Verwendung dieser Composite-Netz-Patches.

Durch ihre antiadhäsive Beschichtung sind die in ◘ Tab. 5.1 aufgeführten Implantate für die *intraperitoneale* Platzierung vorgesehen. Allerdings werden diese Netze häufig auch *präperitoneal* platziert. Bei dieser *präperitonealen* umbilikalen Netzversorgung bleibt der Bruchsack verschlossen, der präperitoneale Raum wird stumpf präpariert (s. auch ▶ Kap. 4). Auch wenn man in dieser Ebene keine beschichteten Prothesen benötigt, ist der Memory-Ring bei diesen Implantaten hilfreich, um das Composite-Netz im präperitonealen Raum auszubreiten. Die Operation wird dadurch einfacher und schneller. Manchmal ist die Präparation im präperitonealen Raum erschwert und das Peritoneum wird eröffnet. Bei der Verwendung eines beschichteten Netzes kann das Peritoneum in einem solchen Fall offenbleiben. Ein Vergleich der *intra-* und *präperitonealen* Platzierung eines Ventralex- bzw. Ventralex-ST-Implantates ergab in der retrospektiven Kohortenstudie von Porrero et al. keinen signifikanten Unterschied in Hinblick auf die Rezidivrate (Porrero et al. 2015). Insgesamt wird mittlerweile die offene Nabelhernienversorgung gemäß der PUMP-Technik bevorzugt und eine *intraperitoneale* Platzierung der Netze möglichst vermieden (s. ▶ Kap. 4) (Huhn et al. 2009). Im präperitonealen Raum können entweder Composite-Netz-Patches oder flache Netze verwendet werden.

### ▪ Fixierung des Composite-Netz-Patches

Das alleinige Ziehen an den Haltebändern und Naht derselben an die Faszie scheint bei den vorgefertigten runden Composite-Netz-Patches nicht immer zu deren optimaler Akkommodation zu führen und ist somit nicht die beste Fixierung. Eine fixierende, U-förmige Naht der der Bauchdecke zugewandten Seite des Implantates bei 3, 6, 9 und 12 Uhr verbessert die Entfaltung und Ausbreitung des Netzes und verhindert das Einrollen (Tollens et al. 2011). Einige Netze haben für diese Art der Fixierung eine zusätzliche Tasche auf der ventralen Seite. Ob diese zusätzlichen Fixierungsnähte die postoperativen Schmerzen erhöhen, ist nicht sicher geklärt. Mit dieser transfaszialen Fixierung und einem zusätzlichen Verschluss des Fasziendefektes können sehr niedrige Rezidivrate erreicht werden (Porrero et al. 2019; Martin et al. 2008).

### ▪ Netz-Bridging vs. Netzverstärkung

Generell gilt für die offene Versorgung von Umbilikalhernien – wie auch bereits für Inzisionalhernien bekannt –, dass der Verzicht des Bruchlückenverschlusses durch Überbrücken des Defektes als Bridging" die schlechtesten Ergebnisse bezüglich Rezidiv und Wundinfekten zeigt (s. auch ▶ Kap. 23) (Holihan et al. 2016a, b). Ohne einen Faszienverschluss findet eine reduzierte Gewebeintegration des Netzes statt und es kommt häufiger zu einem Bulging. Es sollte daher auch bei der Versorgung von Nabelhernien mit *intraperitonealem* Netz ein Verschluss des Fasziendefektes angestrebt werden (Tollens et al. 2011). Zudem bedeutet ein Verschluss der Faszie eine zusätzliche Barriere zwischen einem potenziellen Wundinfekt und dem Implantat.

### ▪ Vergleich *intraperitoneal* mit *präperitoneal* bzw. *retrorectus*

Insgesamt ist die chirurgische Technik der Nabelhernienversorgung mit einem *intraperitonealen* Implantat einfach, elegant und sehr schnell durchzuführen mit einer signifikant kürzeren Operationsdauer im Vergleich zur offenen *präperitonealen* Technik (34 min versus 80 min) (Berrevoet et al. 2011). Ein Vergleich der verschiedenen Operationstechniken ist schwer, da die meisten Studien alle Ventralhernien, also Inzisional- und Nabelhernien einschließen. Holihan et al. verglichen 447 Patienten, von denen 139 (31,1 %) mit einem *retrorectus* und 308 (68,9 %) mit einem *intraperitonealen* Netz versorgt wurden. In diesem Kollektiv handelte es sich allerdings bei der Mehrzahl (61 % bzw. 82 %) um Inzisionalhernien. Die Rezidivrate war in der *Retrorectus*-Gruppe signifikant niedriger (9,4 % bzw. 22,4 %). Dies erklären die Autoren mit einem Einwachsen des Netzes in zwei Richtungen in der *Retrorectus*-Position im Gegensatz zu nur einer bei der *intraperitonealen* Lage (Holihan et al. 2016a). Zudem hat das Netz in der *Retrorectus*-Position Kontakt zu dem gut durchbluteten Muskel. Das *intraperitoneale* Netz liegt dem Peritoneum an, einer antiadhäsiven Barriere des Körpers. Dies führt zu einem unterschiedlichen Ergebnis im Hinblick auf Einwachsen und Integration des Netzes.

Tab. 5.2 Ergebnisse der Nabelhernienversorgung mit Composite-Netz-Patches

| Studie, Jahr | Anzahl | Technik, Netz | Größe | Rezidivrate | Follow-up |
|---|---|---|---|---|---|
| Berrevoet et al. (2017) | 110 | *Intraperitoneal*<br>Parietex Composite Ventral Patch | 1,8 cm | 2,8 % | 1 Jahr |
| Ponten et al. (2019) | 177 | *Intra-/präperitoneal*<br>Proceed Ventral Patch (PVP) | K.A | 8,4 % | 2 Jahre |
| Bontinck et al. (2014) | 101 | *Präperitoneal*<br>Proceed Ventral Patch (PVP) | <1 cm 28 %<br>1–2 cm 53 %<br>>2 cm 19 % | 12,0 % | 16 Monate |
| Berrevoet et al. (2010) | 28 | *Intraperitoneal*<br>Laparoskopische Kontrolle<br>Ventralex Hernia Patch | 1,8 cm | 14,8 % | 25 Monate |
| Tollens et al. (2011) | 176 | *Intraperitoneal*<br>Ventralex Hernia Patch | <1 cm 35 %<br>1–3 cm 50 %<br>>3 cm 15 % | 8,9 % | 49 Monate |
| Porrero et al. (2019) | 1,359 | *Präperitoneal*<br>Vetralex, Ventralex ST Hernia Patch | 2,1 cm | 3,9 % | 4 Jahre |

Im MORPHEUS-Trial, einer randomisierten kontrollierten Multizenterstudie, wird die Versorgung von Nabelhernien und epigastrischen Hernien mit einem *präperitoneal* platzierten Polypropylennetz im Vergleich zu einem Proceed Ventral Patch untersucht (Ponten et al. 2019). Bei der Verwendung eines *präperitonealen* Netzes kam es zu signifikant weniger Komplikationen mit weniger Reoperationen. Die Rezidivrate unterschied sich nicht signifikant (8,4 % bei PVP bzw. 4,1 % bei flachem Netz) (Tab. 5.2).

### Offene oder laparoskopische Operation

Zum Schluss soll noch kurz auf die laparoskopische Platzierung eines *intraperitonealen* Netzes eingegangen werden. In einem systematischen Review zum Vergleich von laparoskopischer und offener Versorgung von Nabelhernien wurden 3 randomisierte kontrollierte Studien und 7 retrospektive Kohortenstudien zusammengefasst. Im Vergleichskollektiv zur laparoskopischen Gruppe waren allerdings in den Studien nicht nur offene Operationen mit Netzeinlage, sondern auch solche mit einem Nahtverfahren. Die Aussagekraft ist daher eingeschränkt. Dieses Review kommt zu dem Ergebnis, dass die laparoskopische Operation ein niedrigeres Risiko für Wundinfektionen und Rezidive hat bei längerer Operationszeit (Hajibandeh et al. 2017). Als vorteilhaft wird die Möglichkeit der weiten Überlappung gesehen. Allerdings besteht bei der Laparoskopie das Risiko inzidenteller Enterotomien. Bei der laparoskopischen Versorgung von Nabelhernien muss bedacht werden, dass die Inzidenz von Trokarhernien zwischen 0,5 und 2 % liegt (Helgstrand et al. 2011).

## Literatur


Berrevoet F, Van den Bossche B, de Baerdemaeker L, de Hemptinne B (2010) Laparoscopic evaluation shows deficiencies in memory ring deployment during small ventral hernia repair. World J Surg 34:1710–1715

Berrevoet F, D'Hont F, Rogiers X, Troisi R, de Hemptinne B (2011) Open intraperitoneal versus retromuscular mesh repair for umbilical hernias less than 3 cm diameter. Am J Surg 201:85–90

Berrevoet F, Doerhoff C, Muysoms F, Hopson S, Muzi MG, Nienhuijs S, Kullman E, Tollens T, Schwartz MR, LeBlanc K, Velanovich V, Jørgensen L (2017) A multicenter prospective study of patients undergoing open ventral hernia repair with intraperitoneal positioning using the monofilament polyester composite ventral patch: interim results of the PANACEA study. Med Devices (Auckl) 10:81–88

Bontinck J, Kyle-Leinhase I, Pletinckx P, Vergucht V, Beckers R, Muysoms F (2014) Single centre observational study to evaluate the safety and efficacy of the Proceed™ Ventral Patch to repair small ventral hernias. Hernia 18:671–680

Christoffersen MW, Helgstrand F, Rosenberg J, Kehlet H, Bisgaard T (2013) Lower reoperation rate for recurrence after mesh versus sutured elective repair in small umbilical and epigastric hernias. A nationwide register study. World J Surg 37:2548–2552

García-Moreno F, Sotomayor S, Pérez-López P, Pérez-Köhler B, Bayon Y, Pascual G, Bellón JM (2014) Intraperitoneal behaviour of a new composite mesh (Parietex™ Composite Ventral Patch) designed for umbilical or epigastric hernia repair. Surg Endosc 28:3479–3488

García-Moreno F, Pérez-López P, Sotomayor S, Pérez-Köhler B, Bayon Y, Pascual G, Bellón JM (2015) Comparing the host tissue response and peritoneal behavior of composite meshes used for ventral hernia repair. J Surg Res 193:470–482

Hajibandeh S, Sreh A, Khan A, Subar D, Jones L (2017) Laparoscopic versus open umbilical or paraumbilical hernia repair: a systematic review and meta-analysis. Hernia 21:905–916

Helgstrand F, Rosenberg J, Bisgaard T (2011) Trocar site hernia after laparoscopic surgery: a qualitative systematic review. Hernia 15:113–121

5

Holihan JL, Bondre I, Askenasy EP, Greenberg JA, Keith JN, Martindale RG, Roth JS, Liang MK, Ventral Hernia Outcomes Collaborative (VHOC) Writing Group (2016a) Sublay versus underlay in open ventral hernia repair. J Surg Res 202: 26–32

Holihan JL, Nguyen DH, Nguyen MT, Mo J, Kao LS, Liang MK (2016) Mesh location in open ventral hernia repair: a systematic review and network meta-analysis. World J Surg 40:89–99

Huhn U, Arlt G, Kersten CC (2009) The PUMP repair – open preperitoneal umbilical mesh plasty. Hernia Suppl, Abs.70

Kaufmann R, Halm JA, Eker HH, Klitsie PJ, Nieuwenhuizen J, van Geldere D, Simons MP, van der Harst E, van't Riet M, van der Holt B, Kleinrensink GJ, Jeekel J, Lange JF (2018) Mesh versus suture repair of umbilical hernia in adults: a randomised, double-blind, controlled, multicentre trial. Lancet 391:860–869

Martin DF, Williams RF, Mulrooney T, Voeller GR (2008) Ventralex mesh in umbilical/epigastric hernia repairs: clinical outcomes and complications. Hernia 12:379–383

Muysoms FE, Bontinck J, Pletinckx P (2011) Complications of mesh devices for intraperitoneal umbilical hernia repair: a word of caution. Hernia 15:463–468

Ponten JEH, Leclercq WKG, Lettinga T, Heemskerk J, Konsten JLM, Bouvy ND, Nienhuijs SW (2019) Mesh or patch for hernia on epigastric and umbilical sites (morpheus-trial): the complete two-year follow-up. Ann Surg 270:33–37

Porrero JL, Cano-Valderrama O, Marcos A, Bonachia O, Ramos B, Alcaide B, Villar S, Sánchez-Cabezudo C, Quirós E, Alonso MT, Castillo MJ (2015) Umbilical hernia repair: analysis after 934 procedures. Am Surg 81:899–903

Porrero JL, Cano-Valderrama O, Castillo MJ, Marcos A, Tejerina G, Cendrero M, Porrero B, Alonso MT, Torres AJ (2018) Importance of mesh overlap on hernia recurrence after open umbilical hernia repair with bilayer prosthesis. Am J Surg 216:919–922

Porrero JL, Cano-Valderrama O, Villar S, Sanchez-Cabezudo C, Ramos B, Porrero B, Cendrero M, Bnachia O, Torres AJ (2019) Umbilical hernia repair with composite prosthesis: a single-centre experience. Hernia 23:143–147

Tollens T, Den Hondt M, Devroe K, Terry C, Speybroeck S, Aelvoet C, Vanrykel JP (2011) Retrospective analysis of umbilical, epigastric, and small incisional hernia repair using the Ventralex™ hernia patch. Hernia 15:531–540

# Nabelhernien im Kindesalter

*Thomas Meyer*

## Inhaltsverzeichnis




U. A. Dietz et al. (Hrsg.), *Offene Hernienchirurgie*,
https://doi.org/10.1007/978-3-662-61348-1_6

Die Bruchpforte der kindlichen Nabelhernie entspricht einem nicht verschlossenen Nabelring durch den sich – infolge einer Schwächung der Richet[1]-Faszie (Fascia umbilicalis) – das Peritoneum vorwölbt. Darüber befinden sich das subkutane Fettgewebe sowie die Nabelhaut (Rokitansky 2013; Minkes 2017). Umbilikalhernien haben im Gegensatz zu epigastrischen Hernien die Tendenz, sich im Laufe des Kleinkindesalters zu schließen. Ein Großteil verschließt sich bis zum 2. Lebensjahr, ab dem 2.-3. Lebensjahr ist ein Spontanverschluss selten und ab dem 5. Lebensjahr eine Rarität. Die Inzidenz einer Nabelhernie liegt im Kindesalter zwischen 10 und 30 %, wobei farbige Menschen die höchste Inzidenz aufweisen. Des Weiteren korreliert die Inzidenz mit dem Geburtsgewicht. Gut 2/3 aller Kinder mit einem Geburtsgewicht <1500 g haben eine Nabelhernie. Die kindliche Nabelhernie ist in der Regel gut reponierbar, eine Inkarzeration ist eine Seltenheit (Rokitansky 2013).

> Die Indikation zur operativen Versorgung der kindlichen Nabelhernie besteht bei Persistenz der Nabelhernie über das 2. Lebensjahr hinaus, sofern sich keine Tendenz zum Spontanverschluss zeigt (Rokitansky 2013).

Selten besteht auch schon im Säuglingsalter eine Indikation zur operativen Versorgung, v. a. wenn die Hernie dem Säugling durch die ständig prolabierenden Darmschlingen offensichtlich Beschwerden macht (Rokitansky 2013).

- **Operative Therapie der kindlichen Nabelhernien**

Die Operation nach Spitzy stellt einen Direktverschluss der Faszienlücke im Bereich des Nabels dar. Sie ist seit über einem Jahrhundert die angewandte kinderchirurgische Methode und Mittel der Wahl bei der operativen Versorgung von Nabelhernien im Kindesalter (Spitzy 1910; Kuck und Meyer 2018).

Über einen semizirkulären, infraumbilikalen Hautschnitt werden nach präparativer Spaltung der Subkutis die Bruchpforte und der Bruchsack im Bereich der Linea alba dargestellt. Anschließend kann der Bruchsack mit einer abgewinkelten Klemme umfahren und angezügelt werden. Danach erfolgt die bruchpfortennahe, schichtweise Durchtrennung des Bruchsackes. Hierbei können die ehemaligen Nabelschnurgefäße zur Darstellung kommen. Diese sollten elektrokoaguliert werden. In seltenen Fällen zeigt sich ein persistierender Urachus bzw. ein Ductus omphaloentericus. Der persistierende Urachus lässt sich in der Regel bei den Kindern ohne Erweiterung des Zugangsweges über den Nabel bis zum Blasendach verfolgen und kann hier mittels Durchstechungsligatur sicher versorgt werden. Ebenso kann ein persistierender Ductus omphaloentericus durch die Bruchpforte vor die Bauchdecke verlagert, reseziert und die Passage, ggfs. mittels End-zu-End-Anastomose, wiederhergestellt werden.

Danach erfolgt der Verschluss der Faszienlücke durch eine resorbierbare 2-0-USP-Einzelknopf-Direktnaht im Sinne einer Stoß-auf-Stoß-Naht", die zugleich Faszie und Peritoneum fasst (s. „Kommentar der Herausgeber zur Nabelhernie"). Nach Abtragung eventueller Bruchsackreste vom Nabelgrund wird dieser mit einer resorbierbaren Einzelknopfnaht wieder an der Linea alba refixiert. Subkutane Nähte sind in der Regel nicht erforderlich, der Hautverschluss erfolgt mittels einer intrakutanen resorbierbaren Naht der Stärke 5-0 USP. Die Resektion eines Hautüberschusses ist in der Regel nicht notwendig. Für riesige Nabelhernien mit massivem Hautüberschuss bieten sich verschiedene Nabelplastiken an (Akakpo-Numado GKl 2017). Rezidive sind selten und sollten heute unter 1 % liegen (Kuck et al. 2019).

## 6.1 Kommentar der Herausgeber: Nabelhernie

Zu kindlichen Nabelhernie: Bei Erwachsenen ist die Naht des Peritoneums gemeinsam mit der Faszie ein Risikofaktor für ein Rezidiv. Bei Kindern wird das Peritoneum kaum von der Faszie abzulösen sein, das Gewebe ist entwicklungsbedingt „flexibler" um sich auf Faszienniveau ohne Peritoneum als Störfaktor zu erholen. Wegen der guten Biologie der kindlichen Wundheilung gibt es nur wenige Rezidive. Die meisten davon kommen durch technische Fehler wie zum Beispiel das Übersehen von supraumbilikalen/Nabelrandhernien zustande.

## 6.2 Kommentar der Herausgeber: Seltene ventrale Hernien

Unter dem Begriff ventrale Hernien werden einerseits die epigastrische Hernie und die Nabelhernie zusammengefasst, es gibt allerdings auch eine ganze Anzahl anderer primärer Hernienmöglichkeiten des Abdomens. Seltene primäre Hernien der Bauchdecke sind die Lumbalhernie und die Spieghel[2]-Hernie. Im Bereich des

1 Louis-Alfred Richet (1816–1891).

2 Adrian van der Spieghel (1578–1625). Der Brüsseler Anatom studierte in Padua unter Fabricius ab Aquapendente. Nach einer Zwischenzeit in Mähren kehrte er 1605 nach Padua zurück und übernahm dort den Lehrstuhl für Anatomie. Spieghel beschrieb 1645 die nach ihm benannte Hernie im Bereich der Linea semilunaris.

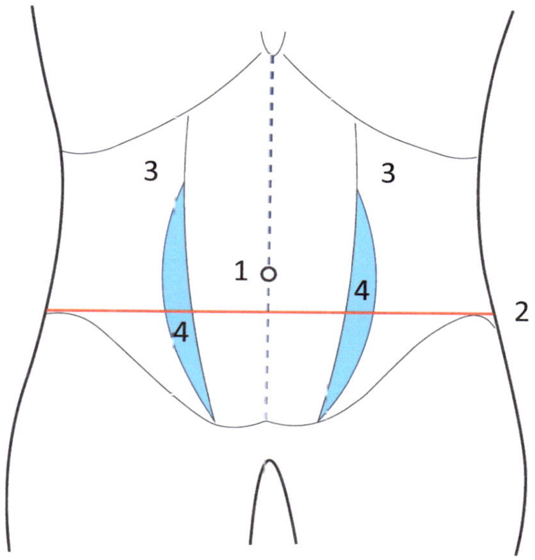

**Abb. 6.1** Topografie der häufigsten Lokalisationen von Spieghel-Hernien in Relation zum Nabel *(1)* und zur Ebene der Spinae iliacae *(2)* im Rahmen der klinischen Untersuchung; *(3)* Topografie der Spieghel-Faszie bzw. der Linea semilunaris (Spieghel-Linie)); *(4)* Spieghel-Hernienzone *(blaue Felder)*

Zwerchfells treten die Morgagni[3]-Hernie (anteriore kostodiaphragmale Hernie) und die Bochdalek[4]-Hernie (posteriore diaphragmale Hernie) sowie die Hiatushernien auf; die Versorgung von Zwerchfellhernien ist heute Domäne der minimalinvasiven Chirurgie und wird nicht in diesem Buch beschrieben.

Spieghel-Hernien fallen gelegentlich bei endoskopischen Hernienversorgungen als Zufallsbefund auf und können am besten im CT diagnostiziert werden. Anatomisch treten Spieghel-Hernien im Bereich der Linea semilunaris auf, der Linie, die den Übergang zwischen dem muskulären und dem aponeurotischen Anteil des M. transversus abdominis markiert. Zwischen diesem muskulofaszialen Übergang (lateralwärts) und dem M. rectus abdominis (medialwärts) entsteht so die Spieghel-Faszie. Spieghel-Hernien können an der gesamten Länge der Spieghel-Linie auftreten (Abb. 6.1) und verlaufen meistens zwischen den unterschiedlichen Muskelschichten (Abb. 6.2). Mit einer Prävalenz 0,12–2 % sind sie eine eher seltene Entität; wegen ihres kleinen Durchmessers ist die Inkarzeration nicht selten (Skandalakis et al. 2006).

**Spieghel-Hernie**

Die Spieghel-Faszie oder Spieghel-Zone ist der Faszienbereich lateral der Rektusscheide und medial der Spieghel-Linie; hier entstehen die Spieghel-Hernien.

Bei der offenen Reparation von Spieghel-Hernien muss genauestens darauf geachtet werden, durch welche Muskelschichten die Hernie verläuft, um die komplette Versorgung zu gewährleisten (Gellner 1987). Die intermuskuläre Netzimplantation mit einer Überlappung von einigen Zentimetern stößt meistens medial auf Grenzen, hier ist es empfehlenswert, die Rektusscheide zu eröffnen und das Netz nach medial hin in *Retrorectus*-Position zu implantieren. Dabei muss bedacht werden, dass die Interkostalnerven von laterokranial nach mediokaudal verlaufen und nicht mit der Naht gefasst werden sollten. Alternativ ist die präperitoneale Netzposition zu favorisieren (s. auch Abb. 19.3). Aktuell stellen minimalinvasive Verfahren eine gute Option für die Versorgung von Spieghel-Hernien dar (z. B. die ventrale TAPP).

3 Giovanni Battista Morgagni (1682–1771). Morgani war ein Schüler Antonio Maria Valsalvas (1666–1723) und bekleidete 59 Jahre lang die Professur der Anatomie zu Padua. Er hatte viele namhafte Schüler, unter anderem auch Antonio Scarpa (1752–1832). Sein anatomisches Werk entstand aus Briefen, die er an andere Ärzte geschrieben hatte, wobei seine Betonung auf der pathologischen Anatomie lag.

4 Vincent Alexander Bochdalek (1801–1883). Anatom und Pathologe aus Prag.

6

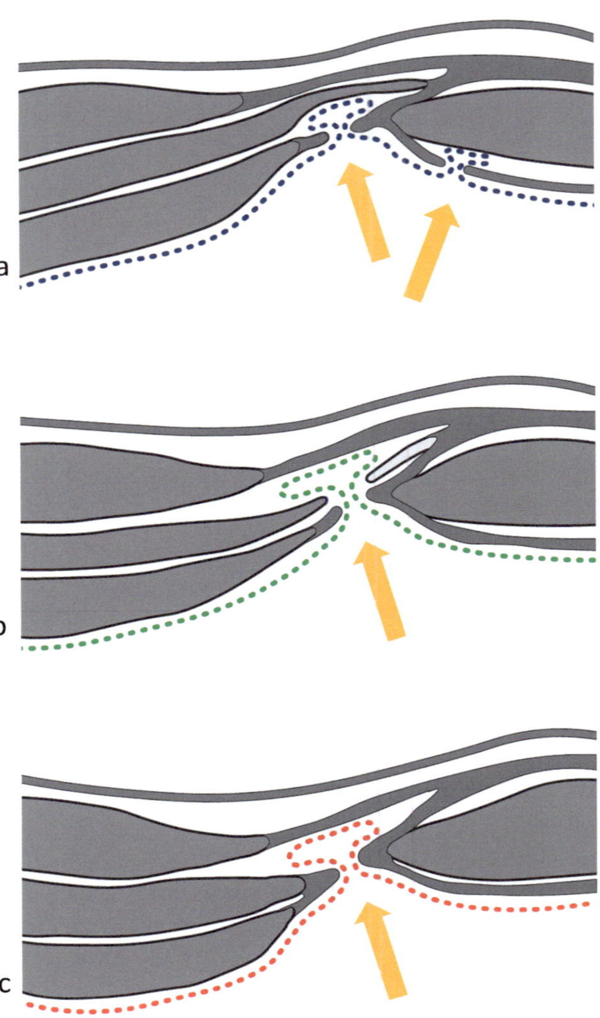


**Abb. 6.2** Transversaler Schnitt der lateralen Bauchdecke im Übergang zur Rektusscheide, mit Darstellung der Linea semilunaris *(gelbe Doppelpfeile)*, wo die Spieghel-Hernie entsteht. Dargestellt sind die anatomischen Varianten der Spieghel-Hernie bezogen auf die laterale Bauchdeckenmuskulatur. **a** Der Bruchsack liegt zwischen M. transversus abdominis und M. obliquus internus oder reicht in die hintere Rektusscheide (intravaginale Hernie). **b** Der Bruchsack reicht bis zum M. obliquus externus, allerdings sind in diesem Fall die Mm transversus abdominis und obliquus internus nicht zu einer gemeinsamen Faszie verschmolzen (Spieghel-Faszie), im Gegensatz zu **c**

## Literatur

Akakpo-Numado GKl (2017) Umbilicoplasty in children with huge umbilical hernia. In: Schiffman (Hrsg) Pediatric umbilical reconstruction. Springer, Heidelberg, S 55–65

Gellner H (1987) Spieghel Hernie. Zentralbl Chir 112:723–724

Kuck L, Meyer Th (2018) Nabelherniotomie nach Spitzy im Kindesalter. Päd Praxis 89:473–479

Kuck L, Seitz F, Wiegering A, Dietz U, Meyer T (2019) Ohne Netz und doppelten Boden: Vergleich der Nabelherniotomie nach Spitzy im Kindes- und Erwachsenenalter. Zentralbl Chir 144:32–37

Minkes RK, Mazziotti MV (2017) Embryology of the umbilicus and associated newborn defects. In: Schiffman (Hrsg) Pediatric umbilical reconstruction. Springer, Heidelberg, S 3–20

Rokitansky A (2013) Hernienchirurgie. In: von Schweinitz D, Ure B (Hrsg) Kinderchirurgie. Springer, Heidelberg, S 575–577

Skandalakis PN, Zoras O, Skandalakis JE, Mirilas P (2006) Spigelian hernia: surgical anatomy, embryology, and technique of repair. Am Surg 72:42–48

Spitzy H (1910) Der Nabelbruch. In: Spitzy H, Lange F (Hrsg) Chirurgie und Orthopädie im Kindesalter: Aus der Reihe: Pfaundler M. von und Schlossmann A. (Hrsg.): Handbuch der Kinderheilkunde, Bd 5, S 67–71.

# Leistenhernien

Inhaltsverzeichnis

# Leistenhernien: Anatomie, Klassifikation und Klinik

*Ulrich A. Dietz*

## Inhaltsverzeichnis




U. A. Dietz et al. (Hrsg.), *Offene Hernienchirurgie*,
https://doi.org/10.1007/978-3-662-61348-1_7

Die Wahrscheinlichkeit, im Laufe des Lebens eine Leistenhernie zu bekommen, beträgt für Männer 27 % und für Frauen 3 %; die Inzidenz der Leistenhernie ist bei Kindern und bei Männern über 65 Jahren besonders häufig. Leistenhernien kommen öfter auf der rechten als auf der linken Seite vor (Fitzgibbons und Forse 2015). Die Ursache der Leistenhernie ist multifaktoriell.

**Prädisponierende Faktoren**
- Familienanamnese (8-fach erhöhte Inzidenz)
- Persistenz des Ductus Processus vaginalis
- Kranialisierte inferomediale Insertion des M. obliquus internus abdominis (◘ Abb. 7.1)
- Vertikalisierte Konfiguration des knöchernen Beckens
- Nikotinabusus, niedriger BMI, COPD und Aszites
- Kollagenschwäche bzw. Alterung

Eine Frage, die immer wieder von Patienten gestellt wird, ist die nach der kausalen Korrelation zwischen übermäßiger körperlicher Aktivität im Rahmen der Berufsausübung und dem Auftreten einer Leistenhernie. Es gibt epidemiologische Daten, die zeigen, dass es keinen kausalen Effekt zwischen Berufsstand bzw. schwerer körperlicher Arbeit und dem Entstehen einer Leistenhernie gibt; auch das Auftreten eines Rezidivs und chronischer Schmerzen nach Hernienversorgung können nicht der körperlichen Arbeit zugeschrieben werden (Svendsen 2013). Daher werden Leistenhernien nicht aus Berufskrankheit anerkannt.

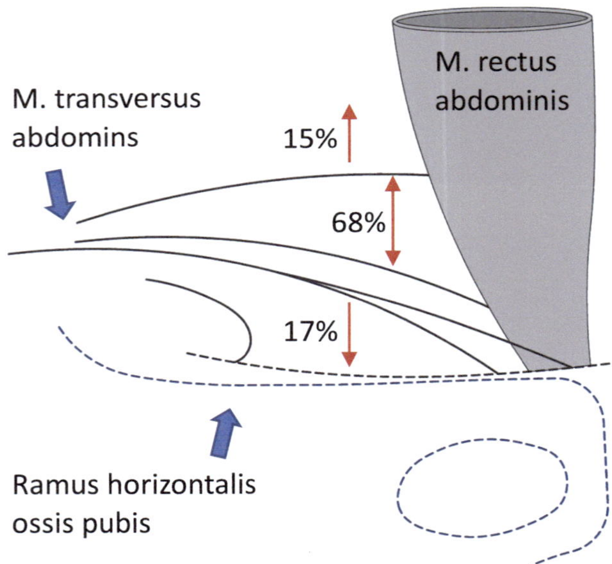


◘ **Abb. 7.1** Pathogenese der Leistenhernie: Die inferomediale Insertion des M. transversus abdominis ergibt eine unterschiedliche Verstärkung der Hinterwand des Leistenkanals; bei hoher Insertion (ca. 15 % männlicher Obduktionen) ist die Hinterwand weniger geschützt, was zu medialen Hernien prädisponiert (Nyhus 1978)

## ▪ Klinik und besondere Hernien

Ob die im späten Mittelalter geprägte Definition der Hernie als „Austritt von einem Organ (z. B. Darm) durch die Bauchdecke (Bruchring) und umhüllt von peritonealem Bruchsack" heute noch relevant ist, ist fraglich. Zwar können nur austretende Organe „eingeklemmt" und kompromittiert werden, allerdings kann auch reines Fettgewebe ohne Peritonealsack durch eine Bruchpforte austreten und durch Kompression eines begleitenden Nervens Schmerzen bei körperlicher Arbeit bzw. beim Sport verursachen, was wiederum die Lebensqualität und die Leistungsfähigkeit signifikant beeinflussen kann. Klarheit darüber, ob ein peritonealer Bruchsack besteht oder nicht, kann nur intraoperativ gewonnen werden. Auch Patienten ohne formalen Bruchsack sind postoperativ wegen der Schmerzresolution sehr zufrieden. Daher ist es richtig, dass die Operationsindikation in Abhängigkeit von der Klinik und gemäß den Erwartungen der Patienten in Hinblick auf Zurückerlangung der Lebensqualität gestellt wird. Dies muss in den Fällen, wo keine formale Hernie besteht, in der Bildgebung unter Valsalva-Manöver aber Fett durch den Leistenkanal prolabiert, offen mit den Patienten besprochen werden. Nicht zuletzt sind solche initial kleinen Befunde oft innerhalb weniger Monate progredient und operationspflichtig.

Über die Hälfte der Patienten mit Leistenhernie haben Beschwerden im Bereich der Hernie (69 %) oder im Bereich der ipsilateralen Leiste (60 %), die Hälfte der Patienten hat merkbare Veränderungen der Darmperistaltik; nur 7 % der Patienten mit Leistenhernien haben keinerlei Beschwerden (Perez Lara et al. 2014). Bei genauem Nachfragen über die Art der Schmerzen berichten Patienten über Miktionsschmerzen, Schmerzen der Leiste oder des Genitalbereiches (meist nur der entsprechenden Haut), Schmerzen bei sexueller Aktivität (bei ca. ¼ der Männer) und selten sogar über Tenesmen. Es gibt Daten aus der endoskopischen Leistenhernienchirurgie, die zeigen, dass übermäßige präoperative Beschwerden – ähnlich wie auch starke postoperative Schmerzen – Risikofaktor für chronische Schmerzen sind, also mit einem schlechteren Ergebnis korrelieren (Bansal et al. 2013).

Differenzialdiagnostisch sind bei nicht gut einzuordnenden Leistenschmerzen vor allem Hüftschmerzen und das LWS-Syndrom von besonderer Bedeutung. Irreponible Schwellungen der Leiste können auch Lymphknoten sein, bei skrotalen Befunden muss immer auch an eine Hydrozele gedacht werden, die leicht über Diaphanoskopie oder Ultraschall festzustellen ist (zur Systematik der Ultraschalluntersuchung der Leiste s. auch ▶ Kap. 8). Bei Sportlern muss ggf. eine

Adduktorentendinitis oder auch eine Symphysitis ossis pubis ausgeschlossen werden (s. auch ► Kap. 35). Bei Frauen ist selten auch die Beckenendometriose eine Differenzialdiagnose, diese verursacht meistens zyklische Beschwerden. Die Leistenherniendiagnose ist vor allem eine klinische Diagnose. Der Patient wird im Stehen und im Liegen sowie unter Valsalva-Manöver untersucht und der Leistenkanal digital palpiert. Nur selten – z. B. bei sog. okkulten Hernien – ist eine bildgebende Untersuchung nötig. Spezialformen der Leistenhernie sind die Littré-Hernie (Meckel-Divertikel, s. unten), die Richter-Hernie (der Darm ist nur antimesenterial gefangen, s. unten) und die Amyand-Hernie (mit inkarzeriertem Wurmfortsatz, s. unten).

**Hydrozele**

Die Hydrozele ist ein gekammertes Serom im Verlaufsbereich des embryonalen Processus vaginalis[1], welcher sich unter Umständen nicht vollständig zurückbildet. Die Hydrozele tritt bei Männern am Hoden oder entlang des Ductus deferens auf; bei Frauen ist die Persistenz des Ductus peritoneovagilais entlang des Ligamentum teres uteri als Nuck[2]-Kanal bekannt, die entsprechende weibliche Hydrozele wird auch Nuck-Zyste genannt.

Eine kommunizierende Hydrozele ist de facto eine peritonealisierte laterale Hernie mit einem engen inneren Leistenring.

Auch nach endoskopischer partieller Bruchsackresektion kann es zur Ausbildung einer Hydrozele kommen.

Therapie der Hydrozele ist die Fensterung, die subtotale Resektion oder die Evertierung nach Winkelmann[3].

**Littré-Hernie[4]**

Bei dieser Sonderform der Leistenhernie findet sich ein Meckel[5]-Divertikel im Bruchsack. Das Meckel-Divertikel kommt bei ca. 2 % der Bevölkerung vor und ist bei Männern doppelt so häufig wie bei Frauen. Bei 25 % der Patienten ist Pankreasgewebe im Divertikel.

Die Netzimplantation im Rahmen einer offenen Hernienoperation mit konkomitanter Resektion des Meckel-Divertikels ist möglich.

**Richter-Hernie[6]**

Bei der Richter-Hernie ist der antimesenteriale Anteil des Darms im Bruchsack gefangen, ohne jedoch das gesamte Darmlumen zu beinhalten; somit ist meistens auch klinisch kein kompletter Ileus vorhanden. In der Regel ist das Ileum betroffen, es kann sich allerdings auch um irgendeinen Abschnitt des Dünn- oder Dickdarmes handeln. Obwohl eine Richter-Hernie bei jeder Bruchlücke vorkommen kann, ist meistens die Schenkelpforte betroffen.

Die meisten Patienten sind über 60 Jahre alt. Richter-Hernien kommen bei ca. 5–15 % der inkarzerierten Hernien vor.

**Amyand[7]-Hernie**

Der Begriff beschreibt die Leistenhernie mit inkarzeriertem Wurmfortsatz.

1 Processus vaginalis: Im Rahmen der embryonalen Verkürzung des Gubernaculum testis kommt es zu einer Faltung des Zölomepithels im Sinne einer Aussackung, dem sog. Processus vaginalis. Nach Beendung des Descensus testis geht das Peritoneum des Processus vaginalis am inneren Leistenring in das abdominelle Peritoneum über; wenn der Processus vaginalis nicht postnatal obliteriert, kann dies Ursache entweder für eine kongenitale Leistenhernie oder eine Hydrocele testis sein.

2 Antonius Nuck (1650–1692). Niederländischer Anatom und Professor der Anatomie in Leiden.

3 Karl Winkelmann (1863–1925). Chirurg in Barmen. Die Originalarbeit mit der Beschreibung des OP-Verfahrens ist nicht bekannt.

4 Alexis Littré (1658–1726). Studierte in Montpellier und Paris und war ein erfolgreicher Anatom (er präparierte in einem Jahr bis zu 200 Leichen) und vorzüglicher Chirurg. Littré beschrieb diese besondere Art der Leistenhernie erstmals im Jahr 1700

5 Johann Friedrich Meckel (der Jüngere) (1781–1833). Studierte in Halle, Göttingen, Würzburg und Wien. Meckel war in Halle Professor für Anatomie und Chirurgie und beschrieb das nach ihm benannte Divertikel erstmals 1809.

6 August Gottlieb Richter (1742–1812). Studierte in Göttingen und bereiste intensiv europäische Zentren, unter Anderem in England, Frankreich, den Niederlanden und der Schweiz. Er war ein hervorragender Schriftsteller, seine Vorlesungen waren ebenso geordnet, seine referate wurden als „Chirurgische Bibliothek" herausgegeben. Seine Abhabdlung von den Brüchen ist ein Klassiker geworden

7 Claudius A. Amyand (1660–1745). Amyand war ein englischer Chiturg der bei der Armee in Flandern diente. Amyand hat wahrscheinlich 1735 die erste erfolgreiche Appendektomie durchgeführt und publizierte verschiedene interessante Beobachtungen seltener Fälle.

## Terminologie

Inkarzeration
10 % der Leistenhernien und 20 % der Schenkelhernien sind inkarzeriert. Inkarzeration bedeutet, dass der Bruchinhalt irreponibel ist. Inkarzeration des Darmes kann in Obstruktion und Strangulation übergehen. Es lohnt sich immer, den Versuch zu unternehmen, eine inkarzerierte Leistenhernie zu reponieren; dies geling in ca. 2/3 der Fälle. Es sollte anschließend eine frühelektive Reparation angestrebt werden.

Strangulation
Strangulation bedeutet, dass die Blutversorgung des eingeklemmten Darmes unterbrochen ist. Der Mechanismus ist meistens das Abknicken des Darmes im Leisten- oder Schenkelkanal, wodurch es zum Lymphstau und Ödem distal des Bruchrings kommt, sodass die Durchblutungssituation immer kritischer wird, wobei anfänglich eine venöse Infarzierung entsteht. Wenn die Operation rechtzeitig erfolgt, erholt sich die venöse Infarzierung oft innerhalb von 15–20 min.

Gleithernie (engl.: „sliding hernia")
Eine Hernie wird dann als Gleithernie bezeichnet, wenn der Bruchinhalt nicht ganz mobil bzw. wenn er nicht vollständig von Peritoneum bedeckt ist. Eine Gleithernie ist dann gegeben, wenn ein Teil des prolabierenden Organs embryonal im Bruchsack eingewachsen ist (Typ-I-Gleithernie, 95 %). Um das Organ zu reponieren (rechtsseitig oft das Zökum, linksseitig meist das Sigma), muss der Teil des Bruchsacks mit der embryonalen Verwachsung ausgeschnitten werden, was wiederum etwas mehr Aufwand bei der Versorgung der Bruchsackbasis bedeutet (◘ Abb. 7.2).

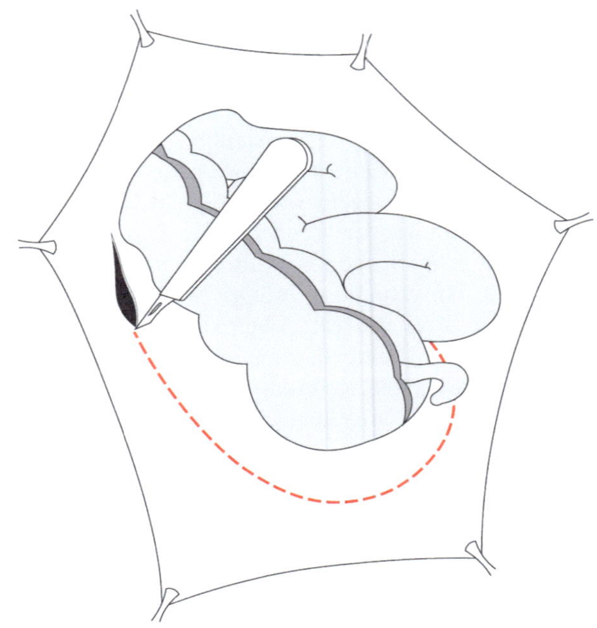

◘ **Abb. 7.2** Wenn der Bruchinhalt der Leistenhernie nicht mobil ist, handelt es sich um eine Gleithernie.. Eine mögliche Versorgung der Gleithernie ist die 1909 von Hotchkiss beschriebene Technik des peritonealen Ausschneidens des Darmabschnittes *(rot gestrichelte Linie)* mit konsekutivem Nahtverschluss des Peritoneums (Hotchkiss 1909)

## Anatomie

Die faszinierende topografische und funktionelle Anatomie der Leistenregion wird in diesem Buch nur pragmatisch behandelt und repetiert. Es soll das Verständnis der wesentlichen Strukturen für die offene chirurgische Reparation von Leistenhernien in Erinnerung gebracht werden, darüber hinaus werden Begriffe, die in der aktuellen Diskussion unter Fachexperten verwendet werden, erläutert. Entscheidend für die anteriore Leistenhernienreparation ist die korrekte Eröffnung der Aponeurose des M. obliquus externus: Der Einstieg erfolgt mittels Durchtrennung der Fibrae intercrurales (◘ Abb. 7.3). Unmittelbar darunter verläuft bereits der N. ilioinguinalis. Zwischen der Aponeurose des M. obliquus externus und dem M. obliquus internus verläuft der N. iliohypogastricus. Die Hinterwand des Leistenkanals wird medial der epigastrischen Gefäße von der Fascia transversalis gebildet. Durch den Leistenkanal verlaufen im muskulären Schlauch des M. cremaster der Samenstrang und die Testikulargefäße; der N. ilioinguinalis verläuft teils mit dem M. cremaster, teils ist er von ihm umhüllt; der Ramus genitalis des N. genitofemoralis liegt in Nähe des Leistenbandes und des inneren Leistenringes und ist von lateral aus blickend an der Testikularvene („Blue Line") erkennbar (s. auch ▶ Kap. 11 sowie ◘ Abb. 12.2 und 35.1).

Weniger von außen erkennbar verlaufen die retropubischen Gefäße, welche – wenn intraoperativ tangiert – zu erheblichen Blutungen führen können (◘ Abb. 7.4). Dieses Gefäße waren in der Anfangszeit der „Herniotomie" vor 200 Jahren eine gefürchtete Ursache des Exitus letalis.

Von posterior aus gesehen (von innen her, wie bei endoskopischen Verfahren) bildet die Anatomie der Leiste mit ihren 3 potenziellen Bruchpforten eine Einheit. Henri Fruchaud[8] stellte diese Anatomie erstmals in ihrem Zusammenhang dar und postulierte damit auch eine erste Erklärung für die große Variabilität des Verlaufes der Bruchsäcke durch die laterale, die mediale und die femorale Lücke. Fruchad fasste die Anatomie der Leiste im Begriff des „myopektinealen Trichters"

8 Henri René Fruchaud (1894–1960). Fruchaud lebte und arbeitete in Algier (Algerien), Paris und Aleppo (Syrien). Er widmete sich in den 1930er Jahren in Algier intensiv dem Studium der Anatomie der Leiste.

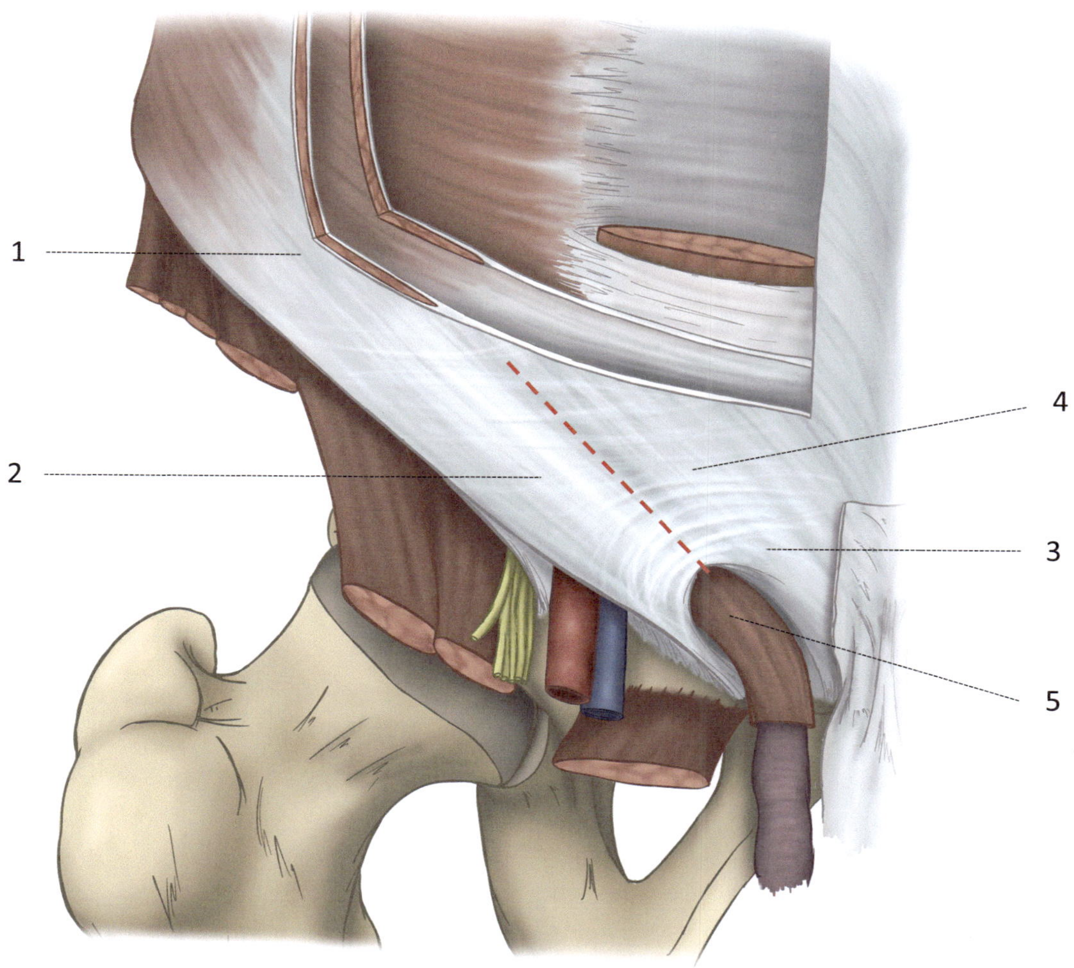


**Abb. 7.3** Anatomie der Aponeurose des M. obliquus externus *(1)*: Crus lateralis *(2)*, Crus medialis *(3)*, Fibrae intercrurales *(4)*, äußerer Leistenring *(5)*. Die Eröffnung des Leistenkanals erfolgt bei allen transinguinalen Operationsverfahren durch Spaltung der Fibrae intercrurales *(rot gestrichelte Linie)*

(s. unten) zusammen (Abb. 7.5). Posteriore Operationsverfahren wie zum Beispiel die Technik nach Stoppa (s. auch ▶ Kap. 13 und Abb. 13.3) oder die Rives-Femoral-Technik (s. auch ▶ Kap. 18 und Abb. 18.1) versorgen den gesamten myopektinealen Trichter mit einem Netz und verstärken somit die ganze Leiste.

### Myopektinealer Trichter nach Fruchaud

Nach Fruchauds anatomischen Beobachtungen treten die Iliakalgefäße durch die Bauchdecke wie durch einen Trichter, den er die „myopektineale Öffnung" oder den „myopektinealen Trichter" nannte; Fruchaud sah die Inguinalregion als eine nicht in Einzelteile trennbare Einheit. Sein Reparationsvorschlag war als „Operation von Aleppo" (St. Louis Krankenhaus, Aleppo, Syrien) bekannt und ähnelt dem Shouldice-Verfahren.

Bei der Präparation des myopektinealen Trichters von anterior wird chirurgisch medialseits zunächst das Spatium Retzii[9] (Syn.: Spatium retropubicum) stumpf freigelegt, indem die Harnblase von der Symphyse abgelöst wird. Die laterale Fortsetzung des Spatium Retzii lateral der Iliakalgefäße wird Bogros-Raum (s. unten) genannt, auch dieser Raum ist avaskulär und durch stumpfe Präparation freizulegen (Abb. 7.6).

9 Anders Adolf Retzius (1796–1860). Der schwedische Anatom und Weltreisende beschrieb in seiner Zeit als stellvertretender Professor der Anatomie am Karolinska-Institut in Stockholm den heute nach ihm benannten Raum als den „Raum zwischen der Beckenwand (anterior) und der umbiliko-prävesikalen Faszie (posterior)" (1849). Er verbesserte das anatomische Studium in Stockholm sehr und leistete einen wesentlichen Beitrag zur Professionalisierung der Lehre der Anatomie im Medizinstudium.

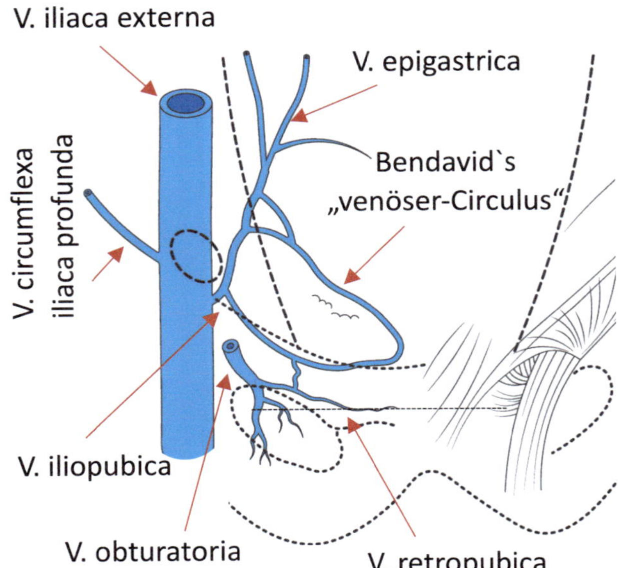


**Abb. 7.4** Retropubische venöse Gefäße. Die seit Hesselbach als „Corona mortis“ bekannten venösen Gefäße im präperitonealen Raum wurden von Bendavid genauer beschrieben. Bendavids „venöser Circulus“ umfasst die V. epigastrica inferior, die V. iliopubica, die V. rectusialis, die V. retropubica und die V. rectusio-epigastrica communicans



Der Bogros-Raum[10] ist für die Stoppa-Technik und den Transversus-abdominis-Release entscheidend (s. auch ► Kap. 13) und erfährt auch im Rahmen endoskopischer Verfahren (TEP, TAPP) sowie bei der posterioren Komponentenseparation (TAR) eine neue Bedeutung (s. auch ► Kap. 22 und Abb. 22.2).

**Bogros-Raum in der Definition des Erstbeschreibers**

„Die Verletzung der Arteria epigastrica ist berechtigterweise ein großer Grund zur Furcht des Chirurgen, immer wenn eine Operation in ihrer Nähe durchgeführt wird. Besonders beim Débridement von Leisten- und Schenkelhernien oder bei der Ligatur der Arteria iliaca externa […] Mein Ziel ist, eine Herangehensweise zur Ligatur der A. epigastrica darzustellen […] Da meine Herangehensweise sich an den benachbarten Strukturen orientiert, ist es unabkömmlich, dass ich mit einer akkuraten und detaillierten Beschreibung der Anatomie beginne …“

## Klassifikation der Leisten- und Schenkelhernien

Die aktuellen Leitlinien empfehlen die Anwendung der EHS-Klassifikation für Leisten- und Schenkelhernien. Die EHS-Klassifikation ist eine Anpassung der klassischen Aachener Klassifikation mit den Kategorien medial (M), lateral (L) und femoral (F). Die Einfachheit ergibt sich aus der Bestimmung der Größenkategorien nach Bruchlückengröße, gemessen an passierbaren Fingern: So ist die „1-Hernie“ für einen Zeigefinger passierbar, die „2-Hernie“ für 2 Finger und die „3-Hernie“ für 3 oder mehr Finger (Abb. 7.7). Ergänzt wird die Klassifikation mit den Präfixen „P“ für primär und „R“ für rezidiviert (gefolgt von der Zahl des Rezidivs). Das Suffix „X“ wird verwendet, wenn zum Beispiel die Schenkelpforte mein Lichtenstein nicht exploriert wurde (FX) (Tab. 7.1) (Miserez et al. 2007).

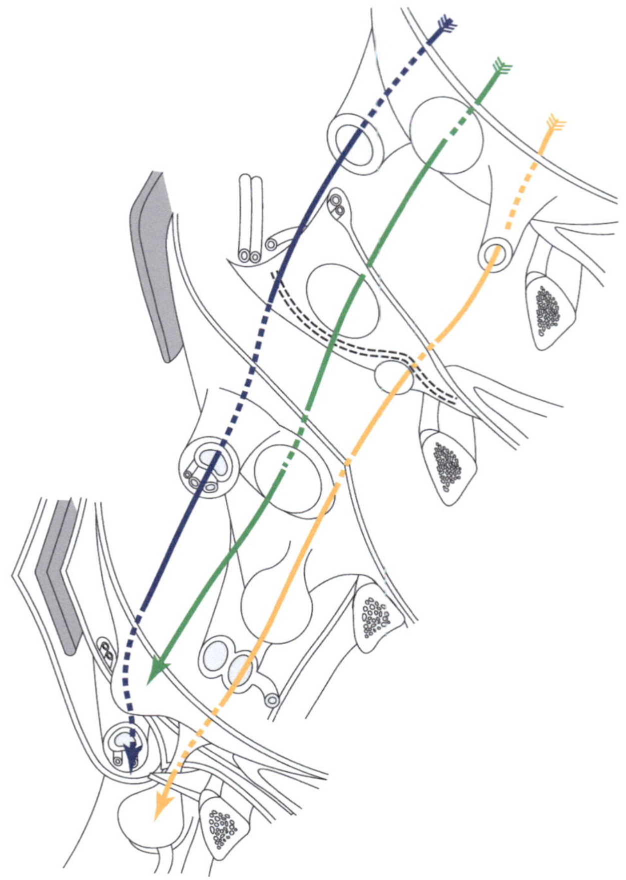

**Abb. 7.5** Fruchaud (1956) beschreibt die drei potenziellen Bruchpforten (lateral, medial und femoral) als eine zusammengehörige Einheit, die er im myopektinealen Trichter definitionsgemäß zusammenfasst. Daher verlangt Fruchaud, dass alle Bruchpforten – wenn nicht versorgt – zumindest intraoperativ auf konkomitante Hernien hin überprüft werden müssen

## OP-Indikation

Operationsindikation
Die OP-Indikation ist bei der komplizierten Leistenhernie (Inkarzeration und Strangulation) als Notfalleingriff

10 Annet-Jean Bogros (1786–1823). Der Anatom und Prosektor an der Pariser Fakultät war ein geschickter Präparator und verfügte über viel Wissen. Bogros beschrieb in seiner Promotionsschrift aus dem Jahr seines Todes (1823) den Bereich um den inneren Leistenring, den suprainguinalen prävaskulären Raum, aus „laparoskopischer Perspektive“, der Teil des sog. interparietoperitonealen Raumes ist.

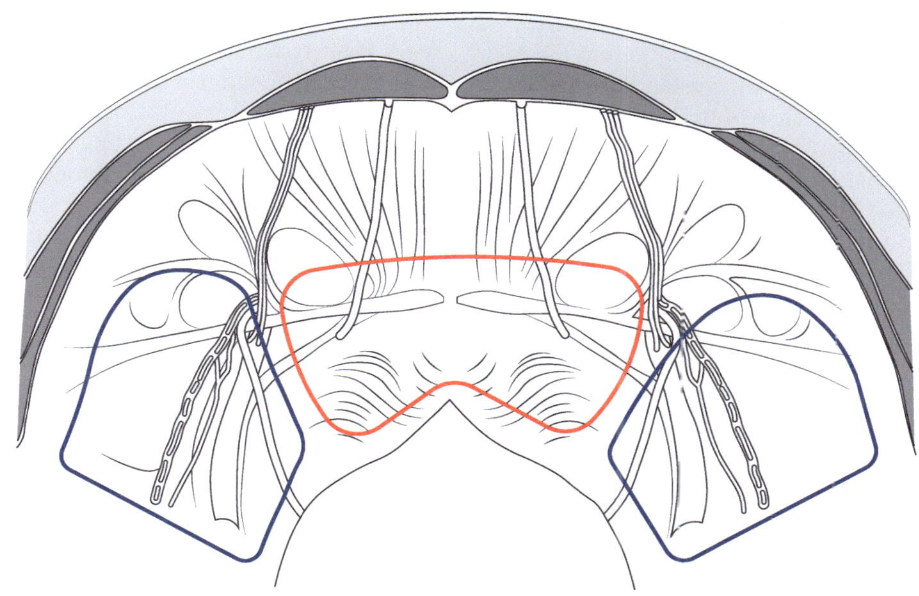

**Abb. 7.6** Bogros-Raum (1823) *(blau eingezeichnete Zone)* und Spatium Retzii (1849) *(rot eingezeichnete Zone)*. Der Übergang vom Spatium Retzii zum Bogros-Raum erfolgt auf Ebene der Iliakalgefäße

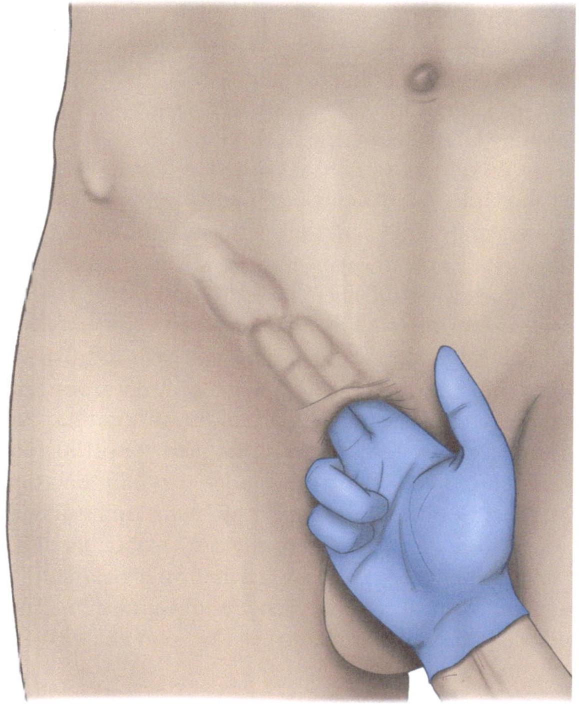

**Abb. 7.7** Bestimmung der Bruchpfortengröße gemäß EHS-Klassifikation je nach Anzahl der Finger (Miserez 2007)

**Tab. 7.1** EHS-Klassifikation. Der Befund wird in der entsprechenden Zelle abgehakt (Miserez 2007)

| | 0 (keine) | 1 Finger | 2 Finger | 3 Finger |
|---|---|---|---|---|
| L (lateral) | | | | |
| M (medial) | | | | |
| F (femoral) | | | | |
| Präfix: P (primär) oder R (rezidiviert); Suffix: X (unklar bzw. unbekannt) | | | | |

gegeben. Bei den nicht-akuten Fällen besteht die Indikation zur elektiven Reparation, so zum Beispiel bei allen Hernien mit Schmerz-Symptomatik. Bei Größenprogredienz ist die Indikation auch ohne Symptome gegeben, da eine spätere Versorgung eines komplexeren Befundes größere perioperative Risiken birgt und Notfalleingriffe größere Risiken haben (The HerniaSurge Group 2018). Die aktuellen Operationsverfahren bieten sehr gute Ergebnisse bei geringer Komplikationswahrscheinlichkeit, die Lebensqualität wird durch die Operation deutlich gesteigert. Bei Frauen besteht grundsätzlich eine elektive Operationsindikation, da es sich oft um eine Schenkelhernie handelt und Schenkelhernien in ca. 30 % der Fälle inkarzerieren (s. auch ▶ Kap. 16; Berger 2016). Während im Rahmen endoskopischer Reparationen zunehmend auch die oligosymptomatische kontralaterale Seite mitversorgt wird, gilt für offene Verfahren immer noch die

Empfehlung, die oligosymptomatische Seite im Intervall zu operieren. Bei der älteren Population nimmt die präoperative Optimierung des Gesamtzustandes einen wichtigen Stellenwert ein (s. auch ► Kap. 28 und 29). Es gibt kein Operationsverfahren, dass für alle Leistenhernien und Patienten ideal ist; es ist Konsens unter Hernienchirurgen, dass jedem Patienten die Operation angeboten wird, die in seinem Individualfall am besten indiziert ist. (Für die aktuelle Diskussion zur Wahl des Operationsverfahrens wird auf die HerniaSurge-Leitlinien, ► Kap. 24, 25und 26, hingewiesen (The HerniaSurge Group 2018). Zum ambulanten Operieren s. ► Kap. 36.)

Watchful Waiting
Die Erfahrung der vergangenen Jahre mit abwartendem Verhalten bei asymptomatischen Leistenhernien hat gezeigt, dass das Inkarzerationsrisiko bei Männern tatsächlich gering ist (0,27 % in 2 Jahren), die Symptome allerdings nach der Diagnose progredient sind und die meisten Patienten sich daher doch innerhalb weniger Jahre operieren lassen (Fitzgibbons et al. 2013; The HerniaSurge Group 2018). Trotz der geringen Morbidität der Leistenhernienreparationen muss dem Patienten immer die Alternative des Watchful Waiting angeboten werden.



Bruchband
Bruchbänder sind bei heutigem Stand perioperativer Medizin oder auch wegen der Einfachheit der Lokalanästhesie obsolet. Sie sind sogar gefährlich, denn Patienten, die daran gewöhnt sind, verzögern in der Regel den richtigen Zeitpunkt zur Durchführung einer Notfalloperation. Erfahrungen aus der Vergangenheit zeigen, dass die Kompression des Bruchbandes den Bruchring erweitert und die Faszien der Leiste atrophiert, beides ist im Fall einer Operation von deutlichem Nachteil.

## 7.1 Kommentar der Herausgeber: Perioperative Antibiotikaprophylaxe in der offenen Hernienchirurgie

Nach elektiver Leistenhernienversorgung treten oberflächliche Wundinfekte bei deutlich unter 5 % und tiefe Wundinfekte bei unter 1 % aller operierten Patienten auf. Die aktuelle Evidenz basiert auf mehreren Metaanalysen und zeigt einen geringen oder keinen signifikanten Einfluss einer antibiotischen Prophylaxe auf die Inzidenz von Wundinfekten. Sofern überhaupt ein Effekt vorliegt, müssten mehr als 100 Patienten eine antibiotische Prophylaxe erhalten, damit ein oberflächlicher Wundinfekt vermieden werden kann. Ob durch eine antibiotische Prophylaxe tiefe Infekte vermieden werden können, wurde wissenschaftlich nicht aufgezeigt. Sofern eine antibiotische Prophylaxe dennoch durchgeführt wird, genügen β-Laktam-Pennicilline oder Cephalosporine der ersten Generation. Aufgrund der bestehenden Evidenz wird eine systematische Antibiotikagabe von den internationalen Leitlinien nicht unterstützt (Erdas et al. 2016; Boonchan et al. 2017). Bei notfallmäßiger Chirurgie bei Leistenhernien ist aufgrund des erhöhten Risikos für Wundinfekte eine antibiotische Prophylaxe auch ohne wissenschaftliche Grundlage empfohlen. Risikopatienten können allerdings bei Netzimplantation ein perioperatives Antibiotikum erhalten; als Risikopatienten können im Sinne der Leitlinien neben Patienten mit Komorbiditäten wie Adipositas, Diabetes mellitus und Immunsuppression auch Patienten mit beidseitiger offener Leistenhernienversorgung, offenen Rezidiv-Hernienoperationen und längerer Operationsdauer definiert werden (The HerniaSurge Group 2018). Allerdings empfiehlt die AWMF-Leitlinie (S1) die Antibiotikaprophylaxe grundsätzlich bei allen Patienten, die ein Netz bekommen (Weyhe et al. 2018). Somit widersprechen die internationalen Leitlinien der AWMF-Leitlinie, was gerade für Deutschland im individuellen Regressfall von Bedeutung werden kann. Die Herausgeber sind der Ansicht, dass aufgrund vorläufiger Ergebnisse aktueller Forschung in den nächsten Jahren gezeigt werden könnte, dass die Antibiotikaprophylaxe sich nachteilig auf das Mikrobiom auswirkt und damit langfristige Nebenwirkungen (z. B. Bloating und Laktoseintoleranz) möglich sind, welche bisher in den Studien zur Antibiotikaprophylaxe bei Netzimplantation noch gar nicht erfasst wurden.

Die Evidenz für die perioperative Antibiotikagabe bei Umbilikalhernienversorgung ist schwach und zeigt keinen relevanten Nutzen einer Antibiotikaprophylaxe. Es ist ratsam, sich hier nach den o. g. Kriterien der Leistenhernienversorgung zu richten.

Der Wundinfekt nach Inzisionalhernienversorgung ist nach wie vor ein relevantes klinisches Problem mit einer Inzidenz von bis zu 35 %. Am deutlichsten wird die Infektrate einzig durch die Anwendung laparoskopischer Verfahren gesenkt. Wahrscheinlich aufgrund dieser Hochrisikosituation wurden kaum Patienten mit offener Narbenhernienchirurgie in Studien randomisiert. Retrospektive Studien zeigen jedoch eine deutliche Reduktion von Infekten nach prophylaktischer Gabe von Antibiotika. Noch unsicherer ist der Effekt von prolongierter postoperativer Verabreichung von Antibiotika oder von lang belassenen Drainagen. Somit besteht die Empfehlung zugunsten einer perioperativen Antibiotikaprophylaxe, wobei die Dauer der Antibiotikaprophylaxe wie auch die der Belassung von Drainagen dem intraoperativen Befund und dem Risikoprofil des Patienten anzupassen ist (Weiss et al. 2019).

## Literatur

Bansal VK, Misra MC, Babu D, Victor J, Kumar S, Sagar R, Rajeshwari S, Krishna A, Rewari V (2013) A prospective, randomized comparison of long-term outcomes: chronic groin pain and quality of life following totally extraperitoneal (TEP) and transabdominal preperitoneal (TAPP) laparoscopic inguinal hernia repair. Surg Endosc 27:2373–2382

Berger D (2016) Evidenzbasierte Behandlung der Leistenhernie des Erwachsenen. Dt Ärtbl 113:150–158

Boonchan T, Wilasrusmee C, McEvoy M, Attia J, Thakkinstian A (2017) Network meta-analysis of antibiotic prophylaxis for prevention of surgical-site infection after groin hernia surgery. Br J Surg 104:e106–e117

Erdas E, Medas F, Pisano G, Nicolosi A, Calò PG (2016) Antibiotic prophylaxis for open mesh repair of groin hernia: systematic review and meta-analysis. Hernia 20:765–776

Fitzgibbons RJ, Forse RA (2015) Groin hernias in adults. NEJM 372:756–763

Fitzgibbons RJ Jr, Ramanan B, Arya S, Turner SA, Li X, Gibbs JO, Reda DJ, Investigators of the Original Trial (2013) Long-term results of a randomized controlled trial of a nonoperative strategy (watchful waiting) for men with minimally symptomatic inguinal hernias. Ann Surg 258:508–515

Hotchkiss LW (1909) Large sliding hernias of the sigmoid. Ann Surg 50:470

Miserez M, Alexandre JH, Campanelli G, Corcione F, Cuccurullo D, Pascual MH, Hoeferlin A, Kingsnorth AN, Mandala V, Palot JP, Schumpelick V, Simmermacher RK, Stoppa R, Flament JB (2007) The European hernia society groin hernia classification: simple and easy to remember. Hernia 11:113–116

Nyhus LM (1978) The preperitoneal approach and iliopubic tract repair of inguinal hernia. In: Nyhus LM, Condon RE (Hrsg) Hernia, 2. Aufl. Lippincott, Philadelphia, S 189–198

Perez Lara FJ, Del Rey MA, Oliva MH (2014) Do we really know the symptoms of inguinal hernia? Hernia 19:703–712

Svendsen SW, Frost P, Vad MV, Andersen JH (2013) Risk and prognosis of inguinal hernia in relation to occupational mechanical exposures – a systematic review of the epidemiologic evidence. Scand J Work Environ Health. 39: 5–26.

The HerniaSurge Group (2018) International guidelines for groin hernia management. Hernia 22:1–165

Weiss E, McClelland P, Krupp J, Karadsheh M, Brady MS (2919) Use of prolonged prophylactic antibiotics with closed suction drains in ventral abdominal hernia repair. Am Surg 85: 403–408.

Weyhe D, Conze J, Kuthe A, Köckerling F, Lammers BJ, Lorenz R, Niebuhr H, Reinpold W, Zarras K, Bittner R (2018) HerniaSurge: internationale Leitlinie zur Therapie der Leistenhernie des Erwachsenen. Kommentar der Chirurgischen Arbeitsgemeinschaft Hernie (CAH/DGAV) und der Deutschen Herniengesellschaft (DHG) zu den wichtigsten Empfehlungen. Chirurg 89:631–638

# Bildgebende Untersuchungstechniken zur OP-Planung in der offenen Leistenhernienreparation

*René H. Fortelny*

**Inhaltsverzeichnis**




U. A. Dietz et al. (Hrsg.), *Offene Hernienchirurgie*,
https://doi.org/10.1007/978-3-662-61348-1_8

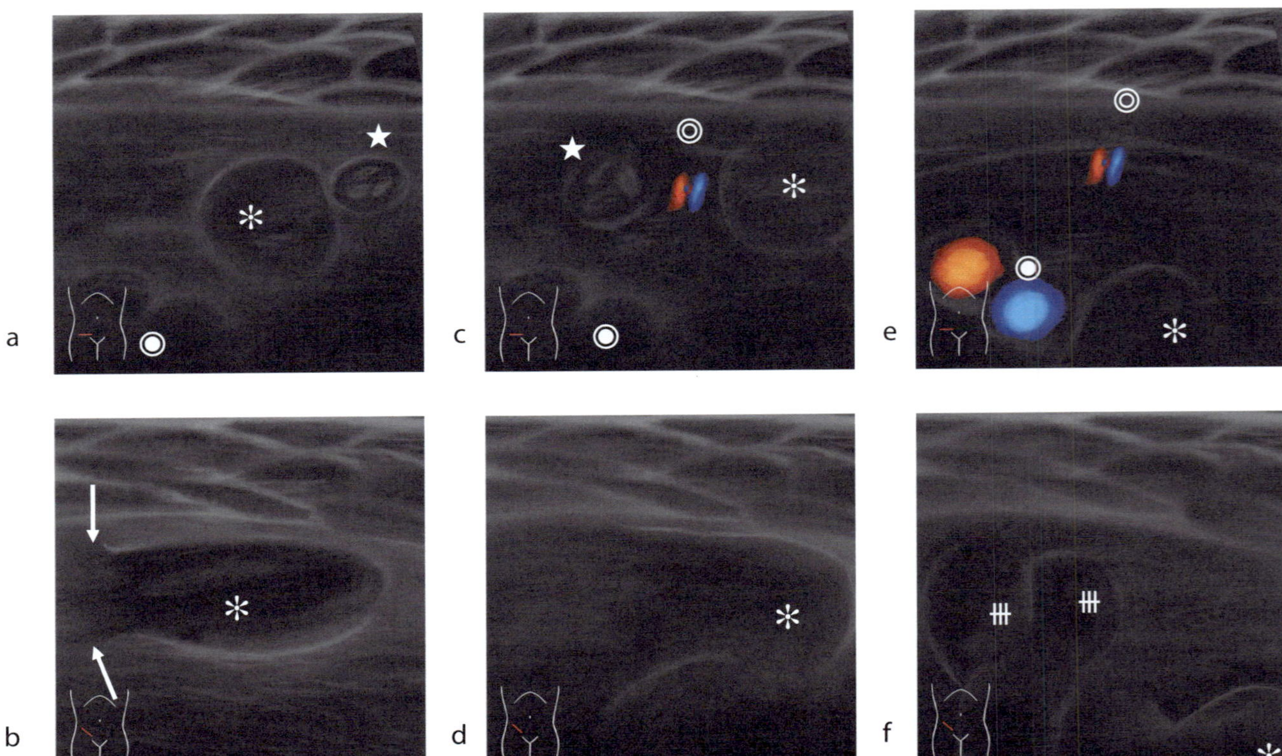


**Abb. 8.1** Schematische Darstellung des Ultraschallbefundes von Leistenhernien unter Valsalva-Manöver, exemplarisch auf der rechten Körperseite. **a, b** Laterale (indirekte) Leistenhernie beim Mann; **c, d** mediale (direkte) Leistenhernie beim Mann; **e, f** Femoralhernie bei der Frau. Die Ausrichtung des Schallkopfes ist bildhaft jeweils links unten dargestellt. ✻ = Hernie; ↓ = innerer Leistenring; ◉ = Femoralgefäße; ★ = Funiculus spermaticus; ◎ = epigastrische Gefäße; ⧻ = Darmschlingen

Der geltende Standard der alleinigen klinischen Untersuchung kann der Komplexität gewisser Leistenhernien nicht gerecht werden. Bildgebende Verfahren können bei der Differenzialdiagnose z. B. gegenüber der Sportlerleiste helfen sowie beginnende Leistenhernien, Femoralhernien oder Rezidivhernien detektieren, mit Verbesserung der Sensitivität von 0,745 auf 0,975 % (der korrekt erkannten Leistenhernien) und der Spezifität von 0,963 auf 0,997 % (der korrekt ausgeschlossenen Leistenhernien) (Niebuhr et al. 2017; Jacobson et al. 2015). Vor allem die sog. „okkulten Hernien" können nicht ohne bildgebende Untersuchung diagnostiziert werden. Von entscheidender Bedeutung ist hierbei eine dynamische Untersuchung d. h. mit laufender Bildgebung der Bewegung der Bauchwandabschnitte unter Valsalva-Manöver in Echtzeit. Prinzipiell stehen alle Schnittbildverfahren zur Verfügung: Sonografie, CT und MRT. Dem Ultraschall ist aufgrund einfacher, leicht erlernbarer Technik sowie ubiquitärer Anwendung und vergleichsweise preisgünstiger Realisierung der Vorrang nicht abzusprechen. Die Magnetresonanztomografie ist besonders bei der okkulten Hernie hilfreich.

#### Dynamischer inguinaler Ultraschall (DIUS)

Zur Identifizierung oder zum Ausschluss einer Leistenhernie sind 3 anatomische Strukturen von Bedeutung: der laterale Rand des M. rectus abdominis, die A. epigastrica inferior und das Leistenband (Hesselbach-Dreieck). Lateral und kranial der A. epigastrica ist der innere Leistenring zu finden, kaudal des Leistenbandes und medial der Femoralgefäße ist die Schenkelpforte. Die Untersuchung erfolgt im Stehen und Liegen mit und ohne Valsalva-Manöver (forcierte Exspiration bei geschlossener Glottis) (Abb. 8.1) (Jacobson et al. 2015; Park et al. 2016). Jede Hernie muss in zwei Ebenen dokumentiert werden. Bevorzugt wird ein Small-Part-Linearschallkopf (Frequenz 7–12 MHz) mit Farb-Doppler.

1. Schritt: Längsschnitt über der Symphyse mit Darstellung des M rectus abdominis.
2. Schritt: Diagonale Position (apikal-lateral and kaudal-medial) mit Darstellung des Samenstranges, Valsalva-Manöver mit evtl. Darstellung eines vorwölbenden Buchsackes. Der Querschnitt mit Darstellung der epigastrischen Gefäße (eventuell auch unter Anwendung des Dopplers) ermöglicht die

Differenzierung zwischen medialer und lateraler Hernie.
3. Schritt: Längsschnitt über den Femoral-/Iliakalgefäßen mit Valsalva-Manöver zum Ausschluss bzw. zur Darstellung einer Femoralhernie unterhalb des Leistenbandes, in der Lacuna vasorum.

## Literatur

Jacobson JA, Khoury V, Brandon CJ (2015) Ultrasound of the Groin: techniques, pathology, and pitfalls. Am J Roentgenol 205:513–523

Niebuhr H, König A, Pawlak M, Sailer M, Köckerling F, Reinpold W (2017) Groin hernia diagnostics: dynamic inguinal ultrasound (DIUS). Langenbecks Arch Surg 402:1039–1045

Park HR, Park SB, Lee ES, Park HJ (2016) Sonographic evaluation of inguinal lesions. Clin Imaging 40:949–955

# Lokalanästhesie in der offenen Leistenhernienchirurgie

*Ulrich A. Dietz*

**Inhaltsverzeichnis**




U. A. Dietz et al. (Hrsg.), *Offene Hernienchirurgie*,
https://doi.org/10.1007/978-3-662-61348-1_9

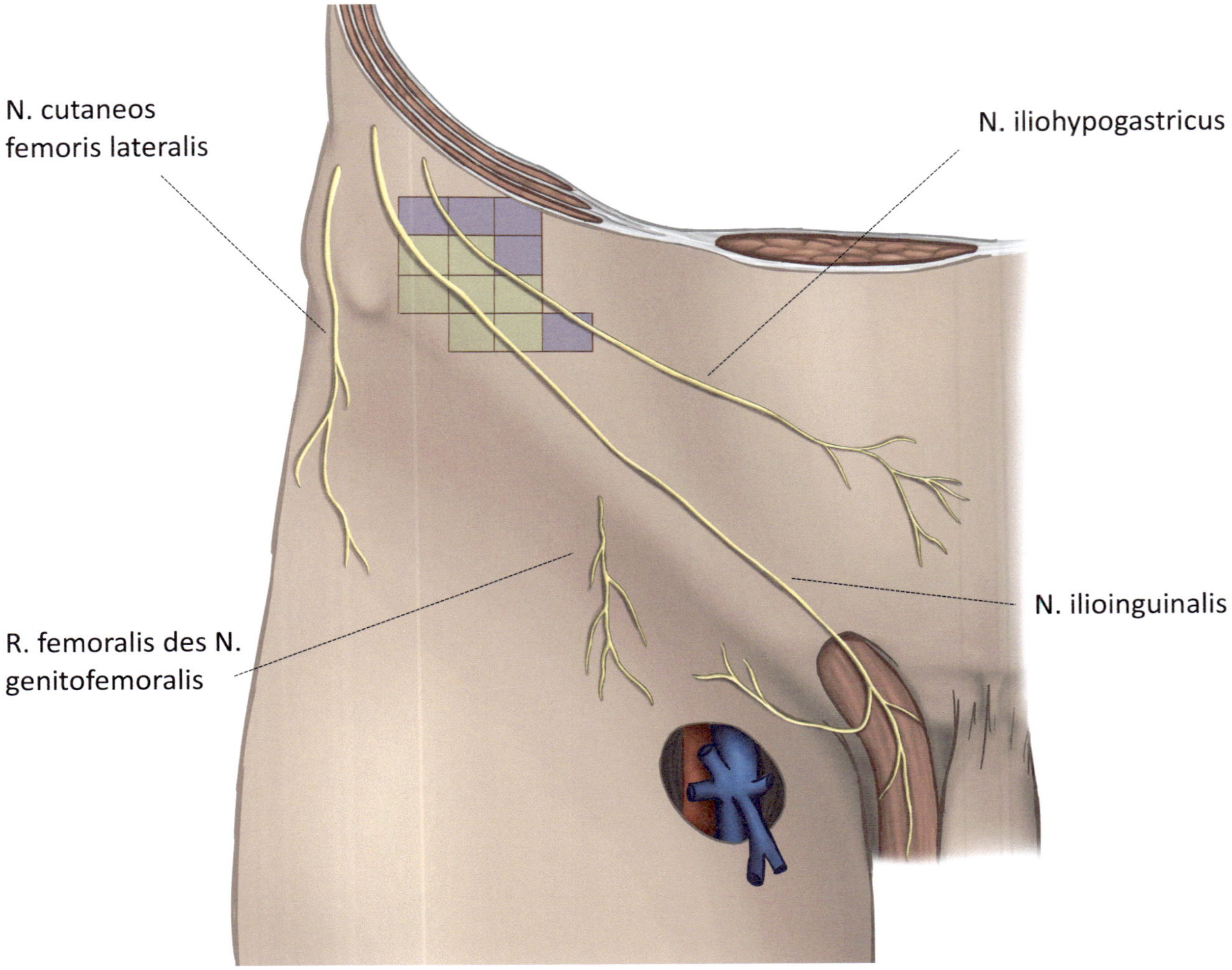

**Abb. 9.1** Topografie der inguinalen Nervenverläufe zur Durchführung der Lokalanästhesie bei der Leistenhernienreparation. Der N. ilioinguinalis tritt überwiegend im grün markierten Bereich, der N. iliohypogastricus im blau markierten Bereits aus. Der Austritt der Inguinalnerven durch die Bauchdecke erfolgt mediokranial der Spina iliaca anterior et superior (Loeweneck und Feifel 1993; Konschake et al. 2019)



Die offene Leistenhernienversorgung in Lokalanästhesie wird seit vielen Jahren in den USA und in Europa auch im ambulanten Bereich angewendet. Grundsätzlich gibt es nur wenige Kontraindikationen: große nichtreponible Hernien, Patienten mit psychiatrischen Erkrankungen bzw. mit Compliance-Problemen und solche mit ausgeprägter Adipositas. Ein Vorteil der Lokalanästhesie ist die geringere Rate an Harnretention gegenüber anderen Narkoseverfahren (0–1 % vs. 3 %), obwohl ca. 8 % der Patienten intraoperativ doch Schmerzen verspüren und eine zusätzliche Sedierung bzw. i. v.-Analgesie brauchen (Kehlet und Aasvang 2005). Es gibt zwei Methoden der Lokalanästhesie: a) die schrittweise Infiltration im Rahmen der Operation; b) die Infiltration der Inguinalnerven bei ihrem Durchtritt durch die Bauchdecke („inguinal block“) (Abb. 9.1 und 9.2). Meistens werden beide Verfahren kombiniert.

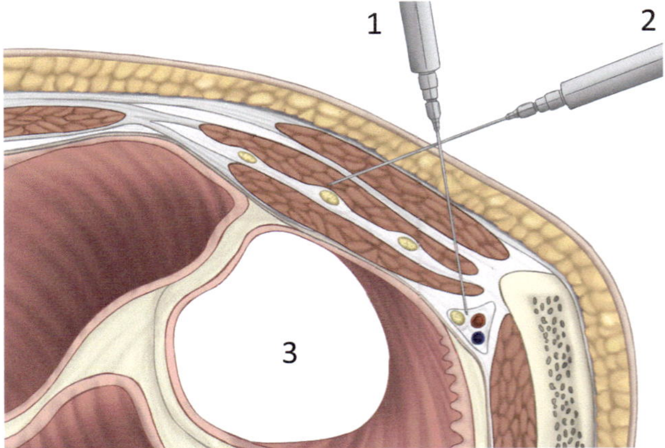


**Abb. 9.2** Durchführung des inguinalen Blocks bei der Leistenhernienreparation: Infiltration des N. ilioinguinalis *(1)* und der kaudalen Interkostalnerven *(2)* im Bereich ihres Verlaufes durch die Bauchdecke medial und kranial der Spina iliaca anterior et superior. Der Darm *(3)* liegt unmittelbar darunter (Lichtenstein 1986)

Tab. 9.1 Gängige Lokalanästhetika mit verschiedener Wirkdauer für den Leistenblock. (Quelle: ► www.bfamr.de [Bundesamt für Arzneimittel und Medizinprodukte])

| Name | Wirkdauer | Maximale Dosis |
|---|---|---|
| Bupivacain (0,5 %) 5,0 mg/ml[a] | 6–9h | 0,5–2,0 mg/kgKG, bis 150 mg |
| Ropivacain (0,75 %) 7,5 mg/ml[a] | 5–8h | Bis 300 mg |
| Mepivacain 10/15/20 mg/ml | 2–3h | Bis 600 mg |

Bitte auf die Hinweise des Herstellers zu Dosierung und Nebenwirkungen achten
[a]Nicht zugelassen bei Kindern unter 12 Jahren. Es gibt keine Daten zur Sicherheit von Lokalanästhetika in der Schwangerschaft

Um eine Dosisreserve während der Operation zu sichern, hat es sich bewährt, das Anästhetikum im Sinne der Tumeszenzanästhesie zu verdünnen; im Durchschnitt reichen 2-mal 20 ml des verdünnten Anästhetikums, die ersten 20 ml vor Schnitt, die zweiten 20 ml zur schrittweisen Infiltration nach Bedarf im Rahmen der Operation. Bei Anwendung lang wirkender Lokalanästhetika sind die Patienten 4–6 h nach der Operation schmerzfrei (z. B. Bupivacain, Levo-Bupivacain, Ropivacain, Mepivacain (Tab. 9.1). Allerdings sollte bedacht werden, dass weniger erfahrene Operateure bei Anwendung der Lokalanästhesie wahrscheinlich eher Kompromisse eingehen und die Reparation suboptimal ist (Kehlet und Aasvang 2005).

Vor Anwendung der Lokalanästhesie muss der Patient auf Allergien gegen die Grundsubstanz abgefragt und es muss auch unbedingt auf die gewichtsadaptierte maximale Dosis geachtet werden (Tab. 9.1). Es gibt auch die Möglichkeit, durch Zugabe von Adrenalin (Vasokonstriktion) den lokalen Abtransport des Lokalanästhetikums zu vermindern, was einerseits zu einer längeren Wirkdauer und andererseits zu weniger systemischen Nebenwirkungen führt (cave: keine Vasokonstriktoren im Bereich der Akren verwenden und somit auch nicht in Nähe zur Peniswurzel!).

## 9.1 Kommentar der Herausgeber: Postoperative Schmerzen und adjuvantes Gabapentin

Die peri- und postoperative Analgesie ist von großer prognostischer Bedeutung für die Prävention chronischer Schmerzen nach Leistenhernienreparationen. Um die postoperative Opiatschmerztherapie zu minimieren, hat es sich bewährt, 2–24 h vor Schnitt eine Einzeldosis von 300–1200 mg Gabapentin p. o. zu verabreichen. Dabei ist die Reduzierung der Opiatmenge direkt proportional zur Dosis des Gabapentins. Wichtig ist zu vermerken, dass die einmalige Gabapentin-Dosis in den Studien kaum zu Nebenwirkungen geführt hat (Arumugam et al. 2016). Nervenläsion-induzierte neuropathische Schmerzen sind häufige Ursache chronischer postoperativer Schmerzen. Eine Zusammenfassung aus 281 Publikationen zu chronischen postoperativen Schmerzen zeigt, dass die Prävalenz chronischer Schmerzen nach Leistenhernienoperationen bis zu 31 % beträgt (Haroutiunian et al. 2013). Sicher ist, dass Patienten genetisch bedingt unterschiedlich Schmerzen empfinden (z. B. das *COMT*-Gen) (Belfer et al. 2015). Es wird in Zukunft wichtig sein, diejenigen Patienten präoperativ zu identifizieren, die ein hohes Risikoprofil für postoperative Schmerzen haben, und diese gezielt perioperativ zu behandeln. Ob Gabapentin in dieser Risikogruppe besonders hilfreich ist, muss noch gezeigt werden.

## Literatur

Arumugam S, Lau CS, Chamberlain RS (2016) Use of preoperative gabapentin significantly reduces postoperative opioid consumption: a meta-analysis. J Pain Res 12:631–640

Belfer I, Dai F, Kehlet H, Finelli P, Qin L, Bittner R, Aasvang EK (2015) Association of functional variations in COMT and GCH1 genes with postherniotomy pain and related impairment. Pain 156:273–279

Haroutiunian S, Nikolajsen L, Finnerup NB, Jensen TS (2013) The neuropathic component in persistent postsurgical pain: a systematic literature review. Pain 154:95–102

Kehlet H, Aasvang E (2005) Groin hernia repair: anesthesia. World J Surg 29:1058–1061

Konschake M, Zwierzina M, Moriggl B, Függer R, Mayer F, Brunner W, Schmid T, Chen DC, Fortelny R (2019) The inguinal region revisited: the surgical point of view. An anatomical–surgical mapping and sonographic approach regarding postoperative chronic groin pain following open hernia repair. Hernia ► https://doi.org/10.1007/S10029-019-02070-z [Epub ahead of print]

Lichtenstein IL (1986) Anesthesia. In: Lichtenstein IL (Hrsg) Hernia without disability. Ishiyaku Euroamerica Inc, St. Louis Tokio, S 46–64

Loeweneck H, Feifel G (1993) von Lanz Wachsmuth – Praktische Anatomie. Bauch, Bd 2, Teil 6. Springer, Heidelberg, S 46–49

# Leistenhernienreparation nach Shouldice

*Michaela Ramser und Ulrich A. Dietz*

## Inhaltsverzeichnis




U. A. Dietz et al. (Hrsg.), *Offene Hernienchirurgie*,
https://doi.org/10.1007/978-3-662-61348-1_10

*Dieses Kapitel wird dem Andenken an **Robert Bendavid, MD** (1940–2019) gewidmet. Erfrischend und doch messerscharf im Hinterfragen von Konventionen, kompromisslos auf der Suche nach der Wahrheit, leidenschaftlich und akribisch den Geheimnissen der geschichtlichen Hintergründe der Hernienchirurgie auf der Spur, grenzenlos und unermüdlich war er geistig und geografisch unterwegs. Kein Geheimnis, kein Erkenntnisbaustein, den er nicht in der geübten Furchtlosigkeit des Philosophen mehrdimensional bewegte. Er hat in der besten Tradition seiner Vorväter gekämpft. Möge er nun schauen.*



Das Thema der netzfreien Reparation von Leistenhernien ist in den letzten Jahren in besonderer Weise und zum Teil auch sehr emotional in den Diskussionen um die aktuellen Leitlinien unter den Hernienchirurgen zutage getreten (The HerniaSurge Group 2018). Motiviert durch die Beobachtung von Komplikationen durch Leistenhernienreparationen mit kleinporigen Netzen und den in den USA gestarteten Sammelklagen im Rahmen der „#mesh-me-not“-Initiative, rückt die Option netzfreier Reparationen neu in den Fokus. In der sehr beachteten Populationsstudie aus Kanada mit 235.000 retrospektiv analysierten Patientendatensätzen wurde berechnet, dass Leistenhernien, die an der Shouldice-Klinik operiert werden, um ein Vierfaches weniger rezidivieren als Leistenhernien, die in weniger spezialisierten Kliniken operiert werden: 1,15 % verglichen mit 4,79–5,63 % (Malik et al. 2016). Auch wenn diese Ergebnisse beeindruckend sind, muss darauf hingewiesen werden, dass in dieser Studie die Patienten der Shouldice-Klinik jünger sind, weniger Komorbiditäten haben und wohlhabender sind; dafür werden sie von Chirurgen operiert, die 20-mal mehr Hernien im Jahr operieren als Durchschnittschirurgen und die strengere Selektionskriterien zur OP-Indikation anwenden; zudem verbleiben die Patienten mehrere Tage postoperativ im Krankenhaus (Malik et al. 2016). Unabhängig davon verdient die Operationstechnik nach Shouldice besondere Anerkennung, sie hat einen wichtigen Stellenwert im chirurgischen Repertoire der Leistenhernienversorgung (Shouldice 2010; Schumpelick et al. 2015; Bendavid et al. 2019).

**Shouldice[1]-Operation**

Im Juli 1945 öffnete das „Shouldice-Hospital“ seine Pforten, in dem täglich zwei Hernienreparationen durchgeführt wurden. Eine detaillierte Publikation der Shouldice-Reparation blieb aus. Die Technik, wie wir sie heute kennen, wurde allerdings erst 1952 etabliert Ryan (1956). Vor Shouldice haben U. C. Bates in Schottland (1913) und George P. LaRoque in den USA (1919) die Reparation der Fascia transversalis empfohlen, (sog. posteriore Verfahren), allerdings ohne die geistreiche Idee der Doppelung derselben zu wagen.

### ▪ Beschreibung der Operationsschritte

Der Hautschnitt erfolgt zwei Querfinger oberhalb des Leistenbands (▫ Abb. 10.1). Die Aponeurose des M. obliquus externus wird eröffnet und der Samenstrang mobilisiert. Die Fasern des M. cremaster, welche den Samenstrang umgeben, werden unter Ligaturen durchtrennt, alternativ können sie auch längs gespalten werden; dadurch können laterale Bruchsäcke, die im Schlauch des M. cremaster verlaufen, exploriert werden. Das Vorhandensein einer medialen und lateralen Hernie wird überprüft. Allfällige peritoneale Fettkörper werden vom Samenstrang abgelöst und reseziert. Laterale Bruchsäcke werden eröffnet, der Inhalt reponiert und der Bruchsack nach Ligatur an der Basis reseziert. Die Fascia transversalis, welche die Hinterwand des Leistenkanals bildet und die Schwachstelle bei medialen Hernien ist, wird nun vom inneren Leistenring nach medial gespalten; dies wird auch bei Vorhandensein einer medialen Hernie durchgeführt, und je nach Befund wird der ausgedünnte bruchsackmäßige Anteil

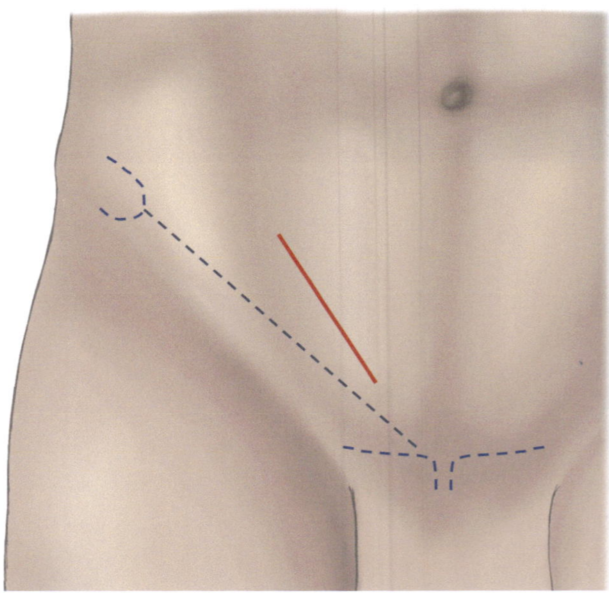

**▫ Abb. 10.1** Operation nach Shouldice. *Blau gestrichelte Linien:* Spina iliaca anterior et superior, Leistenband und Symphyse. *Rote Linie:* Hautschnitt

1 Edward Earle Shouldice (1890–1965). Shouldice studierte bis 1916 in Toronto Medizin und war bis 1926 als Demonstrator im anatomischen Institut tätig. Sein Hauptaugenmerk galt schon damals der Hernienchirurgie. Während des Zweiten Weltkrieges fiel ihm auf, dass viele junge Männer aufgrund ihrer Leistenhernien nicht rekrutiert werden konnten, er operierte über 70 dieser Männer unentgeltlich nach einem von ihm entwickelten modifizierten Operationsverfahren und sorgte somit für eine schnellere Einführung der Männer in die Armee (Bendavid 2003).

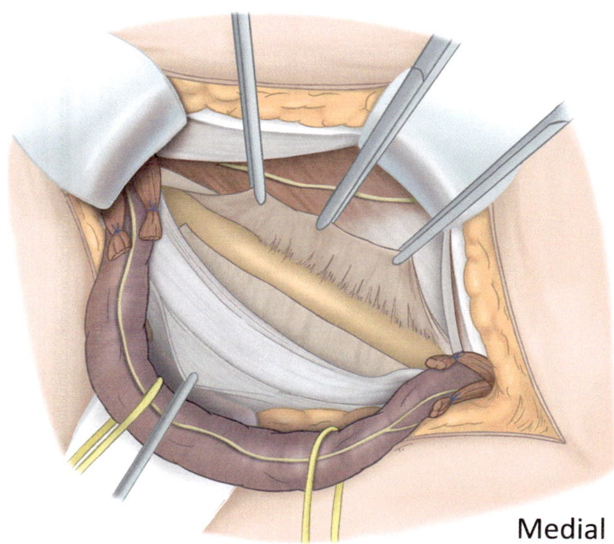


**Abb. 10.2** Operation nach Shouldice (1952). Eröffnung der Fascia transversalis mit Zugang zur Schenkelpforte

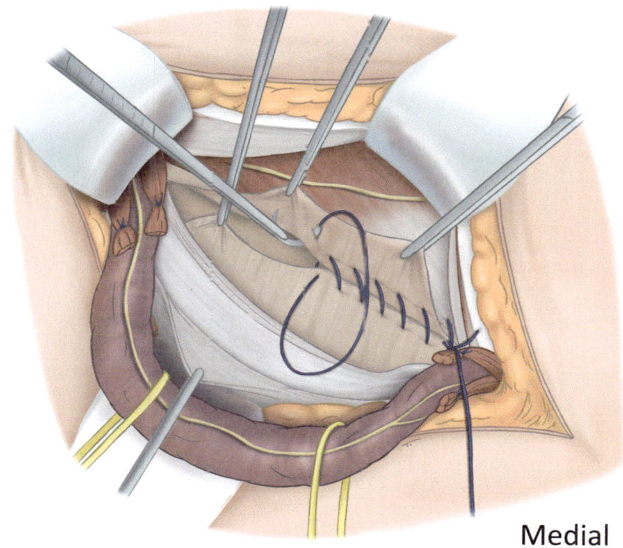


**Abb. 10.3** Operation nach Shouldice (1952). Die erste Nahtreihe beginnt medial; der erste Durchstich beinhaltet medialseits die Rektusscheide und das Leistenband, dann wird der Faden geknotet und die Hinterseite der Fascia transversalis an die kaudale Lefze derselben von medial nach lateral bis zum inneren Leistenring fortlaufend vernäht

der Fascia transversalis reseziert. Vorsicht soll den epigastrischen Gefäßen gezollt werden, welche direkt hinter der Fascia transversalis nach lateral hin verlaufen. Es folgt die Mobilisation der eröffneten Fascia transversalis nach kranial und kaudal (Abb. 10.2). Die kaudale Mobilisation ermöglicht eine Überprüfung der femoralen Lücke und eine zusätzliche Versorgung einer allfälligen femoralen Hernie.

Nun erfolgt die erste der insgesamt 4 Nahtreihen. Die Hinterwand des proximalen Anteils der kranialen Lefze der Fascia transversalis wird fortlaufend mit monofilem Nahtmaterial der Stärke 2-0 USP (entweder nichtresorbierbares Polypropylen oder langfristig resorbierbares Nahtmaterial, z. B. PDS) mit der distalen Lefze der Fascia transversalis von medial beginnend nach lateral hin vernäht. Besondere Aufmerksamkeit ist dem medialen Anteil der Naht zu widmen, wo erfahrungsgemäß am häufigsten Rezidive auftreten: Hier sollte der laterale Rand der Rektusscheide mitgefasst werden, allerdings ohne Verankerung der Naht im Periost der Symphyse (Abb. 10.3). Um im lateralen Nahtbereich den inneren Leistenring zu verstärken, kann der ligierte Anteil des M. cremaster mitgefasst und als manschettenartige Verstärkung um den Samenstrang gelegt und so in die erste Fasziennaht integriert werden. Mit der gleichen Naht erfolgt nun von lateral nach medial die zweite Nahtreihe: Der freie Rand der oberen Lefze der Fascia transversalis wird an das Leistenband genäht (Abb. 10.4). Besondere Aufmerksamkeit ist auch hier den abschließenden Stichen medial zu widmen.

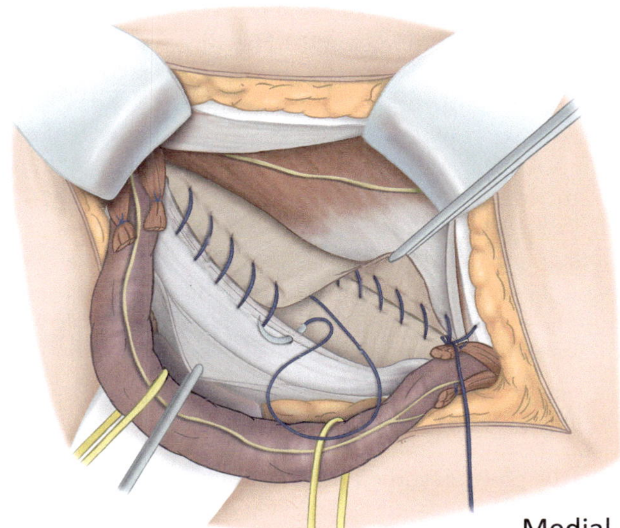


**Abb. 10.4** Operation nach Shouldice (1952). Die zweite Nahtreihe ist die Rücknaht der Fascia transversalis, nun von lateral nach medial. Dabei wird die kraniale Lefze der Fascia transversalis an das Leistenband fixiert und der Restfaden mit dem Anfangsfaden verknotet

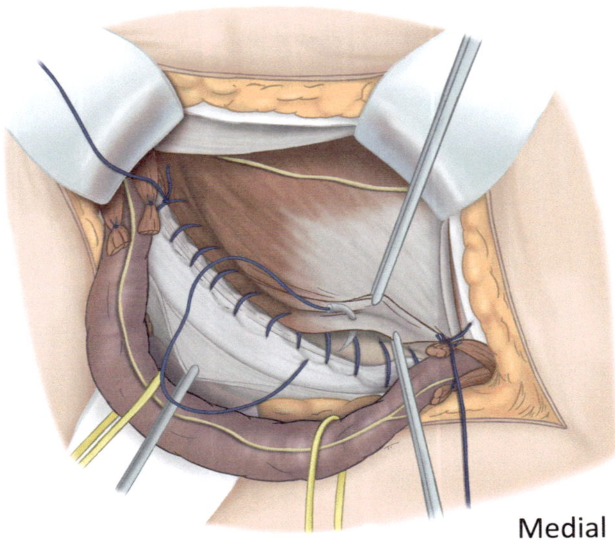


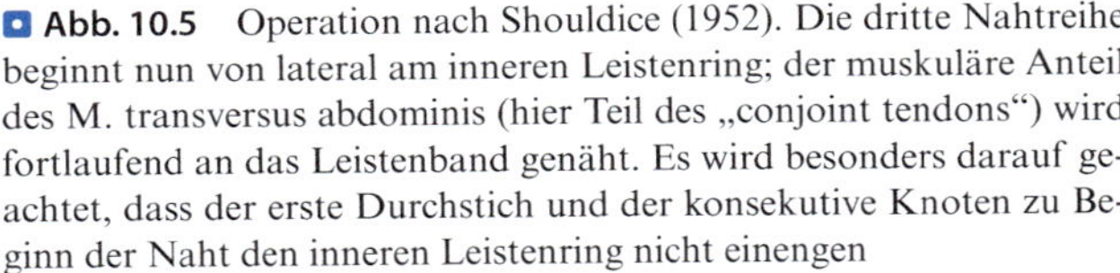
■ **Abb. 10.5** Operation nach Shouldice (1952). Die dritte Nahtreihe beginnt nun von lateral am inneren Leistenring; der muskuläre Anteil des M. transversus abdominis (hier Teil des „conjoint tendons") wird fortlaufend an das Leistenband genäht. Es wird besonders darauf geachtet, dass der erste Durchstich und der konsekutive Knoten zu Beginn der Naht den inneren Leistenring nicht einengen

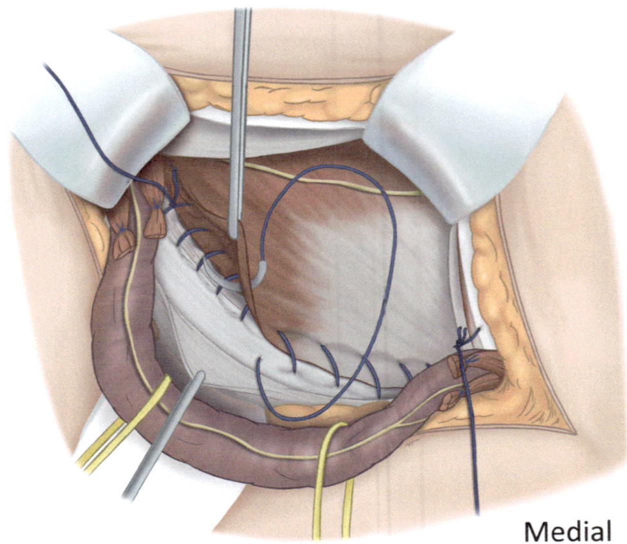


■ **Abb. 10.6** Operation nach Shouldice (1952). Die vierte und letzte Nahtreihe ist die Rücknaht von medial nach lateral; der M. obliquus internus wird – alle bisherigen Nähte überdeckend – ebenfalls fortlaufend an das Leistenband fixiert und der Faden jeweils verknotet



Nach den ersten beiden die Fascia transversalis betreffenden Nahtreihen folgt die muskuläre Verstärkung der Leistenkanalhinterwand. Hierfür wird zunächst als sog. 3. Nahtreihe der M. transversus in fortlaufender Nahttechnik von lateral her kommend an das Leistenband fixiert (■ Abb. 10.5). Als Abschluss erfolgt die 4. und letzte Nahtreihe, indem der M. obliquus internus mit dem gleichen Faden (Rücknaht) ebenfalls an das Leistenband fixiert wird (■ Abb. 10.6). Die Hinterwand des Leistenkanals ist nun vierschichtig verstärkt. Es folgt der schichtweise Wundverschluss, mit Naht der Aponeurose des M. obliquus externus, gefolgt von subkutaner Adaptation der Scarpa-Faszie und Hautnaht.

### ▪ Ergebnisse der Literatur

In der heutigen Zeit, wo die Hernienversorgung mittels Netz die große Mehrheit der Operationen ausmacht und gemäß den vorhandenen Leitlinien die empfohlene Technik ist, droht das Wissen über die offenen Operationen ohne Netzversorgung in der jungen Generation von Chirurgen vergessen zu gehen. Eine Analyse der Jahre 2017–2019 zeigte, dass von über 4.600 elektiven, primär operierten Hernien rund 42 % offen versorgt wurden, aber nur 8 % davon ohne Netz. Somit waren die 122 Shouldice-Operationen in dieser Population zwar die häufigste offene Operation ohne Netz, aber mit 2,6 % trotzdem eine seltene Operation (AlMarzooqi 2019). Dies ist insbesondere deswegen besorgniserregend, weil gerade für die Shouldice-Technik nachgewiesen ist, dass hohe Fallzahlen und eine Spezialisierung sowie eine damit einhergehende hervorragende Kenntnis der Anatomie des Leistenkanals zur Verbesserung der Langzeitergebnisse beitragen. Eine kürzlich veröffentlichte Propensity-Score-Analyse zeigte, dass Patienten, welche mittels Shouldice-Operation versorgt wurden, signifikant jünger waren, einen niedrigeren BMI und kleine Hernien hatten sowie zu einem größeren Anteil weiblich waren als die untersuchten Patienten, bei denen andere Operationsverfahren zum Einsatz kamen (offen/laparoskopisch, mit/ohne Netz). In dieser gematchten Population war die Shouldice-Operation bezüglich der Rezidivrate vergleichbar mit der Lichtenstein-Operation, der total extraperitonealen Plastik (TEP) und der transabdominellen präperitonealen Patchplastik (TAPP). Die Shouldice-Operation konnte aber im Vergleich zur Lichtenstein-Operation bessere Langzeitresultate bezüglich Schmerzen bei Bewegung und im Vergleich zur TEP weniger intraoperative Komplikationen erzielen (Koeckerling et al. 2018). Somit lässt sich argumentieren, dass in einer sorgfältig auswählten Patientengruppe eine Hernienversorgung nach Shouldice nach wie vor indiziert sein kann. Ein Review der Cochrane Collaboration über ältere Studien (1992–2007) zeigte auf der anderen Seite ein um 3,6 % erhöhtes Rezidivrisiko nach Shouldice-Operation verglichen mit operativen Verfahren mit Netz (■ Tab. 10.1) (Amato et al. 2012). Somit bleibt die Datenlage kontrovers und es bestätigt sich die Wichtigkeit, den Patienten in die Entscheidungsfindung zur Festlegung des Operationsverfahrens aktiv miteinzubeziehen und offen über Vor- und Nachteile der verschiedenen Verfahren zu sprechen.

**Tab. 10.1** Ergebnisse der Shouldice-Operation im Vergleich zu offener Netzversorgung

| Autor | Design | N | Chronische Schmerzen bei Shouldice-Operation | Rezidivrate Shouldice |
|---|---|---|---|---|
| Amato et al. (2012)[a] | Cochrane Review, Shouldice- vs. Netztechnik | 1415 (Total) | OR 0,87, 95-%-KI 0,44–1,39[a] | Bei Shouldice-Technik höher (OR 3,65, 95-%-KI 1,79–7,47) |
| Koeckerling et al. (2018) | Retrospektiv (Propensity Score), Shouldice- vs. Lichtenstein-Technik | 2115/2115 | 10 % vs 13,4 % (p=0,001) | Kein Unterschied (OR 1,18, 95-%-KI 0,58–2,39; p=0,743) |
| Malik et al. (2016)[b] | Retrospektive Analyse von Gesundheitsdaten | 235.192 (Total) | k.A. | Bei Shouldice-Technik niedriger (1,15 % vs. 4,79–5,63 %; 95-%-KI 1,05–1,25) |
| Pokorny et al. (2008) | Randomisiert, prospektiv | 64/338 | 6,25 % | 4,7 % |

[a]Große Heterogenität mit $I^2 = 59,6\,\%$
[b]Vergleich Shouldice-Klinik vs. andere Kliniken in Ontario, keine Differenzierung der Operationstechnik unter der Annahme das Shouldice-Technik an der Shouldice-Klinik und unbekannte Verfahren an anderen Krankenhäusern
*95-%-KI* 95-%-Konfidenzintervall, *k.A.* keine Angaben

Indikationen für die Shouldice-Operation (Malik et al. 2016)
- Junge Patienten
- Patienten mit gesunder Biologie
- Niedriger BMI
- Kleine Hernien

Gemäß den Leitlinien der Europäischen Herniengesellschaft wird generell ein Operationsverfahren mit Netz als erste Wahl empfohlen (Simons et al. 2009). Wenn aus verschiedenen Gründen auf ein Netz verzichtet werden soll oder muss, wird eine Operation nach Shouldice empfohlen.

Ob die Shouldice-Operation in einer Zeit, wo eine große mediale Kontroverse um implantierte Netze besteht und die Patienten zunehmend gut vorinformiert und kritisch sind, eine Wiederauferstehung erlebt, wird sich zeigen. Sicher ist aber, dass sich zufriedenstellende Langzeitresultate nur durch Standardisierung des Verfahrens, eine gute Patientenauswahl und eine solide Erfahrung des Operateurs erzielen lassen.

#### Das Wesentliche für die Patientenberatung

Gestützt auf die heutige Datenlage muss dem durchschnittlichen Patienten sicherlich eine Hernienversorgung mit Netz empfohlen werden. Lehnt der Patient dies ab oder handelt es sich bei dem zu versorgenden Befund um eine eher kleine Hernie bei einem schlanken, biologisch gesunden und jungen Patienten, kann bei gegebener Erfahrung des Chirurgen eine Shouldice-Operation besprochen werden. Bezüglich besonderer Hinweise während des Aufklärungsgesprächs ist sicherlich auf die in einigen Studien leicht erhöhte Rezidivrate hinzuweisen. Zudem sollte darauf hingewiesen werden, dass im Fall eines Rezidivs die Versorgung mit Netz empfohlen wird.

## 10.1 Kommentar der Herausgeber: Nahtverfahren der Fascia transversalis

Die Operationstechnik nach Shouldice ist das bekannteste und erfolgreichste Versorgungsverfahren, das auf der Reparation der Hinterwand des Leistenkanals bzw. der Naht der Fascia transversalis gründet. Zwei weitere Verfahren seien noch zusätzlich erwähnt: die Reparationen nach Marcy (1871) und nach Zimmermann (1940).

#### Operation nach Marcy

Bei der Marcy-Reparation[2] indirekter Hernien (1871) wird der Bruchsack weit proximal versorgt und dann der innere Leistenring mit Fascia transversalis verschlossen. Es ist die einzige bekannte Reparation, bei der nur Fascia transversalis versorgt wird. Die Operation nach Marcy ist zur Behandlung von kleinen lateralen Leistenhernien gedacht. Der Bruchsack der indirekten Hernie wird weit kranial versorgt und dann ausschließlich die Fascia transversalis vernäht, sodass der innere Leistenring eingeengt wird. Somit ist die

2 Henry Orlando Marcy (1837–1924). Marcy war Chirurg und Gynäkologe. Während des amerikanischen Bürgerkriegs war er ab 1863 Bataillon-Chirurg des allerersten Regimentes farbiger Soldaten in North Carolina; er diente seinen Soldaten als Lehrer (Pädagoge) und als Chirurg.

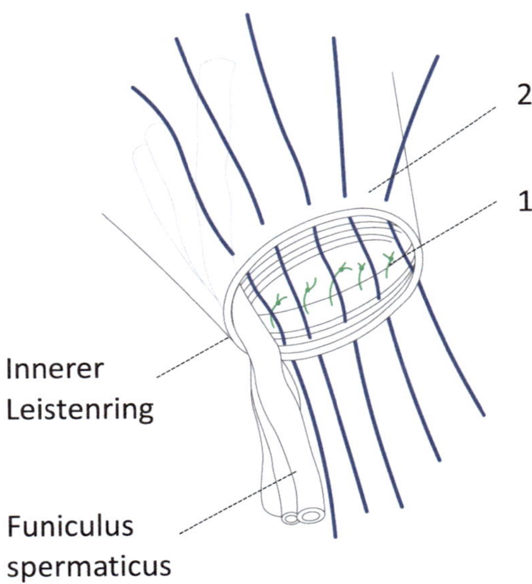


**Abb. 10.7** Operation nach Marcy (1871). Bei dieser Art der Versorgung der lateralen Hernie wird der Bruchsack sehr weit kranial abgetrennt und das Peritoneum mit Einzelknopfnähten verschlossen *(1)*. Anschließend wird auch die Fascia transversalis *(2)* mit Einzelknopfnähten so verschlossen, dass der neu geformte innere Leistenring nicht zu eng wird. In der Skizze wird die rechte Seite dargestellt (Marcy 1878)

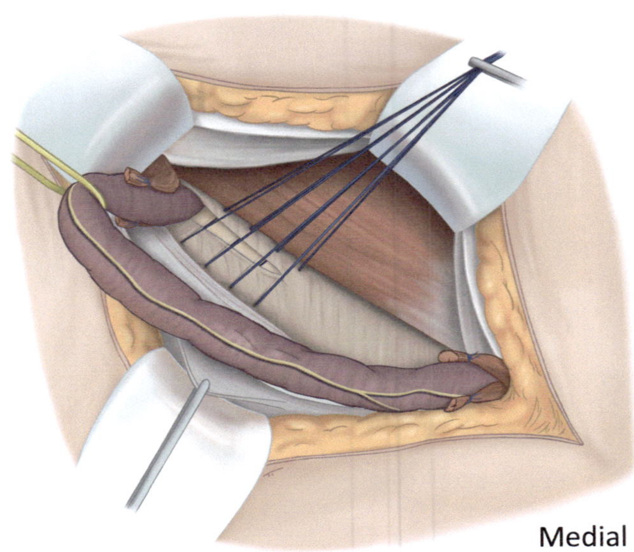


**Abb. 10.8** Operation nach Zimmermann bei lateralen Leistenhernien (1940). Die Fascia transversalis wird in unmittelbarer Nähe zum inneren Leistenring eröffnet und der laterale Bruchsack versorgt; anschließend erfolgt die Naht der Fascia transversalis mit 4–5 Einzelknopfnähten



Marcy-Reparation eine Technik, die nur den inneren Leistenring versorgt (Abb. 10.7).

Es gibt eine randomisierte klinische Studie mit 46 Patienten in jedem Arm aus Japan, die die Marcy-Reparation mit der Versorgung mittels Prolene-Hernia-System (PHS) vergleicht. Die OP-Zeit war im Verfahren nach Marcy signifikant kürzer als bei PHS und die Patienten hatten weniger Wundödem und weniger Hodenschmerzen. Nach 3 Jahren Follow-up trat kein Rezidiv auf. Drei Patienten in der Gruppe der Marcy-Operation und 2 in der PHS-Gruppe hatten nach 6 Monaten noch Schmerzen (Nakagawa et al. 2012).

### Operation nach Zimmermann

Die Operation nach Zimmermann[3] ähnelt insofern dem Verfahren nach Marcy, weil sie auch nur die laterale Fascia transversalis in Angrenzung an den inneren Leistenring beinhaltet (Abb. 10.8). Sie ist auch als Minimal-Repair-Technik bekannt. Dieses Verfahren dient zur Versorgung kleiner lateraler bzw. embryogenetischer Hernien (Persistenz des Processus vaginalis) bei jungen, biologisch gesunden weiblichen und männlichen Patienten.

3 Leo M. Zimmerman (1898–1980). Studierte am traditionsreichen Rush Medical College (wie vor ihm auch John B. Murphy, 1857–1916) und war Professor und Lehrstuhlinhaber des Department Chirurgie an der Chicago Medical School (1955–1961); zuvor war er am Mt. Sinai Hospital tätig. Er publizierte unter anderem zum Thema Hernien und beschrieb 1940 die heute als Minimal-Repair-Technik bekannte Naht der Fascia transversalis am inneren Leistenring. 1967 beschrieb er eine Variante zur Versorgung von Gleithernien (seine Anmerkung zu Gleithernien in ► Kap. 7).

**Anekdotisches**

Bei der **Jo-Jo-Operation**, 1978 von Douglas Leslie aus dem Royal Melbourne Hospital in Australien beschrieben, wurde der Hoden mitsamt dem Samenstrang aus dem Skrotum mobilisiert, nach intraabdominal geholt und durch einen medial durch der Rectus abdominis neu geschaffenen Leistenring eingefädelt und neu ausgeleitet. Die Rezidivrate war mit 1,3 % in einer Serie von 158 Patienten „sehr bedauerlich".

## Literatur

AlMarzooqi R, Tish S, Huang LC, Prabhu A, Rosen M (2019) Review of inguinal hernia repair techniques within the Americas Hernia Society Quality Collaborative. Hernia 23(3):429–438

Amato B, Moja L, Panico S, Persico G, Rispoli C, Rocco N, Moschetti I (2012) Shouldice technique versus other open techniques for inguinal hernia repair. Cochrane Database Syst Rev 4:CD001543 (Große Heterogenität eingeschlossener Studien)

Bendavid R (2003) Biography: Edward Earle Shouldice (1890–1965). Hernia 7:172–177

Bendavid R, Mainprize M, Iakovlev V (2019) Pure tissue repairs: a timely and critical revival. Hernia 23:493–502 (Das wahrscheinlich letzte Vermächtnis des legendären Verfechters der Shouldice-Technik und großen Gelehrten Robert Bendavid)

Koeckerling F, Koch A, Adolf D, Keller T, Lorenz R, Fortelny RH, Schug-Pass C (2018) Has shouldice repair in a selected group of patients with inguinal hernia comparable results to Lichtenstein, TEP and TAPP techniques? World J Surg 42:2001–2010 (Eine Propensity-Score-Analyse, entspricht einer Ex-post-Randomisierung)

Malik A, Bell CM, Stukel TA, Urbach DR (2016) Recurrence of inguinal hernias repaired in a large hernia surgical specialty hospital and general hospitals in Ontario, Canada. Can J Surg 59:19–25 (Es ist ein Vergleich der Ergebnisse der Shouldice-Klinik mit den anderen Kliniken in Ontario anhand von staatlichen Versorgungsdaten. Es wird ohne Differenzierung der Operationstechnik allein auf die Rezidive eingegangen.)

Marcy HO (1878) The cure of hernia. JAMA 8:589

Nakagawa M, Nagase T, Akatsu T, Imai S, Fujimura N, Asagoe T, Kanai T (2012) A randomized prospective trial comparing clinical outcomes 3 years after surgery by Marcy repair and Prolene Hernia System repair for adult indirect inguinal hernia. Surg Today. ► https://doi.org/10.1007/s00595-012-0384-5

Pokorny H, Klingler A, Schmid T, Fortelny R, Hollinsky C, Kawji R, Steiner E, Pernthaler H, Függer R, Scheyer M (2008) Recurrence and complications after laparoscopic versus open inguinal hernia repair: results of a prospective randomized multicentre trial. Hernia 12:385–389 (Eine der wenigen randomisierten Studien zu diesem Thema)

Schumpelick V, Arlt G, Conze J, Junge K (2015) Hernien, 5. Aufl. G. Thieme, Stuttgart

Shouldice EB (2010) The Shouldice natural tissue repair for inguinal hernia. BJU Int 105:428–39 (Großartige Illustrationen zur Operationstechnik, kommentiert mit wichtigen Tipps und Hinweisen)

Shouldice 1952 -> Referenz: Ryan EA (1956) An analysis of 313 consecutive cases of indirect sliding inguinal hernias. Surg Gynecol Obstet 102:45–58

Simons MP, Aufenacker T, Bay-Nielsen M, Bouillot JL, Campanelli G, Conze J, de Lange D, Fortelny R, Heikkinen T, Kingsnorth A, Kukleta J, Morales-Conde S, Nordin P, Schumpelick V, Smedberg S, Smietanski M, Weber G, Miserez M (2009) European Hernia Society guidelines on the treatment of inguinal hernia in adult patients. Hernia 13:343–403

The HerniaSurge Group (2018) International guidelines for groin hernia management. Hernia 22:1–165

Zimmermann LM (1940) Essential problems in the surgical treatment of inguinal hernia. Surg Gynecol Obstet 71:654

# Leistenhernienreparation nach Bassini

*Luigi De Santis, Paolo Benin und Flavio De Sanctis*

## Inhaltsverzeichnis




U. A. Dietz et al. (Hrsg.), *Offene Hernienchirurgie*,
https://doi.org/10.1007/978-3-662-61348-1_11

11

**Edoardo Bassini**[1] beschäftigte sich bereits in den 1870er Jahren mit Leistenhernien. Er erkannte, dass Hernien eine mechanische Erkrankung sind, die durch eine morphologische Veränderung der Bauchdecke ausgelöst werden: „Ein jeder weiss, dass der Leistenkanal im physiologischen Zustande in der Weise functionirt, dass er den Samenstrang durchgehen lässt und zu gleicher Zeit die Eingeweide zurückhält, weil er eben von zwei Wänden gebildet wird und schief verläuft ..." Innerhalb von 4 Jahren veröffentlichte er Ergebnisse von 262 Operationen.

Im Jahr 1884 stellte Edoardo Bassini erstmals seine ursprüngliche Technik zur Reparation von Leistenhernien vor (Bassini 1889; Knut 1989). Anschließend veröffentlichte er 1889 seine Ergebnisse in Buchform: „Nuovo Metodo Operativo per la cura dell'ernia inguinale". In dieser klassischen Studie wurden 262 Leistenhernien mit geringer Mortalität und wenigen Rezidiven (5 von 251) operiert (Bassini 1889; Catterina 1932; Batocchio et al. 2004; Kurzer et al. 1999).

Bei der Reparation nach Bassini, die transinguinal erfolgt, kann jede Art von Anästhesie angewendet werden: lokal, lokoregionär und allgemein. Das Auftreten von postoperativen pulmonalen Komplikationen sowie von tiefen Venenthrombosen kann durch die Anwendung von Lokalanästhesie verringert werden (Kurzer et al. 1999). Postoperative Übelkeit, Erbrechen, tracheale Irritationen und Kopfschmerzen können hiermit ebenfalls vermieden werden. Lokalanästhetische Verfahren sind bei pädiatrischen Patienten unter 12–13 Jahren sowie bei Patienten mit Adipositas und großen Skrotalhernien allerdings nicht indiziert (Baker und Fisher 1995).

Der Hautschnitt nach Bassini beginnt am Tuberculum pubicum lateral der Symphyse und verläuft 8–12 cm zur Spina iliaca superior anterior, parallel zum Leistenband. Im subkutanen Fettgewebe werden die oberflächlichen epigastrischen Gefäße präpariert und ligiert. Es folgen die Inzision der oberflächlichen Scarpa-Faszie und die Darstellung der Aponeurose des M. obliquus externus mit Darstellung des äußeren Leistenrings (Scott 1989).

Die Aponeurose des M. obliquus externus verläuft in der gleichen Richtung der Muskelfasern; die Inzision der Externusaponeurose wird vom kranialen Anteil des äußeren Leistenrings beginnend durchgeführt, um einen breiten kaudalen Anteil zu belassen. Die kranialen Anteile der Externusaponeurose werden stumpf oder mit einer Schere vom M. obliquus internus, die kaudalen Anteile vom Samenstrang beim Mann bzw. dem Ligamentum rotundum bei der Frau gelöst. Dabei ist besonders auf den Verlauf der Leistennerven zu achten: Der Nervus iliohypogastricus bzw. seine Äste treten von lateral nach medial durch den M. obliquus internus, der Nervus ilioinguinalis verläuft ventral zwischen der Fascia spermatica externa und dem M. cremaster und der Ramus genitalis des Nervus genitofemoralis in Begleitung der Vena spermatica externa („Blue Line") im kaudalen Bereich des Samenstranges (s. unten). Diese Nerven können während der Rekonstruktion der Leiste versehentlich verletzt oder eingeklemmt werden. Aufgrund der sensorischen Natur dieser Nerven wird empfohlen, diese perioperativ mittels direkter Infiltration zu anästhesieren (Scott 1989).

**„Blue Line"**

*„Blue Line"* ist ein von Parvis Amid geprägter Begriff, der beim Aufsuchen und Schonen des Ramus genitalis des Nervus genitofemoralis von Hilfe ist. Damit ist die bläuliche Farbe der den Ramus begleitenden Vena spermatica externa gemeint; meistens verläuft der Nerv oberhalb der Vene (Amid 2003; s. auch ▪ Abb. 12.2 und 35.1).

Der Samenstrang wird auf Höhe des äußeren bis zum inneren Leistenring gelöst und angeschlungen. Durch Traktion des angeschlungenen Samenstrangs gelingt die Ablösung desselben von der Hinterwand des Leistenkanals. Bei diesem Manöver müssen die Samenstranggefäße und der Ramus genitalis des Nervus genitofemoralis identifiziert und maximal geschont werden. Der Ramus genitalis wird in der Nähe des tiefen Leistenrings aufgesucht und mit 0,5–1,0 ml Lokalanästhetikum infiltriert. Der Samenstrang wird nun zusammen mit dem Ramus genitalis mit einem Penrose-Drain angeschlungen.

**Samenstrang oder Funiculus spermaticus**

Der Samenstrang beschreibt das Bündel von Leitungsstrukturen für den Hoden mit Ductus deferens, spermatischen Gefäßen und der Fascia spermatica.

Die Fasern des M. cremaster werden durchtrennt (s. auch ► Abschn. 14.1). An dieser Stelle wird der Ramus genitalis des Nervus genitofemoralis, der am inneren Leistenring in den Leistenkanal eintritt und dann dorsokaudal entlang des Samenstrangs verläuft, identifiziert. Bei Frauen ist das der Nerv, der die großen Labien sensorisch versorgt. Der Operationssitus wird nun

1 Edoardo Bassini (1844–1924). Bevor Bassini sich der Chirurgie zuwandte, diente er in der Armee Garibaldis und überlebte einen Bauchschuss mit einer Zökalfistel bei den Kämpfen um Villa Giusti bei Rom. Bassini war Professor für Chirurgie an den Universitäten Pavia, Genua und Padua.

auf mediale und laterale Leistenhernien hin untersucht (Bendavid et al. 2001).

Bei lateralen Leistenhernien wird der Bruchsack abpräpariert und vom Samenstrang so abgelöst, dass er so weit wie möglich über die epigastrischen Gefäße im Bereich des inneren Leistenringes hinaus präpariert wird. Der Bruchsack wird eröffnet und inspiziert. Eventuelle Darmschlingen oder Omentum majus werden gegebenenfalls nach Adhäsiolyse ins Abdomen reponiert. Der Bruchsack wird dann am Bruchsackhals mit einer transfixierenden, langsam resorbierbaren Naht umstochen, ligiert und reseziert.

Bei Gleithernien besteht die Wand des Bruchsackes teilweise aus einem Retroperitonealorgan (z. B. Harnblase, Zökum, Appendix vermiformis oder Colon sigmoideum) (◻ Abb. 7.2). Wenn das früh genug erkannt wird, kann der Bruchsack ungeöffnet belassen werden, um unbeabsichtigte Verletzungen der Bruchsackorgane zu vermeiden. Die sicherste Methode zur Behandlung von Gleithernien besteht darin, den Bruchsack vom Samenstrang zu isolieren und ihn einfach wieder in den Peritonealraum zu verlagern (Terranova und Batocchio 1988). Leicht vorgewölbte Bruchsäcke können durch eine invertierende, kontinuierliche Naht mit einem langsam resorbierbaren Nahtmaterial eingestülpt werden; allerdings kann dann die Schenkelpforte nicht kontrolliert werden. Die Einstülpung der Fascia transversalis ist eine Variante der ursprünglichen Bassini-Technik, bei der immer die Fascia transversalis eröffnet wird (Bendavid et al. 2001; Wantz 1989). Die Fascia transversalis wird also nun vom inneren Leistenring bis zum Tuberculum pubicum eröffnet; der Schnitt sollte parallel zum Leistenband und 7–8 mm kranial von diesem verlaufen, um einen intakten Tractus ilopubicus zu gewährleisten. Die femorale Lücke wird untersucht, um Femoralhernien auszuschließen.

Bei diesem Schritt ist darauf zu achten, dass die epigastrischen Gefäße, die unmittelbar unter der Fascia transversalis verlaufen, meist in der Nähe des inneren Leistenrings, nicht verletzt werden. Der mediale Rand der eingeschnittenen Fascia transversalis wird mit zwei Klemmen gefasst und das präperitoneale Fett des Bogros-Raumes (s. auch ► Kap. 7 und 13 sowie ◻ Abb. 7.6) wird mit einem Tupfer stumpf von der posterioren Fläche der Fascia transversalis abgeschoben. Auf diese Weise wird der M. rectus abdominis nach anteromedial und die myoaponeurotischen Schichten des M. transversus abdominis und des M. obliquus internus mehr nach lateral exponiert; kaudolateral werden das Leistenband, die prävaskuläre Faszie und das Ligamentum pectinatum (Cooperi) sichtbar. Auf der Innenseite des kaudalen Anteils der Fascia transversalis verläuft die Vena iliopubica (s. auch ◻ Abb. 7.4): Es ist notwendig, sie zu ligieren oder zu koagulieren, um störende Blutungen zu vermeiden (Terranova et al. 1989; Baker und Fisher 2001).

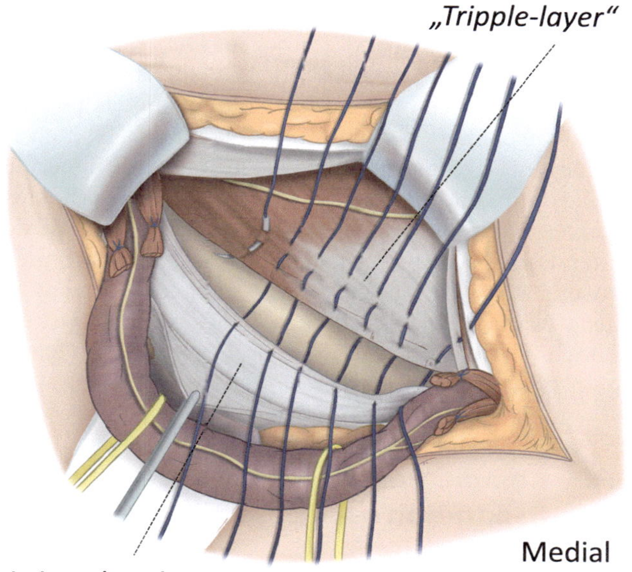


◻ **Abb. 11.1** Leistenhernienreparation nach Bassini (1889). Die Reparation ist sowohl für mediale als auch für laterale Leistenhernien indiziert. Nach Versorgung der jeweiligen Bruchsäcke wird die „triple layer" (Fascia transversalis, M. transversus abdominis und M. obliquus internus) mit vorgelegten Einzelknopfnähten an das Leistenband genäht. Es ist besonders darauf zu achten, dass die medialste Naht auch die Rektusscheide beinhaltet, um mediale Rezidive zu vermeiden

Die Rekonstruktion der Leiste wird mit Einzelknopfnähten aus Seide oder Ethibond der Stärke USP 2-0 durchgeführt (◻ Abb. 11.1); begonnen wird mediokranial unter Mitfassung der Scheide des M. rectus abdominis; mittels des Pinzettengriffes wird das präperitoneale Fett unter die Fascia transversalis verlagert und somit beim Stechen der ersten Naht das Peritoneum und die Harnblase geschützt. Unter Verwendung eines Wundhakens werden die muskuloapuneurotischen Schichten samt darunter liegenden Strukturen nach kranial retrahiert und die erste Naht komplettiert, indem sie kaudal am Tuberculum pubicum gestochen wird (wo sich auch das Schambeinperiost und der mediale Ansatz des Leistenbandes befinden). Die nachfolgenden Einzelknopfnähte umfassen die dreifache Gewebeschicht (das „triple layer", welches die Fascia transversalis und den „conjoint tendon" bzw. die Mm. transversus abdominis und obliquus internus beinhaltet) etwa 3 cm von ihrem freien Rand entfernt. Der Stichabstand beträgt ca. 1 cm; dies ist ein optimaler Abstand, um keine Schwachstellen entstehen zu lassen und gleichzeitig eine Ischämie des Gewebes zu vermeiden. Vorsicht ist bezüglich einer Nahteinbeziehung des Nervus iliohypogastricus geboten.

Kaudal fassen die ersten 2–3 Nähte die Fascia transversalis, das Leistenband und auch das Ligamentum pectinatum (Cooperi). Alle nachfolgenden Nähte nach lateral hin werden nur am Tractus iliopubicus und an das Leistenband gestochen. Die Nähte müssen mit moderatem Zug geknüpft sein; die drei Gewebeschichten müssen ohne hohen Nahtzug an das Leistenband angenähert werden. Zu fest geknüpfte Nähte verursachen Ischämie und schneiden das betroffene Gewebe durch und führen zur Schwächung der parietalen Rekonstruktion. Der innere Leistenring wird mit der lateralsten Naht rekonstruiert. Diese Naht darf nicht zu eng sein, damit die Samenstranggefäße nicht einengt werden. Die Anzahl der Nähte variiert – je nach Länge des Leistenkanals – zwischen 6 und 8 (Batocchio 1994; Terranova et al. 1991; Peracchia 1986).

## 11.1 Kommentar der Herausgeber: Reparation nach Bassini (René Fortelny)

Die Spaltung der Fascia transversalis und Miteinbeziehung des M. transversus abdominis in die Leistenhinterwandverstärkung ist exakt in der Originalarbeit von Edoardo Bassini beschrieben und gilt als einer der wesentlichsten und zentralsten Bestandteile des Bassini-Verfahrens. Bei der Durchtrennung der Fasern des M. cremaster werden der Nervus ilioinguinalis und der Ramus genitalis des Nervus genitofemoralis ebenfalls durchtrennt. Dies muss präoperativ mit dem Patienten besprochen werden, da es zu Dysästhesie der entsprechenden Hautareale kommen kann. Alternativ wird der Schlauch des M. cremaster längs gespalten und auf eine indirekte Hernie hin exploriert. Die Technik nach Bassini hat im deutschsprachigen Raum spätestens seit der Bekanntmachung der Shouldice-Technik durch die Aachener Schumpelick-Schule an Bedeutung verloren (s. auch ► Kap. 10). Allerdings ist die Bassini-Technik in einigen Teilen der Welt immer noch eine wichtige und verbreitete Operationsmethode (s. auch ► Kap. 47, 50, 53 und 54).

Es gibt eine jüngere Studie zur Bassini-Technik. Pokorny stellte 2008 die Ergebnisse einer randomisierten klinischen Studie mit 365 Patienten vor, bei der die kumulative 3-Jahres-Rezidivrate bei Bassini-Reparation 3,4 % betrug, vergleichbar mit der Shouldice-Reparation und TAPP (mit je 4,7 %) sowie TEP (5,9 %); die Lichtenstein-Reparation hatte in dieser Studie keinen Rezidivfall nach 3 Jahren. Die statistische Auswertung ergab keinen Unterschied zwischen den untersuchten Netz- und Nahtverfahren in Hinblick auf Rezidive ($p=0{,}74$), intraoperative Komplikationen ($p=0{,}64$) und Langzeitkomplikationen ($p=0{,}91$) (Pokorny et al. 2008). Wie für die Shouldice-Reparation gilt auch für die Bassini-Reparation, dass die Technik in geübten Händen und bei optimal selektionierten Patienten ein durchaus gutes Ergebnis bringt.

## 11.2 Kommentar der Herausgeber: Reparation nach Desarda

Ein zur Shouldice-Reparation alternatives netzfreies Verfahren ist die Operation nach Desarda. Diese Technik wurde erstmals im Jahre 2001 von Mohan P. Desarda aus Pune (Indien) beschrieben (Desarda 2001). Beim Operationsverfahren nach Desarda erfolgt die Stabilisierung der Hinterwand des Leistenkanales durch einen Faszienflap der Externusaponeurose. Dabei wird nach Eröffnung des Leistenkanals im Bereich der Fibrae intercrurales (s. auch ◘ Abb. 7.3) und Versorgung des jeweiligen Bruchsacks die kraniale Lefze der Aponeurose des M. obliquus externus (Crus mediale) mittels fortlaufender Naht an das Leistenband genäht. Dadurch wird die Hinterwand des Leistenkanals medial des inneren Leistenringes verstärkt sowie ein eigentlich neuer innerer Leistenring aus der Externusaponeurose geschaffen. Um die Nahtspannung zu entlasten, wird 2 cm kranial dieser Naht und parallel zu dieser die Aponeurose des M. obliquus externus mit dem Skalpell eingeschnitten und die kaudale Lippe mit Einzelknopfnähten an den M. obliquus internus fixiert. Abschließend wird der kaudale Faszienrand der Aponeurose des M. obliquus externus (Crus laterale) an die kraniale Lefze der Relaxationsinzision der Aponeurose des M. obliquus externus vernäht, wodurch die eigentliche Rekonstruktion der Leistenkanalvorderwand gelingt (◘ Abb. 11.2).

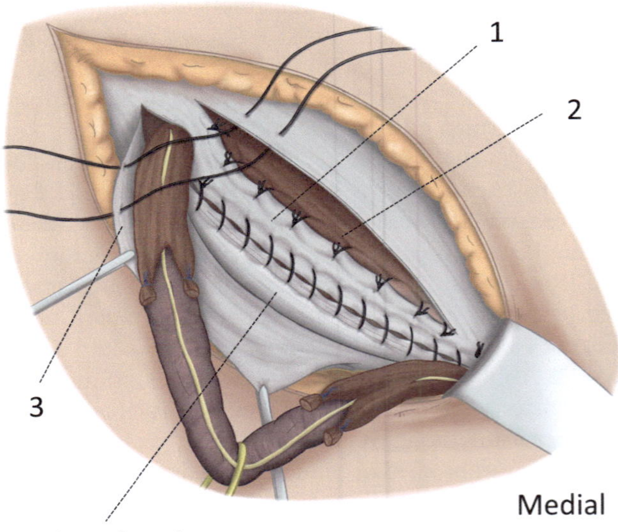


◘ **Abb. 11.2** Operation nach Desarda (Desarda 2001). Die Aponeurose des M. obliquus externus wird kranial der Fibrae intercrurales längs gespalten. Die dadurch entstandene kraniale Lefze der Externusaponeurose *(1)* wird gemeinsam mit den Mm. obliquus internus und transversus mit Einzelknopfnähten an das Leistenband genäht. 2 cm kranial dieser Naht wird eine Relaxationsinzision durchgeführt *(2)* und der Leistenkanal durch Hochklappen der kaudalen Externusaponeurosenlefze verschlossen *(3)*

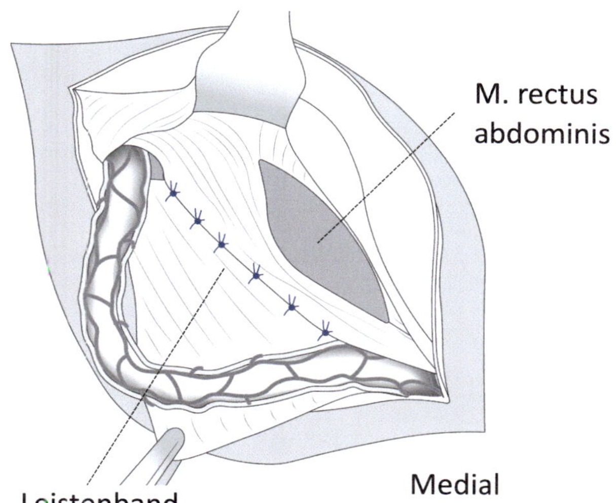


**Abb. 11.3** Relaxationsinzision im Bereich der vorderen Rektusscheide bei der Leistenhernienreparation nach McVay (1965)

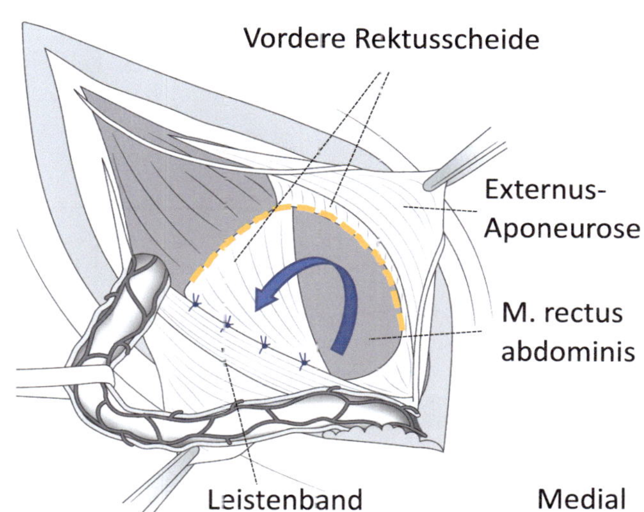


**Abb. 11.4** Relaxationsinzision der vorderen Rektusscheide mit autologem Flap nach Berger-Orr. Die somit nach unten geschlagene vordere Rektusscheide verstärkt die Hinterwand des Leistenkanals

Für diese Operation verwendet Desarda Seide 0 USP. In einer späteren Serie ging Desarda auf PDS 1 USP als Nahtmaterial über (Desarda 2008). Die Operation eignet sich besonders bei kleineren und mittelgroßen direkten und indirekten Leistenhernien sowie bei Patienten ohne wesentliches Risikoprofil und ist auch eine Alternative für jene Patienten, die Vorbehalte gegenüber einem Kunststoffnetz haben.

Zwei Metaanalysen und ein systematisches Review zum Vergleich der Ergebnisse zwischen Shouldice- und Desarda-Technik mit 14 randomisierte kontrollierte Studien und insgesamt 2.791 Patienten zeigen, dass die Desarda-Reparation eine signifikant kürzere Operationszeit (–12,9 min; 95-%-KI: –20,6 bis –5,2) und eine schnellere Erholungszeit (–6,6 Tage; 95-%-KI: –11,7 bis –1,4) hat als die Shouldice-Reparation. Alle weiteren Parameter (intraoperative Komplikationen, postoperative Schmerzen, Serom/Hämatom, Hydrozele, Infektionsrate, Rezidiv, Taubheitsgefühl und chronische Schmerzen) sind vergleichbar ( Emile und Elfeki 2018; Ge et al. 2018; Bracale et al. 2019).

Das Prinzip der Relaxationsinzision in der Therapie von Leistenhernien wurde auch 1965 von McVay beschrieben, der die vordere Rektusscheide einkerbte (Abb. 11.3; McVay 1965). Ähnlich ist es auch bei der Operation der Sportlerleiste, bei der die Rektusscheide ebenfalls im Sinne der Transposition der Spannungskräfte inzidiert wird (s. auch ▶ Kap. 35) (Muschaweck und Berger 2010). Berger anderseits klappte einen autologen Flap der vorderen Rektusscheide nach lateral, nähte ihn an das Leistenband (die sog. Berger-Orr-Autoplastie) und gewährleistete so die Verstärkung der Hinterwand, was dem Prinzip der Desarda-Reparation sehr nahekommt (Abb. 11.4; Berger 1902).

## 11.3 Kommentar der Herausgeber: Inguinal-Darn-Reparation

Eine im Vereinigten Königreich beliebte Nahttechnik ist die „Darn-Technik“, eine Anpassung der ursprünglichen Bassini-Reparation (s. auch Kap. 11). Bei der „Darn-Technik“ wird der M. obliquus internus gemeinsam mit dem M. transversus („conjoint tendon“) mit Nylon 0 USP fortlaufend an das Leistenband genäht. Begonnen wird von lateral aus, am inneren

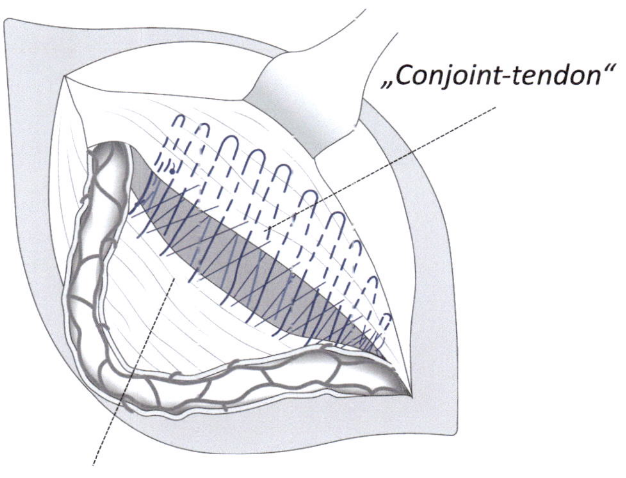


**Abb. 11.5** Die von Moloney (1948) beschriebene „Darn-Technik“ beinhaltet die zweifache fortlaufende Naht des „conjoint tendon“ (M. obliquus internus plus M. transversus abdominis, ohne die Fascia transversalis) an das Leistenband mit monofilem Nylonfaden. Rechte Seite (Moloney 1948; Lifschutz und Juler 1986)

Leistenring, bis zum Tuberculum pubicum und von da aus als zweite Nahtreihe zurück zum inneren Leistenring (◘ Abb. 11.5; Moloney 1948).

## Literatur


Amid PK (2003) The Lichtenstein repair in 2002: an overview of causes of recurrence after Lichtenstein tension-free hernioplasty. Hernia 7:13–16

Baker RJ, Fisher JE (1995) Master of surgery, 3. Aufl. Little, Brown & Co, Boston, S 1903–1911

Baker RJ, Fisher JE (2001) Master of surgery, 4. Aufl. Lippincott Williams & Wilkins, Philadelphia, S 1904–1912

Bassini E (1889) Nuovo Metodo Operativo per la cura dell'ernia inguinale. Prosperini, Padova

Batocchio F (1994) Atlante di chirurgia delle ernie. UTET, Milano, S 37–42

Batocchio F, Terranova O, De Santis L (2004) Chirurgia delle ernie. UTET, Torino, S 46–50

Bendavid R, Abrahamson J, Arregui ME, Flament JB, Philips EH (2001) Abdominal wall hernias principles and management. Springer, Berlin, S 353–360

Berger G (1902) Traitement chirurgical des hernies inguinocrurales. Rev Chir 25:1–9

Bracale U, Melillo P, Piaggio D, Pecchia L, Cuccurullo D, Milone M, De Palma GD, Cavallaro G, Campanelli G, Merola G, Stabilini C (2019) Is Shouldice the best NON-MESH inguinal hernia repair technique? A systematic review and network metanalysis of randomized controlled trials comparing Shouldice and Desarda. Int J Surg 62:12–21

Catterina A (1932) L'Operazione di Bassini per la cura radicale dell'ernia inguinale. Cappelli, Bologna

Desarda MP (2001) New method of inguinal hernia repair: a new solution. ANZ J Surg 71:241–244

Desarda MP (2008) No-mesh inguinal hernia repair with continuous absorbable sutures: a dream or reality? (A study of 229 patients). Saudi J Gastroenterol 14:122–127

Emile SH, Elfeki HJH (2018) Desarda's technique versus Lichtenstein technique for the treatment of primary inguinal hernia: a systematic review and meta-analysis of randomized controlled trials. Hernia 22:385–395

Ge H, Liang C, Xu Y, Ren S, Wu J (2018) Desarda versus Lichtenstein technique for the treatment of primary inguinal hernia: a systematic review. Int J Surg 50:22–27

Knut H (1989) Storia illustrata dlla Chirurgia. Il pensiero scientifico editore, Roma, S 66–89

Kurzer M, Kark AE, Wantz GE (1999) Surgical management of abdominal wall hernias. Martin Dunitz LTS, London, S 354–359

Lifschutz H, Juler GL (1986) The inguinal darn. Arch Surg 121:717–719

McVay CB (1965) Inguinal and femoral hernioplasty. Surgery 57:615–625

Moloney GE (1948) Operations for hernia: technique of nylon darn. Lancet 2:45–48

Muschaweck U, Berger LM (2010) Sportsmen's groin: diagnostic approach and treatment with the minimal repair technique: a single-center uncontrolled clinical review. Sports Health 2:216–221

Peracchia A (1986) L'intervento di Bassini per l'ernia inguinale da la Chirurgia dell'ernia inguinale. Abstract, Padova, S 25–28

Pokorny H, Klingler A, Schmid T, Fortelny R, Hollinsky C, Kawji R, Steiner E, Pernthaler H, Függer R, Scheyer M (2008) Recurrence and complications after laparoscopic versus open inguinal hernia repair: results of a prospective randomized multicentre trial. Hernia 12:385–389

Scott DB (1989) Techniques of regional anaesthesia. Appleton & Lange Mediglobe, Norwalk

Terranova O, Batocchio F (1988) La chirurgia delle ernia della regione inguinale e crurale. Padova, La Garangola eds, S 19–24

Terranova O, Batocchio F, Nistri R (1989) Proposta di modifica alla tecnica di Bassini per il trattamento dell'ernia inguinale. Acta Chirurgica Italica 45:810

Terranova O, Batocchio F, Nistri R (1991) Ernioplastica seconso Bassini Modificata. Chirurgia 4:197–198

Wantz GE (1989) The operation of Bassini as described by Attilio Catterina. Surg Gynec & Obst 168:67–80

# Spannungsfreie Netzreparation der Leistenhernie nach Lichtenstein

*Jürg Metzger*

## Inhaltsverzeichnis




U. A. Dietz et al. (Hrsg.), *Offene Hernienchirurgie*,
https://doi.org/10.1007/978-3-662-61348-1_12

**Irving Lester Lichtenstein**[1] **(1929–2000)** unterrichtete an der University of California in Los Angeles und arbeitete an dem heute als Cedars-Sinai Medical Center bekannten Institut. Er widmete sich besonders Patienten mit Leistenhernien. Er verwendete die Lokalanästhesie, damit die Patienten auf dem Operationstisch seinen Aufforderungen zum Pressen Folge leisten konnten. Schon 1964 vertrat Lichtenstein die Ansicht, dass Allgemeinnarkose und postoperativ lange Bettruhe unnötig oder sogar kontraproduktiv seien – damals revolutionäre Aspekte. 1984 veröffentlichte er schließlich die Hernienreparation, die seinen Namen trägt.

Das transinguinale offene Netzverfahren nach Lichtenstein ist heute weltweit eine der am häufigsten angewendeten operativen Verfahren zur Versorgung der Leistenhernie. Erstmalig wurde diese Technik bereits 1944 von Don Eugene Acquaviva aus Marseille angewendet und in einer Publikation 1959 beschrieben (Zagdoun und Sordinas 1959). Die Originalskizzen aus dieser Publikation zeigen das Verfahren in ähnlicher Art und Weise, wie es dann in den 1980er Jahren durch Lichtenstein beschrieben und publiziert wurde (Lichtenstein 1986). In den USA war Francis C. Usher (1908–1980) ein bedeutender Pionier der Netzimplantation, der mit der Konstruktion des Marlex-Netzes aus Polypropylen großen Einfluss auf die Hernienchirurgie ausübte (Read 1999).

**P. Lubin (1951) und J. Zagdoun (1959)** waren wahrscheinlich zwei der ersten Chirurgen, die Nylonnetze bei Leistenhernien implantierten. Zagdoun publizierte 175 Fälle mit „deutlicher Reduzierung der Rezidive". Das Netz von Zagdoun war elliptisch vorgefertigt und mit einem Schlitz versehen. Es wurde am Leistenband und hinter den M. transversus zur Verstärkung der Hinterwand eingenäht.

**Empfehlung:** Lichtenstein-Operationsvideo aus Der Chirurg (Dietz UA, Germer CT, Wiegering A (2016) Aktuelle Operationstechniken: Leisten- und Schenkelhernienchirurgie/Videobeitrag Offene Netzverfahren. Chirurg 87:938–947).

Der Vorteil der Operationsverfahren mit Netzimplantation gegenüber den Hernienversorgungen ohne Verwendung eines Kunststoffnetzes basiert auf der Überlegung, dass eine spannungsfreie Reparation der Leistenkanalhinterwand durch die lockere Abdeckung mit einem Netz ohne zusätzliche Raffung erreicht werden kann. Es gibt unzählige Publikationen, die zeigen, dass das Lichtenstein-Verfahren der offenen konventionellen Hernienversorgung ohne Netz überlegen ist (Simons et al. 2009). Auch die neuesten internationalen Leitlinien empfehlen die offene Netztechnik nach Lichtenstein weltweit als des Goldestandard in der Leistenhernienchirurgie (The HerniaSurge Group 2018). Gemäß den internationalen Leitlinien sind die Hauptindikationen für die Lichtenstein-Technik: symptomatische einseitige Leisteinhernie beim Mann, große Inguinoskrotalhernien sowie die Versorgung einer Rezidivhernie nach vorgängiger posteriorer Versorgung mit einem Netz (TEP- oder TAPP-Technik) ( Simons et al. 2009; Miserez et al. 2014; The HerniaSurge Group 2018). Aus vielen Studien, in denen die Hernienversorgung nach Lichtenstein mit den endoskopischen Techniken (TEP oder TAPP) verglichen werden, können folgenden Vorteile der offenen Netzversorgung zusammengefasst werden: die Einfachheit der Methode, die Kostengünstigkeit, das rasche Erlernen der Technik und das geringe Risiko intraoperativer Komplikationen. Dagegen spricht eine in manchen Studien im Vergleich zur Lichtenstein-Reparation leicht erniedrigte Inzidenz an chronischen Schmerzen für die endoskopischen Techniken. Bezüglich Rezidivraten zeigen die offenen und die endoskopischen Verfahren in geübten Händen vergleichbar niedrige Rezidivraten. Die Lernkurve ist bei den endoskopischen Techniken mit etwa 50–100 Eingriffen pro Chirurg (The HerniaSurge Group 2018) deutlich höher als bei der Lichtenstein-Versorgung. Deshalb eignet sich die Lichtenstein-Methode vor allem außerhalb von hochspezialisierten Hernienzentren als Ausbildungseingriff. Bei der heutigen Diskussion über Modifikationen der Lichtenstein-Technik geht es vor allem um die Frage, welche Art von Netz verwendet und wie dieses fixiert werden sollte. Metaanalysen von randomisierten Studien haben gezeigt, dass die Verwendung eines sog. leichtgewichtigen Netzes gegenüber den herkömmlichen konventionellen Netzen Vorteile bezüglich Inzidenz von chronischen postoperativen Schmerzsymptomen zeigt (Sanders et al. 2014). Zudem gibt es mehrere randomisierte Multizenterstudien, welche die Fixationsmethode (Naht vs. selbsthaftendes Netz vs. Verwendung von Klebermaterialien) untersuchten. Weder die Verwendung von selbsthaftenden Netzen noch die Verwendung von Klebematerialien konnte die Inzidenz chronischer Schmerzen reduzieren (Rönkä et al. 2015). Hingegen sind Rezidive bei großen medialen

1 Irving Lester Lichtenstein (1929–2000). Lichtenstein unterrichtete an der University of California in Los Angeles und arbeitete an dem heute als Cedars-Sinai Medical Center bekannten Institut. Er widmete sich besonders Patienten mit Leistenhernien. Seine direkten Nachfolger sind Parvis Amid und David Chen.

Leistenhernien häufiger bei Verwendung von Kleber als bei der Verwendung von Nahtmaterialien zur Fixierung des Netzes. Könnten Sie das Wort „Goldestandard" noch einmal überprüfen. es muss „Goldstandard" heissen

Im Folgenden wird die Operationstechnik nach der Originalbeschreibung von Irwing L. Lichtenstein im Detail schrittweise aufgezeigt (Shulman 1996).

### Vorbereitung

Der Eingriff erfolgt in Rückenlage und ohne Antibiotikaprophylaxe (Ausnahme: patientenbezogene Risikofaktoren wie z. B. Rezidivoperationen, immunsupprimierte Patienten). Der Eingriff kann in Lokalanästhesie, Regionalanästhesie oder Intubationsnarkose durchgeführt werden. Die Eingriffsdauer beträgt je nach Erfahrung zwischen 30 und 60 min.

### Zugang

Die Hautinzision erfolgt auf einer Linie zwischen Tuberculum pubicum und Spina iliaca anterior superior über eine Länge von ca. 5–6 cm (Abb. 12.1). Bei adipösen Patienten kann die Inzision problemlos nach lateral erweitert werden. Die Subkutis wird mit dem Elektrokauter durchtrennt. Der Assistent spannt mit zwei Wundhaken die Subkutis sanft auf. Größere Venen (z. B. Vena epigastrica inferior superficialis) werden zur Vermeidung von postoperativen Blutungen ligiert und durchtrennt.

### Darstellen und Spalten der Aponeurose des M. obliquus externus

Der nächste Schritt ist die Darstellung der Externusaponeurose und des äußeren Inguinalringes (Anulus inguinalis externus). Gegen distal wird die Externusaponeurose bis zu ihrem Übergang in die Oberschenkelfaszie dargestellt. Entlang der Faserrichtung und parallel zum Leistenband wird die Externusaponeurose im Bereich der Fibrae intercrurales mit dem Messer über eine kurze Strecke inzidiert. Anschließend wird mit einer Schere die Inzision nach beiden Seiten unter kompletter Eröffnung des Anulus inguinalis externus erweitert. Die obere und die untere Lefze der Externusaponeurose werden mit einer Klemme hochgehalten und dann mit einem Tupferchen sorgfältig stumpf mobilisiert. Hierbei werden die drei Nervenäste (Nervus iliohypogastricus, Nervus ilioinguinalis und der genitale Ast des Nervus genitofemoralis) geschont (Abb. 12.2). Der Nervus iliohypogastricus findet sich meist kranial auf dem M. obliquus internus. Der meist sehr dünne Ramus genitalis des Nervus genitofemoralis läuft konstant am kaudalen Pol des Samenstrangs mit den Kremasterfasern. In der Regel wird eine Schonung der drei Nervenäste empfohlen. Wenn die Nervenäste hingegen akzidentell verletzt werden oder den Verlauf der späteren Netzposition stören, sollen sie gezielt reseziert werden. Dabei sollten sie bis weit in die laterale Bauchmuskulatur verfolgt und dort abgesetzt werden,

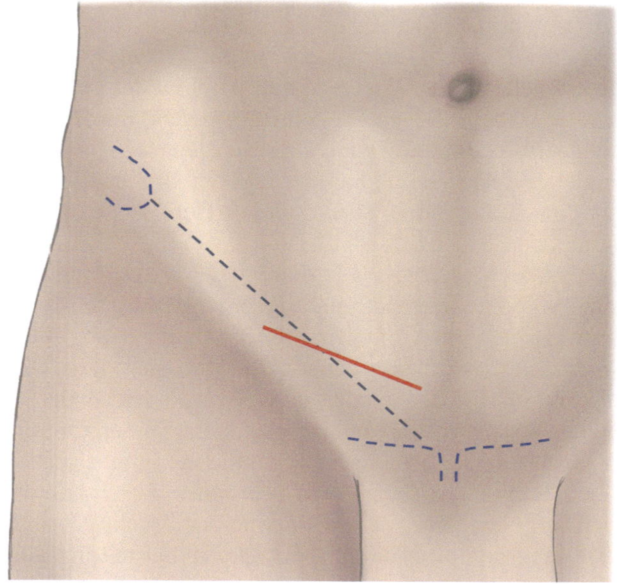

**Abb. 12.1** Operation nach Lichtenstein (1986). *Blau gestrichelte Linien:* Spina iliaca anterior et superior, Leistenband und Symphyse. *Rote Linie:* Hautschnitt

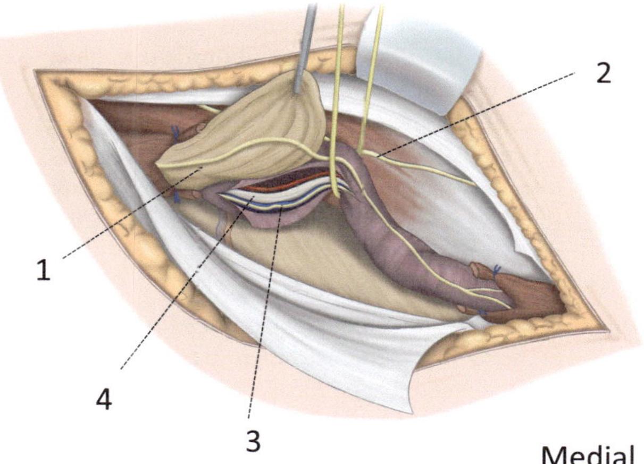


**Abb. 12.2** Operation nach Lichtenstein (1986). Der Verlauf der Inguinalnerven muss bei offenen bzw. anterioren Reparationen unbedingt beachtet werden, um Nervenschäden zu vermeiden. N. ilioinguinalis *(1)*, N. iliohypogastricus *(2)* und Ramus genitalis des N. genitofemoralis *(3)*, an der Vena spermatica externa, in der sog. „*Blue Line*"; *(4)* Ductus deferens

um die Entwicklung eines schmerzhaften Neurinomes möglichst gering zu halten. Einstellen des Operationssitus mittels Roux[2]-Haken, die unterhalb der Externusaponeurose platziert werden.

### Mobilisieren und Anschlingen des Samenstranges

Der Samenstrang muss komplett von der Leistenkanalhinterwand und der Faszie des Os pubis befreit werden. Für die spätere korrekte Lage des Netzes in diesem Bereich ist es wichtig, im Bereich des Os pubis den Faszienüberzug des Knochens mindestens 2 cm medial zum Tuberculum freizupräparieren. Es gibt eine avaskuläre Schicht zwischen dem Faszienüberzug des Os pubis und dem Samenstrang, welche erlaubt, den Samenstrang komplett zu mobilisieren, ohne die Hodendurchblutung zu beeinträchtigen. Der Samenstrang lässt sich am besten von seiner inferioren Seite her mobilisieren, da hier die Samenstranggefäße besser sichtbar sind. Lateral des Tuberculum pubicum wird dann der mobilisierte Samenstrang umfahren und mit einem Gummizügel angeschlungen.

Intraoperative Beurteilung des Hernientyps: Zu diesem Zeitpunkt kann der Hernientyp nach EHS-Klassifikation (medial, lateral oder gemischte Hernie, sowie Größe) beurteilt werden (s. auch ▶ Kap. 7).

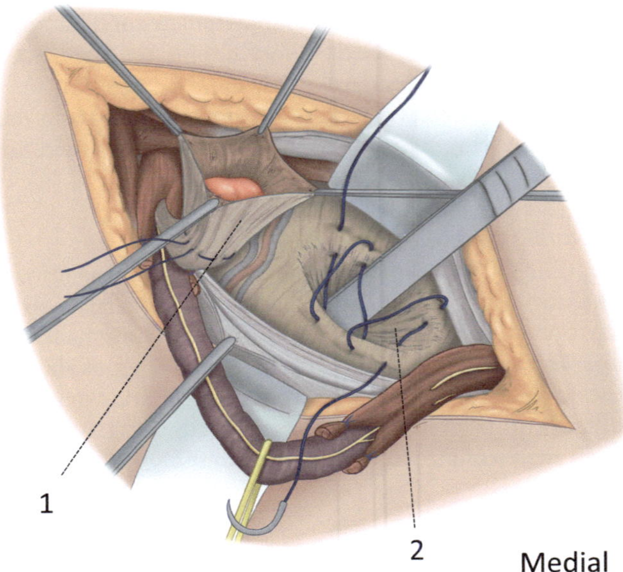


**Abb. 12.3** Operation nach Lichtenstein (1986). Um laterale Leistenhernien zu finden sowie den Samenstrang begleitendes präperitoneales Fettgewebe zu versorgen, werden die Fasern des M. cremaster entweder längs gespalten oder quer durchtrennt (wie in der Abbildung). Der N. ilioinguinalis und der Ramus genitalis des N. genitofemoralis werden geschont oder nach Lokalinfiltration durchtrennt. Der laterale Bruchsack *(1)* wird eröffnet, der Bruchinhalt reponiert und der Bruchsack am Bruchsackhals mit Tabaksbeutelnaht versehen und versenkt. Mediale Hernien oder eine ausgewölbte Fascia transversalis *(2)* werden mit einstülpenden Nähten versorgt

12

### Vorgehen bei medialer Leistenhernie

Die mediale (oder direkte) Hernie wölbt sich im Bereich der Fascia transversalis zwischen Tuberculum pubicum, Leistenband und innerem Leistenring vor. In dieser Situation wird die Fascia transversalis nicht eröffnet, sondern digital reponiert und mit einem resorbierbarem Faden der Stärke 2-0 überwendelt, damit die spätere Netzimplantation technisch einfacher durchzuführen ist (Abb. 12.3). Zum Ausschluss einer zusätzlichen femoralen Bruchpforte muss die Fascia transversalis allerdings eröffnet werden (zur Versorgung von Schenkelhernien in der Technik nach Lichtenstein s. ▶ Kap. 17).

### Vorgehen bei lateraler Leistenhernie

Im Bereich des inneren Leistenringes wird an der ventralen Seite des Samenstranges die Muskulatur des M. cremaster im Längsverlauf sorgfältig auseinandergedrängt und der indirekte Bruchsack aufgesucht. Der Bruchsack wird mit einer Klemme fixiert und anschließend sorgfältig von den Samenstrangstrukturen bis in den inneren Leistenring hinein ausprätpariert. Die Muskulatur des M. cremaster wird partiell auf Höhe des inneren Leistenringes zwischen Klemmen durchtrennt und ligiert (Abb. 12.4), dabei muss darauf geachtet werden, die arterielle und venöse Versorgung des Hodens nicht zu schädigen, dasselbe gilt für den Ramus genitalis des Nervus genitofemoralis. Wenn es sich um eine länger bestehende indirekte Hernie handelt und der Bruchsack stark mit den umliegenden Strukturen verklebt ist, empfiehlt es sich, den Bruchsack an der Spitze zu eröffnen und unter digitaler Kontrolle bis in den inneren Leistenring auszupräparieren. Samenstranglipome werden mitreseziert. Bei Vorliegen eines offenen Processus vaginalis soll der Bruchsack im mittleren Bereich des Samenstranges offen durchtrennt und der distale, in das Skrotum reichende Teil offengelassen werden, um eine postoperative Serom- bzw. Hydrozelenbildung zu vermeiden. Wichtig ist eine genaue Blutstillung entlang des distal belassenen Bruchsackrandes. Kann bei einer lateralen Hernie der Bruchsack ohne Eröffnung komplett bis in den inneren Leistenring auspräpariert werden, ist eine Resektion nicht notwendig. Es wird sogar diskutiert, dass das Belassen des Bruchsackes in toto das Risiko postoperativer Schmerzen verringert (weniger lokale Entzündung). Wurde der Bruchsack eröffnet, soll er an seiner Basis auf der Höhe des inneren Leistenringes über einer Klemme reseziert und mit einer Durchstechungsligatur versorgt werden.

2 Cézar Roux (1857–1934). Der Schweizer Chirurg arbeitete nach seiner Promotion in Bern bei Theodor Kocher (1841–1917), bevor er in Lausanne an der Gründung der Universität mitwirkte. Roux war Professor der Externen Pathologie und Gynäkologie und arbeitete zuvor auch am Kantonsspital. Bekannt wurde er vor allem durch die Roux-Y-Rekonstruktion (Saegesser 1989).

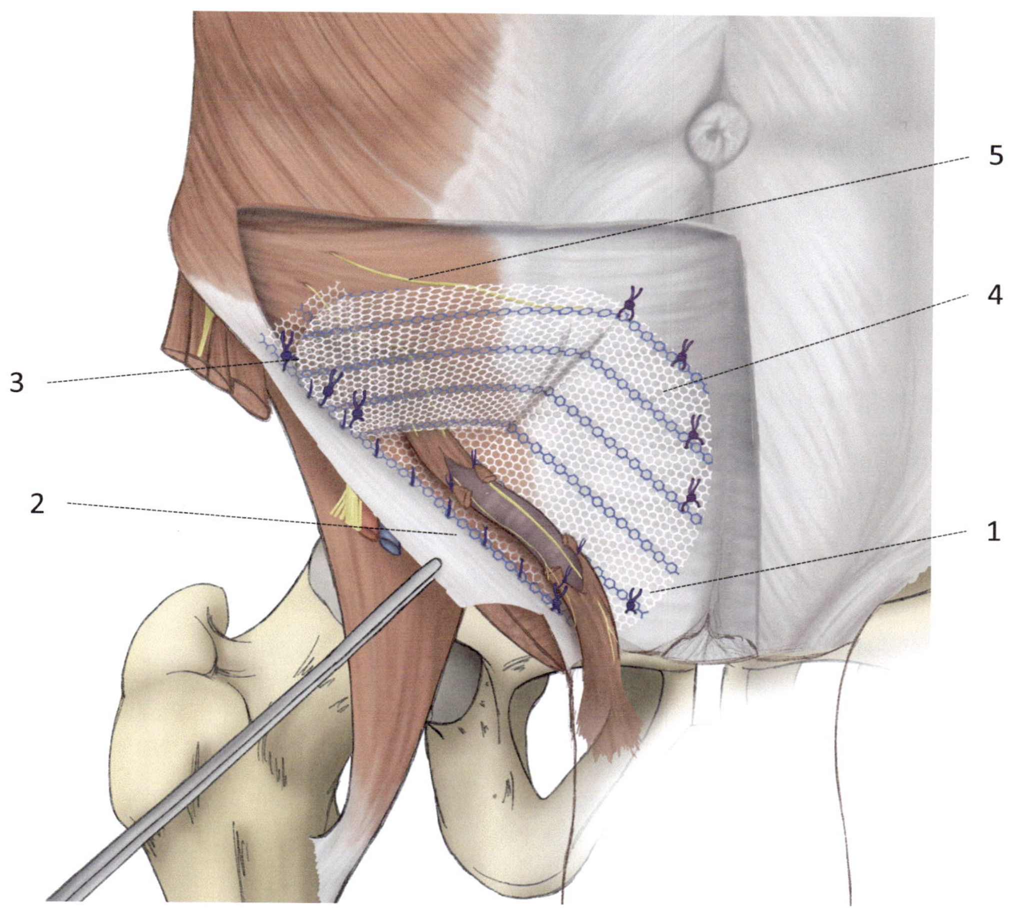


**Abb. 12.4** Operation nach Lichtenstein (Lichtenstein 1986). Endaspekt des implantierten Netzes. Die erste Naht wird 2 cm medial des ipsilateralen Tuberculum pubicum gestochen *(1)*; fortlaufende Naht am Leistenband *(2)*; Fixation der oberen Netzlefze mit 2 nichtresorbierbaren Nähten am Leistenband *(3)*, wodurch ein vorhangähnlicher neuer innerer Leistenring entsteht; lockere Nähte am Netzoberrand *(4)* unter Beachtung des darunter verlaufenden N. iliohypogastricus *(5)*

### Vorbereitung des Netzes

In der Regel werden leichtgewichtige Netze in der Standardgröße von 10×15cm zur Versorgung einer Leistenhernie nach Lichtenstein empfohlen. Das Netz wird in folgender Art und Weise zugeschnitten (Abb. 12.5): Abrunden der Ecken im Bereich des medialen Anteiles. Auf der lateralen Seite wird das Netz für die spätere Durchtrittsstelle des Funiculus spermaticus längs gespalten, und zwar in einem Verhältnis von einem Drittel (untere Netzlefze) zu zwei Drittel (obere Netzlefze). Die Länge der notwendigen lateralen Inzision kann probatorisch im Operationssitus mit einem Maßstab oder einer Pinzette ausgemessen werden. Dabei wird die Distanz zwischen dem Punkt 2 cm medial des Tuberculum pubicum und dem inneren Leistenring ausgemessen.

### Platzieren des Netzes auf der Leistenkanalhinterwand

Das Netz wird mit der medialen abgerundeten Seite – das Tuberculum pubicum 2 cm überlappend – auf der Fascia transversalis platziert, die beiden Lefzen werden

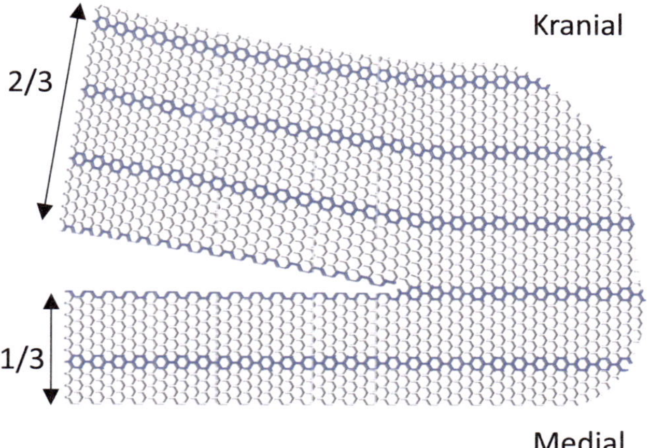


**Abb. 12.5** Operation nach Lichtenstein (1986). Vorbereitung des Netzes für die rechte Seite. Der Schlitz wird von lateral nach medial geschnitten, am Übergang zwischen dem unteren Drittel und den oberen zwei Dritteln des Netzes

um den Samenstrang im Bereich des Anulus inguinalis internus gelegt. Der Samenstrang wird zu Beginn der Netzfixation vom Assistenten sanft nach oben und unten gezogen. Mit einer fortlaufenden monofilen Naht der Stärke 2-0 USP (z. B. Polypropylen) wird der mediale Netzanteil – 2 cm das Tuberculum pubicum überlappend – an der Faszie des Os pubis fixiert. Mit einem Stichabstand von ca. 1 cm wird die untere Netzkante fortlaufend ebenfalls mit einer nichtresorbierbaren Naht der Stärke 2-0 USP an die Innenseite des Leistenbandes fixiert (s. auch ◘ Abb. 12.4). Bei diesem Manöver empfiehlt es sich, dass der Operateur (Rechtshänder) mit dem Zeigefinger der linken Hand das Netz in Position hält, während er das Netz an die Innenseite des Ligamentum inguinalis näht. Die fortlaufende Naht wird ca. bis 2 cm lateral des inneren Leistenringes fortgeführt und der Faden dort geknotet. Wichtig ist eine relativ tangentiale Stichführung am unteren Ansatz der Innenseite des Leistenbandes, um eine Verletzung der darunterliegenden Gefäße (Arteria und Vena femoralis) zu vermeiden. Die beiden Netzlefzen werden lateral des Samenstranges mit einer Klemme gegeneinander fixiert. Mit einer ersten Einzelknopfnaht (Monofilament 2-0) werden die beiden Netzlefzen an der Durchtrittsstelle des Funiculus spermaticus locker gegeneinander fixiert[3]. Wichtig ist es hier, eine Ischämie des Samenstranges zu verhindern. Mit einer zweiten Einzelknopfnaht wird die obere Netzlefze auf die untere im Bereich des Ligamentum inguinale auf Höhe der abgeschlossenen fortlaufenden Nahtreihe zusätzlich fixiert. Nun wird der kraniale Anteil des Netzes auf den M. obliquus internus positioniert. Wichtig ist, dass das Netz locker auf der Muskulatur liegt („tension-free-repair") und nicht zu straff fixiert wird. Mit z2–3 locker geknüpften, resorbierbaren Einzelknopfnähten (z. B. Polyglycolsäure 3-0 USP) wird der obere Anteil des Netzes nun auf der Muskulatur fixiert, wobei auch hier auf den Nervenverlauf zu achten ist, um die Nervenäste nicht in den Einzelknopfnähten mitzufassen. Die beiden lateralen Enden der Lefzen werden unter die Externusaponeurose geschoben, hier ist eine Fixation nicht notwendig. Mit einer Klemme oder einer Pinzette wird nochmals die Weite des neu kreierten inneren Leistenringes geprüft und darauf geachtet, dass die Durchtrittsstelle des Samenstranges nicht zu eng ist.

3 In der Beschreibung der Lichtenstein-Technik durch seinen Schüler und späterem Direktor des Lichtenstein Hernia Institute Alex G. Shulman (1915–1996) wird auf den Abb. 18A und 19 sowie in der Erklärung auf Seite 38 die kraniale Netzlefze über die kaudale Netzlefze geschlagen und an das Leistenband direkt fixiert ( Shulman 1996).

12

- **Verschluss der Externusaponeurose**

Nach Durchführung der Hämostasekontrolle wird nun der Zügel zum Hochhalten des Samenstranges entfernt. Die Externusaponeurose wird von lateral her ebenfalls mit monofilem Fadenmaterial der Stärke 2-0 fortlaufend über dem Leistenkanal bis auf Höhe des ehemaligen äußeren Leistenringes vernäht. Die Subkutis wird mit einigen Einzelkopfnähten (resorbierbares Fadenmaterial) locker adaptiert und der Hautverschluss erfolgt mit einer intrakutanen Hautnaht und Steri-Strips.

- **Postoperative Lokalanästhesie**

Nach komplettem Verschluss der Externusaponeurose wird der Leistenkanal mit 8–10 ml eines Lokalanästhetikums geflutet. Im Bereich des Tuberculum pubicum wird ein zusätzliches Depot von ca. 2 ml Lokalanästhesie gesetzt. Zum Schluss wird die Hautinzision subdermal ebenfalls mit Lokalanästhesie infiltriert.

- **Postoperative Anweisung**

Nach gesicherter Wundheilung (ca. 5–7 Tage) darf sich der Patient uneingeschränkt bewegen, Sport ausüben und auch Lasten heben, sofern es die lokalen postoperativen Schmerzen erlauben. Die Arbeitsunfähigkeit beträgt je nach Beruf zwischen 5 und 14 Tagen.

**Wichtig zu beachten**

- Vorsichtiges Durchtrennen der Muskulatur des M. cremaster im Bereich des inneren Leistenringes zur sicheren Identifizierung des Bruchsackes und (Verdünnung) des Samenstranges unter Schonung der Nerven und der vaskulären Strukturen
- Genügend großes Netz wählen (10 × 15 cm)
- Überlappen des Tuberculum pubicum um mindestens 2 cm (mediale Netzfixation)
- Lockere Fixation des Netzes kranial auf dem M. obliquus internus (keine Spannung)

## 12.1 Kommentar der Herausgeber: Lichtenstein-Reparation

Bereits Anfang des 20. Jahrhunderts, 80 Jahre vor Usher und Lichtenstein, wurden Hernienpatienten routinemäßig mit Netzen operiert. Zwei Chirurgen verdienen besonders genannt zu werden: Lawrie McGaven aus London (1909) und Leonard Bell aus Melbourne (1945). Beide verwendeten selbst gefertigte Netze aus dünnem Silberdraht, die sie direkt vor der Operation mithilfe einer Schablone am OP-Tisch anfertigten. Sie nutzten die antiseptische Wirkung von Silber und hatten kaum Rezidive.

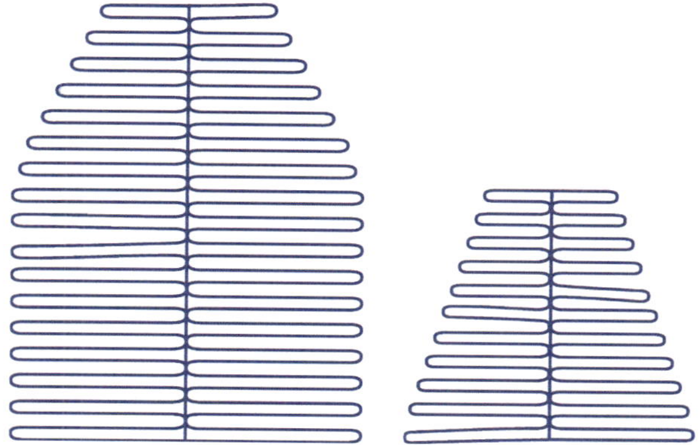

**Abb. 12.6** Silbernetze („Filigrees"), die Vorläufer der Kunststoffnetze für Leistenhernienreparation, 1909 erstmals mit großem Erfolg serienmäßig implantiert

**Lawrie McGaven** aus London implantierte bereits 1909 selbstgefertigte Silbernetze (Filigrees) bei über 30 großen Leistenhernien- und über 15 Narbenhernienpatienten (Abb. 12.6). Er wandte damals das Prinzip doppelter Netze an: ein größeres präperitoneales Netz und ein kleineres anteriores über der verschlossenen Fascia transversalis (Br. Med. Journal (1909) 357–363).

**Leonard Ball** aus Melbourne (Australien) implantierte erfolgreich von 1945 bis 1958 selbstgefertigte Silbernetze (Filigrees) bei 445 Leistenhernienpatienten. Bei nur einem Patienten musste das Netz nach 1 Jahr wegen „nichtheilendem Sinus" entfernt werden. Kein Patient hatte ein Fremdkörpergefühl, dem Autor wurden zwei Rezidive bekannt (Br. J. Surg. (1958) 562–564).

Die Reparationsmethode mit spannungsfreier Netzimplantation nach Lichtenstein fand nach ihrem Bekanntwerden breite Anerkennung (Lichtenstein et al. 1989, 1990; Shulman 1996). Im Vergleich zu den damals gängigen postoperativen Empfehlungen revolutionierte die Lichtenstein-Operation wegen des „tension-free"-Prinzips die postoperativen Empfehlungen in Richtung frühzeitiger Mobilisation und schneller Rückkehr zur Arbeit (Lichtenstein et al. 1990).

Wahrscheinlich ist die Lichtenstein-Reparation nur in einem Punkt den aktuelleren endoskopischen Verfahren unterlegen: den chronischen Schmerzen. Daten aus einer randomisierten kontrollierten Studie zeigen, dass die TEP unter Vollnarkose gegenüber der Lichtenstein-Technik unter Lokalanästhesie einen besseren langfristigen Schutz vor chronischen Schmerzen bietet (20,7 % vs. 33,2 %, p=0,007), die Rezidivrate ist gleich (Westin et al. 2016). Aus der Lichtenstein-Arbeitsgruppe wurden bei den ersten 1552 Patienten nur 2 Rezidive berichtet (Tab. 12.1).

**Tab. 12.1** Literaturübersicht zur Lichtenstein-Technik

| Studie | Design | N | Komplikationen | Chronische Schmerzen | Rezidiv |
|---|---|---|---|---|---|
| Shulman et al. (1992) | Kohorte | 1552 | Keine Infektion<br>Keine Abstoßung | ? | 2 (0,13 %) |
| Willaert Willaert et al. (2012) | Offen präperitoneal vs. Lichtenstein-Technik | 569 | Gegensätzliche Daten | Gegensätzliche Daten | Kein Unterschied |
| Bobo Bobo et al. (2014) | Metaanalyse Lichtenstein-Technik vs. TEP | 3279 | Infektion: kein Unterschied zwischen TEP und Lichtenstein-Technik<br>Serom: kein Unterschied zwischen TEP und Lichtenstein-Technik | Bei TEP weniger Schmerzen als bei Lichtenstein-Technik | Bei Lichtenstein-Technik weniger Rezidive als bei TEP |
| Pisanu et al. (2015) | Metaanalyse laparoskopische vs. Lichtenstein-Technik (bei Rezidiv) | 647 | Hämatom/Serom: kein Unterschied zwischen laparoskopischer und Lichtenstein-Technik | Bei laparoskopischer Technik weniger Schmerzen als bei Lichtenstein-Technik | Kein Unterschied |

Auch wenn bei der ursprünglichen Lichtenstein-Reparation der laterale Bruchsack nicht abgetragen wird, zeigen aktuelle Ergebnisse, dass bei Abtragung des Bruchsacks die Rezidivrate nach 5 Jahren geringer ist (1,7 %) als bei alleiniger Invagination des Bruchsacks (2,7 %) (Stylianidis et al. 2010). Bei der Abtragung des lateralen Bruchsacks kann die Ligatur des Bruchsackhalses hinter die Mm. obliquus internus und transversus mit einer Naht kranialisiert werden, ein Manöver, das Bastianelli[4] beschrieb, um zu vermeiden, dass die Bruchsacknaht im inneren Leistenring liegt mit dem Ziel, dass sich kein Granulom im inneren Leistenring befindet und dass die Schwachstelle (Naht) ebenfalls nicht im inneren Leistenring liegt. Dieses Manöver ist besonders bei großen lateralen Hernien gelegentlich sinnvoll.

Bei der Durchführung der Lichtenstein-Operation bei Frauen muss immer auch daran gedacht werden, dass die Schenkelpforte inspiziert wird, denn nicht selten wird eine femoralen Hernie übersehen, da die Fascia transversalis klassischerweise nicht eröffnet wird (s. auch ▶ Kap. 18).

Obwohl die Lichtenstein-Technik gerne als Lehreingriff genutzt wird, zeigen Daten, dass von Anfängern durchgeführte Operationen signifikant mehr chronische Schmerzen und Rezidive zur Folge haben, als es bei Operationen durch Experten der Fall ist (Lange et al. 2016). Gerade in Zeiten der ambulanten Chirurgie ist es daher sehr wichtig, dass die Lichtenstein-Reparation auch in Zukunft unter enger Betreuung eines Experten an die junge Generation weitergegeben wird.



## Literatur


Bobo Z, Nan W, Qin Q, Tao W, Jianguo L, Xianli H (2014) Meta-analysis of randomized controlled trials comparing Lichtenstein and totally extraperitoneal laparoscopic hernioplasty in treatment of inguinal hernias. J Surg Res 192:409–420

Lange JFM, Meyer VM, Voropai DA, Keus E, Wijsmuller AR, Ploeg RJ, Pierie JPEN (2016) The role of surgical expertise with regard to chronic postoperative inguinal pain (CPIP) after Lichtenstein correction of inguinal hernia: a systematic review. Hernia 20:349–356

Lichtenstein IL (1986) Ambulatory outpatient hernia surgery. Including a new concept, introducing tension-free reapir. Int Surg 71:1–4

Lichtenstein IL, Shulman AG, Amid PK (1989) The tension-free hernioplasty. Am J Surg 157:188–193

Lichtenstein IL, Shulman AG, Amid PK, Willis PA (1990) Hernia repair with polypropylene mesh. An improved method. AORN J 52:559–565

Miserez M, Peeters E, Aufenacker T, Bouillot JL, Campanelli G, Conze J, Fortelny R, Heikkinen T, Jorgensen LN, Kukleta J, Morales-Conde S, Nordin P, Schumpelick V, Smedberg S, Smietanski M, Weber G, Simons MP (2014) Update with level 1 studies of the European hernia society guidelines on the treatment of inguinal hernia in adult patients. Hernia 18:151–163

Pisanu A, Podda M, Saba A, Porceddu G, Uccheddu A (2015) Meta-analysis and review of prospective randomized trials comparing laparoscopic and Lichtenstein techniques in recurrent inguinal hernia repair. Hernia 19:355–366

Read RC (1999) Francis C. Usher, herniologist of the twentieth century. Hernia 3:167–171

Rönkä K, Vironen J, Kössi J, Hulmi T, Silvasti S, Hakala T, Ilves I, Song I, Hertsi M, Juvonen P, Paajanen H (2015) Randomized multicenter trial comparing glue fixation, self-gripping mesh, and suture fixation of mesh in lichtenstein hernia repair (FinnMesh Study). Ann Surg 262:714–720

Saegesser F (1989) César Roux. Son époque et la nôtre. Lausanne, Éditions de L'Aire

Sanders DL, Nienhuijs S, Ziprin P, Miserez M, Gingell-Littlejohn M, Smeds S (2014) Randomized clinical trial comparing self-gripping mesh with suture fixation of lightweight polypropylene mesh in open inguinal hernia repair. Br J Surg 101:1373–1382

Shulman AG (1996) The Lichtenstein hernia repairs, and how to do them… right!. Wagner Des, California, S 140

Shulman AG, Amid PK, Lichtenstein IL (1992) The safety of mesh repair for primary inguinal hernias: results of 3,019 operations from five diverse surgical sources. Am Surg 58:255–257

Simons MP, Aufenacker T, Bay-Nielsen M, Bouillot JL, Campanelli G, Conze J, de Lange D, Fortelny R, Heikkinen T, Kingsnorth A, Kukleta J, Morales-Conde S, Nordin P, Schumpelick V, Smedberg S, Smietanski M, Weber G, Miserez M (2009) European Hernia Society guidelines on the treatment of inguinal hernia in adult patients. Hernia 13:343–403

Stylianidis G, Haapamäki MM, Sund M, Nilsson E, Nordin P (2010) Management of the hernial sac in inguinal hernia repair. Br J Surg 97:415–419

The HerniaSurge Group (2018) International guidelines for groin hernia management. Hernia 22:1–165

Westin L, Wollert S, Ljungdahl M, Sandblom G, Gunnarsson U, Dahlstrand U (2016) Less pain 1 year after total extra-peritoneal repair compared with lichtenstein using local anesthesia: data from a randomized controlled clinical trial. Ann Surg 263:240–243

Willaert W, De Bacquer D, Rogiers X, Troisi R, Berrevoet F (2012) Open Preperitoneal techniques versus lichtenstein repair for elective inguinal hernias. Cochrane Database Syst Rev 11:CD008034

Zagdoun J, Sordinas A (1959) The use of nylon plaques in the surgery of inguinal hernias. Mem Acad Chir 85:747–754


4 Raffaele Bastianelli (1863–1961). Bastianelli war Professor für Chirurgie in Rom und nach seiner Emerittierung königlicher Honorarvorstand aller Krankenhäuser Roms. Bastianelli genoss als herausragender italienischer Chirurg großes Ansehen im angloamerikanischen Raum und war Ehrenmitglied der Berliner Medizinischen Gesellschaft.

# Beidseitige transabdominelle Leistenhernienversorgung nach Stoppa

*Philipp Kirchhoff und Henry Hoffmann*

## Inhaltsverzeichnis




U. A. Dietz et al. (Hrsg.), *Offene Hernienchirurgie*,
https://doi.org/10.1007/978-3-662-61348-1_13

Das Grundprinzip des offenen präperitonealen Netzverfahrens nach Stoppa ist die Verstärkung der endopelvinen Faszie mit einem großen Netz zur Abdeckung aller potenziellen Bruchpforten (inguinal lateral, inguinal medial, Femorallücke und Obturatorlücke). Die Technik kommt aufgrund der Netzgröße und -position zwischen Peritoneum und innerer Bauchwand in aller Regel ohne Fixation aus. Das Verfahren wurde erstmals 1969 durch den französischen Chirurgen René Stoppa[1] angewandt und auch als „grand prosthetic reinforcement of the visceral sac" (GPRVS) bezeichnet (Stoppa et al. 1973). Aus heutiger Sicht ist das Stoppa-Verfahren technisch durchaus als Vorläufer der endoskopischen präperitonealen Netzverfahren anzusehen. Die Vorteile der groß dimensionierten extraperitonealen Netzeinlage, der schonenden Gewebepräparation im präperitonealen Raum und der Inspektion und Abdeckung aller potenziellen Bruchlücken wurden schon vor sechs Dekaden propagiert (Maghsoudi und Pouzand 2005; Lowham et al. 1997; Beets et al. 1996).

**Stoppa-Operation**

Der Autor schreibt zu seiner OP: „Hinter der Fascia transversalis ist eine breite, gut trennbare Gewebsschicht, die sich auf beide Seiten der infraumbilikalen Mittellinie ausweitet – in den sogenannten. retrofascialen präperitonealen und prevesicalen Raum. Dieser ist weiter als der Retzius- und als der Bogros-Raum". Stoppa machte gemeinsam mit B.F.K. Odimba aus Amiens (1980) zahlreiche Messungen des menschlichen Beckens, um die genaue Dimension des von ihm empfohlenen Netzes zu bestimmen.

Durch die breite Anwendung und die zunehmend gut dokumentierten Vorteile der endoskopischen Techniken (TEP, TAPP) hat der Stellenwert der offenen Stoppa-Operation bei Leistenhernien in den letzten Jahren jedoch sukzessive abgenommen und stellt heute eher eine Ausnahme im Repertoire der meisten Hernienchirurgen dar.

Initial wurde das Verfahren insbesondere für bilaterale primäre Leistenhernien, Rezidivhernien nach anteriorer Versorgung und bei Patienten mit Bindegewebserkrankungen angewandt. Heute besteht die Indikation zur Stoppa-Technik meist nur bei komplexen oder wiederholten Rezidivleistenhernien, bei Patienten nach multiplen Voroperationen im Unterbauch mit entsprechenden Verwachsungen, sowie bei elektiven offenen Eingriffen im Unterbauch bei koinzidenten Inguinalhernien.

### ▪ Vorbereitung und Lagerung

Die Operation kann sowohl in Allgemeinnarkose als auch unter Spinalanästhesie erfolgen. Der Patient wird in Rückenlage mit gestreckten Hüftgelenken positioniert. Wir empfehlen die Einlage eines transurethralen Blasenkatheters und eine präoperative Single-shot-Antibiotikaprophylaxe.

### ▪ Operationstechnik

Der Zugang erfolgt mit einem ca. 10–12 cm langen Hautschnitt in der Mittellinie, beginnend unterhalb des Nabels und bis kurz oberhalb der Symphyse (◘ Abb. 13.1). Alternativ kann auch über eine bereits bestehende Pfannenstielnarbe oder bei einseitiger Hernie über einen lateralen, queren Schnitt begonnen werden. Nachdem Durchtrennen der Linea alba in der Medianen ist der Einstieg in den präperitonealen Raum geschaffen. Dabei ist sorgsam darauf zu achten, dass das Peritoneum nicht eröffnet wird, sondern streng extra- bzw. präperitoneal präpariert wird.

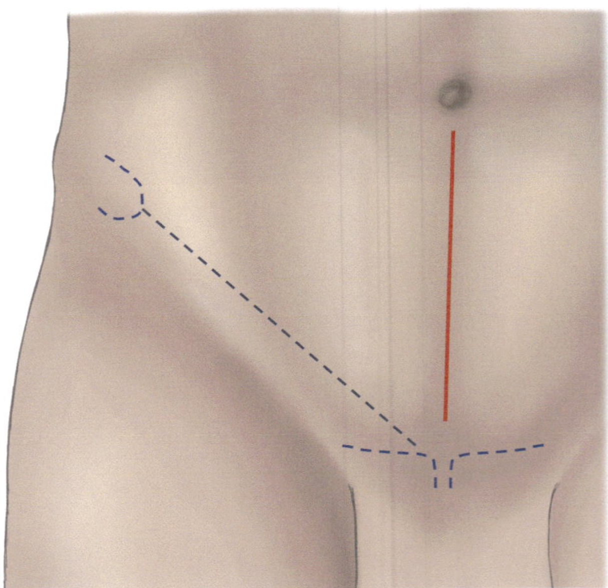

**◘ Abb. 13.1** Medianer infraumbilikaler Zugang zum präperitonealen Raum bei der Stoppa-Operation (Stoppa et al. 1973). *Blau gestrichelte Linien:* Spina iliaca anterior et superior, Leistenband und Symphyse. *Rote Linie:* Hautschnitt

13

1 René E. Stoppa (1921–2006). Stoppa wurde in einem Fischerdorf in Algerien geboren und begann 1939 sein Medizinstudium in Algier, wo er zunächst als Demonstrator der Anatomie arbeitete. 1950 ging er nach Paris, wo er 1954 sein Medizinstudium abschloss. 1965 wurde er Chefchirurg an der Universität in Amiens. Stoppa gilt gemeinsam mit Jean-Paul Chevrel (1933–2006) als Begründer der GREPA (Groupe de Recherche et d'Ètude de la Paroi Abdominale), der Gesellschaft, die die Zeitschrioft „Hernia" (Springer-Verlag) herausgab und später in European Hernia Society (EHS) umbenannt wurde (Verhaeghe und Bendavid 2007).

Der präperitoneale Raum kann dann meistens stumpf mit einem Tupfer von der Bauchwand abpräpariert werden. Bei Voroperationen mit entsprechenden präperitonealen Verwachsungen ist eine scharfe Präparation oft nicht zu vermeiden. Auf eine peritoneumnahe Anwendung einer Elektrokauterisation sollte zur Vermeidung transperitonealer, thermischer, intestinaler Schäden verzichtet werden. Medial wird unter Palpation der Symphyse der Eingang ins kleine Becken eröffnet und das Spatium Retzii (Spatium retropubicum) eröffnet (s. auch ► Kap. 7 und ◘ Abb. 7.6). Die Präparation sollte weit genug hinab erfolgen, um eine ausreichende Netzüberlappung retrosymphysär zu ermöglichen. Lateral wird zu beiden Seiten unterhalb der Linea arcuata zunächst retromuskulär präpariert. Die epigastrischen Gefäße sollten dabei klar identifiziert und geschont werden. Dabei ist die Positionierung von stumpfen, abgewinkelten Haken unter den Rektusmuskel hilfreich. Laterokaudal wird nun in den retroinguinalen Bogros-Raum eingegangen (s. auch ► Kap. 7 und ◘ Abb. 7.6). Im Bogros-Raum sollte möglichst peritoneumnah präpariert werden. Die hier verlaufende Fascia transversalis, welche retroinguinal einen parietalen und einen peritonealen Anteil ausweist, sollte so präpariert werden, dass der parietale Anteil vom Peritoneum abgehoben wird und somit als Schutzschicht zwischen den Nerven in der Fossa iliaca (N. ilioinguinalis, N. cutaneus femoris lateralis, N. genitofemoralis) und dem einliegenden Netz dienen kann. Dorsal-kaudal erfolgt dann die Darstellung des Foramen obturatorium, der Iliakalgefäße und der Ureteren.

Die mediale und die laterale Bruchpforte werden am kaudalen Teil der epigastrischen Gefäße dargestellt. Direkte Hernien werden inklusive Bruchsack und Inhalt stumpf ausgelöst und reponiert. Indirekte Hernien werden ebenfalls reponiert, oft müssen hier Verklebungen des Brucksackes mit dem Samenstrang gelöst werden. Durch die Präparation unmittelbar entlang des Samenstranges kann die Spitze der oft sehr großen lateralen Brucksäcke fast immer gefunden werden. Bei großen lateralen und nichtreponiblen Hernien besteht die Option, den distalen Anteil des Bruchsackes unter Sicht abzusetzen und den proximalen Teil zu übernähen und zu reponieren. Um das Einschneiden des Netzes für die Samenstranggefäße bzw. den Samenstrang zu vermeiden, ist es ratsam, diese Strukturen sorgsam vom Peritoneum zu lösen und spannungsfrei im posterioren Beckenbereich zu belassen.

### Anpassung der Netzgröße

Die Netzbreite entspricht bei beidseitigen Hernien dem Abstand zwischen den beiden Spina iliaca anterior superior. Vertikal entspricht die Größe dem Abstand von Nabel und Symphyse plus 5–6 cm, um eine ausreichend große Netzüberlappung retrosymphysär zu erreichen. Bei adipösen Patienten sollte die Netzgröße tendenziell etwas größer gewählt werden (◘ Abb. 13.2).

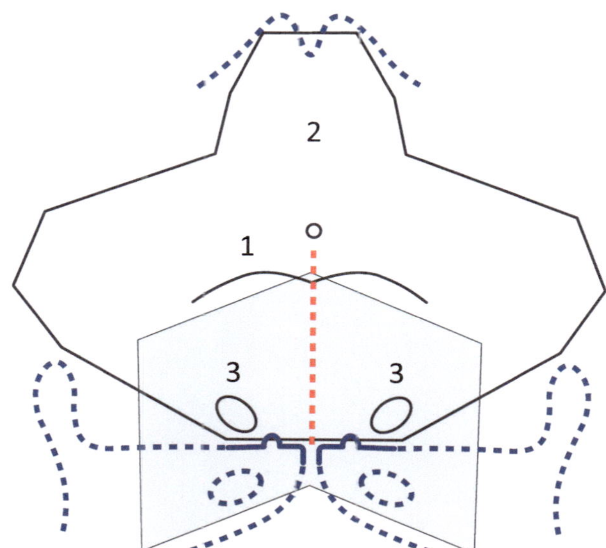


◘ **Abb. 13.2** Pfeilförmige Netzform (graue Fläche) für die Stoppa-Reparation (Stoppa et al. 1973). Ausgehend von einem mindestens 24 × 18 cm großen Netz werden Unterkante und Oberkante symmetrisch zugeschnitten. Die Breite des Netzes wird am Patienten durch Abmessen der Distanz zwischen beiden Spinae iliacae minus 2 cm definiert. Die Länge entspricht der Distanz vom Nabel zur Symphyse. Der untere Winkel des „Netzpfeils" reicht hinter die Symphyse (in das Spatium Retzii), beide seitlichen „Flügel" reichen lateral zur Linea arcuata (zum Bogros-Raum hin) (Stoppa et al. 1973). *Blau gestrichelte Linien:* Xiphoid und Becken; *rot gestrichelte Linie:* Hautschnitt; Linea arcuata *(1)*; Projektion der Gesamtfläche der Bauchdecke *(2)*; äußerer Leistenring (3).

### Netzplatzierung

Bei der Einlage retrahiert der Assistent die Abdominalwand mit abgewinkelten Haken. Mit einer Hand wird dann vom Operateur der peritoneale Sack nach oben zurückgehalten, um das Netzlager zu exponieren. Dies gelingt leichter in einer Trendelenburg-Position[2] des Patienten. Mit Klemmen erfolgt die Netzplatzierung in der Regel einfacher. Eine Klemme führt am unteren medialen Netzrand das Netz zwischen Symphyse und Blase in das Spatium Retzii. Mittels einer mediolateralen und einer lateralen Klemme am Netzunterrand wird das Netz nun weit nach dorsal ins Netzlager eingeschoben. Damit deckt es alle potenziellen Bruchlücken ab. Auf der Gegenseite wiederholt sich das Prozedere. Nachdem der Patient wieder in Normalposition gelagert ist, wird das peritoneale Paket entlastet und legt sich so optimal an das Netz an. Erst dann werden vorsich-

2 Friedrich Trendelenburg (1844–1924): Der Patient befindet sich in Rückenlage, der OP-Tisch wird in Kopf-tief-Position gebracht.

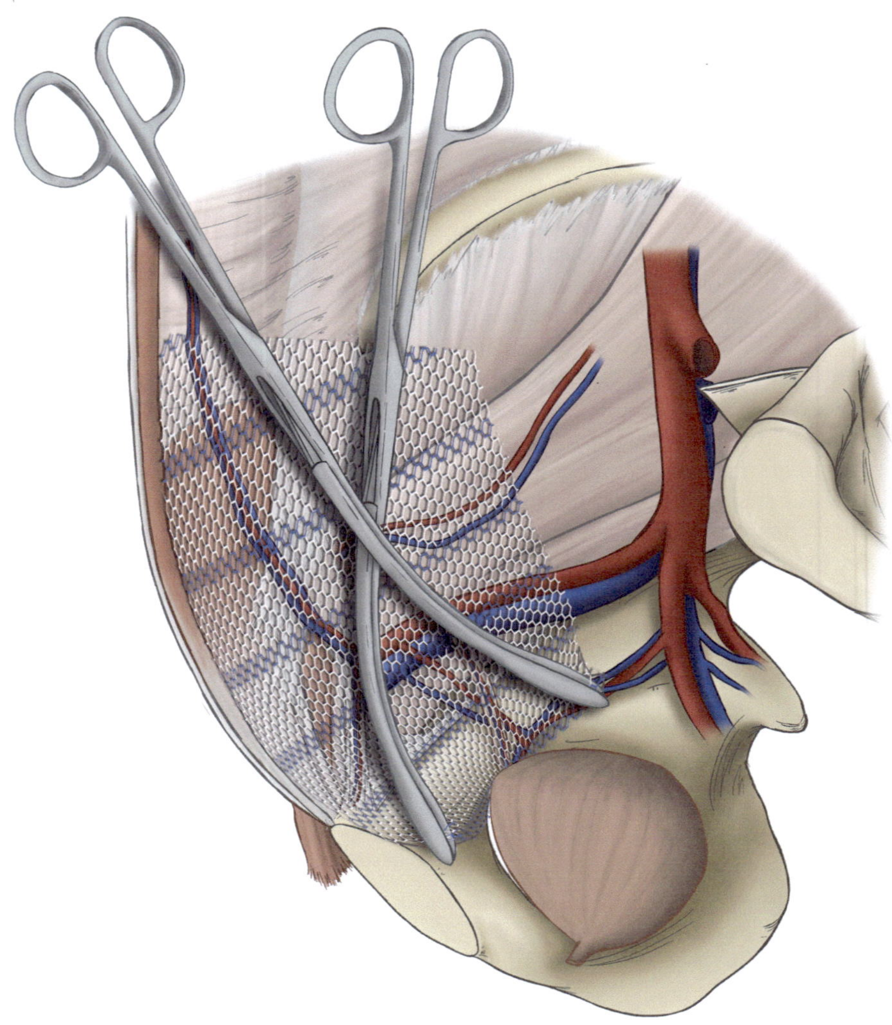



■ **Abb. 13.3** Übersicht der präperitonealen Netzposition bei Stoppa-Reparation (Stoppa et al. 1973), hier ein Ausschnitt der rechten Körperseite. Das Netz wird, an seiner Unterseite mit Kornzangen gefasst, über den medianen infraumbilikalen Zugang in Position gebracht. Das ungeteilte Originalnetz deckt bei der Stoppa-Operation beide Seiten gleichzeitig ab

tig, ggf. unter digitaler Kontrolle, die Klemmen entfernt. Somit liegt das Netz wie eine beidseitige TAPP oder TEP (■ Abb. 13.3). Der ventrale Netzanteil wird mittels absorbierbaren Einzelknopfnähten noch am hinteren Rektusblatt fixiert. Häufig wird das Wundgebiet mit zwei Redon-Drainagen über 24–48 h drainiert.

#### ▪ Postoperatives Management

Der Patient kann sich nach Maßgabe der Beschwerden körperlich frei bewegen und der Kostaufbau kann sofort erfolgen. Falls Redon-Drainagen eingelegt wurden, sollten diese sukzessive bei einer Fördermenge von weniger als 30–40 ml/24 h gezogen werden. Regelmäßige Wundkontrollen sollten bis zur gesicherten Wundheilung durchgeführt werden.

#### ▪ Ergebnisse der Stoppa-Operation

In der Literatur gibt es nur wenige qualitativ hochwertige Studien zum Stoppa-Verfahren. Kurz postoperativ zeigen die endoskopischen Techniken tendenziell etwas weniger Schmerzen. Zusammenfassend finden sich sowohl bei den endoskopischen Techniken als auch bei der Stoppa-Operation sehr niedrige Rezidivraten. Der Krankenhausaufenthalt war bei Stoppa-Technik meistens etwas länger als bei den laparoskopischen Techniken (Lowham et al. 1997; Champault et al. 1997; Beets et al. 1999). Auch die Rückkehr zu alltäglichen Aktivitäten erscheint bei den minimalinvasiven Techniken früher möglich zu sein. Im Vergleich zur beidseitigen Lichtenstein-Operation bei beidseitiger Inguinalhernie ist die Operationszeit bei der Stoppa-Operation signifikant reduziert.

### ▪ Fazit

Mit Einführung der Stoppa-Technik zur Versorgung von einseitigen und beidseitigen Leistenhernien in den späten 1960er Jahren wurden früh die Vorteile der präperitonealen Netzplatzierung erkannt. Zum einen war so die Platzierung von größeren Netzen möglich, um eine ausreichende Abdeckung der Bruchpforte bei größeren Inguinalhernien zu ermöglichen. Zum anderen konnten beidseitige Leistenhernien über den gleichen Zugang versorgt werden. Mit der Einführung der TEP- und TAPP-Techniken in den 1990er Jahren wurden dann die Vorteile der präperitonealen Netzposition mit den Vorteilen der minimalinvasiven Chirurgie verbunden.

Heute hat die Stoppa-Technik als primärer Zugangsweg zur Versorgung von Inguinalhernien nur noch eine untergeordnete Bedeutung. Sie zeigt aber insbesondere bei beidseitigen Leistenhernien eine kürzere Operationszeit im Vergleich zur beidseitigen Lichtenstein-Operation. Die Stoppa-Technik ist ebenso eine Alternative bei Rezidivhernien nach anteriorer Primäroperation, falls die entsprechende Expertise oder Ressourcen für die TEP- und TAPP-Techniken nicht vorhanden sind. Weiterhin kann die Stoppa-Technik als Option bei Konversion während einer TEP-Operation in Betracht gezogen werden. Ihr Nachteil im Vergleich zur Lichtenstein-Technik besteht aber vor allem in der Unmöglichkeit einer Operation unter Lokalanästhesie.

## Literatur

Beets GL, van Geldere D, Baeten CG, Go PM (1996) Long-term results of giant prosthetic reinforcement of the visceral sac for complex recurrent inguinal hernia. Br J Surg 83:203–206

Beets GL, Oosterhuis KJ, Go PM, Baeten CG, Kootsra G (1999) Longterm follow-up (12–15 years) of a randomized controlled trial comparing Bassini-Stetten, Shouldice, and high ligation with narrowing of the internal ring for primary inguinal hernia repair. J Am Coll Surg 185:352–357

Beets GL, Dirksen CD, Go PM, Geisler FE, Baeten CG, Kootstra G (1999) Open or laparoscopic preperitoneal mesh repair for recurrent inguinal hernia? A randomized controlled trial. Surg Endosc 13:323–327

Champault GG, Rizk N, Catheline JM, Turner R, Boutelier P (1997) Inguinal hernia repair: totally preperitoneal laparoscopic approach versus Stoppa operation: randomized trial of 100 cases. Surg Laparosc Endosc 7:445–450

Lowham AS, Filipi CJ, Fitzgibbons RJ Jr, Stoppa R, Wantz GE, Felix EL, Crafton WB (1997) Mechanisms of hernia recurrence after preperitoneal mesh repair. Traditional and laparoscopic. Ann Surg 225:422–31. Review

Maghsoudi H, Pouzand A (2005) Giant prostethic reinforcement oft he visceral sac: the Stpoppa groin hernie repair in 234 patients. Ann Saudi Med 25:228–232

Stoppa R, Petit J, Abourachid H (1973) Procede original de plastie des herniese de l'aine: L'interposition sans fixation d'une protheses en tulle de Dacron par voie mediana sous-peritoneale. Chirurgie 99:119

Verhaeghe P, Bendavid R (2007) René Stoppa (1921–2006). Hernia 11:1–3

# Transinguinale präperitoneale Verfahren der Leistenhernienreparation

*René H. Fortelny*

## Inhaltsverzeichnis




U. A. Dietz et al. (Hrsg.), *Offene Hernienchirurgie*,
https://doi.org/10.1007/978-3-662-61348-1_14

Der Zugang zur präperitonealen Netzimplantation erfolgt über einen kleinen Leistenschnitt und mittels Inzision der Fascia transversalis. Unter diesen Verfahren werden die Techniken nach Ugahary und Simmermacher (1998), Pélissier und Ngo (2006), TREPP (2012), ONSTEP (2013) und MOPP (2017). Die Techniken werden hier nur kurz aufgeführt, da sie wegen ihrer Schnelligkeit eine gewisse Beliebtheit genießen. Die Herausgeber sind allerdings der Überzeugung, dass die Präparation der Leistenhernien unter direkter Sicht (offen oder laparoskopisch) unverzichtbar ist.

- **Ugahary-Technik (1998)**

Der operativer Zugang (sog. „grid-iron-incision") erfolgt über einen 5 cm langen Wechselschnitt (wie bei offener Appendektomie), bei dem grundsätzlich aufgrund der kulissenartigen Muskulatur ein äußerst geringes Risiko für die Entstehung eines Narbenbruches besteht. Danach Eingehen in den Präperitonealraum, dort stumpfe Präparation mit gynäkologischen Spateln und danach Ausbreiten eines 10 × 15 cm großen Polypropylennetzes, anschließend Fixierung des Netzes lateral kranial mit Einzelknopfnähten. Danach Verschluss in den einzelnen Schichten (Ugahary und Simmermacher 1998; Simmermacher et al. 2000)]. Diese OP-Technik wurde in den Niederlanden entwickelt und auch vorwiegend nur dort durchgeführt. 2001 wurden 4,6 % der Leistenhernien in den Niederlanden mithilfe dieser Technik versorgt, im Jahr 2005 allerdings nur noch 2,2 % (s. auch ▶ Kap. 47) (de Lange et al. 2010). Grundsätzliches Problem des Verfahrens ist die lange Lernkurve. In geübten Händen ist die Ugahary-Technik schneller als die TEP (Simmermacher et al. 2000).

14

- **TIPP (2006)**

Das TIPP-Verfahren wurde von Pélissier beschrieben und ist charakterisiert durch die Anwendung eines mit Aufspannungsring versehenen Netzes (Pélissier und Ngo 2006; Maillart et al. 2011).

- **Trans Rectus-Sheath Pre-Peritoneal Procedure (TREPP) (2012)**

Die Operation kann unter Spinal- oder Allgemeinnarkose durchgeführt werden. Der 6 cm lange Hautschnitt wird einen Querfinger oberhalb einer Linie zwischen Spina iliaca anterior superior und Tuberculum pubicum ca. 1 cm lateral der Mittellinie quer angelegt. Es werden anschließend die Externusaponeurose und der laterale Rand der Rektusmuskulatur dargestellt und inzidiert und der Zugang zum präperitonealen Raum geschaffen. Nach der Beschreibung der Autoren ist das Verfahren einfach zu erlernen und wird seit 2006 durchgeführt (Koning et al. 2012; Persoon et al. 2018). Auch ein Rezidiv sei wieder über das gleiche Verfahren behandelbar, was allerdings entgegen den Empfehlungen der Leitlinien ist.

- **ONSTEP-Verfahren (2013)**

Das ONSTEP-Verfahren wurde von Augusto Lourenco und Rui S. da Costa beschrieben (Lourenço und da Costa 2013). Der im Vergleich zu den anderen präperitonealen Verfahren kranialer angelegte Hautschnitt wird horizontal 2 Querfinger oberhalb der Symphyse und 2 Querfinger medial der Mittellinie angelegt, es wird allerdings auch ein vorgefertigtes spezielles Netz implantiert. In der Originalbeschreibung der Autoren traten bei 693 Patienten nur 0,6 % Rezidive auf, die Operationszeit betrug 17 ± 6 min (Lourenço und da Costa 2013). Allerdings konnte diese geringe Rezidivrate in einer späteren Studie aus Dänemark nicht bestätigt werden, wo in einer Serie von 565 Patienten 4,6 % wegen eines Rezidivs operiert werden mussten (Öberg et al. 2016). Eine der beschriebenen Komplikationen sind chronische Schmerzen, die durch den Memory-Ring verursacht werden.

- **MOPP-Verfahren (2017)**

Das MOPP-Verfahren (Minimal Open Pre-Peritoneal) ist eine Weiterentwicklung der Ugahary-Technik bzw. des Grid-Iron-Verfahrens und wurde von Marc Soler aus Nizza (Frankreich) beschrieben (Soler 2017). Soler entwickelte seine Technik zusammen mit René Stoppa und wandte sie ab 2011 an. Das Verfahren gehört wie alle hier beschriebenen Methoden zu den sog. TIPP-Techniken. Das ovalär zugeschnittene flache Netz wird über einen inguinalen offenen Zugang unmittelbar präperitoneal platziert; in der Serie von 644 Patienten der Autoren sind keine Rezidive aufgetreten.

## 14.1 Kommentar der Herausgeber: Der Umgang mit den Nerven

Chronische Schmerzen werden sowohl nach offenen wie auch nach endoskopischen Verfahren beobachtet. Definitionsgemäß sind jene Schmerzen gemeint, die 3 Monate nach der Operation fortbestehen. Auch wenn die Identifikation der betreffenden Nerven gefordert wird, ist dies nicht immer möglich, denn die Nerven sind aufgrund der großen Variabilität der Nervenverläufe auch bei idealer Präparationstechnik nicht immer vollständig darstellbar (Lange et al. 2009). Es gibt Daten, die suggerieren, dass bei Nicht-Darstellung der Nerven mehr chronische Schmerzen auftreten (Alfieri et al. 2006). Zwei Metaanalysen mit 1074 bzw. 1031

Patienten zeigen allerdings, dass eine prophylaktische Neurektomie die Inzidenz chronischer Schmerzen nach 6 Monaten verringert (Johner et al. 2011; Reinpold 2017). Die Literatur lässt hier einen gewissen Ermessensspielraum. Konsens ist einerseits, dass die Identifikation wenn möglich erfolgen, aber eine langstreckige forcierte Darstellung und Manipulation der Nerven vermieden werden soll und im Zweifelsfall vorzugsweise eine Neurektomie durchzuführen ist, als dass ein geschädigter Nerv zurückgelassen wird. Andererseits sollte der Verlauf der Nerven, insbesondere des Nervus iliohypogastricus, bei der Netzfixation bekannt sein, um das Mitfassen derselben durch eine Fixationsnaht zu vermeiden.

## Literatur

Alfieri S, Rotondi F, Di Giorgio A, Fumagalli U, Salzano A, Di Miceli D, Ridolfini MP, Sgagari A, Doglietto G, Groin Pain Trial Group (2006) Influence of preservation versus division of ilioinguinal, iliohypogastric, and genital nerves during open mesh herniorrhaphy: prospective multicentric study of chronic pain. Ann Surg 243:553–558

de Lange DH, Kreeft M, van Ramshorst GH, Aufenacker TJ, Rauwerda JA, Simons MP (2010) Inguinal hernia surgery in the Netherlands: are patients treated according to the guidelines? Hernia 14:143–148

Johner A, Faulds J, Wiseman SM (2011) Planned ilioinguinal nerve excision for prevention of chronic pain after inguinal hernia repair: a meta-analysis. Surgery 150:534–541

Koning GG, Andeweg CS, Keus F, van Tilburg MW, van Laarhoven CJ, Akkersdijk WL (2012) The transrectus sheath preperitoneal mesh repair for inguinal hernia: technique, rationale, and results of the first 50 cases. Hernia 16:295–299

Lange JF, Wijsmuller AR, van Geldere D, Simons MP, Swart R, Oomen J, Kleinrensink GJ, Jeekel J, Lange JF (2009) Feasibility study of three-nerve-recognizing Lichtenstein procedure for inguinal hernia. Br J Surg 96:1210–1214

Lourenço A, da Costa RS (2013) The ONSTEP inguinal hernia repair technique: initial clinical experience of 693 patients, in two institutions. Hernia 17:357–364

Maillart JF, Vantournhoudt P, Piret-Gerard G, Farghadani H, Mauel E (2011) Transinguinal preperitoneal groin hernia repair using a preperitoneal mesh preformed with a permanent memory ring: a good alternative to Lichtenstein's technique. Hernia 15:289–295

Öberg S, Andresen K, Hauge D, Rosenberg J (2016) Recurrence mechanisms after inguinal hernia repair by the ONSTEP technique: a case series. Hernia 20:681–685

Pélissier E, Ngo P (2006) Subperitoneal inguinal hernioplasty by anterior approach, using a memory-ring patch. Preliminary results. Ann Chir 131:590–594

Persoon AM, Bökkerink WJV, Akkersdijk WL, van Laarhoven CJHM, Koning GG (2018) Case series of recurrent inguinal hernia after primary TREPP repair: re-TREPP seems feasible and safe. Int J Surg Case Rep 51:292–295

Reinpold W (2017) Risk factors of chronic pain after inguinal hernia repair: a systematic review. Innov Surg Sci 12:61–68

Simmermacher RKJ, van Duyn EB, Devers GJ, de Vries LS, van Vroonhovenet TJMV (2000) Preperitoneal mesh in groin hernia surgery. A randomized clinical trial emphasizing the surgical aspects of preperitoneal placement via a laparoscopic (TEP) or Grid-iron (Ugahary) approach. Hernia 4:296–298

Soler M (2017) The minimal open preperitoneal (MOPP) approach to treat the groin hernias, with the history of the preperitoneal approach. Medicine. ► https://doi.org/10.21037/4101

Ugahary F, Simmermacher RKJ (1998) Groin hernia repair via a grid-iron incision: an alternative technique for preperitoneal mesh insertion. Hernia 2:123–125

# Klinische Diagnostik der postoperativen Leistenschmerzen nach Leistenhernienreparation

*Ulrich A. Dietz*

**Inhaltsverzeichnis**




U. A. Dietz et al. (Hrsg.), *Offene Hernienchirurgie*,
https://doi.org/10.1007/978-3-662-61348-1_15

Bei postoperativen Leistenschmerzen werden 3 Hauptmuster unterschieden: a) mit dem Operationstrauma verbundene akute Schmerzen (sie vergehen ohne Spätschäden durch adäquate postoperative Analgesie); b) persistierende postoperative Schmerzen, die nicht mittels üblicher Analgesie therapiert werden können (verursacht durch perioperative Nervenschädigung, zum Beispiel Koagulation, akzidentelle Naht, Dehnung oder Manipulation) oder c) Schmerzen, die nach einer initialen Phase mehrmonatiger Zufriedenheit neu auftreten (zum Beispiel wegen narbiger Retraktion/Schrumpfung des Netzes). Zum intraoperativen Umgang mit den Nerven s. ▶ Kap. 13. Die vorhandenen Leitlinien definieren dabei chronische Schmerzen als solche, die 90 Tage nach der Operation weiterhin bestehen (Alfieri et al. 2011). Chronische Schmerzen führen zu einem deutlichen Verlust an Lebensqualität. In Schweden haben 11 % der Patienten 1 Jahr nach Lichtenstein-Reparation chronische Schmerzen, nach 5 Jahren sind es noch 9 % (Eklund et al. 2010). Die zeitnahe Resolution postoperativer Schmerzen ist für die Prophylaxe chronischer Schmerzen von großer Bedeutung. Inwieweit genetische Faktoren das postoperative Schmerzempfinden und das Ansprechen auf Schmerzmedikationen beeinflussen, ist noch nicht ganz geklärt (Belfer et al. 2015).

Um die Ursache postoperativer Schmerzen zu verstehen und zu behandeln, ist es wichtig, zwischen direkter und indirekter Nervenschädigung zu unterscheiden.

- Im Zusammenhang mit der Hernienversorgung, sind direkte Schädigungen intraoperativ verursacht: Durch instrumentelles Fassen/Quetschen von Nerven können diese partiell (Neurapraxie und Axonotmesis) oder vollständig (Neuronotmesis) geschädigt werden.
- Indirekte Schädigungen entstehen meist im weiteren postoperativen Verlauf: ein durch Naht verursachtes „Entrapment", Akkommodationsschäden durch Netz- und/oder Narbenschrumpfungen oder atypische vermehrte neuronale Einsprossung bei kleinporigen Netzimplantaten (Iakovlev et al. 2018).

Durch Direkteinwirkung auf periphere Nerven verursachte Schmerzen werden als „neuropathisch" bezeichnet.

**Arten der direkten Nervenschädigung**

- **Neurapraxie (Läsion des Myelins):** In wenigen Tagen oder Wochen kommt es zu einer vollständigen funktionellen Erholung des Nerven durch Remyelinisierung.
- **Axonotmesis (Läsion des Myelins und des Axons):** Es kommt zum Untergang des distalen Axonstumpfes (Waller-Degeneration), gefolgt von der Neuaussprossung des Axons entlang der Hüllstrukturen (1 mm/Tag); die Wiederherstellung ist innerhalb eines Zeitraums von einigen Monaten bis zu 2 Jahren möglich, aber selten.
- **Neuronotmesis (Durchtrennung aller Schichten):** Hierunter versteht man die vollständige Durchtrennung des Nerven, welche bei Hernienreparationen gewollt oder ungewollt sein kann. Eine Regeneration ist nur durch Nervennaht möglich; allerdings kompensieren benachbarte Nerven den Sensibilitätsausfall meistens innerhalb von 6 Monaten (Aasvang et al. 2015).

Die Dermatome der in der Leiste betroffenen Nerven sind in ◘ Tab. 15.1 und in ◘ Abb. 15.1 dargestellt.

Die Elektroneurografie zur Objektivierung einer Nervenläsion kann im Bereich der Leiste aus technischen Gründen nicht durchgeführt werden. Daher ist die Diagnostik postoperativer Leistenschmerzen

**◘ Tab. 15.1** Nerven der Leistenregion mit Funktion und jeweiligem Versorgungsgebiet (s. auch ◘ Abb. 15.1)

| Nerv | | Motorisch | Sensibel | Klinik |
|---|---|---|---|---|
| N. iliohypogastricus | Th12–L1 | M. transv. abdominis und M. obliquus internus | R. cut. lateralis:<br>– Außenseite Becken/Hüfte<br>R. cut. anterior:<br>– Leiste und Symphyse | |
| N. ilioinguinalis | L1 | M. transv. abdominis und M. obliquus internus | Nach Durchtritt aus dem Leistenkanal:<br>– Symphyse, Peniswurzel, Skrotum/Labia majora | Ilioinguinalis-Syndrom |
| N. genitofemoralis | L1–L2 | R. genitalis: M. cremaster | R. genitalis:<br>– Samenstrang/Lig. teres uteri zum Skrotum/Labia majora<br>R. femoralis:<br>– Trigonum femorale | |
| N. cutaneus femoris lateralis | L2–L3 | Nein | – Vorder- und Außenseite des Oberschenkels | Meralgia paraesthetica |

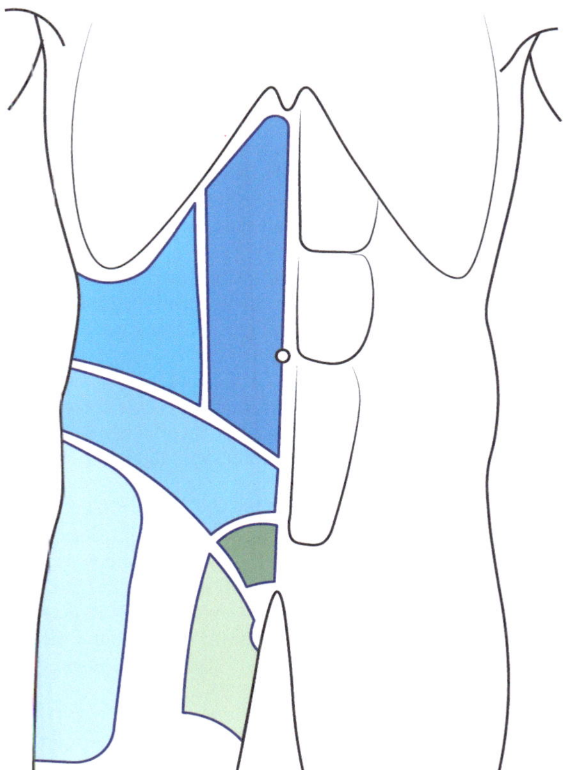

**Abb. 15.1** Dermatome der Leistenregion: *(1)* N. iliohypogastricus; *(2)* N. ilioinguinalis; *(3)* Ramus genitalis des N. genitofemoralis; *(4)* N. cutaneus femoris lateralis; *(5)* Interkostalnerven; *(6)* anteriore kutane Nervenäste der Interkostalnerven (das Gebiet des Anterior Cutaneus Nerve Entrapment Syndrome, ACNES)

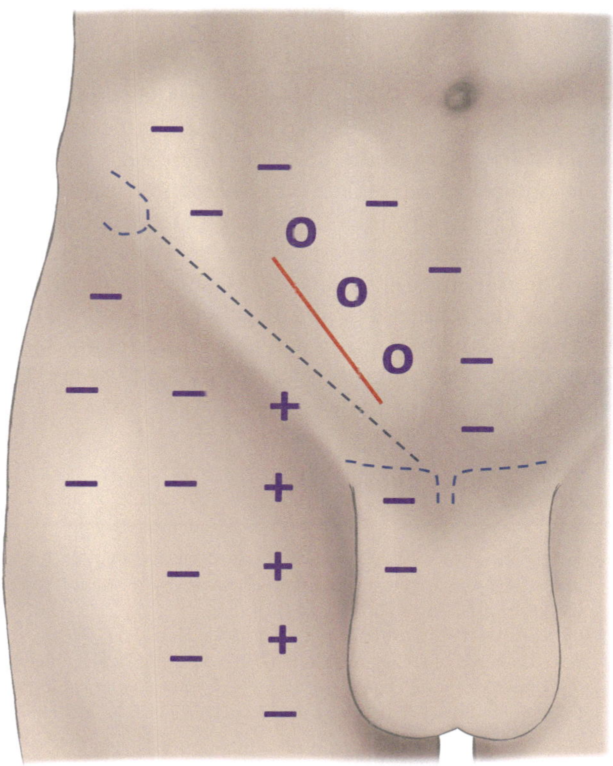


**Abb. 15.2** Nerven-Mapping im Bereich der Haut auf der rechten Seite. O = kein Gefühl; – = Minussymptom oder Normalbefund; + = Plus-Symptom oder Schmerzen. In diesem fiktiven Beispiel hat der Patient Schmerzen im Verlauf des Ramus genitalis des N. genitofemoralis („+"-Bereiche) und gleichzeitig eine Gefühlsminderung im Bereich des N. ilioinguinalis („o"-Bereiche). *Hellblau gestrichelte Linien:* Spina iliaca anterior et superior, Leistenband und Symphyse. *Rote Linie:* Hautnarbe nach anteriorer Reparation mit Netz

klinisch zu stellen. Quantitativ-sensorische Testungen können allerdings hilfreich sein (Bjurström et al. 2017). Postoperative neuropathische Beschwerden verursachen „Plus-Symptome" oder „Minus-Symptome". Plus-Symptome können im Ruhezustand (z. B. in der Nacht) verstärkt sein und treten in Form von Parästhesie, Dysästhesie, Allodynie oder Schmerzen (brennend, kalt, einschießend, stechend, elektrisierend oder attackenartig) auf. Minus-Symptome sind Sensibilitätsstörungen (Verminderung der Temperatur- und Schmerzempfindung). In der Anamnese wird der Patient gebeten, den Schmerz zu beschreiben und zu quantifizieren (z. B. mit einer VAS-Skala). Die klinische Untersuchung beinhaltet als erstes den Ausschluss eines Hernienrezidivs; Standard ist auch der Ausschluss von Wirbelsäulen- und Hüftproblemen. Weiter ist ein dynamisches MRI mit sagittaler Rekonstruktion unter Valsalva-Manöver sehr hilfreich, da nicht nur das Rezidiv ausgeschlossen werden kann, sondern auch indirekte Hinweise über die Netzlage und ggf. ein Netzgranulom, eine Lymphozele und andere differenzialdiagnostische Ursachen evaluiert werden können. Anschließend wird die Haut der Leistenregion auf Plus- und Minus-Symptome hin untersucht und das Ergebnis schrittweise aufgezeichnet: Dadurch entsteht ein Mapping der betroffenen Nerven (Abb. 15.2). Es gilt dann, den Befund mit der Anatomie der Nervenverläufe zu korrelieren.

Nach Erstellung des Haut-Mappings und Identifikation der betroffenen Nerven ist die lokale probatorische Infiltration mit Lokalanästhetikum hilfreich: Durch gezielte Analgesie des schmerzverursachenden Nerven kann zunächst die Diagnose gesichert werden; wenn chirurgische Schmerzursachen ausgeschlossen sind (kein Rezidiv, kein Netzgranulom), gelingt es oft, mit wöchentlichen Lokalinfiltrationen eines Anästhetikums die Desensibilisierung des Schmerzes bis hin zur Schmerzreseolution zu erreichen. Die Infiltration mit Kortisonpräparaten ist meistens nicht nötig und hat den Nachteil, dass sie gelegentlich lokale Lipodystrophie bzw. Atrophie verursacht, wodurch die Probleme des Patienten nur noch zunehmen. Bevor als Ultima Ratio eine Neurektomie indiziert ist, sollte dem Patienten auch die Therapie mit neuropathischen Medikamenten angeboten werden. Hier hilft die interdisziplinäre Einbindung eines Schmerztherapeuten und/oder eines Neurologen. Die retroperitoneale Neurektomie ist zwar effizient, was die Schmerzresolution angeht, sie wird allerdings auch eine motorische Denervation der vorderen Bauchdecke verursachen – und dies sollte wenn immer möglich vermieden werden.

## Literatur

Aasvang EK, Werner MU, Kehlet H (2015) Referred pain and cutaneous responses from deep tissue electrical pain stimulation in the groin. Br J Anaesth 115:294–301

Alfieri S, Amid PK, Campanelli G, Izard G, Kehlet H, Wijsmuller AR, Di Miceli D, Doglietto GB (2011) International guidelines for prevention and management of post-operative chronic pain following inguinal hernia surgery. Hernia 15:239–249

Al Marzooqi R, Tish S, Huang LC, Prabhu A, Rosen M (2019) Review of inguinal hernia repair techniques within the Americas hernia society quality collaborative. Hernia 23:429–438

Barazanchi AW, Fagan PV, Smith BB, Hill AG (2016) Routine neurectomy of inguinal nerves during open onlay mesh hernia repair: a meta-analysis of randomized trials. Ann Surg 264:64–72

Belfer I, Dai F, Kehlet H, Finelli P, Qin L, Bittner R, Aasvang EK (2015) Association of functional variations in COMT and GCH1 genes with postherniotomy pain and related impairment. Pain 156:273–279

Bjurström MF, Álvarez N, Nicol AL, Olmstead R, Amid PK, Chen DC (2017) Quantitative validation of sensory mapping in persistent postherniorrhaphy inguinal pain patients undergoing triple neurectomy. Hernia 21:207–214

Eklund A, Montgomery A, Bergkvist L, Rudberg C, Swedish multicentre trial of inguinal hernia repair by laparoscopy (SMIL) study group (2010) Chronic pain 5 years after randomized comparison of laparoscopic and Lichtenstein inguinal hernia repair. Br J Surg 97:600–608

Iakovlev V, Koch A, Petersen K, Morrison J, Grischkan D, Oprea V, Bendavid R (2018) A pathology of mesh and time: dysejaculation, sexual pain, and orchialgia resulting from polypropylene mesh erosion into the spermatic cord. Ann Surg 267:569–575

Svendsen SW, Frost P, Vad MV, Andersen JH (2013) Risk and prognosis of inguinal hernia in relation to occupational mechanical exposures – a systematic review of the epidemiologic evidence. Scand J Work Environ Health 39:5–26

# Femoralhernien

## Inhaltsverzeichnis

# Femoralhernien: Klinik und Therapiewahl

*Ulrich A. Dietz*

## Inhaltsverzeichnis




U. A. Dietz et al. (Hrsg.), *Offene Hernienchirurgie*,
https://doi.org/10.1007/978-3-662-61348-1_16

> „Keine Krankheit des menschlichen Körpers, welche in den Bereich des Wundarztes gehört, erfordert zu ihrer Behandlung mehr eine Vereinigung genauer anatomischer Kenntnisse mit operativer Geschicklichkeit, als der Bruch in allen seinen verschiedenen Arten."
> Sir Astley Paston Cooper[1]

Es ist sehr wahrscheinlich, dass die Entstehung der Femoralhernie durch Besonderheiten der anatomischen Insertion des Leistenbandes bzw. des Tractus ileopubicus am Ligamentum pectinatum (Cooperi) erklärt werden kann. Beobachtungen von Lloyd Nyhus aus den 1960er Jahren zeigten, dass die Schenkelpforte oft erweitert ist und nicht immer mit einer Hernie korreliert, sodass Nyhus postuliert, dass die erweiterte Schenkelpforte prädisponierend ist, so zum Beispiel bei multiparen Frauen (Nyhus 1989). Sehr selten – fast anekdotisch – ist die Schenkelhernie mit Appendix vermiformis als Bruchinhalt, die von Garengeot[2] 1731 beschriebene Hernie. Die Differenzialdiagnose der Schenkelhernie ist oft schwieriger als die der Leistenhernie: Die genaue Position des Leistenbandes ist oft klinisch nicht eindeutig, ausgeschlossen werden müssen Lymphknoten der Leiste, variköse Veränderungen der Einmündung der V. saphena magna sowie das Lipom des Leistenkanals. Der dynamische Ultraschall oder das CT bzw. MRI sind oft von großer Hilfe, besonders wenn die Symptomatik nicht akut, sondern chronisch besteht (s. auch ▶ Abschn. 7.1). Oft präsentiert sich die Schenkelhernie der Frau mit klinischem Ileus-Bild – bei jeder Frau, die sich mit akutem Ileus vorstellt, muss daher eine Schenkelhernie ausgeschlossen werden.

Bei der offenen (anterioren) Versorgung den Schenkelhernie nach aktuellem Standard führt der Zugang zur Hernie über den präperitonealen Raum; der extrainguinale Zugang über das Trigonum femorale („low approach") erfüllt nach Ansicht der Her-

16

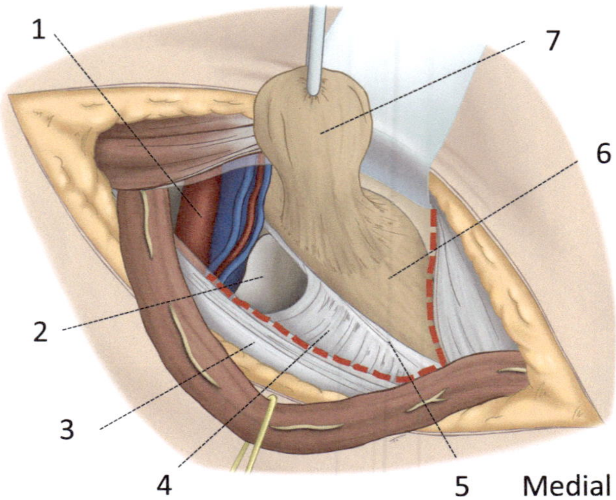


**Abb. 16.1** Anteriore Anatomie der Femoralhernie bei transinguinalem Zugang; die Fascia transversalis *(rot gestrichelte Linie)* wurde weit eröffnet. *(1)* A. und V. iliaca externa, *(2)* Schenkelpforte, *(3)* Leistenband, *(4)* Ligamentum lacunare (Gimbernati), *(5)* Ligamentum pectinatum (Cooperi), *(6)* präperitoneales Fettgewebe im Spatium Retzii, *(7)* Bruchsack

ausgeber in Zeiten auch der minimalinvasiven Chirurgie nicht mehr die Anforderungen, die an eine moderne Reparation zu stellen sind; die Versorgung der Schenkelhernie „von außen" ist im Prinzip vergleichbar mit einem „Netz als Onlay" bei Inzisionalhernien und vom Konzept her nicht konsequent durchdacht. Die Schenkelhernie tritt anatomisch durch die Lacuna vasorum – zwischen den Femoralgefäßen und dem Ligamentum lacunare – aus. Das Ligamentum lacunare (Syn.: Ligamentum Gimbernati[3]) erstreckt sich vom medialen Leistenband zum Ligamentum pectinatum (Syn.: Ligamentum Cooperi) (Abb. 16.1). Um die Schenkelpforte darzustellen, muss entweder der Zugang durch das Trigonum femorale (nicht mehr als Zugang der Wahl für Schenkelhernien anerkannt) oder transinguinal durch Eröffnung der Fascia transversalis bzw. transabdominell bei minimalinvasiven Verfahren geschaffen werden.

Die aktuellen Verfahren zur Versorgung von Schenkelhernien basieren standardmäßig auf der Anwendung von Netzen (Berger 2016). Nahtverfahren wie von Chester B. McVay (1971) beschrieben finden kaum noch Anwendung, da sie einerseits Komplikationen wie Lymphödem des Beines, Kompression der

1 Sir Astley Paston Cooper (1768–1841). Einer der bedeutendsten englischen Chirurgen. Er erlernte die Chirurgie am St. Thomas Hospital in London. Cooper bekam Anatomie-Unterricht bei John Hunter und lernte in Paris bei Pierre-Joseph Desault (1744–1795) und François Chopart (1743–1795). Er war später Wundarzt am Guy´s Hospital in London, wo er intensiv Leichen präparierte. Er war – die Verhältnisse auch für die Gegenwart gewahrt – wahrscheinlich der bestbezahlte Chirurg aller Zeiten.

2 René-Jacques-Croissant de Garengeot (1688–1759). Garengeot erlernte die Kunst der Chirurgie von seinem Vater, später auch im Hospital zu Agnes, und war als Barbier-Chirurg in den großen Marinespitälern der Bretagne tätig. Unter seinen Lehrern waren Jakob Benignus Winsolw (1669–1760) und Jean-Louis Petit (1674–1760). Garengeot genoss großes Ansehen und verstand es, dem Stande der Chirurgen gegenüber den anderen Ärzten eine größere Geltung zu verschaffen.

3 Don Antonio de Gimbernat y Arbós (1734–1816). Gimbernat bereiste im Rahmen seiner Ausbildung als Wundarzt Paris, London und Edinburgh und war anschließend Professor in Barcelona und später Madrid, wo er Leibarzt von König Karl III war. Gimbernat beschrieb die Anatomie der Leiste in großer Genauigkeit.

Vena iliaca externa, Nervenschmerzsyndrome oder Periostitis verursachen und andererseits eine lange Rekonvaleszenzzeit und eine für heutige Begriffe hohe Rezidivrate (über 20 %) zeigen. Tendenziell gewinnen minimalinvasive Verfahren mit Netzimplantation (z. B. TEP und TAPP) an Beliebtheit. Allerdings sind die konventionellen Operationen nach René Stoppa (1967) (s. ► Kap. 13), Irwing L. Lichtenstein (1982) (s. ► Kap. 17) und Jean Rives (1967) (s. ► Kap. 18) durchaus gute Verfahren, die in individuellen Situationen zu empfehlen sind.

Wegen der Vielfalt der Hernienbefunde ist die Forderung nach einer einheitlichen Universaloperation für alle Patienten realitätsfremd. Je nach Befund, ob Notfall oder elektiv, wird der Chirurg gefordert sein, den Patienten optimal zu beraten und die Risiken des Eingriffs gemessen an Komorbiditäten (z. B. COPD, Diabetes, Nikotinkonsum, Antikoagulation) und Körpereigenschaften (BMI und Voroperationen) minimal zu halten (Berger 2016). Obwohl vereinfachte und endoskopische Verfahren im Trend sind, gibt es immer wieder Patienten, bei denen die offene klassische Operation alternativlos ist.

Das Ziel der Therapie der Femoralhernie ist, die Inkarzeration zu verhindern und die Lebensqualität der Patienten zu verbessern; am häufigsten sind ältere Frauen sowie multipare Frauen betroffen (Dietz et al. 2014). Patienten mit irreponiblen oder inkarzerierten Schenkelhernien werden notfallmäßig operiert. Patientinnen mit Schenkelhernien werden (auch wenn asymptomatisch) frühelektiv operiert (Dahlstrand et al. 2009; Eklund et al. 2010). Dies ist auch die ausdrückliche Empfehlung der aktuellen Leitlinien (The HerniaSurge Group 2018).

### ▪ Indikationen

Offene anteriore Verfahren sind bei Patienten mit schweren Begleiterkrankungen, nach komplexen abdominellen Voroperationen, großen Befunden, beim Rezidiv nach endoskopischen Verfahren, bei ipsilateral nierentransplantierten Patienten, bei Patienten mit CAPD bzw. Aszites,, mit erhöhten perioperativen Risiken sowie bei einigen Patienten unter Antikoagulation indiziert. Bei klinischer Darmirreponibilität sollte bevorzugt ein endoskopisches transabdominelles Verfahren gewählt werden (TAPP), um den Darm auf Minderperfusion hin zu inspizieren. Einzige Kontraindikationen für transinguinale Verfahren sind Hautinfektionen im Bereich des Zugangs.

### ▪ Patientenaufklärung

Unabdingbar ist die Aufklärung über Alternativverfahren (endoskopisch), sofern sie im konkreten Fall anwendbar sind. Das Watchful Waiting ist bei der Schenkelhernie wegen konkretem Risiko der Inkarzeration nicht indiziert. Bei offenen Verfahren muss über den Umgang mit den Nerven (ggf. Neurektomie), die Verletzung von Ductus deferens und Testikulargefäßen, die Netzimplantation und allgemeine Komplikationen aufgeklärt werden. Bei der Schenkelhernie wird neben Nachblutung, Serom und Infektion auch in Abhängigkeit des Verfahrens über die Kompression der Vena iliaca externa bzw. Lymphödem, Lymphozele und chronische Schmerzen im Sinne der Osteitis ossis pubis aufgeklärt werden; auch die Darmsegmentresektion und die Laparotomie zur Exploration des Abdomens bei Inkarzeration müssen angesprochen werden. Patienten müssen darüber informiert werden, dass – ähnlich wie bei offenen Leistenhernienreparationen – bei ca. 20 % irgendeine Form der anhaltenden Gefühlsstörung (leichte Dysästhesie) und bei ca. 3 % starke chronische Schmerzen auftreten können (Eklund et al. 2010). Ebenso muss auf eine Rezidivrate von ca. 2 % eingegangen werden. Die postoperative Wiederaufnahme des üblichen Tagesablaufs (Sport und Arbeit) kann nach Maßgabe der Beschwerden schon nach wenigen Tagen begonnen werden, körperliche Schonung und Vermeiden von Lastentragen über mehrere Wochen sind bei Schmerzfreiheit nicht notwendig.

### ▪ Anästhesie und Lagerung

Die präoperative Seitenmarkierung auf der Haut muss beim wachen Patienten vor Einnahme der Prämedikation erfolgen. Die Rückenlagerung mit Auslagerung der Arme ist Standard. Je nach Risikoprofil ist eine perioperative Antibiotikaprophylaxe empfohlen. Für Eingriffe im Spatium Retzii und an der Lacuna vasorum sind Spinalanästhesie oder Vollnarkose zu bevorzugen.

## Literatur

Berger D (2016) Evidenzbasierte Behandlung der Leistenhernie des Erwachsenen. Dtsch Ärztebl 113:150–157

Dahlstrand U, Wollert S, Nordin P, Sandblom G, Gunnarsson U (2009) Emergency femoral hernia repair: a study based on a national register. Ann Surg 249:672

Dietz UA, Wiegering A, Germer CT (2014) Eingriffsspezifische Komplikationen der Hernienchirurgie. Chirurg 85:97–104

Eklund A, Montgomery A, Bergkvist L, Rudberg C, Swedish Multicentre Trial of Inguinal Hernia Repair by Laparoscopy (SMIL) study group (2010) Chronic pain 5 years after randomized comparison of laparoscopic and Lichtenstein inguinal hernia repair. Br J Surg 97:600–608

Nyhus LM (1989) The preperitoneal approach and iliopubic tract repair of inguinal hernia. In: Nyhus LM, Condon RE (Hrsg) Hernia, 3. Aufl. Lippincott, Philadelphis, S 189–190

The HerniaSurge Group (2018) International guidelines for groin hernia management. Hernia 22:1–165

# Femoralhernienreparation nach Lichtenstein

*Ulrich A. Dietz*

## Inhaltsverzeichnis




U. A. Dietz et al. (Hrsg.), *Offene Hernienchirurgie,*
https://doi.org/10.1007/978-3-662-61348-1_17

In der Prozedurenbroschüre der Lichtenstein-Klinik aus dem Jahr 1996 wird erstmals die Anpassung der klassischen Lichtenstein-Operation für die Schenkelhernie gezeigt (femorale Lichtenstein-Technik) (Shulman 1996). Auch wenn Lichtenstein selbst auch eine Plug-Methode beschrieben hatte, soll sich dieses Kapitel auf die Versorgung der Femoralhernie mittels eines etwas größeren flachen Netzes als bei der Leistenhernie beschränken. Während bei der klassischen Lichtenstein-Reparation die Hinterwand des Leistenkanals (Fascia transversalis) nicht eröffnet wird, muss diese nun – ähnlich wie auch bei der Shouldice-Technik (s. ► Kap. 10) – zur Exploration der Schenkelpforte eröffnet werden. Als zweite Anpassung der Technik muss das Netz medial an das Ligamentum pectinatum (Cooperi) fixiert werden. Im Folgenden wird im Einzelnen darauf eingegangen.

**Herniotomie**

Zur Zeit Hesselbachs[1], der in Würzburg im Anatomiepavillon seine anatomischen Dissektionen durchführte (◘ Abb. 17.1), bestand die Hernienversorgung lediglich in der „künstlichen Erweiterung der Bruchpforte" (Herniotomie) zur Befreiung des Inkarzerats, der Bruchsack wurde „unverletzt" belassen. Durch Kauterisation oder das postoperative Tragen eines Bruchbandes erhoffte man sich danach eine Verklebung oder günstige Vernarbung der Wunde (Mettenleiter 2001; Tubbs et al. 2008). Bekannt ist Hesselbach noch heute wegen des Dreiecks, dass seinen Namen trägt und die Begrenzung medialer Leistenhernien definiert: lateraler Rand des M. rectus abdominis, epigastrische Gefäße und Leistenband.

## ▪ Operationstechnik

Begonnen wird über einen ca. 5–6 cm langer Hautzugang entsprechend den Langer'schen Linien der Leiste (s. auch ◘ Abb. 12.1). Es folgt die Eröffnung des Leistenkanals am äußeren Leistenring mittels Durchtrennung der Fibrae intercrurales; unmittelbar darunter verläuft der Nervus ilioinguinalis (s. auch ◘ Abb. 7.3 und 12.2). Darstellung des Leistenbands mit stumpfer Dissektion, Anschlingen des Funiculus spermaticus bzw. des Ligamentum teres uteri. Dies ist der Moment in der Operation, bei dem mediale und laterale Leistenhernien präpariert und unterschieden werden; bei der Schenkelhernie ist die Morphologie an dieser Stelle unauffällig, die Schenkelhernie ist vor Eröffnung der Hinterwand nicht sichtbar. Es folgt die breitflächige Trennung der Externusaponeurose vom M. obliquus internus abdominis unter Darstellung des N. iliohypogastricus. Nun wird die Fascia transversalis parallel zum Leistenband eröffnet und somit der Einstieg zum präperitonealen Raum (Spatium Retzii) geschaffen (s. auch ◘ Abb. 7.6). Medialseitig vom Tuberculum pubicum ausgehend wird dann das Ligamentum lacunare dargestellt und bis zur Lacuna vasorum freipräpariert. An dieser Stelle zeigt sich nun die Schenkelhernie, die durch die Lacuna vasorum unter dem Leistenband in das Trigonum femorale austritt (s. auch ◘ Abb. 16.1). Nicht selten ist das hernierte Gewebe stark eingewachsen und kann nur mühsam aus der Schenkelpforte in das Spatium Retzii zurückmobilisiert werden. Wenn Darm inkarzeriert ist, kann das Leistenband durchtrennt werden, um den Darm ohne sekundäre Verletzungsgefahr zu befreien. Wenn zu diesem Zeitpunkt der Bruchsack eröffnet ist, wird er mit Haltefäden gesichert, um später verschlossen zu werden. Der Darm wird auf seine Vitalität hin inspiziert. Sollte eine Dünndarm-Segmentresektion nötig sein, kann meistens trotzdem die anschließende Netzrekonstruktion erfolgen. Wichtig ist neben der perioperativen Antibiose auch das ausgiebige Spülen des Situs. Der Bruchsack wird reseziert oder invaginiert, eröffnetes Peritoneum wird vernäht.

◘ **Abb. 17.1** Im Anatomiepavillon, heute noch im Innenhof des Juliusspitals in Würzburg zu besuchen, arbeitete Franz Caspar Hesselbach von 1783 bis 1816 unter Förderung von Carl Caspar von Siebold (1736–1807). In diesem Gebäude wurde vom Privatdozenten Heinrich Adelmann 1839 bereits ein Hernienoperationskurs („Spezialkurs Herniologie") angeboten, wahrscheinlich einer der ersten Hernien-Workshops überhaupt, die in Deutschland durchgeführt wurden (Mettenleiter 2001)

Die Rekonstruktion erfolgt mittels eines großporigen nichtresorbierbaren Netzes aus Polypropylen (PP) oder Polyvinylidenfluorid (PVDF). Anders als bei der klassischen Lichtenstein-Reparation (s. auch ◘ Abb. 12.5),

1 Franz Caspar Hesselbach (1759–1816). War viele Jahre Mitarbeiter von Carl Caspar von Siebold und von diesem 1788 zum Prosektor an der Medizinischen Fakultät Würzburg ernannt. Er übernahm unter der Förderung von Siebold Vorlesungen und Präparierkurse. Hesselbach, der 1807 von der Medizinischen Fakultät mit der Eherndoktorwürde ausgezeichnet wurde, starb 1816 in der Folge einer beim Präparieren zugezogenen Infektion. Sein Sohn Adam Caspar Hesselbach folgte ihm und schrieb mehrere Abhandlungen zur Hernienchirurgie.

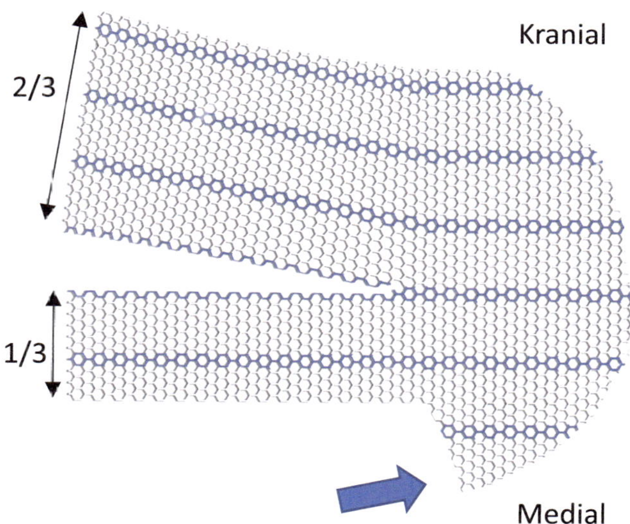


■ **Abb. 17.2** Zuschnitt des Netzes für die femorale Lichtenstein-Technik, rechte Seite. Im Unterschied zur inguinalen Lichtenstein-Technikist hier ein Netzdreieck, dass das Ligamentum lacunare und die Schenkelpforte abdeckt *(Pfeil)*

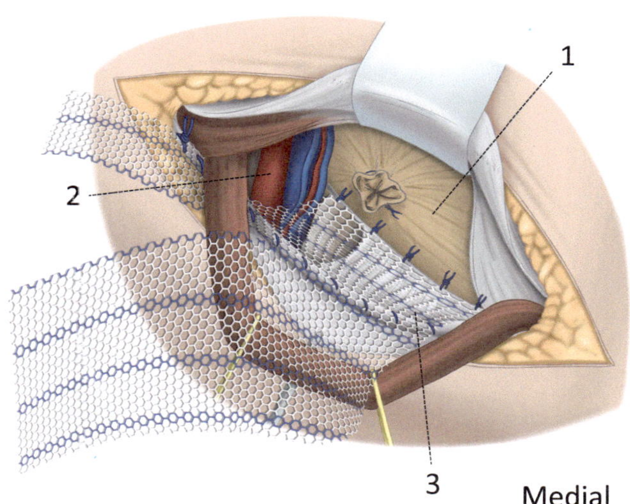


■ **Abb. 17.3** Femorale Lichtenstein-Technik (1996). Die mediale Unterkante des Netzes wird mit Einzelknopfnähten an das Ligamentum pectinatum (Cooperi) fixiert *(1)*, es reicht damit lateralwärts bis an die Iliakalgefäße *(2)* heran. Mit einer weiteren Naht wird das Netz fortlaufend an das Leistenband fixiert *(3)* und der neue innere Leistenring – ähnlich wie bei der Lichtenstein-Reparation für Leistenhernien – geschaffen

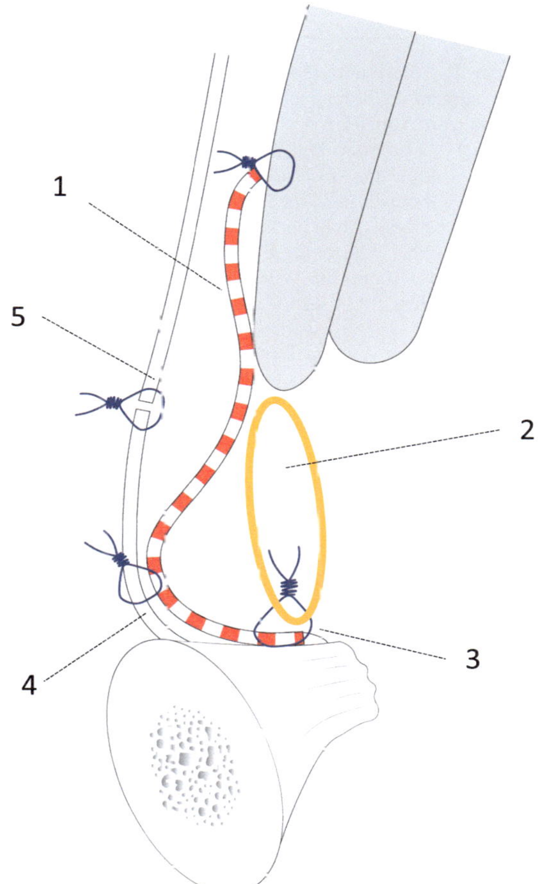


■ **Abb. 17.4** Femorale Lichtenstein-Technik (1996). Dieser transversale Schnitt zeigt die Netzlage *(1)* in Relation zur Hinterwand des Leistenkanals *(2)*. Anders als bei der Lichtenstein-Reparation für Leistenhernien bleibt die Hinterwand des Leistenkanals (Fascia transversalis, *gelbe Ellipse)* offen und wird nur vom Netz gesichert; *(3)* Ligamentum pectinatum (Cooperi); *(4)* Leistenband. Das vordere Blatt der Aponeurose des M. obliquus externus verschließt den Leistenkanal nach ventral hin *(5)*

muss das Netz medialseitig an der Unterkante erweitert werden, um die Lacuna vasorum abzudecken. Ausgegangen wird von einer Netzgröße von 10 × 15 cm, das Netz wird im Laufe der Einnähung und Anpassung an die Morphologie schrittweise zugeschnitten, sodass es am Ende effektiv etwas kleiner ist (■ Abb. 17.2). Die Netzfixation erfolgt mit nichtresorbierbarer Einzelknopfnaht entlang dem Ligamentum pectinatum (Cooperi) über der Symphyse, gefolgt von einer zweiten nichtresorbierbaren fortlaufenden Naht der Netzunterkante an das Leistenband, vom Tuberculum pubicum bis ca. 2 cm lateral des inneren Leistenrings (■ Abb. 17.3 und 17.4). Einschneiden des Netzes von lateral kommend parallel zum Leistenband und ca. 1 cm kranial davon bis zum inneren Leistenring. Überschlagen der oberen Netzlefze über den Funiculus spermaticus auf das Leistenband und die untere Netzlefze. Fixation des „Schwalbenschwanzes" mit zwei nichtresorbierbaren Nähten an das Leistenband. Hochschlagen der oberen Netzkante unter die Aponeurose des M. obliquus externus und Fixation des Netzes mit einzelnen resorbierbaren Nähten (Luftknoten) an den M. obliquus internus abdominis. Resorbierbare Naht der Externusaponeurose, fakultative Einlage einer Redon-Drainage, Infiltration mit Lokalanästhetikum und Hautverschluss.

## Literatur


Lichtenstein IL, Shulkman AG (1986) Ambulatory (outpatient) hernia surgery including a new concept: introducing tension free repair. Int Surg 71:1–4

Lichtenstein IL, Shulman AG, Amid PK et al (1989) The tension-free hernioplasty. Am J Surg 157:188–193

Lichtenstein IL, Shulman AG, Amid PK et al (1990) Hernia repair with polypropylene mesh. An improved method. AORN J 52:559–565

Mettenleiter A (2001) Chirurgie im Juliusspital. In: Mettenleiter A (Hrsg) Das Juliusspital in Würzburg –, vol III. Stiftung Juliusspital, Würzburg, S 119–124

Shulman AG (1996) The Lichtenstein hernia repairs, and how to do them… right! California (USA), S. 140

Shulman AG, Amid PK, Lichtenstein IL (1992) The safety of mesh repair for primary inguinal hernias: results of 3,019 operations from five diverse surgical sources. Am Surg 58:255–257

Tubbs RS, Gribben WB, Loukas M, Shoja MM, Tubbs KO, Oakes WJ (2008) Franz Kaspar Hesselbach (1759–1816): anatomist and surgeon. World J Surg 32:2527–2529

# Femoralhernienreparation nach Rives (Rives-Femoral)

*Ulrich A. Dietz und Armin Wiegering*

**Inhaltsverzeichnis**




U. A. Dietz et al. (Hrsg.), *Offene Hernienchirurgie*,
https://doi.org/10.1007/978-3-662-61348-1_18

**Operationen nach Rives[1]**

Jean-Bernard Flament (Reims) erinnert sich: Als Jean Rives eines Tages die Literatur studierte, fiel ihm eine skandinavische Arbeit auf, bei der über einen medianen Zugang ein Netz in die Leiste implantiert wurde. Er glaubte zu verstehen, dass es sich um ein synthetisches Netz handelte – was aber nicht richtig war: Es handelte sich um autologe Haut. Er zögerte nicht, Dacron zu implantieren und wurde damit sehr erfolgreich. Von ihm stammen 3 unterschiedliche Hernienoperationen: a) die Versorgung der Leisten- und Schenkelhernie von anterior mit präperitonealem Netz (Operation nach Rives); b) die beidseitige posteriore Netzversorgung der Leisten (später als Stoppa-Operation bekannt) und c) die wohl wichtigste Operation, die retromuskuläre Netzversorgung medianer Narbenhernien.

**Empfehlung** Schenkelhernien-Operationsvideo aus ***Der Chirurg*** (Dietz UA, Germer CT, Wiegering A (2016) Aktuelle Operationstechniken: Leisten- und Schenkelhernienchirurgie/Videobeitrag Offene Netzverfahren. Chirurg 87:938–947).

Die Rives-Femoral-Technik ist unter den offenen Verfahren die erste Wahl für die Versorgung von Schenkelhernien (Avisse et al. 1993; Flament et al. 2001; Dietz et al. 2016).

### Operationstechnik

Hautzugang wie bei der Lichtenstein-Reparation (s. auch ◘ Abb. 12.1). Eröffnung des Leistenkanals mittels Durchtrennung der Fibrae intercrurales. Eröffnung der Fascia transversalis von lateral nach medial (s. auch ◘ Abb. 7.3). Cave: epigastrische Gefäße und venöse Anastomosen des Spatium Retzii. Darstellung des Leistenbandes, des Ligamentum pectinatum (Cooperi) und des Ligamentum lacunare. Nun werden die drei potenziellen Hernienmöglichkeiten inspiziert: laterale, mediale oder femorale Hernie. Mobilisierung des Bruchinhaltes aus der Schenkelpforte, was gelegentlich etwas schwer gelingt; sollte Darm inkarzeriert sein, muss dieser absolut geschont und gegebenenfalls das Leistenband eingeschnitten werden, um den Darm zu befreien (s. auch ◘ Abb. 16.1). Stumpfe Präparation des präperitonealen Raums für die Netzeinlage im sog. Spatium Bogros (1823), der als stumpf trennbare inter-parieto-peritoneale Schicht die laterale Fortsetzung des Spatium Retzii (1849) ist (Rives et al. 1973; Avisse et al. 1993; Flament et al. 2001) (s. auch ◘ Abb. 7.6). Vorbereitung des ca. 15 × 15 cm großen großporigen, nichtresorbierbaren Netzes. Vorlegen der Einzelknopffäden mit Fixation am Ligamentum Cooperi (langfristig resorbierbarer oder nichtresorbierbarer monofiler Faden, 2-0 USP) bis zur Lacuna vasorum (◘ Abb. 18.1). Knüpfen der vorgelegten Fäden und Entfalten des Netzes mittels Ausstreichen der unteren Netzlefze hinter die Symphyse tief in das Spatium Retzii und lateral in das Spatium Bogros mit einem Stieltupfer. Einschneiden des lateralen Netzbereiches (zum Durchtritt des Funiculus spermaticus) und Positionieren der oberen Netzlefze hinter den M. transversus abdominis. Transfasziale Fixation des Netzoberrandes mit 2–3 resorbierbaren Nähten. Nahtverschluss der Fascia transversalis und der Externusaponeurose, beides mit resorbierbarem Nahtmaterial. Die Operation wird mit oder ohne Einlage einer subkutanen Redon-Drainage, Infiltration mit Lokalanästhetikum und Hautverschluss beendet (◘ Abb. 18.2).

### Vergleich der Femoral-Techniken nach Rives und Lichtenstein

Im Vergleich der Femoral-Techniken nach Rives und Lichtensteinergeben sich bei der Netzposition wesentliche Unterschiede: Das Netz liegt bei der Rives-Technik präperitoneal, hinter (unter) dem M. transversus abdominis, analog zur Netzposition bei endoskopischen Verfahren wie TEP und TAPP. Anders als bei der Lichtenstein-Technik wird bei der Rives-Technik der Unterrand des Netzes nicht an das Leistenband genäht, sondern ausschließlich an das Ligamentum pectinatum (Cooperi); und anders als bei der Lichtenstein-Technik wird bei der Rives-Technik der Oberrand des Netzes hinter alle drei Muskeln an der Innenseite des M. transversus abdominis fixiert, während bei der Lichtenstein-Technikdas Netz auf den M. obliquus internus fixiert wird.

### Postoperative Behandlung und Ergebnisse

Postoperativ ist für ausreichende Analgesie zu sorgen. Wir empfehlen körperliche Schonung bis zum Fadenzug oder maximal eine Woche, danach Wiederaufnahme der üblichen Aktivitäten nach Maßgabe der Beschwerden.

Es gibt zur Rives-Femoral-Technik eine randomisierte kontrollierte Studie und einige Kohortenstudien (◘ Tab. 18.1) (Tomaoglu et al. 2015). Die Rives-Femoral-Technik hat bei einem Teil der Patienten eine begründete Indikation. Die größte Fallserie mit dieser Technik stammt aus der Abteilung von Jean Rives in Reims selbst, wo 694 Operationen mit diesem „Fascia-transversalis-Ersatz“ durchgeführt wurden; es wurden 9 Infektion beschrieben (1,2 %). Die Rezidivrate

1 Jean Rives (1922–2012). Rives wuchs in Algerien auf. 1962 wechselte er anlässlich der Neugründung der Universität Reims von Algier nach Frankreich. Rives war ein ausgezeichneter Anatom und Zeichner und prägte eine ganze Generation von Chirurgen

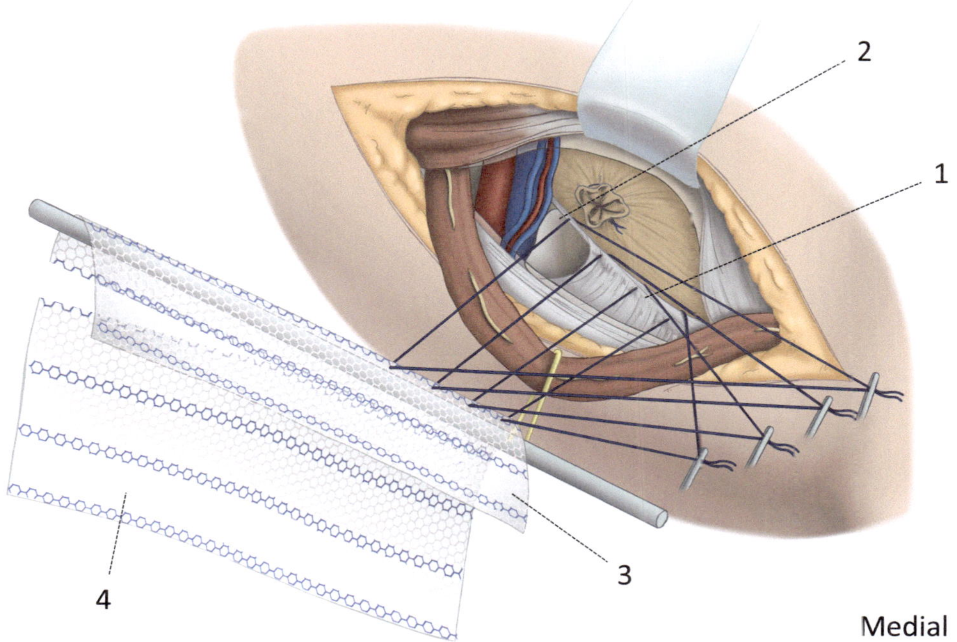


**Abb. 18.1** Rives-Femoral-Technik (1973). Das mithilfe eines Taststabs gefaltete ca. 15 × 15 cm große Netz wird medialseitig mit vorgelegten Einzelknopfnähten am *(1)* Ligamentum pectinatum (Cooperi) fixiert. Die letzte Naht *(2)* muss dabei die Nähe zur V. iliaca externa berücksichtigen, um diese nicht einzuengen. Nach dem Knüpfen der Knoten wird die kaudale (kleinere) Lefze *(3)* mit einem Stieltupfer in das Spatium Retzii zwischen die Symphyse und die Harnblase geschoben. Dann wird die kraniale (große) Lefze *(4)* hinter Fascia transversalis und M. transversus abdominis positioniert und an dieser Stelle transmuskulär fixiert [Dietz 2016]

war mit 1,6 % (11 von 694) beeindruckend niedrig (Tab. 18.1).

#### Fehler, Gefahren, Komplikationen

Bei der Rives-Femoral-Technik darf die Lacuna vasorum nicht eingeengt werden, da sonst ein venöser Stau und chronische Schmerzen im Versorgungsbereich des N. femoralis auftreten können. Nach Mobilisation von Lymphknoten aus der Lacuna vasorum kann es zur Ausbildung von Lymphfisteln kommen; meistens zeigt sich dies nach der ersten postoperativen Woche als Rötung und Schwellung des Operationsgebietes. Ein Ultraschall oder ein CT des Abdomens werden die Diagnose als „abgekapseltes präperitoneales Serom" – ggf. mit Verdrängung der Harnblase – zeigen. Sollte die Harnblase verdrängt sein, muss die Lymphozele mittels perkutaner Drainage entlastet werden. Dies kann wegen der erfolgten Netzimplantation am besten durch Punktion von der Gegenseite aus erreicht werden. Es ist meistens nötig, für eine Woche eine therapeutische Breitspektrumantibiose zu verabreichen. Eine primär subtile Präparationstechnik ohne Läsion der Lymphwege ist die beste Prophylaxe dieser Komplikation (Dietz et al. 2014).

#### Fazit für die Praxis

Das Rives-Femoral-Verfahren hat bei besonderen Schenkelhernienbefunden und speziellen Risikofaktoren der Patienten einen unverzichtbaren Stellenwert. Die Komplikations- und Rezidivraten sind niedrig.

## 18.1 Kommentar der Herausgeber: Andere Verfahren für die Schenkelhernie

Neben den oben beschriebenen Netzverfahren für die Schenkelhernie sind auch Nahtverfahren beschrieben worden. Nahtverfahren können transinguinal (mit Eröffnung des Leistenkanals), präperitoneal (mit posteriorem Zugang zur Schenkelpforte) oder krural (mit Zugang über das Trigonum femorale) durchgeführt werden. Seit der Verbreitung endoskopischer Verfahren werden offene krurale und transinguinale Verfahren kaum noch verwendet. Im anglo-amerikanischen

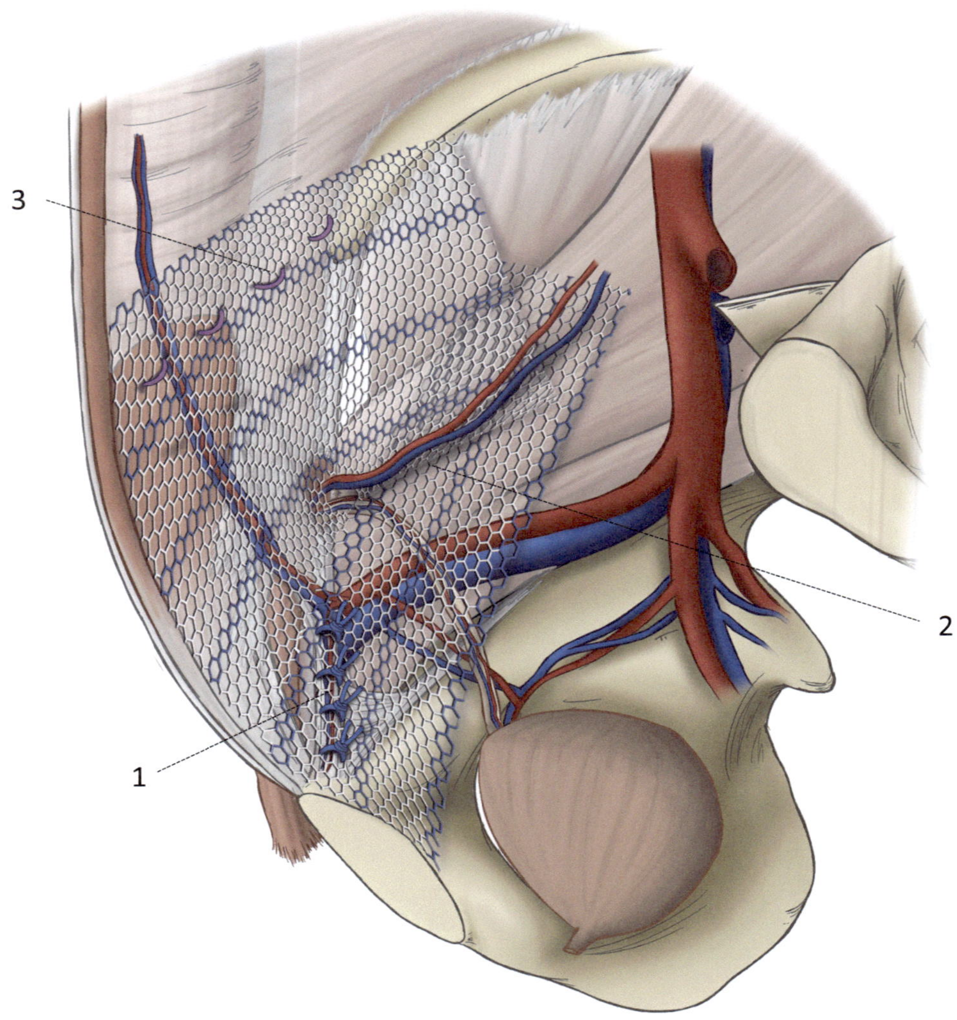


**Abb. 18.2** Rives-Femoral-Technik (1973). Laterale Sicht des präperitoneal positionierten Netzes mit Fixation am Ligamentum Cooperi *(1)*. Anders als bei der beidseitigen Stoppa-Operation (s. auch Abbildung 13.3), wird das Netz bei der Rives-Femoral-Technik für den Durchtritt der Testikulargefäße *(2)* und des Ductus deferens eingeschnitten. *(3)* Transfasziale Fixationsnähte der oberen Netzlefze



Raum wird allerdings die offene Schenkelhernienversorgung über einen kruralen Zugang ohne Eröffnung des Leistenkanals immer noch praktiziert.

Der krurale Zugang (engl.: „low or crural approach") wurde 1893 von Lockwood beschrieben. Der Eingriff wird in Trendelenburg-Position durchgeführt, der Zugang erfolgt in der Leistenfalte (also unterhalb des Leistenbandes), der Bruchsack wird unter dem subkutanen Fettgewebe im Trigonum femorale aufgesucht und abgetragen. Auch hier ist sehr auf die laterale Begrenzung des Bruchsacks, die Femoralvene, zu achten. Die Reparation erfolgt mit Achternähten aus 3-0-USP-Polypropylen-Faden auf J-förmiger Nadel armiert; die erste Naht wird am Ligamentum pectinatum (Cooperi) verankert und kranial an das Leistenband fixiert, dies zweimal. Dadurch entsteht eine Rekonstruktion unter Spannung. Um diese Spannung durch spannungsfreies Gewebe zu verstärken, wird die Faszie des M. pectineus eingeschnitten und ein „Flap" hochgestülpt und über die vorherige Naht fixiert (Lockwood 1893; Devlin 1988).

Auch im deutschsprachigen Raum wurde der krurale Zugang bis in die 80er Jahre des vorigen Jahrhunderts verwendet, allerdings nicht als Schnitt parallel zur Leiste, sondern als senkrechter Zugang (wie bei Gefäßeingriffen), wobei die Nahtrekonstruktion mittels Einzelknopfnaht erfolgte. Auch in Deutschland wurde der gestielte Lappen aus der Fascia pectinea verwendet (Baumngartl et al. 1972).

Aus historischer Perspektive sei angeführt, dass einige Chirurgen anstelle des kruralen Nahtverschlusses eine Netzplombe („plug") in die Schenkelpforte

**Tab. 18.1** Literaturübersicht zur „inguinocruralen“ Femoralhernienreparation nach Rives (1965)

| Name | Design | N | OP-Zeit (min) | Komplikationen | Rezidiv |
|---|---|---|---|---|---|
| Rives et al. (1973) | Kohorte (ab 1963) | 183 | 105 | 8 % Hämatom<br>1,6 % Infektion | 1,6 % (8Jahre) |
| Coda et al. (1997) | Kohorte | 38 | 94 | 26 % Hämatom<br>10 % Serom | Kein (12Monate) |
| Flament et al. (2001) | Kohorte | 694 | – | 1,2 % Infektion | 1,6 % (24Monate) |
| Tomaoglu et al. (2015) | RCT: Rives-Technik/ TEP | 53/57 | 54/60 | 1,9 %/7 % Wunde<br>1,3 %/6,6 % Schmerz | 3,8 %/12 % |
| **Gesamt** | | 785(*) | 54–105 | 1,2–26 % | 1,6–3,8 % |

* The sum takes into account that some patients from the Rives 1973 and the Flament 2001 cohort are analyzed in duplicate

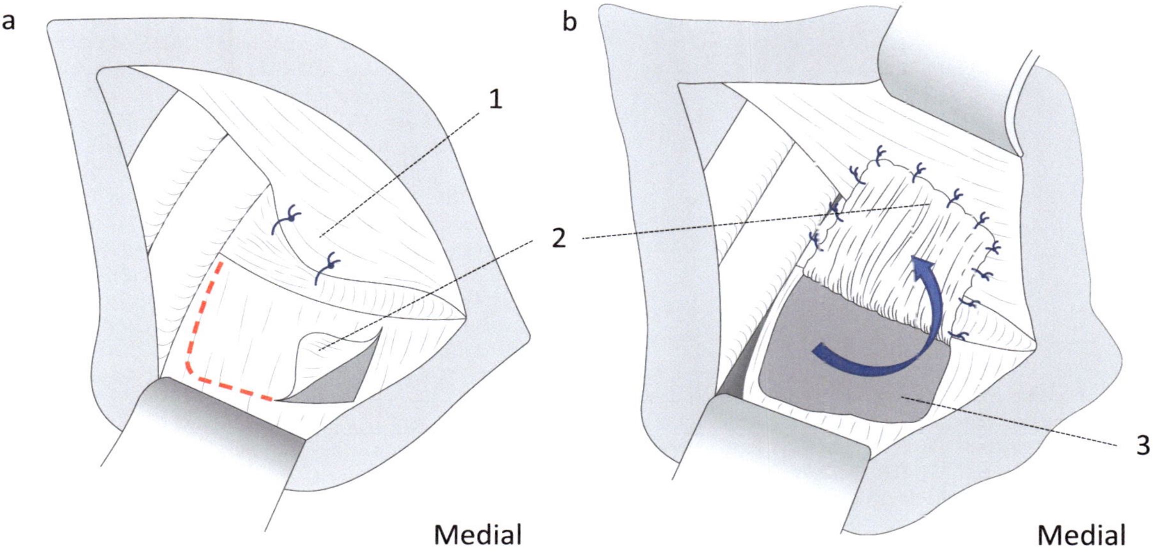


**Abb. 18.3** Krurale Reparation der Schenkelhernie nach McVay (1949). **a** Naht des Leistenbandes an das Ligamentum Cooperi *(1)*; **b** Verstärkung der Naht mit einem Faszienlappen der Aponeurose des M. pectineus *(3)*

einbrachten (Lichtenstein und Shore 1974). Beide Verfahren entsprechen nicht mehr den aktuellen Anforderungen an spannungsfreie Reparation und Einsatz von großporigem Fremdmaterial.

Beim transinguinalen Zugang wird im Grunde genommen die gleiche Reparation wie beim kruralen Zugang durchgeführt, nur dass die Schenkelpforte über Eröffnung der Leiste bearbeitet wird. In den USA wurde dieses Verfahren besonders von McVay[2] (Abb. 18.3) (1949) und Nyhus propagiert.

Die Haut wird wie für die Versorgung der Leistenhernie eröffnet, der Leistenkanal über die Fibrae intercrurales eröffnet und die Hinterwand des Leistenkanals inzidiert. Damit wird das Spatium Retzii erreicht. Der Bruchsack oder das prolabierende Fettgewebe werden geborgen und die Schenkelpforte mit nichtresorbierbarem Faden mit Einzelknopfstichen mittels Naht des Leistenbandes an das Ligamentum pectinatum (Cooperi) verschlossen. Auch bei diesem Zugang muss darauf geachtet werden, dass die V. iliaca externa nicht zu eng komprimiert wird. McVay beschrieb auch den transinguinalen Zugang zur Schenkelhernie in Kombination mit einer Relaxationsinzision der vorderen Rektusscheide (Abb. 18.4).

2 Chester B. McVay (1911–1987). War über mehr als 50 Jahre einer der führenden US-amerikanischen Hernienspezialisten und entwisckelte aufgrund anatomischer Untersuchungen die Reparation der Leistenhernie am Ligamentum pectineatum (Cooperi).

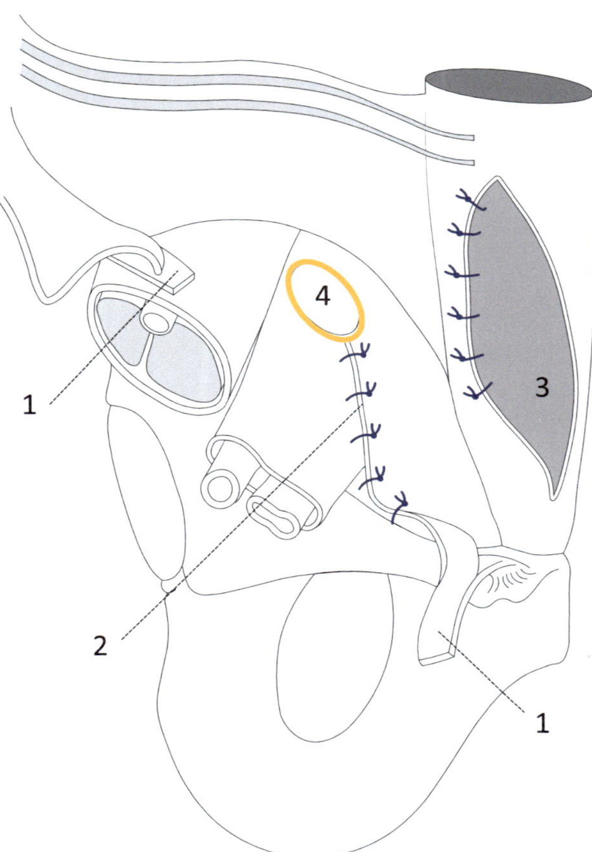


**Abb. 18.4** Transinguinaler Zugang zur Femoralhernie nach McVay. (1966). In dieser Zeichnung ist für Demonstrationszwecke das Leistenband *(1)* durchtrennt. Nach der Naht der Fascia transversalis an das Ligamentum Cooperi *(2)*, führt McVay noch die Relaxationsinzision der vorderen Rektusscheide *(3)* durch; innerer Leistenring *(4)*

**Reparation der Leiste am Ligamentum Cooperi**

Die Reparation der Leiste am Ligamentum Cooperi ist ähnlich wie die Reparation nach Bassini; der Unterschied ist lediglich, dass M. obliquus internus und M. transversus nicht an das Leistenband, sondern mit vorgelegten Einzelknopfnähten an das Ligamentum pectinatum fixiert werden. Somit wird diese Variante der Reparation nach McVay sowohl bei Leisten- wie auch bei Schenkelhernien durchgeführt. McVay empfiehlt darüber hinaus eine Relaxationsinzision der Externusaponeurose[3].



3 Eine ähnliche Reparation wie die nach McVay wurde im europäischen Raum bereits 1898 vom Wiener Chirurgen Georg Lotheissen (1868–1935) im Rahmen einer Rezidivoperation mit Teilresektion des Leistenbandes und konsekutiver Naht an das Tuberculum pubicum beschrieben.

## Literatur

Avisse C, Palot JP, Flament JB (1993) A propos du procès-verbal. Traitement des hernies de l'aine par la technique de Jean Rives. Replacement du fascia transversalis par une prothèse de Dacron. Chirurgie 119:362–365

Baumngartl F, Kremer K, Schreiber HW (1972) Schenkelbrüche. In: Baumngartl F, Kremer K, Schreiber HW (Hrsg) Spezielle Chirurgie für die Praxis, Band II, Teil 3. Thieme, Stuttgart, S 47–63

Bendavid R (1992) The space of Bogros and the deep inguinal venous circulation. Surg Gynecol Obstet 17:355–358

Coda A, Ferri F, Filippa C (1997) La riparazione protesica dell'ernia inguino-crurale con la tecnica di Rives. Minerva Chir 52:175–180

Cooper AP (1833) Anatomische Beschreibung und chirurgische Behandlung der Unterleibsbrüche. Verlag des Landes-Industrie-Comptoirs, Weimar

Devlin HB (1988) Femoral Hernia. In: Devlin HB (Hrsg) Management of abdominal hernias. Butterworths, London, S 121–133

Dietz UA, Wiegering A, Germer CT (2014) Eingriffsspezifische Komplikationen der Hernienchirurgie. Chirurg 85:97–104

Dietz UA, Germer CT, Wiegering A (2016) Aktuelle Operationstechniken: Leisten- und Schenkelhernienchirurgie / Videobeitrag Offene Netzverfahren. Chirurg 87:938–947

Flament JB, Avisse C, Palot JP (2001) The Rives technique: treatment of groin hernias with Mersilene mesh by an inguinal approach. In: Bendavid R, Abrahamson J, Arregui ME, Flament JB, Phillips EH (Hrsg) Abdominal wall hernias, 1. Aufl. Springer, New York, S 401–406

Lichtenstein IL, Shore JM (1974) Simplified repair of femoral and recurrent inguinal hernias by a plug technique. Am J Surg 128:439–444

Lockwood CB (1893) The radica cure of femoral and inguinal hernia. Lancet 2:1297–1302

McVay C, Anson BL (1949) Inguinal and femoral hernioplasty. Surg Gynecol Obstet 88:473–485

Rives J, Nicaise H, Lardennois B (1965) A propos du traitement chirurgical des hernies de l'aine. Orientation nouvelle et perspectives thérapeutiques. Ann Med Reims 2:193–200

Rives J, Lardennois B, Flament JB, Converse G (1973) La pièce en tulle dacron, traitement de choix des hernies de l'aine de l'adulte. A propos de 183 cas. Chirurgie 99:564–575

Tomaoglu K, Sarı YS, Bektas H, Koc O, Gunes E, Uzum G, Kucukyılmaz M (2015) Prospective randomized clinical trial of Jean Rives technique versus laparoscopic TEP repair for primary inguinal hernia: 10-year follow-up. Hernia 19:383–387

# Inzisionalhernien

## Inhaltsverzeichnis

# Inzisionalhernien: Klassifikation, Klinik und Therapiewahl

*Ulrich A. Dietz und Franz Mayer*

Inhaltsverzeichnis




U. A. Dietz et al. (Hrsg.), *Offene Hernienchirurgie*,
https://doi.org/10.1007/978-3-662-61348-1_19

Inzisionalhernien treten bei 8–20 % der Patienten mit chirurgischem Zugang zum Abdomen auf, sei es nach offenen Eingriffen oder nach Trokarzugängen. Die meisten Inzisionalhernien treten im ersten Jahr nach der Indexoperation auf, allerdings steigt das Risiko mit der Zeit weiterhin kontinuierlich. Dieser Anstieg an Inzidenz über die Zeitachse lässt sich durch die multifaktorielle Ätiologie der Inzisionalhernien erklären: Art des Zugangs, Qualität des Bauchdeckenverschlusses, subkutane Wundheilungsstörung nach der Indexoperation, Adipositas, Komorbiditäten (besonders Diabetes mellitus und Kollagenschwäche) sowie Nikotinkonsum sind die häufigsten Risikofaktoren. Allerdings ist durch die zunehmende Zahl laparoskopischer Operationen eine rückläufige Tendenz an Inzisionalhernien bemerkbar. Patienten mit inzisionalen Hernien haben nicht nur klinische Probleme (Größenzunahme der Hernie, Schmerzen, Passageprobleme, Hautulzerationen, usw.), sondern erfahren auch einen deutlichen Einschnitt in ihrer Lebensqualität: Sie können keinen Sport machen, nicht belasten und manchmal auch nicht arbeiten.

Eine wichtige Differenzialdiagnose bei ventralen Hernien mit konkomitant atypischen Schmerzen der Bauchdecke ist das ACNES („anterior cutaneos nerve entrapment syndrome"), welches meistens eine Ausschlussdiagnose bleibt. Im Jahr 2015 wurden in Deutschland 50.521 Inzisionalhernienreparationen codiert, von denen 10.732 laparoskopisch durchgeführt wurden (21 %), ca. 79 % wurden im Rückschluss konventionell offen operiert (Dietz et al. 2018). In diesem Abschnitt werden die wesentlichen Grundsätze der Klassifikation inzisionaler Hernien, der Nomenklatur, der Definition der Netzpositionierungen, der OP-Indikation und der Patientenaufklärung dargestellt.

#### ▪ Klassifikation von Ventral- und Inzisionalhernien

Klassifikationen gehören zu unserem Alltag und unserer Gesellschaft wie die auch die Bild- und Schriftsprache selber. Um zu kommunizieren, um Dinge zu erkennen und Phänomene zu verstehen und einzuordnen, um sich an etwas zu erinnern und weiterzudenken (und die Ergebnisse zu verbessern), ist der systematische Umgang mit Information ausschlaggebend. Bei Hernien ist dies besonders wichtig, denn jeder Patient ist individuell: Die Kombination von Komorbiditäten, Biologie, Lokalisation und Größe der Hernie ist sehr unterschiedlich. Auch ventrale und inzisionale Hernien müssen klassifiziert werden, um eine patientenindividualisierte Therapie zu gestalten und gleichzeitig den Datenvergleich in Subgruppen zu ermöglichen. Die Klassifizierung kann präoperativ mit dem Ziel der Operationsplanung (Dietz-Klassifikation, ◘ Abb. 19.1) oder intraoperativ zum ausschließlichen Datenvergleich (EHS-Klassifikation, ◘ Abb. 19.2) erfolgen (Dietz et al. 2007; Muysoms et al. 2009).



Beide genannte Klassifikationen berücksichtigen die Morphologie bzw. Lokalisation, die Größe der Bruchpforte (Länge und Breite) sowie die Unterscheidung in ventrale, inzisionale oder rezidivierte Hernien. Die Dietz-Klassifikation berücksichtigt zur Risikoeinschätzung des Verfahrens zusätzlich die Komorbiditäten des Patienten. Es lohnt sich für jeden Hernienchirurgen, sich die Mühe zu machen, beide Klassifikationen zu verstehen. Alle Patienten mit Ventral- oder Inzisionalhernien sollten prospektiv in einem Register erfasst werden, um zukünftige standardisierte Auswertungen zu ermöglichen. Zwei Beispiele sind das Register der Europäischen Herniengesellschaft EuraHS (▶ www.eurahs.eu) und in Deutschland das Herniamed-Register (www.herniamed.de).

**Anmerkung zur Terminologie**

- **Primär ventrale Hernien:** epigastrische, umbilikale, lumbale und Spieghel-Hernien
- **Inzisionale Hernien:** alle Hernien, die Folge eines Zugangs zum Abdomen sind, also alle Narbenhernien. Auch Rezidive von ventralen Hernien sind inzisionale Hernien.
- **Rezidivierte inzisionale Hernien:** Bei der Beschreibung dieser Hernien soll zusätzlich festgehalten werden, um welches Rezidiv es sich handelt: erstes, zweites, drittes usw.
- **Andere Hernien:** Zwerchfellhernien (Morgagni und Bochdalek), Obturator etc.

#### ▪ Anatomie der Bauchdeckenschichten und Terminologie der Netzpositionen

Die Kenntnis der Anatomie der Bauchdecke hat sich in den vergangenen Jahren mit zunehmender Weiterentwicklung der Operationsverfahren und der technisch-operativen Möglichkeiten weiterentwickelt. Parallel dazu sind in verschiedenen Kulturkreisen Terminologien zur Beschreibung dieser Verfahren entstanden, welche zum Teil keiner semantischen Prüfung Stand halten und manchmal auch einfach inkorrekt sind. Daher bemüht sich die Europäische Herniengesellschaft seit 2013 um eine Vereinheitlichung der Terminologie (Muysoms et al. 2013). In einer sehr aktuellen Delphi-Studie haben 20 Hernienspezialisten aus aller Welt einen Konsens zur Terminologie der Schichten der Bauchdecke erarbeitet, welche den Austausch von Erfahrungen und die Vergleichbarkeit von Resultaten und die Vereinheitlichung der Verfahren zum Ziel hat (Parker et al. 2019a). Getriggert wurde der Prozess in den vergangenen Jahren durch die Weiterentwicklung der Komponentenseparationen und den endoskopischen Verfahren – nicht zuletzt auch der Robotic-Chirurgie. Die „neue Bauchdecke" ist in ◘ Abb. 19.3 dargestellt, die Erklärungen und Definitionen sind in ◘ Tab. 19.1 aufgelistet.

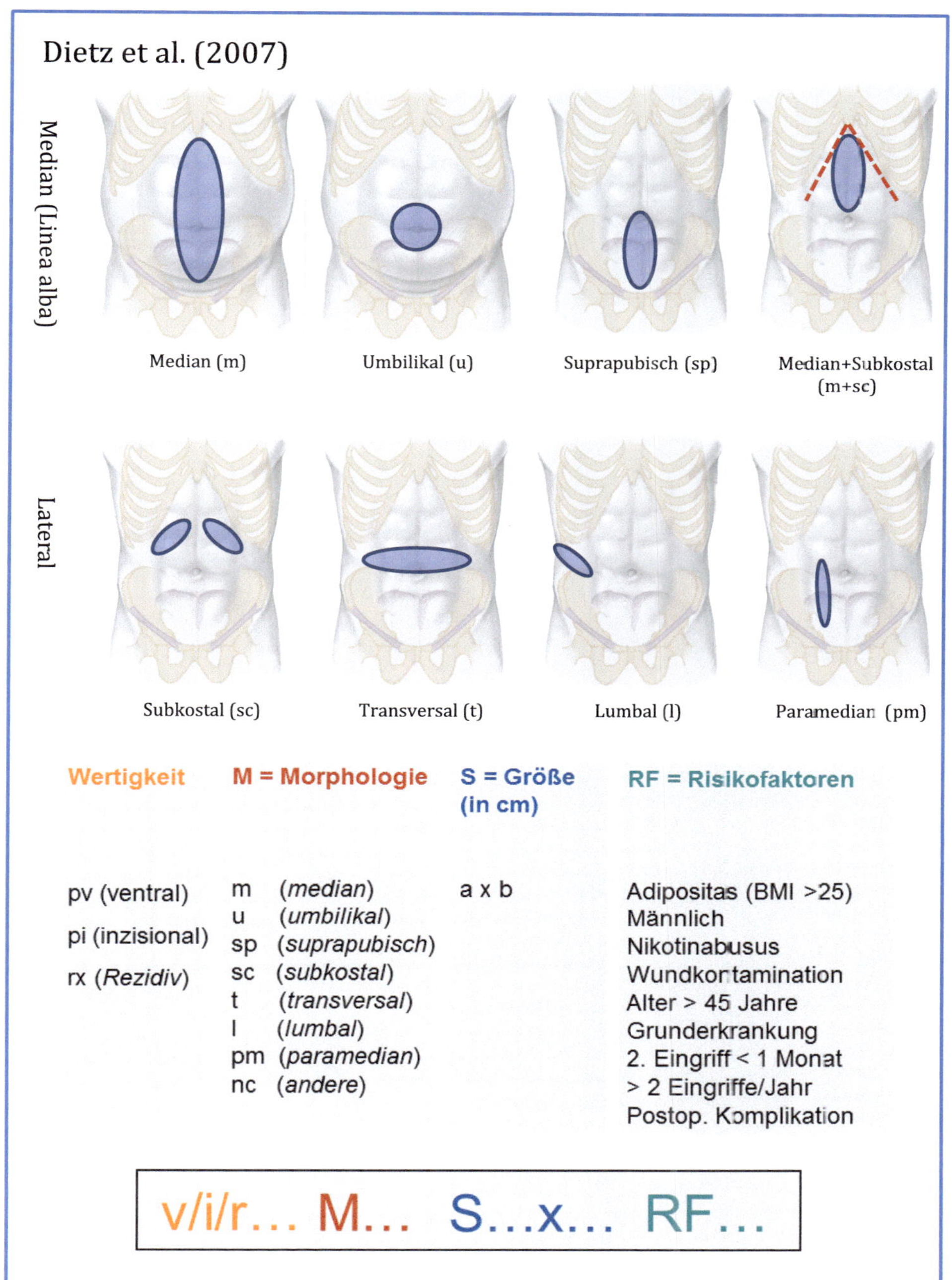


**Abb. 19.1** Dietz-Klassifikation (Dietz et al. 2007). Die Klassifikation beinhaltet die Unterscheidung zwischen Ventral- und Inzisional- bzw. Inzisional-rezidivierten Hernien (pv/pi/rx), berücksichtigt mit der Morphologie (M) auch phänotypische Kriterien, die perioperativ Einfluss auf die OP-Technik haben (so ist z. B. median nicht immer median, denn „m + sc" ist anders zu werten als „m"), misst die Größe der Bruchpforte als Länge × Breite (S) und nennt die Komorbiditäten als Risikofaktoren von prognostischer Relevanz für Komplikationen oder das Langzeitergebnis (RF). Für jeden Risikofaktor wird ein „+" vergeben, maximal jedoch „+++". Die Dietz-Klassifikation ist an einer Serie von 330 Patienten intern validiert worden ( Dietz et al. 2007, 2014a, 2017). (Abbildung aus ( Dietz und Bingener 2018))

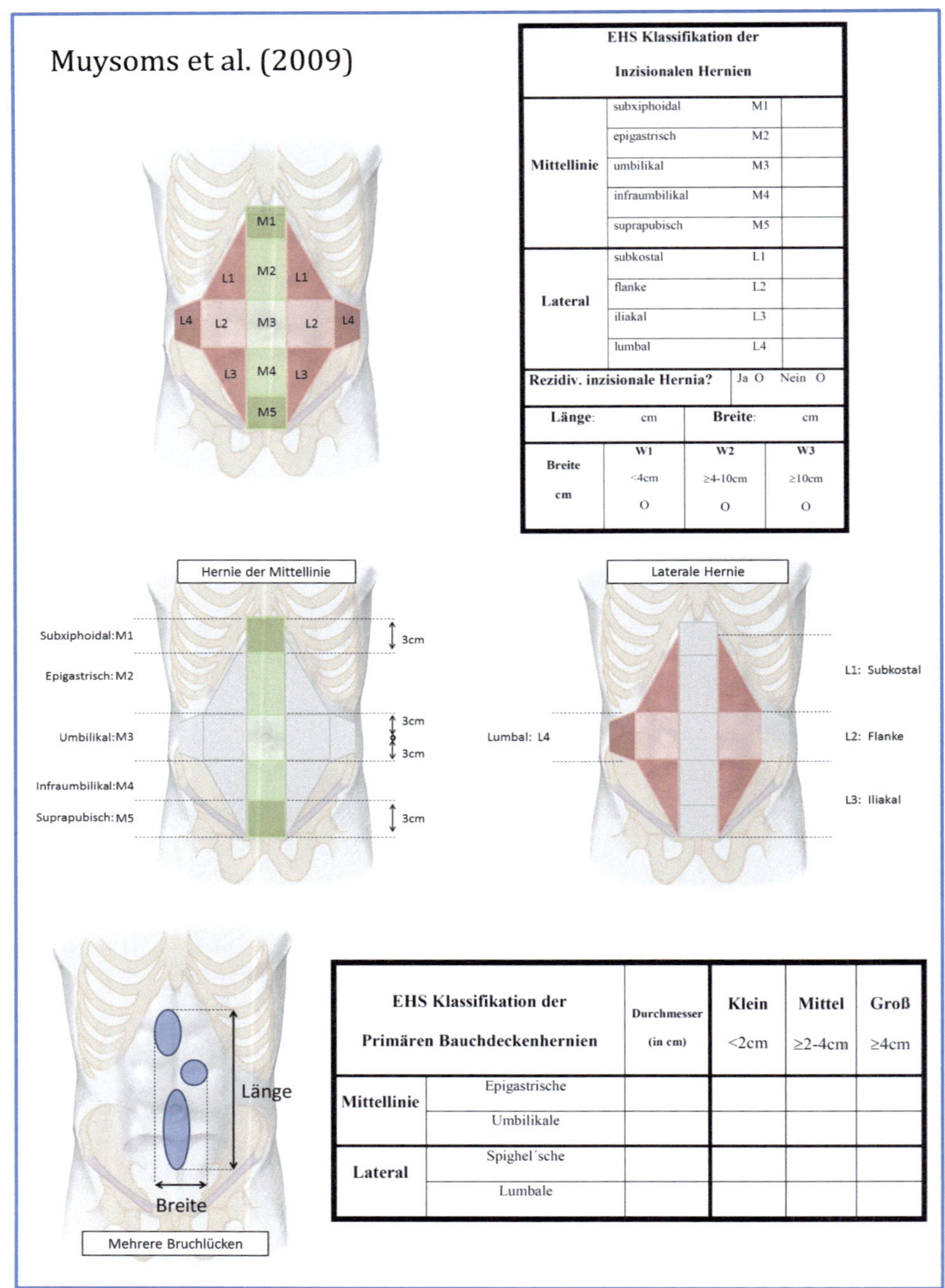


| EHS Klassifikation der Inzisionalen Hernien | | | |
|---|---|---|---|
| Mittellinie | subxiphoidal | M1 | |
| | epigastrisch | M2 | |
| | umbilikal | M3 | |
| | infraumbilikal | M4 | |
| | suprapubisch | M5 | |
| Lateral | subkostal | L1 | |
| | flanke | L2 | |
| | iliakal | L3 | |
| | lumbal | L4 | |
| Rezidiv. inzisionale Hernia? | Ja O | Nein O | |
| Länge: cm | | Breite: cm | |
| Breite cm | W1 <4cm O | W2 ≥4-10cm O | W3 ≥10cm O |

| EHS Klassifikation der Primären Bauchdeckenhernien | | Durchmesser (in cm) | Klein <2cm | Mittel ≥2-4cm | Groß ≥4cm |
|---|---|---|---|---|---|
| Mittellinie | Epigastrische | | | | |
| | Umbilikale | | | | |
| Lateral | Spighel´sche | | | | |
| | Lumbale | | | | |

**Abb. 19.2** EHS-Klassifikation (Muysoms et al. 2009). Dies ist die empfohlene Klassifikation in EuraHS (► www.eurahs.eu). (Abbildung aus ( Dietz und Bingener 2018))

19

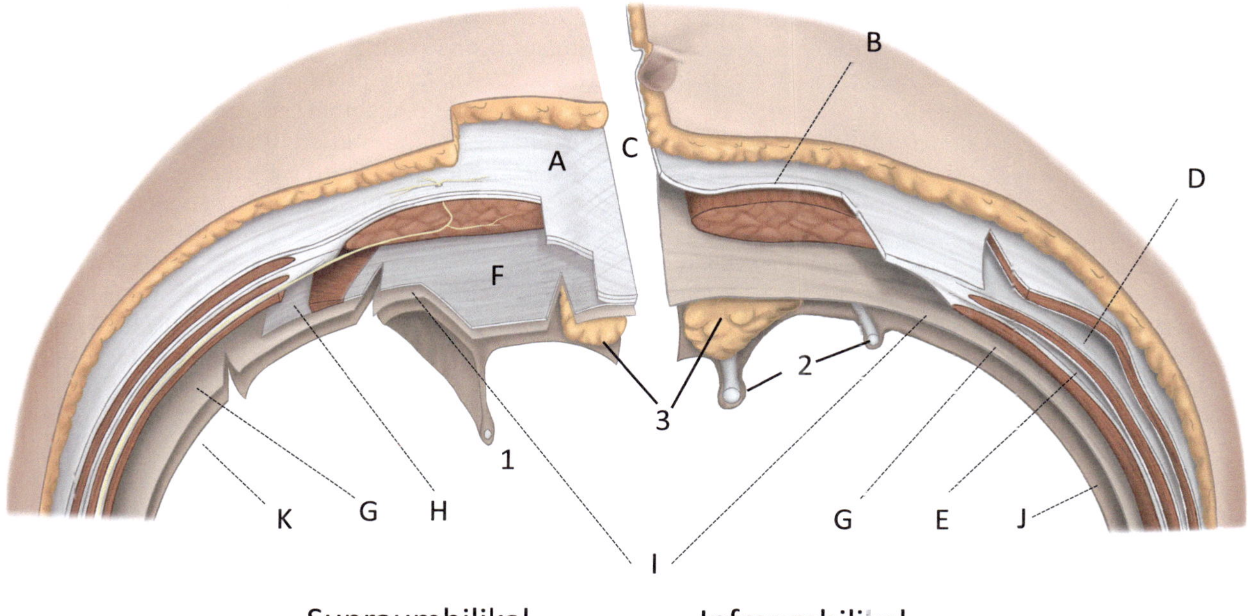


**Abb. 19.3** Transversaler Schnitt durch die Bauchdecke. Infraumbilikale Bauchdecke (unterhalb der Linea arcuata) und supraumbilikale Bauchdecke. Die Schichten der Bauchdecke und die jeweilige Terminologie für Netzpositionierungen entsprechen den Erklärungen in Tab. 19.1. Anteriore und posteriore Komponentenseparation. Fascia transversalis ( Parker et al. 2019a). *Gelb gestrichelte Linie:* Schicht „H". Ligamentum falciforme *(1);* Plicae infraumbilicales mit Urachus *(2)*, präperitoneales Fettgewebe *(3)*

**Tab. 19.1** Konsensbasierte Terminologie der für die Hernienchirurgie relevanten anatomischen Schichten der vorderen Bauchdecke

| Schicht | Anatomische Beschreibung | Englische Terminologie | N (%)[a] |
|---|---|---|---|
| A | Zwischen subkutanem Fettgewebe und der vorderen Rektusscheide | *Onlay* | 20 (100) |
| B | Zwischen der vorderen Rektusscheide und dem M. rectus abdominis | *Anterectus* | 20 (100) |
| C | Zwischen den Rändern des offenen Herniendefektes (ohne Netzüberlappung) | *Inlay* | 20 (100) |
| D | Zwischen M. obliquus externus und M obliquus internus | *Interoblique* | 20 (100) |
| E | Zwischen M. obliquus internus und M. transversus abdominis (die neurovaskuläre Schicht) | *Retrooblique* | 20 (100) |
| F | Zwischen dem M. rectus abdominis und der hinteren Rektusscheide | *Retrorectus* | 20 (100) |
| G | Zwischen dem M. transversus abdominis und der Fascia transversalis (lateral) | *?* | Kein Konsens |
| H | Das Ergebnis der Präparation der Schichten F und G (in continuum) bei dem TAR | *Retromuscular* | 16 (80) |
| I | Kranial: Zwischen der hinteren Rektusscheide und der Fascia transversalis<br>Kaudal: Zwischen dem M. rectus abdominis und der Fascia transversalis | *Transversalis fascial* | 17 (85) |
| J | Zwischen Peritoneum und Fascia transversalis | *Preperitoneal* | 20 (100) |
| K | Hinter dem Peritoneum (posterior) | *Intraperitoneal* | 20 (100) |

[a]Anzahl der Experten (N) und Prozentzahl, die in einem aktuellen Delphi-Prozess (2019) mit 3 Fragenrunden über die Terminologie befunden haben; der Wert in dieser Spalte zeigt das Ergebnis des 3. Fragenrunde; über 80 % wurde als Konsens definiert (Parker et al. 2019a)

**Anmerkung zur Terminologie**

**Netzverstärkung** (engl.: „reinforcement"): Eine Netzverstärkung liegt vor, wenn eine morphologische Reparation der Bauchdecke erfolgt und das Netz ergänzend, also zur Verstärkung verwendet wird. Ein Beispiel ist die *Retrorectus*-Technik.

**Netz-Bridging** (engl.: „bridging"): Ein Netz-Bridging liegt vor, wenn die Bruchlücke nicht verschlossen wird und das Netz (mit weiter Überlappung der Bruchlückenränder) die einzige tragende Schicht auf Bruchebene ist. Ein Beispiel ist das IPOM ohne Bruchlückenverschluss.

Der Begriff **„Netzaugmentation" ist terminologisch zweideutig und daher falsch:** Er bedeutet zum einen „Vergrößerung" (wobei jedes Bridging-Netz genau genommen eine Vergrößerung der ursprünglichen Bauchdeckenfläche bzw. des Volumens zur Folge hat; man denke auch an Mammaaugmentation); zum anderen wird der Begriff im englischen Sprachgebrauch auch als Synonym für „Verstärkung" verwendet. Augmentation ist in der wissenschaftlichen Beschreibung von Hernienreparationen unnötig: die Begriffe „Verstärkung" und „Bridging" sind unmissverständlich und ausreichend.

Um Missverständnissen vorzubeugen, werden in diesem Buch die englischen Bezeichnungen der Schichten verdeutscht bzw. übernommen und *kursiv* gedruckt.

## Indikationsstellung und Patientenaufklärung

Inzisionalhernien stellen grundsätzlich eine chirurgische Interventionsindikation dar. In den vergangenen Jahren hat sich gezeigt, dass die Komplikationsrate direkt proportional zur Größe der Bruchpforte ist, was bedeutet, dass eine diagnostizierte Inzisionalhernie – bei vertretbarer Komorbidität – eine OP-Indikation darstellt (◘ Abb. 19.4). Ausgenommen davon sind für eine Allgemeinanästhesie nicht belastbare oder respiratorisch höhergradig kompromittierte Patienten sowie Patienten mit nachgewiesener Peritonealkarzinose (Conze 2015). Eine absolute Indikation zur chirurgischen Intervention stellen die Inkarzeration, der Ileus oder die Darmperforation im Bereich des Bruchsackes dar. Die Mehrzahl der Fälle wird elektiv chirurgisch versorgt. Das Spektrum postoperativer Komplikationen ist umfassend, der Patient muss in angemessenem Zeitabstand zur Operation aufgeklärt werden (Conze 2015).

Bei der Entscheidung, welche Operationstechnik durchgeführt wird, zum Beispiel ob offener Eingriff oder minimalinvasiver Zugang, muss das Ziel der Operation gegen das Alter und die Komorbidität des Patienten abgewogen werden (◘ Abb. 19.5). Bei jüngeren und gesunderen Patienten sollte die morphologische und funktionelle Bauchdeckenrekonstruktion im Vordergrund stehen. Bei älteren und kränkeren Patienten steht mehr die Vermeidung perioperativer Komplikationen im Vordergrund als die Rekonstruktion. Darüber hinaus ist bei jüngeren Patienten davon auszugehen, dass sie im Laufe ihres noch langen Lebens möglicherweise weitere Eingriffe brauchen werden: Sigmadivertikulitis, Appendizitis, Cholezystitis, Kolonkarzinom, nur um einige Beispiele zu nennen; daher sind intraoperative Netze bei jungen Patienten eher nicht indiziert (Patel et al. 2017). Dies ist besonders wichtig, da im Methodenvergleich zwischen laparoskopischer Ver-

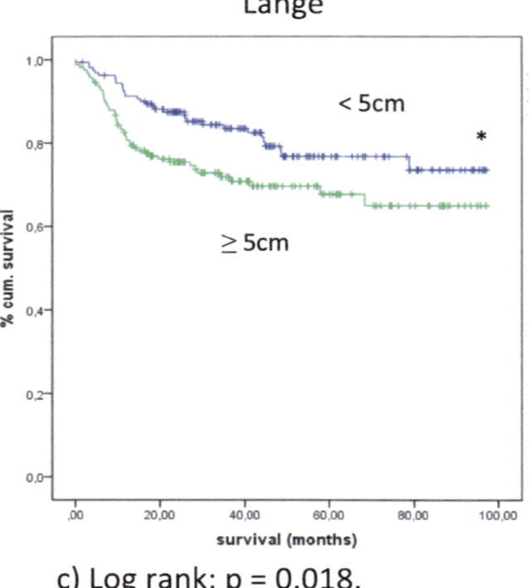


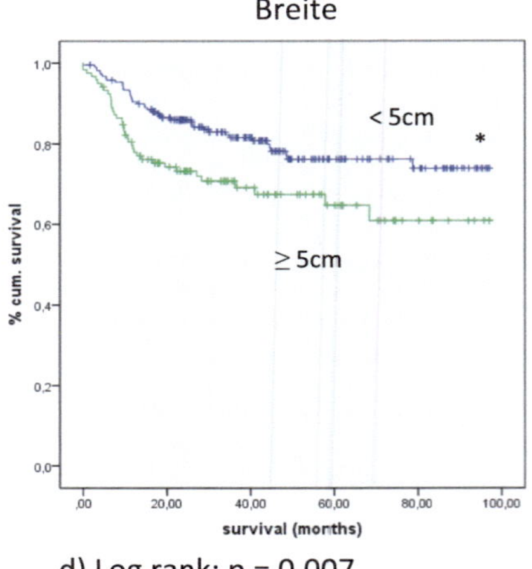


◘ **Abb. 19.4** Sowohl die Länge (**a**) als auch die Breite (**b**) haben einen negativen prognostischen Einfluss auf die Entstehung eines Rezidivs nach Inzisionalhernienversorgung. Dies stützt die Indikation der elektiven Reparation auch kleiner (oligosymptomatischer) Befunde (Dietz et al. 2014a)

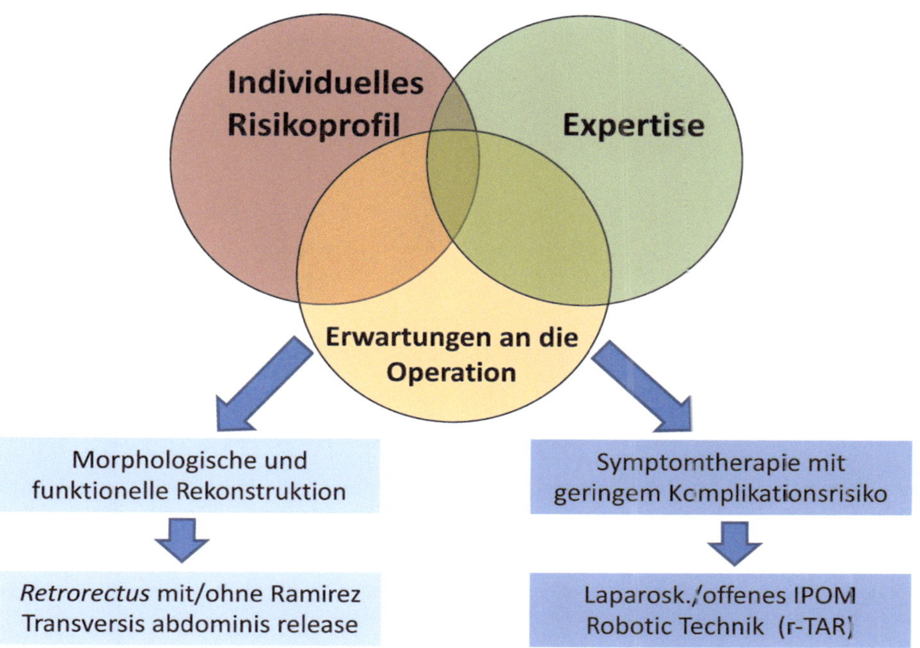


**Abb. 19.5** Grafik Tailored Approach zur Operationsplanung und Patientenberatung bei Inzisionalhernien. ( Dietz et al. 2014b)

sorgung (IPOM, neu: *intraperitoneal*) und Sublay-Reparation (neu: *retrorectus*) in Registerdaten signifikante Nachteile zulasten der Sublay-Reparation registriert werden, was die postoperativen chirurgischen Komplikationen (3,4 % vs. 10,5 %; p < 0,01), Re-Operationen (1,5 % vs. 4,7 %; p < 0,01) und die allgemeinen postoperativen Komplikationen (2,5 % vs. 3,7 %; p < 0,01) angeht (Köckerling et al. 2019; Cox et al. 2016). Ähnliches ist aus Metaanalysen bereits auch bekannt (Dietz et al. 2018). Die Mehrzahl der chirurgischen postoperativen Komplikationen sind Wundinfektion, Serom und Blutung, und damit ist die postoperative Wundmorbidität als „Achillesferse" der *Retrorectus*-Netzplastik zu sehen. Andererseits ist die Rezidivrate minimalinvasiver Verfahren (ohne Berücksichtigung der Robotic-Chirurgie) höher als die offener Verfahren (Dietz et al. 2018). Auf die Frage nach Watchful Waiting wird in ► Kap. 34 gesondert eingegangen.

## 19.1 Kommentar der Herausgeber: Bildgebende Untersuchungstechniken für OP-Planung

Eine präoperative CT-Untersuchung des Abdomens und Beckens ist – mit oder ohne dynamisches Untersuchungsprotokoll – als Standard bei rekonstruktiven Eingriffen im Bereich der Bauchdecke anzusehen. Die Berechnung des Verhältnisses zwischen Bauchraumvolumen und Bruchsackvolumen ist bei großen Hernien obligat, da eine vorbestehende Loss-of-Domain-Situation eine technisch herausfordernde und präoperativ in der Regel optimierungspflichtige Situation im Sinne einer komplexen Hernie darstellt (Tanaka et al. 2010; Parker et al. 2019b). Auch ist die zeitnahe Detektion allfälliger Additivpathologien, z. B. mittels Durchführung einer Koloskopie, sinnvoll (Abb. 19.6a; Novitsky 2011). Eine genaue Analyse der Bildgebung wird auch bei der strategischen Planung der Operation und eventuell bei der Entscheidung über das Verfahren relevant sein (Abb. 19.6b).

Je nachdem, wie sich die muskuloaponeurotische Bauchdecke im Verhältnis zur Bruchlücke in der präoperativen Bildgebung zeigt, bzw. bei Loss-of-Domain, kann es sinnvoll sein, die Bauchdecke präoperativ zu erweitern, um den Eingriff erst technisch zu ermöglichen. Die beiden bekanntesten Methoden zur „tension reduction" sind das präoperative Pneumoperitoneum und die Botox-Injektion (die sog. chemische Komponentenseparation; s. auch ► Abschn. 22.1 und 22.2) (Elstner et al. 2017; Weissler et al. 2017). Bei der Beurteilung der Bauchdecke im CT muss auch differenzialdiagnostisch die laterale Bauchdeckenlähmung (wie sie nach Lumbotomien auftritt) von der Sarkopenie (altersbedingter Abbau der Muskelmasse mit konsekutiven funktionellen Einschränkungen) unterschieden werden.

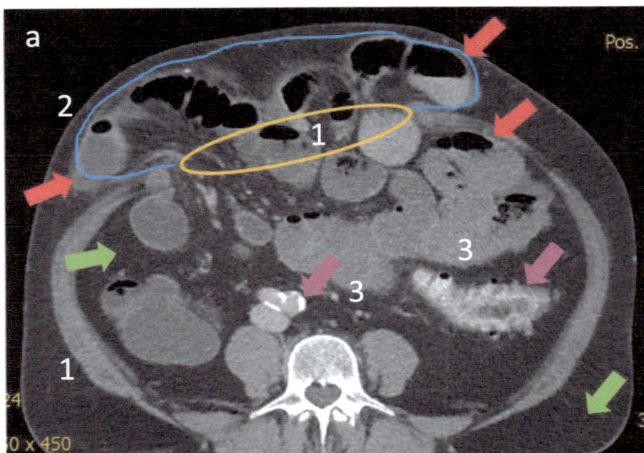


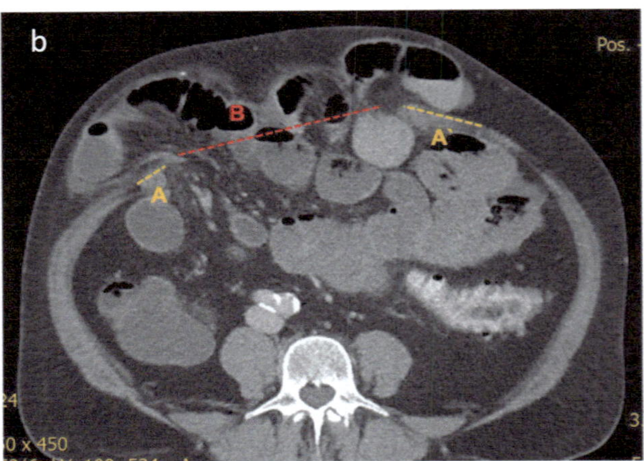


**Abb. 19.6** CT des Abdomens zur präoperativen Planung der Operation der Inzisionalhernie. **a** Das CT wird auf 3 Ebenen analysiert: *(1)* Auf Ebene der Bauchdecke sind die Maße der Bruchpforte *(gelbe Ellipse)*, die Beschaffung der Mm. recti und die 3-Schichtung der lateralen Bauchdeckenmuskulatur wichtig. *(2)* Auf Ebene der Weichteile werden die Dicke der Haut über dem Bruchsack, eventuelles Loss-of-Domain, Inflammation im Bruchsack und Darmadhäsionen *(rote Pfeile)* evaluiert;.*(3)* Auch Komorbiditäten werden berücksichtigt, Adipositas *(grüne Pfeile)*, AVK, Divertikulose etc. **b** Das Verhältnis der erhaltenen Rektusmuskulatur *(A-A')* zur Bruchlücke *(B)* ist zur präoperativen Planung bzw. Einschätzung der Durchführbarkeit der medianen Reparation von Bedeutung

## Literatur

Conze J (2015) Narbenhernie. In: Schumpelick V et al (Hrsg) Hernien, 5. Aufl. Georg Thieme Verlag, Stuttgart, S 276–351

Cox TC, Blair LJ, Huntington CR, Colavita PD, Prasad T, Lincourt AE, Heniford BT, Augenstein VA (2016) The cost of preventable comorbidities on wound complications in open ventral hernia repair. J Surg Res 206:214–222

Dietz UA, Bingener J (2018) Klassifikation ventraler und inzisionaler Hernien. In: Bittner R, Köckerling F, Fitzgibbons RJ, LeBlanc KA, Mittal SK, Chowbey P (Hrsg.) Springer, Heidelberg, Kap. 25. ▸ https://doi.org/10.1007/978-3-662-55493-7_25

Dietz UA, Hamelmann W, Winkler MS, Debus ES, Malafaia O, Czeczko NG, Thiede A, Kuhfuss I (2007) An alternative classification of incisional hernias enlisting morphology, body type and risk factors in the assessment of prognosis and tailoring of surgical technique. J Plast Reconstr Aesthet Surg 60:383–388

Dietz UA, Winkler MS, Härtel RW, Fleischhacker A, Wiegering A, Isbert C, Jurowich C, Heuschmann P, Germer CT (2014a) Importance of recurrence rating, morphology, hernial gap size, and risk factors in ventral and incisional hernia classification. Hernia 18:19–30

Dietz UA, Wiegering A, Germer CT (2014b) Indikationen zur laparoskopischen Versorgung großer Narbenhernien. Chirurg 86:338–345

19

Dietz UA, Wiegering A, Germer CT (2015) Indications for laparoscopic treatment of large incisional hernias. Chirurg 86:338–345

Dietz UA, Fleischhacker A, Menzel S, Klinge U, Jurowich Ch, Haas K, Heuschmann P, Germer CT, Wiegering A (2017) Risk-adjusted procedure tailoring leads to uniformly low complication rates in ventral and incisional hernia repair: a propensity score analysis and internal validation of classification criteria. Hernia 21:569–582

Dietz UA, Menzel S, Lock J, Wiegering A (2018) Behandlung von Narbenhernien. Dtsch Arztebl 115:31–37

Elstner KE, Read JW, Rodriguez-Acevedo O, Ho-Shon K, Magnussen J, Ibrahim N (2017) Preoperative progressive pneumoperitoneum complementing chemical component relaxation in complex ventral hernia repair. Surg Endosc 31:1914–1922

Köckerling F, Simon T, Adolf D, Köckerling D, Mayer F, Reinpold W, Weyhe D, Bittner R (2019) Laparoscopic IPOM versus open sublay technique for elective incisional hernia repair: a registry-based, propensity score-matched comparison of 9907 patients. Surg Endosc 33:3361–3369

Muysoms FE, Miserez M, Berrevoet F, Campanelli G, Champault GG, Chelala E, Dietz UA, Eker HH, El Nakadi I, Hauters P, Hidalgo Pascual M, Hoeferlin A, Klinge U, Montgomery A, Simmermacher RK, Simons MP, Smietański M, Sommeling C, Tollens T, Vierendeels T, Kingsnorth A (2009) Classification of primary and incisional abdominal wall hernias. Hernia 13:407–414

Muysoms FE, Deerenberg EB, Peeters E, Agresta F, Berrevoet F, Campanelli G, Ceelen W, Champault GG, Corcione F, Cuccurullo D, DeBeaux AC, Dietz UA, Fitzgibbons RJ Jr, Gillion JF, Hilgers RD, Jeekel J, Kyle-Leinhase I, Köckerling F, Mandala V, Montgomery A, Morales-Conde S, Simmermacher RK, Schumpelick V, Smietański M, Walgenbach M, Miserez M (2013) Recommendations for reporting outcome results in abdominal wall repair: results of a consensus meeting in Palermo, Italy, 28–30 June 2012. Hernia 17:423–433

Novitsky YW (2011) Open retromuscular ventral hernia repair. In: Rosen MJ (Hrsg) Atlas of abdominal wall reconstruction. WB Saunders, Philadelphia, S 74–95

Parker SG, Halligan S, Liang MK, Muysoms F, Adrales G.L, Boutall A, de Beaux AC, Dietz UA, Divino CM, Hawn MT, Heniford BT, Hong JP, Ibrahim N, Itani KMF, Jorgensen LN, Montgomery A, Morales-Conde S, Renard Y, Sanders DL, Smart NJ, Torkington J, Windsor ACJ (2019a) An International Classification for Abdominal Wall Planes (ICAP): a delphi consensus of expert hernia surgeons. BJS Article ID: BJS11400, Article ▸ https://doi.org/10.1002/bjs.11400. Br J Surg. 107(3):209–217

Parker SG, Halligan S, Liang MK, Muysoms FE, Adrales GL, Boutall A, de Beaux AC, Dietz UA, Divino CM, Hawn MT, Heniford TB, Hong JP, Ibrahim N, Itani KMF, Jorgensen LN, Montgomery A, Morales-Conde S, Renard Y, Sanders DL, Smart NJ, Torkington JJ, Windsor ACJ (2019b) Definitions for loss of domain: an international delphi consensus of expert surgeons. World J Surg. ► https://doi.org/10.1007/s00268-019-05317-z. Br J Surg. 107(3):209–217

Patel P, Love MW, Ewing JA, Warren JA, Cobb WS, Carbonell AM (2017) Risks of subsequent abdominal operations after laparoscopic ventral hernia repair. Surg Endosc 31:823–828

Tanaka EY, Yoo JH, Rodrigues AJ Jr, Utiyama EM, Birolini D, Rasslan S (2010) A computerized tomography scan method for calculating the hernia sac and abdominal cavity volume in complex large incisional hernia with loss of domain. Hernia 14:63–69

Weissler JM, Lanni MA, Tecce MG, Carney MJ, Shubinets V, Fischer JP (2017) Chemical component separation: a systematic review and meta-analysis of botulinum toxin for management of ventral hernia. J Plast Surg Hand Surg 51:366–374

# Netzimplantation bei Inzisionalhernien in *Retrorectus*-Technik

*Franz Mayer*

## Inhaltsverzeichnis




U. A. Dietz et al. (Hrsg.), *Offene Hernienchirurgie*,
https://doi.org/10.1007/978-3-662-61348-1_20

### Allgemeine Grundlagen und spezielle Anatomie der Bauchwand

Bei der Reparation einer Inzisionalhernie ist die Implantation eines Netzes dem Defektverschluss mittels Naht unter Berücksichtigung der funktionell möglichst optimalen Rekonstruktion des Defektes deutlich überlegen (Luijendijk et al. 2000; Burger et al. 2004; Nguyen et al. 2014). Dazu wurden in der Geschichte der chirurgischen Bauchwandrekonstruktion verschiedenste Techniken entwickelt. Bei der Bewertung von Verfahrenstechniken der Bauchwandrekonstruktion ist es unerlässlich, Unterschiede bei den zugrunde liegenden Pathologien zu berücksichtigen. Der Begriff „Ventralhernie" muss in diesem Zusammenhang präzisiert werden, man muss bei allen Analysen von Reparationstechniken primäre Bauchwandhernien von Inzisionalhernien unterscheiden (Köckerling et al. 2015). Unter den heute verfügbaren chirurgischen Techniken beschreibt der Begriff „Sublay-Reparation" das Prinzip der netzverstärkten Rekonstruktion der Bauchwand mittels „retromuskulärer" Netzimplantation (neue Terminologie kranial der Linea arcuata: *retrorectus;* kaudal der Linea arcuata: *transversalis fascial*) (s. auch ◘ Tab. 19.1) und geht auf Arbeiten von Jean Rives (1922–2012) und René Stoppa (1921–2006) zurück (Rives et al. 1977; Stoppa et al. 1979). Bei sehr großen medianen Bruchpforten, solchen, die lateral der Linea semilunaris lokalisiert sind oder an diese heranreichen, kann von einer Netzposition dorsal der Rektusmuskulatur und ventral des hinteren Blattes der Rektusscheide *(retrorectus)* ausgehend nach lateral hin mittels posteriorer Komponentenseparationstechniken ein myofaszialer „Release" präpariert werden und damit eine Kombination der *Retrorectus-* und *Transversalis-fascial*-Netzposition erreicht werden (in der neuen Terminologie der „Schicht H" oder *retromuscular* entsprechend) (s. auch ◘ Tab. 19.1; Ramirez et al. 1990; Rosen et al. 2007; Novitsky 2011; Novitsky et al. 2012). Damit ist auch die Rekonstruktion ausgedehntester Defekte mittels Implantation sehr großer Netze oft erst möglich.

*Retrorectus*-Netzplastiken (ehemals Sublay-Netzplastiken) und myofasziale Relaxationstechniken (sog. Komponentenseparationen) (s. auch ► Kap. 21 und 22) erfordern eine profunde Kenntnis der funktionellen Anatomie der Bauchwand, da hier die Gefahr von schwersten Schädigungen der Bauchwandstabilität im Falle von Präparationsfehlern gegeben ist (s. auch ◘ Abb. 19.3; Novitsky 2011; Stumpf et al. 2009). Der M. rectus abdominis als zentrales Element der vorderen Bauchdecke ist paarig angelegt, beide Muskeln sind median durch ein fibröses Geflecht (Linea alba) verbunden; sie sind eingebettet in einer fibrösen Hüllstruktur (Rektusscheide), die durch eine Verschmelzung bzw. Separation der Aponeurosen der lateralen Bauchwandmuskeln gebildet wird und bis zur Linea arcuata infraumbilikal aus einem vorderen und einem hinteren Blatt besteht. Kaudal der Linea arcuata wird die dorsale Begrenzung dieser Hüllfaszie nur mehr durch die Fascia transversalis und das Peritoneum gebildet, während das vordere Blatt eine Verschmelzung der Aponeurosen beider Mm. obliqui darstellt. Die seitliche Bauchwand wird von drei Muskeln gebildet: M. obliquus externus, M. obliquus internus und M. transversus abdominis mit jeweils charakteristischen Faserverlaufsrichtungen. Thorakoabdominale Nerven aus den Segmenten Th7–Th12 versorgen die Bauchwandmuskulatur. Deren Verlauf und Schonung in der neurovaskulären Schicht zwischen M. obliquus int. und M. transversus abdominis sowie im lateralen Abschnitt des Raumes zwischen hinterem Blatt der Rektusscheide und des M. rectus abdominis ist von zentraler Bedeutung hinsichtlich der postoperativen Funktionalität der Bauchwand (Novitsky 2011; Stumpf et al. 2009). Ebenso von zentraler Bedeutung hinsichtlich der postoperativen Stabilität der Rekonstruktion eines Bauchwanddefektes ist der Erhalt der Linea semilunaris – der seitlichen Begrenzung der Rektusscheide, die aus einer Verschmelzung der Aponeurosen der seitlichen Bauchwandmuskeln entstanden ist.

### OP-Vorbereitung

Ein bauchdeckenrekonstruktiver Eingriff mit Implantation eines Netzes in *Retrorectus*-Technik wird grundsätzlich in Allgemeinnarkose durchgeführt, präoperative Ergänzungsdiagnostik (Kardiologie, Lungenfunktion, Labor etc.) ist in den meisten Fällen durchzuführen. Selbst bei pulmonal gesunden Patienten – bei vorgeschädigten Patienten (COPD, Asthma) in umso größerem Ausmaß – ist mit einer postoperativen respiratorischen Funktionseinschränkung zu rechnen, da es durch die Reparation zwangsläufig zu einem erhöhten intraabdominellen Druck und konsekutivem Zwerchfellhochstand kommt. Die Durchführung einer zeitnah präoperativ begonnenen Atemphysiotherapie hat sich in der klinischen Praxis bewährt. Zur perioperativen Risikominimierung ist konsequente präoperative Nikotinabstinenz vom Patienten einzufordern bzw. darüber aufzuklären. Die Durchführung einer (zumindest) „single-shot"-Antibiotikaprophylaxe 30 min vor Hautschnitt, z. B. mit Cefazolin, ist bei bauchdeckenrekonstruktiven Eingriffen mit Implantation eines Netzes als Standard anzusehen (s. auch ► Abschn. 7.1). Unmittelbar präoperativ ist zur Optimierung der postoperativen Schmerztherapie und Frühmobilisation des Patienten die Anlage eines Epiduralkatheters zu überlegen. Ebenso empfiehlt sich die Anlage eines Blasenkatheters bei zu erwartender längerer Operationszeit, vor allem aber, um postoperativ die Option einer intraabdominellen Druckverlaufsmessung zu haben. Adäquate Hautdesinfektion und ein Team-Time-Out (in Form des Abarbeitens der entsprechenden WHO-Checkliste[1]) sind unmittelbar vor Operationsbeginn zu fordern und zu dokumentieren. Postoperativ ist ein möglichst standardisiertes Vorgehen – Überwachung, Schmerzmanagement, Mobilisation – von Vorteil. Vor allem bei der Reparation großer Bauchwanddefekte oder bei Präsenz relevanter Risikofaktoren (ASA-Status) muss postoperativ die Möglichkeit einer intensivmedizinischen Überwachung gewährleistet sein.

#### Operationstechnik der medianen *Retrorectus*-Netzimplantation

Häufig finden sich im Verlaufsbereich einer Laparotomienarbe mehrere Bruchpforten („Swiss-Cheese-Defekt"), welche selbst genauester klinischer Untersuchung im Vorfeld entgehen können. Es ist daher unerlässlich, den gesamten Verlaufsbereich einer Narbe und nicht nur eine einzelne Bruchpforte netzverstärkt zu rekonstruieren. Aus diesem Grund wird als erster Operationsschritt die gesamte Narbe exzidiert, der Bruchsack aus der Subkutis freipräpariert, der äußere Bruchring dargestellt und dann der Bruchsack eröffnet. Es folgt die Adhäsiolyse von Darmabschnitten bzw. Omentum majus von der ventralen Bauchwand möglichst unter Schonung des Peritoneums. Die ausgedehnte interenterische Adhäsiolyse ist nur bei strangförmigen Adhäsionen oder entsprechender Klinik (z. B. Passagestörung in der Anamnese) indiziert. Eine allenfalls auch nur teilweise Resektion des Bruchsackes sollte zu diesem Zeitpunkt unterbleiben, um sich nicht unnötigerweise additive Reparationsoptionen bei ausgedehnten Defekten, wie z. B. die „peritoneal flap closure"-Technik zu verbauen (Malik et al. 2014; s. auch ▶ Abschn. 20.3). Lateral der äußeren Bruchpforte entlang des vorderen Blattes der Rektusscheide wird nur sparsam subkutan disseziert, um die Perfusion darüber liegender Hautschichten nicht zu beeinträchtigen.

#### Präparation des *Retrorectus*-Raumes

Das Intestinum wird nach Adhäsiolyse und genauester Kontrolle der Unversehrtheit des Darmkonvoluts mit feuchten Bauchtüchern abgedeckt. Anschließend wird knapp medial der Bruchpforte das hintere Blatt der Rektusscheide longitudinal inzidiert und in den retrorektalen Raum eingegangen, der Muskelbauch muss am vorderen Blatt der Rektusscheide adhärent belassen werden. Die Dissektion des *Retrorectus*-Raumes erfolgt überwiegend stumpf zunächst nach lateral, bis man die Vasa epigastrica profunda dorsal am M. rectus abdominis erkennt, dorsolateral davon (und medial der Linea semilunaris) kann man die nach ventral in den M. rectus abdominis ziehenden thorakolumbalen Nerven erkennen, diese sind zu erhalten. Kaudal der Linea arcuata erfolgt die Dissektion entlang der Fascia transversalis bis hinter die Symphyse in das Spatium Retzii, beide Cooper'schen Bänder und die oberen Schambeinäste werden freipräpariert, bis man lateral die iliakale Gefäßachse ventral kreuzt. Lateral davon kann die Dissektion je nach Ausdehnung des Hernienbefundes in gleicher Schicht bis in den Bogros-Raum erfolgen (s. auch ◘ Abb. 7.6). Kranial wird entlang des hinteren Blattes der Rektusscheide bis hinter den Processus xiphoideus präpariert. Um dies zu erreichen, muss das hintere Blatt der Rektusscheide an der Verschmelzungszone zur Linea alba durchtrennt werden, das typische „Fatty Triangle" entsteht auf diese Weise (◘ Abb. 20.1; Conze 2015). Liegt eine Herniation lateral der Linea semilunaris oder in enger Lagebeziehung zu den knöchernen Randzonen der myofaszialen Bauchdecke vor, wird dort im Sinne der posterioren Komponentenseparation präpariert (s. auch ▶ Kap. 22). Der Bruchpfortendurchmesser ist auszumessen und entsprechend der EHS-Klassifikation zu dokumentieren (Muysoms et al. 2009).

#### Verschluss des hinteren Blattes der Rektusscheide

In den meisten Fällen gelingt ein Verschluss des hinteren Blattes ohne nennenswerte Zugspannung nach lateral. In Ausnahmefällen kann es notwendig sein, Anteile des Bruchsackes zum Verschluss des hinteren Blattes bzw. Peritoneums zu verwenden. Dies erfolgt mittels fortlaufender Naht in Small-Bites-Technik, mit langsam resorbierbarem oder nichtresorbierbarem, monofilem Nahtmaterial der Stärke 2-0 USP sowie kleinem Nadeldurchmesser zur Vermeidung eines Durchschneidens der Nadel im Sinne von „button-hole-defects" (s. auch ▶ Abschn. 27.1); das Verhältnis von Wundlänge zu Länge des tatsächlich verwendeten Fadens beträgt mindestens 4:1 (Israelsson und Millbourn 2012). Spülung und subtile Blutstillung im retrorektalen Raum sind obligat.

#### Einbringen des Netzimplantates und Netzfixation

Nach Verschluss des hinteren Blattes der Rektusscheide kann unter vorsichtiger Approximation des vorderen Blattes der tatsächlich erforderliche Quer- und Längsdurchmesser des Netzimplantates ausgemessen werden. Bezüglich der zu verwendenden Netzimplantate (s. ▶ Kap. 31) besteht die Empfehlung zur Verwendung eines nichtresorbierbaren Implantates mit möglichst großer Porosität und der Bauchdeckenanatomie angepasster Elastizität (unterschiedlich in horizontaler und vertikaler Zugrichtung). Erst

1 Die WHO empfiehlt: a) den initialen Check (vor Narkoseeinleitung); b) vor Hautschnitt das Team-Time-Out; und c) den finalen Check, bevor der Patient den OP-Saal verlässt.

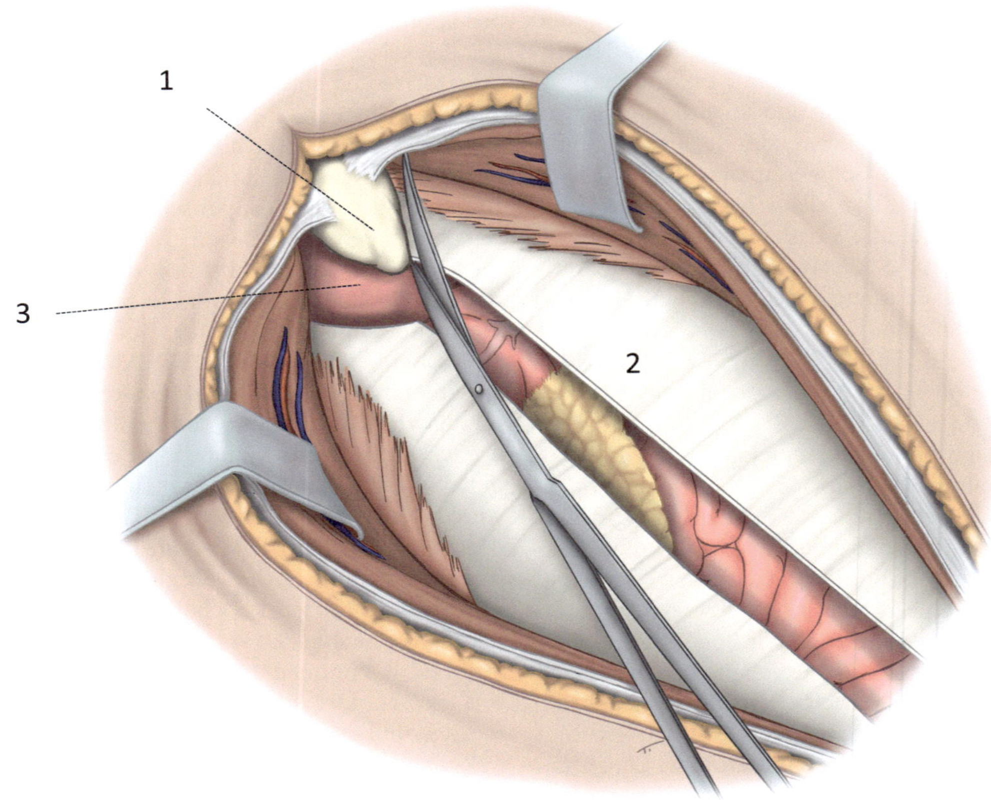


**Abb. 20.1** Präparation des subxiphoidalen Fatty Triangle; nach Eröffnen der medianen Linea alba bis zum Xiphoid *(1)* wird der Ansatz der hinteren Rektusscheide *(2)* vom Xiphoid abgelöst. Somit entsteht das typische retroxiphoidale Fatty Triangle *(3)*

zu diesem Zeitpunkt wird das Netzimplantat aus seiner (bis dahin verschlossenen) Verpackung entnommen, entsprechend den ausgemessenen Dimensionen zugeschnitten und möglichst ohne Hautkontakt zügig in den retromuskulären Raum eingebracht. Dort wird das Netz faltenfrei ausgebreitet (Abb. 20.2 und 20.3). Die Notwendigkeit einer Fixation des Netzes im retromuskulären Raum ist derzeit noch nicht abschließend geklärt, in den meisten Fällen kann wohl darauf verzichtet werden. Zur Fixation stehen die gängigen Methoden (transfasziale Nähte, flächenhafte Aufbringung von Fibrinkleber mittels Sprayapplikator oder punktförmige Fixation mit synthetischem Kleber) zur Verfügung. Sollte bei ausgedehnten Defekten trotz gegebenenfalls durchgeführter myofaszialer Relaxation (s. auch ► Kap. 21) ein Verschluss der Mittellinie nicht möglich sein und das Netz im Sinne einer Bridging-Technik implantiert werden, so ist eine Fixation des Netzes mittels transfaszialen Einzelknopfnähten und fortlaufender Fixation des *retrorektalen* Implantates an der Bruchpforte mittels nichtresorbierbarer Naht erforderlich. Eine Drainage des *retrorektalen* Raumes ist abhängig vom Ausmaß der Dissektionsfläche und fakultativ.

20

#### Verschluss des vorderen Blattes der Rektusscheide, Subkutis, Haut

Erst jetzt sollten nicht mehr erforderliche Anteile des Bruchsackes reseziert werden. Analog zum Verschluss des hinteren Blatt der Rektusscheide erfolgt der Nahtverschluss des vorderen Blattes und damit idealerweise die Rekonstruktion der Linea alba in fortlaufen-

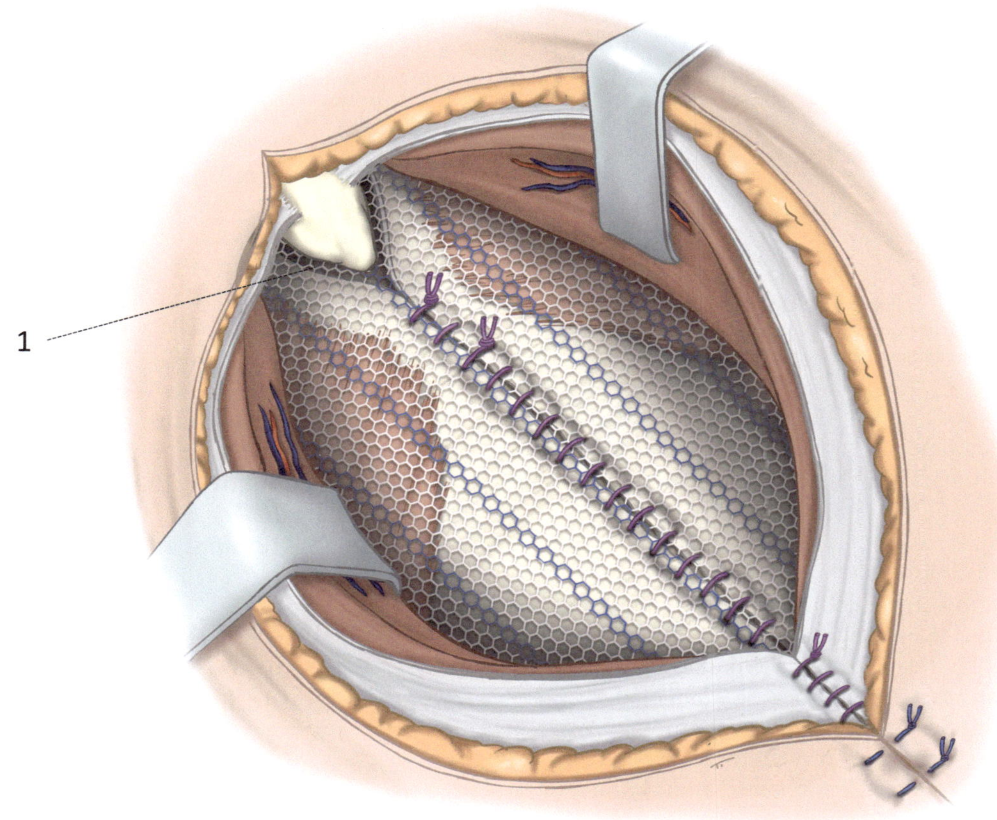


**Abb. 20.2** Nach dem Nahtverschluss der hinteren Rektusscheide bis zum Fatty Triangle, wird hier das Netz weit nach retroxiphoidal *(1)* in *Retrorectus*-Position eingelegt; es sollten mindestens 5–8 cm Unterfütterung erreicht werden. Dadurch wird das hier oft auftretende Rezidiv vermieden

der Nahttechnik mittels langsam resorbierbarem oder nichtresorbierbarem monofilem Nahtmaterial (der Stärke 2-0 USP oder 0 USP; es sollte der kleinste Nadeldurchmesser zur Vermeidung eines Durchschneidens der Nadel im Sinne von „button-hole-defects" gewählt werden) in Small-Bites-Technik (Israelsson und Millbourn 2012). Allenfalls vorhandene überschießende Hautanteile können nun entfernt werden. Nach Blutstillung in der Subkutis und Spülung kann in diesen (durch den vormals dort lokalisierten Bruchsack) unterschiedlich großen Raum fakultativ eine Drainage eingebracht werden und dieser Hohlraum gegebenenfalls durch adaptierende resorbierbare Einzelknopfnähte der Camper[2]-Faszie verkleinert werden. Eine Refixation des Nabels im Bereich der rekonstruierten Mittellinie ist in den meisten Fällen erforderlich. Der Hautverschluss erfolgt in verschiedensten Techniken mittels Naht oder Klammergerät. Bei Präsenz relevanter Risikofaktoren hinsichtlich Wundmorbidität hat sich die prophylaktische Aufbringung einer epikutanen Unterdrucktherapie auf die verschlossene Wunde für 5–7 Tage postoperativ bewährt und kann fakultativ überlegt werden, die postoperative Rate an Wund-

2 Der niederländische Anatom Petrus Camper (1722–1789) beschrieb die subkutane Faszie, die heute seinen Namen trägt.

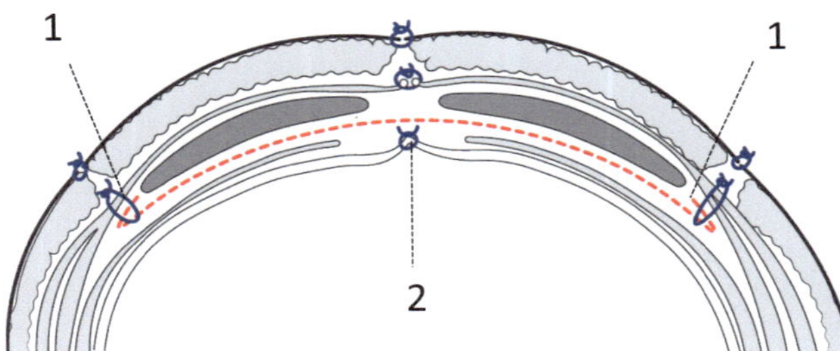


**Abb. 20.3** Netzlage in *Retrorectus*-Position *(rot gestrichelte Linie)*; Je nach Individualfall kann das Netz lateral des M. rectus abdominis transfaszial fixiert werden *(1)*. In der Originalpublikation von Jean Rives wird die hintere Rektusscheide nicht verschlossen, nur das Peritoneum *(2)* (Rives et al. 1977)

heilungsstörungen kann so signifikant reduziert werden (24 vs. 51 %; p = 0,03, OR 0,30; 95-%-KI 0,10–0,90) (de Vries 2017).

### Postoperative Maßnahmen und Belastungsaufbau

Bei der Reparation ausgedehnter Herniendefekte ist die postoperative Kontrolle des intraabdominellen Druckes über den liegenden Blasenkatheter als äußerst hilfreich anzusehen. Hierbei ist weniger die Detektion eines einzelnen – allenfalls erhöhten – Wertes relevant, sondern die Entwicklung der Druckverhältnisse entlang der Zeitachse. Damit kann ein abdominelles Kompartmentsyndrom noch vor Auftreten potenziell lebensbedrohlicher postoperativer Organdysfunktionen (respiratorische Insuffizienz, Niereninsuffizienz, Darmischämie etc.) zeitnah detektiert werden. Die postoperative Anordnung des Tragens eines Mieders erscheint in vielen Fällen sinnvoll und mag dem subjektiven Empfinden des Patienten dienlich sein, ein positiver Effekt hinsichtlich der definitiven Bauchdeckenstabilität oder der Häufigkeit des Auftretens postoperativer Serome kann durch Studien derzeit nicht belegt werden (Christoffersen et al. 2014). Eingebrachte Drainagen können nach Reduktion der täglichen Fördermenge (<20–50 ml/24 h, je nach Größe der drainierten Dissektionsfläche) entfernt werden, gegebenenfalls ist eine vorangehende Sonografiekontrolle der postoperativen Bauchdeckenanatomie zu überlegen. Mit dem Kostaufbau wird postoperativ je nach Ausmaß der erforderlichen Adhäsiolyse möglichst frühzeitig begonnen, Flüssigkeiten am OP-Tag sollten möglich sein, in der Folge erfolgt dann der schrittweise Kostaufbau nach klinischem Befund und Kontrolle der Peristaltik. Die Mobilisation und Atemphysiotherapie sollte postoperativ möglichst frühzeitig begonnen werden, meistens ist dies sogar bereits am OP-Tag möglich. Der Belastungsaufbau im Zuge der Mobilisation soll schrittweise erfolgen, dies soll dem Patienten möglichst keine Schmerzen bereiten. Eine Limitierung der Arbeitsfähigkeit hängt stark vom beruflichen Belastungsprofil und der Schmerzbelastung eines Patienten ab, kann nicht standardisiert und in den meisten Fällen mit zumindest 2–3 Wochen postoperativ angegeben werden (Conze 2015). Die postoperative Schmerztherapie erfordert die Anwendung eines möglichst standardisierten Schmerztherapieprotokolls, eine Dokumentation der patientenspezifischen Schmerzbelastung ist dafür eine zwingende Voraussetzung (visuelle oder numerische Analogskala). Bewährt hat sich insbesondere bei der Reparation großer Herniendefekte eine Patienten-kontrollierte Analgesie (PCA) über einen im Zuge der unmittelbaren OP-Vorbereitung eingebrachten Epiduralkatheter (s. o.). Unter dem Aspekt eines anzustrebenden Qualitätsmonitorings betrachtet, sollte in jedem Fall die fortlaufende Dokumentation aller bauchdeckenrekonstruktiven Eingriffe in einem Register, z. B. Herniamed oder EuraHS, erfolgen (Stechemesser et al. 2012; Muysoms et al. 2012).

## 20.1 Kommentar der Herausgeber: Retromuskuläre Netzimplantation bei transversalen Inzisionalhernien

Die retrorektale bzw. retromuskuläre Netzimplantation bei transversalen Hernien, zum Beispiel nach beidseits subkostalen Zugängen wie bei Gastrektomie oder großen Leber- und Pankreas-Eingriffen, ist ein Eingriff, der nicht intuitiv durchführbar ist. Es sind besondere anatomische Kenntnisse nötig, die über die üblichen anatomischen Gegebenheiten der medianen Hernienversorgung hinausgehen. Zum einen betrifft die Hernie den kompletten Querschnitt der Bauchdecke mit dem Rektus und der lateralen Muskulatur beidseits; zum anderen müssen diese Muskeln zunächst aus dem irregulären Narbengewebe „herauspräpariert“ werden. Es ist dabei hilfreich, zunächst die hintere Rektusscheide kranial und kaudal aufzufinden und diese vom Rektusmuskel abzulösen; zur Vorbereitung der Netzimplantation wird die hintere Rektusscheide medianseitig im Sinne der Fatty-Triangle-Präparation sowohl kranial- wie auch kaudalwärts präpariert (Abb. 20.4). Als nächstes wird an der hinteren Rektusscheide nach lateral bis zum Ansatz des M. transversus abdominis präpariert; hier erfolgt nach kranial und nach kaudal de facto eine posteriore Komponentenseparation mit einem klassischen Transversus-abdominis-Release (s. auch ► Kap. 22) Dadurch wird gewährleistet, dass die Interkostalnerven nicht verletzt werden, welche zwischen dem M. obliquus internus und dem M. transversus abdominis verlaufen (Abb. 20.4; s. auch Abb. 19.3; Dietz et al. 2016; Stumpf et al. 2009; Espinosa-de-los-Monteros Espinosa-de-los-Monteros et al. 2011). Die Verletzung der motorischen Interkost-

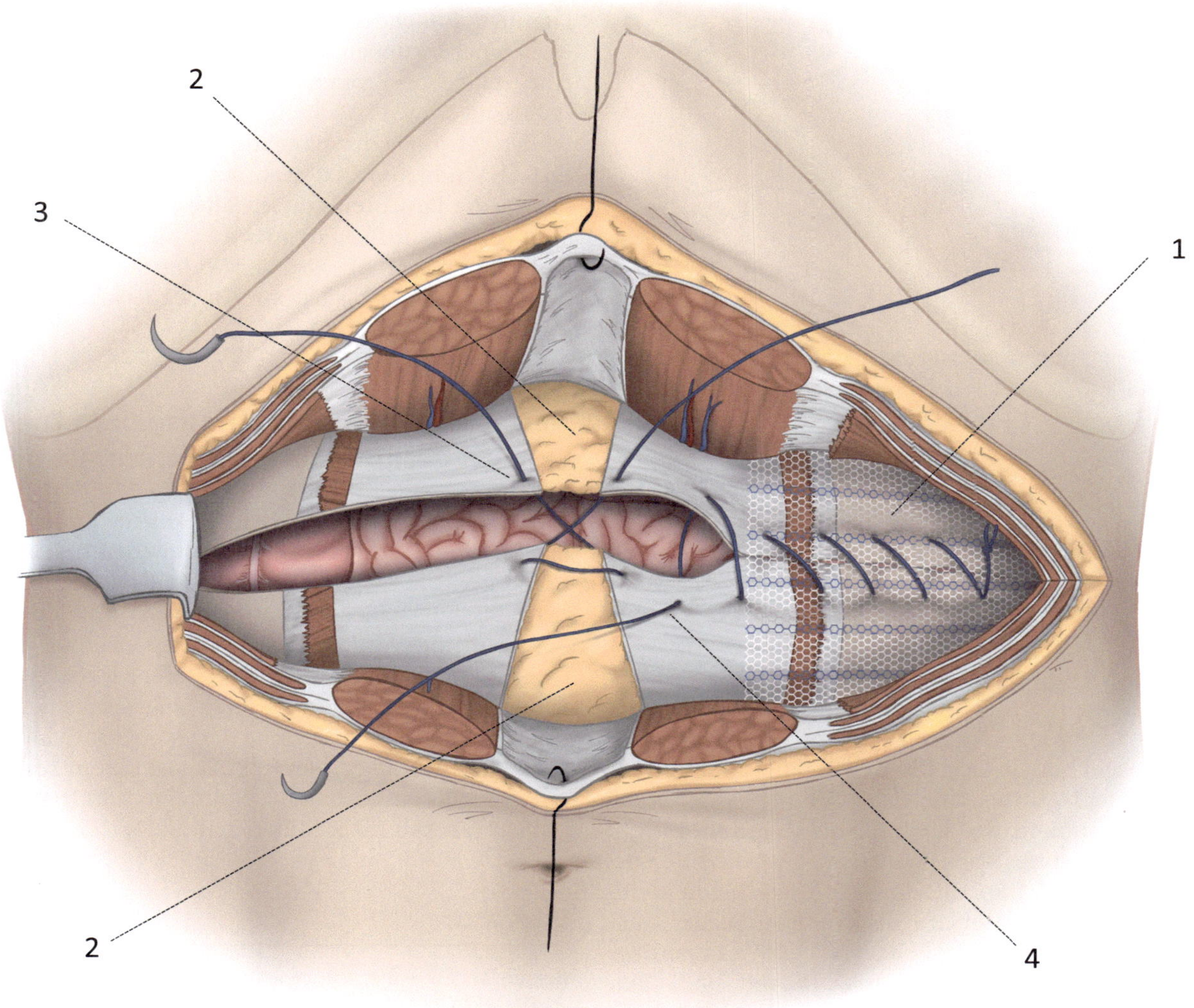


**Abb. 20.4** Präparation der Bauchdecke zur Rekonstruktion einer transversalen Inzisionalhernie min Netzimplantation in retromuskulärer Position *(1)* (Schicht „H") (s. auch Tab. 19.1). In Analogie zum subxiphoidalen Fatty Triangle, wird die Präparation der Linea alba kranial und kaudal ähnlich durchgeführt *(2)*. Die vier resultierenden medialen Ecken der hinteren Faszienschicht werden mit einer starken Achternaht (z. B. PDS 1 USP) adaptiert *(3)*, anschließend die hintere Rektusscheide mit Ausläufer in die laterale Fascia tranversalis beidseitig fortlaufend oder mit einzelnen Achternähten verschlossen *(4)*. Darüber wird das Netz gelegt *(1)* und die vordere Rektusscheide bzw. Faszie ebenfalls verschlossen

alnerven verursacht im Verlauf eine Relaxation der Bauchdecke. Dies sollte unbedingt verhindert werden. Die Rekonstruktion des hinteren Faszienblattes beginnt median mit einer Achternaht (z. B. PDS 1 USP), welche jeweils die vier Lefzen der hinteren Rektusscheide fasst (Abb. 20.4), gefolgt von fortlaufenden Nähten der lateralen Kompartimente. Nach Aufbringen des Netzes (in nun retromuskulärer Position) wird auch die vordere Faszie analog verschlossen.

## 20.2 Kommentar der Herausgeber: Flankenhernie und Bauchdeckenlähmung

Lumbalhernien (Syn.: Flankenhernien) sind selten und treten von der 12. Rippe und der Crista iliaca ausgehend zwischen der paraspinalen Muskulatur und dem posterioren Ursprung der lateralen Bauchdeckenmuskulatur aus. In der Anatomie ist dieser

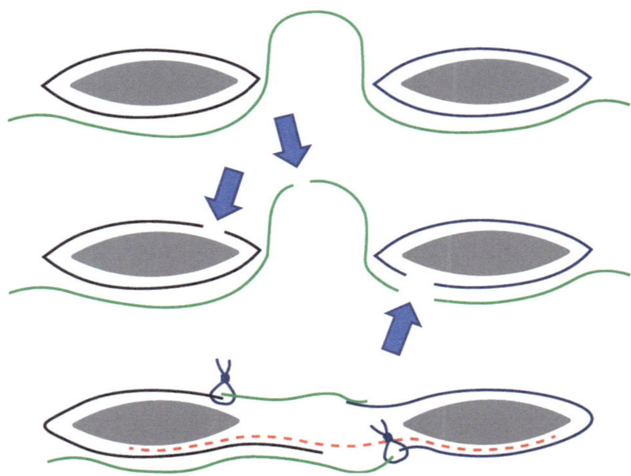

**Abb. 20.5** Präperitonealer Flap zur Versorgung medianer Inzisionalhernien (Malik et al. 2014). Die grüne Linie stellt das Peritoneum bzw. den Bruchsack dar; die Inzisionsstellen zur Präparation der Schichten sind mit Pfeilen markiert; dadurch werden sowohl die vordere wie auch die hintere Rektusscheide mit Bruchsack-Gewebe erweitert. Das Netz *(rot gestrichelte Linie)* liegt in *Retrorectus*-Position (Schicht „F")

Bereich als Petit[3]-Dreieck bekannt. Lumbalhernien können sehr gut in der CT-Bildgebung erkannt werden. Offene Nahtverfahren scheitern oft an der hohen lokalen Spannung, welche durch die Rotation, Flexion und Extension des Rumpfes erzeugt wird. Auf jeden Fall ähnlich die Implantation von Netzen mit weiter Überlappung nach dorsal – bis zum Nierenlager – und nach anterior bis in die Ebene „I" *(tTransversus fascial)* (s. auch Tab. 19.1 und Abb. 19.3) ähnlich wie beim Transversus-abdominis-Release (s. auch ► Kap. 22). Bei der offenen Reparation ist die Lagerung in Seitenlage wichtig; Die Präparation erfolgt extra- bzw. retroperitoneal, was eine weite Netzüberlappung sowie die morphologische Rekonstruktion der Muskulatur mittels Naht ermöglicht (Isemer et al. 2019). In seltenen Fällen kann die Anwendung von Mitek-Ankern im Sinne der transossären Netzfixation an der Crista iliaca hilfreich sein. Daten hierzu gibt es nicht, lediglich einzelne Fallbeschreibungen (Dietz et al. 2007). Eine besondere Herausforderung sind Flankenlähmungen nach Lumbotomie (z. B. nach Nephrektomie): Hier kommt es üblicherweise zu einer irreversiblen motorischen Denervation der lateralen Bauchdecke, was zum einen zur Ausdünnung der lateralen Bauchdeckenmuskulatur führt – ohne dass es zu einer formalen Hernie kommt – und andererseits eine schlechte Prognose hat, denn jede Reparation (auch mit Netzverstärkung) wird wegen der fortschreitenden Atrophie der Bauchdecke nur temporär halten. Die OP-Indikation ist trotzdem in einigen Fällen gegeben, die Patienten müssen allerdings über diese Besonderheiten aufgeklärt und auch darauf hingewiesen werden, dass mit allergrößter Wahrscheinlichkeit nach der Operation eine sichtbare Bauchdeckenasymmetrie fortbestehen wird.

## 20.3 Kommentar der Herausgeber: Die präperitoneale Flap-Hernioplastie

Eine weitere Alternative zur Rekonstruktion medianer Inzisionalhernien ist der in Schweden beschriebene präperitoneale Flap. Dabei wird die Rektusscheide beiderseits unterschiedlich eingegangen: auf der einen Seite wird die vordere Rektusscheide eröffnet, auf der Gegenseite die hintere Rektusscheide. Mittels Ausklappen der Rektusscheiden erfolgt einerseits ein Medialisierungseffekt, andererseits liegen beide Nahtreihen nicht übereinander, die Rektusmuskulatur wird zwischen vordere und hintere Nahtreihe schützend interponiert (Abb. 20.5; Malik et al. 2014).

## Literatur


Burger JW, Luijendijk RW, Hop WC, Halm JA, Verdaasdonk EG, Jeekel J (2004) Long-term follow-up of a randomized controlled trial of suture versus mesh repair of incisional hernia. Ann Surg 240:578–583

Christoffersen MW, Olsen BH, Rosenberg J, Bisgaard T (2014) Randomized clinical trial on the postoperative use of an abdominal binder after laparoscopic umbilical and epigastric hernia repair. Hernia 19:147–153

Conze J (2015) Narbenhernie. In: Schumpelick V et al (Hrsg) Hernien, 5. Aufl. Georg Thieme, Stuttgart, S 276–351

Conze J, Prescher A, Klinge U, Saklak M, Schumpelick V (2004) Pitfalls in retromuscular mesh repair for incisional hernia: the importance of the „fatty triangle". Hernia 8:255–259

Conze J, Prescher A, Kisielinski K, Klinge U, Schumpelick V (2005) Technical consideration for subxiphoidal incisional hernia repair. Hernia 9:84–87

de Vries FEE (2017) Closed incision prophylactic negative pressure wound therapy in patients undergoing major complex abdominal wall repair. Hernia 21:583–589

Dietz UA, Debus ES, Thiede A, Kuhfuss I (2007) Inverting bilateral figure-of-eight suture of the rectus sheath after burst abdomen with destruction of the linea alba: a new technique. J Plast Reconstr Aesthet Surg 60:389–392

Dietz UA, Muysoms FE, Germer CT, Wiegering A (2016) Technische Prinzipien der Narbenhernienchirurgie. Chirurg 87:355–368

Espinosa-de-los-Monteros A, Franssen B, Orozco V, Arriola JC, Romero H (2011) Components-separation technique for closure of transverse non-midline abdominal wall incisional hernia. J Plast Reconstr Aesthet Surg 64:264–267


3 Jean-Louis Petit (1674–1760) hatte Littré als seinen ersten Lehrer, da Littré eine Zeit lang im Hause seines Vaters wohnte. Petit studierte unter anderem Chirurgie auch an der Charité in Berlin. Nach einer kurzen Zeit in der Armee hielt er private Anatomievorlesungen, zu denen Besucher aus ganz Europa kamen. Er wurde Mitglied der London Royal Society. Der König von Preußen wendete sich 1744 an Petit mit der Bitte, ihm für seine Armee gut ausgebildete Chirurgen zu schicken.

Isemer FE, Dietz U, Ackermann M (2019) Offene Reparation der inzisionalen Flankenhernie mit retromuskulärer präperitonealer Netzimplantation – Beschreibung der Technik und Ergebnisse einer prospektiven Kohortenstudie. Zentralbl Chir 144:38–43

Israelsson LA, Millbourn D (2012) Closing midline abdominal incisions. Langenbecks Arch Surg 397:1201–1207

Köckerling F, Schug-Paß C, Adolf D, Reinpold W, Stechemesser B (2015) Is pooled data analysis of ventral and incisional hernia repair acceptable? Front Surg 12:15

Luijendijk RW, Hop WC, van den Tol MP, de Lange DC, Braaksma MM, IJzermans JN, Boelhouwer RU, de Vries BC, Salu MK, Wereldsma JC, Bruijninckx CM, Jeekel J (2000) A comparison of suture repair with mesh repair for incisional hernia. N Engl J Med 343:392–398

Malik A, Macdonald AD, de Beaux AC, Tulloh BR (2014) The peritoneal flap hernioplasty for repair of large ventral and incisional hernias. Hernia 18:39–45

Muysoms FE, Miserez M, Berrevoet F, Campanelli G, Champault GG, Chelala E, Dietz UA, Eker HH, El Nakadi I, Hauters P, Hidalgo Pascual M, Hoeferlin A, Klinge U, Montgomery A, Simmermacher RK, Simons MP, Smietański M, Sommeling C, Tollens T, Vierendeels T, Kingsnorth A (2009) Classification of primary and incisional abdominal wall hernias. Hernia 13:407–414

Muysoms F, Campanelli G, Champault GG, DeBeaux AC, Dietz UA, Jeekel J, Klinge U, Köckerling F, Mandala V, Montgomery A, Morales Conde S, Puppe F, Simmermacher RK, Śmietański M, Miserez M (2012) EuraHS: the development of an international online platform for registration and outcome measurement of ventral abdominal wall hernia repair. Hernia 16:239–250

Nguyen MT, Berger RL, Hicks SC, Davila JA, Li LT, Kao LS, Liang MK (2014) Comparison of outcomes of synthetic mesh vs suture repair of elective primary ventral herniorrhaphy: a systematic review and meta-analysis. JAMA Surg 149:415–421

Novitsky YW (2011) Open retromuscular ventral hernia repair. In: Rosen MJ (Hrsg) Atlas of abdominal wall reconstruction. WB Saunders, Philadelphia, S 74–95

Novitsky YW, Elliott HL, Orenstein SB, Rosen MJ (2012) Transversus abdominis muscle release: a novel approach to posterior component separation during complex abdominal wall reconstructions. Am J Surg 204:709–716

Ramirez OM, Ruas E, Dellon AL (1990) „Components separation“ method for closure of abdominal-wall defects: an anatomic and clinical study. Plast Reconstr Surg 86:519–526

Rives J, Pire JC, Flament JB, Convers G (1977) Treatment of large eventrations (apropos of 133 cases). Minerva Chir 15:749–756

Rosen MJ, Jin J, McGee MF, Williams C, Marks J, Ponsky JL (2007) Laparoscopic component separation in the single-stage treatment of infected abdominal wall prosthetic removal. Hernia 11:435–440

Stechemesser B, Jacob DA, Schug-Paß C, Köckerling F (2012) Herniamed: an Internet-based registry for outcome research in hernia surgery. Hernia 16:269–276

Stoppa R, Henry X, Canarelli JP, Largueche S, Verhaeghe P, Abet D, Ratsivalaka R (1979) Indications for selective operative procedures in the treatment of post-operative eventrations oft he anterolateral abdominal wall. Chirurgie 105:276–286

Stumpf M, Conze J, Prescher A, Junge K, Krones CJ, Klinge U, Schumpelick V (2009) The lateral incisional hernia: anatomical considerations for a standardized retromuscular sublay repair. Hernia 13:293–297

# Anteriore Komponentenseparationstechnik nach Ramirez bei der Reparation von Inzisionalhernien

*Bernhard Dauser*

## Inhaltsverzeichnis




U. A. Dietz et al. (Hrsg.), *Offene Hernienchirurgie*,
https://doi.org/10.1007/978-3-662-61348-1_21

Der Begriff „komplexe Bauchwandhernie“ ist nicht einheitlich definiert. Die European Hernia Society (EHS) empfiehlt zur besseren Vergleichbarkeit der Versorgung von primären ventralen Hernien und Inzisionalhernien eine Einteilung nach Defektgröße, Lokalisation sowie die Unterscheidung zwischen Primär- und Rezidivherniation (Muysoms et al. 2009). Daneben haben aber auch patientenbezogene Faktoren wie das Vorliegen von Komorbiditäten (COPD, Diabetes, Adipositas), Infektionen und Kontaminationen des Operationsgebietes sowie das klinische Szenario (Akutoperation, Vorhandensein eines [intraperitonealen] Netzes, Vorliegen multipler Defekte) entscheidenden Einfluss auf die Komplexität der Reparation (Slater et al. 2014). Im Unterschied zur Leistenregion, wo durch Verwendung von synthetischen Netzen ein spannungsfreier Verschluss angestrebt wird, ist bei der Versorgung von Mittelliniendefekten eine Vorspannung der queren Bauchmuskulatur durchaus erwünscht und funktionell notwendig. Die Compliance der Bauchdecke ist je nach Physiognomie des Patienten äußerst variabel. Bei Defekten mit einem queren Durchmesser ≥ 10 cm (W3 nach EHS-Klassifikation) ist eine Adaptierung der Rektusmuskeln und Nahtverschluss der Mittellinie ohne zusätzliche Maßnahmen in der Regel nicht mehr möglich. Ob aber letzten Endes eine additive Komponentenseparationstechnik zum Einsatz kommen muss, kann nicht allein an der Defektgröße festgemacht werden und bleibt eine individualmedizinische Entscheidung. Ein sog. „Bridging“ mit Einlage eines Netzes in den Defekt ohne Mittellinienverschluss sollte aufgrund der hohen Rezidivraten und der funktionell schlechten Ergebnisse wenn immer möglich vermieden werden (Holihan et al. 2016).

Mithilfe von Separationsverfahren können autologe, funktionell aktive myofasziale Bestandteile der Bauchwand mobilisiert und ein Verschluss der Mittellinie ermöglicht werden. Bei der anterioren Komponentenseparationstechnik wird der aponeurotische Anteil des M. obliquus externus 1–2 cm lateral der Linea semilunaris durchtrennt und das Kompartiment zwischen M. obliquus externus und internus separiert. Erstbeschreiber dieser Technik ist Alfonso Albanese aus Argentinien, der sie bereits 1951 erstmals verwendete und 10 Jahre später eine entsprechende Publikation veröffentlichte (◘ Abb. 21.1) (Albanese 1961). Popularisiert wurde die anteriore Komponentenseparation (KS) in weiterer Folge 1990 durch Oscar Ramirez (◘ Abb. 21.2; **s. auch** ◘ Abb. 19.3) (Ramirez et al. 1990).

21

Bei der klassischen Ramirez-Technik wird eine Bauchdeckenrekonstruktion bei großen Mittelliniendefekten ohne Verwendung eines Netzes angestrebt. Aufgrund der hohen Rezidivraten sollte aber wenn immer möglich eine gleichzeitige Verstärkung mittels retromuskulär gelegenem Kunststoffnetz erfolgen (Slater et al. 2015).

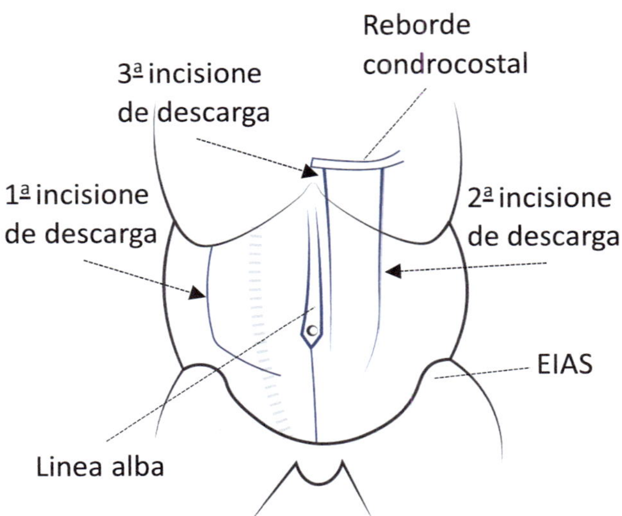


◘ **Abb. 21.1** Originale Handzeichnung der ersten anterioren Komponentenseparation durch Alfonso Albanese (1951) mit 3 Empfehlungen zu Relaxationsinzisionen. Die Zeichnung trägt den Namen: „Grandes Incisiones de Descarga“. „Descarga“ bedeutet auf Spanisch „entlasten“. Albanese beschreibt auf einer Papierserviette 3 „Incisiones de Descarga“: die erste (1ª Incisione de Descarga) erfolgt an der Externusaponeurose; die Zweite (2ª) am lateralen Rand der Rektusscheide, die Dritte (3ª) am medialen Rand der Rektusscheide; EIAS = Spina iliaca anterior superior; Reborde condro-costal = Rippenbogenrand (Cano et al. 2016)

## ▪ Perioperatives Management

Der Eingriff erfolgt in Intubationsnarkose. Ein Epiduralkatheter zur peri- und postoperativen Schmerztherapie kann vor allem in der Frühphase nach der Operation die systemische Gabe von Analgetika reduzieren und die Mobilisierung der Patienten erleichtern. Die Rückenlage mit beidseits angelegten Armen stellt die Standardlagerung dar. Sollte im Rahmen der Bauchwandreparation auch eine intestinale Rekonstruktion erfolgen, muss die Positionierung des Patienten entsprechend angepasst werden (z. B. Lloyd-Davies-Lagerung[1]).

## ▪ Laparotomie und Adhäsiolyse

Nach Exzision der Narbe im Bereich der medianen Laparotomie wird offen ins Abdomen eingegangen. Lässt sich der Darm von der Bauchdecke (bei Darmkonvoluten) en bloc lösen, kann auf die Adhäsiolyse des Darmes prinzipiell verzichtet werden. Wenn dies aber notwendig ist, muss immer eine komplette Adhäsiolyse des Darmes vom duodenojejunalen Übergang (Treitz[2]) bis

1 Oswald Vaughan Lloyd-Davies (1905–1987). Lloyd-Davies war am St. Mark´s Hospital in London tätig. Dies ist die übliche Lagerung für kolorektale Eingriffe, mit angelagerten Armen und Spreizung der Beine, um bei Bedarf z. B. eine transanales Klammernahtgerät einführen zu können.

2 Wenzel Treitz (1819–1872). Beschrieb 1857 die innere Hernie im duodenojejunalen Recessus.

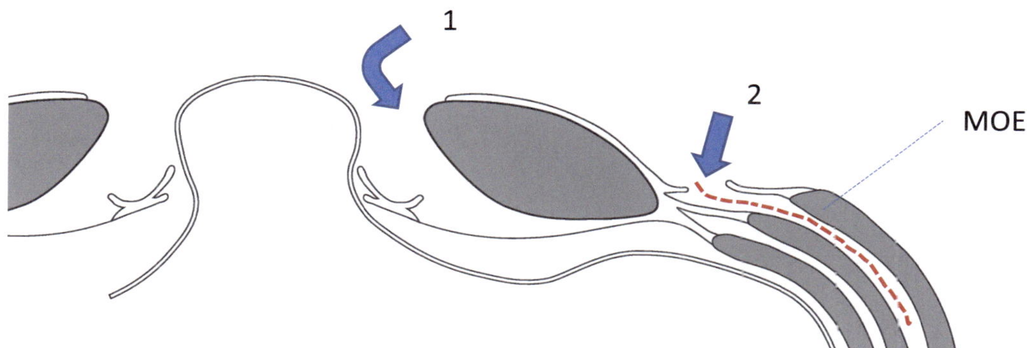


**Abb. 21.2** Operation nach Ramirez et al. (1990). Der Eingang in die Retrorectus- (sog. Sublay-) Schicht erfolgt bei der originären Beschreibung durch Ramirez über das hintere Blatt der Rektusscheide um dieses bei Bedarf zur Defektdeckung in die Mittellinie zusätzlich einklappen zu können 1); lateral der Linea semilunaris wird der sehnige Anteil des M. obliquus externus *(MOE)* durchtrennt 2) und die Schicht zwischen beiden Mm. obliqui separiert *(gelb gestrichelte Linie)* (Ramirez et al. 1990) (Springer)

zum ileozökalen Übergang (Bauhin[3]) erfolgen, um eine postoperative mechanische Obstruktion von teiladhäsiolysierten Darmabschnitten zu vermeiden. Das hintere Blatt der Rektusscheide muss dabei geschont werden, um eine komplett extraperitoneale Lage des später einzubringenden Kunststoffnetzes zu ermöglichen.

#### Durchführung der anterioren Komponentenseparation

Die Abpräparation des Hautweichteilmantels von medial nach lateral erfolgt bis knapp außerhalb der Linea semilunaris unmittelbar auf der Faszie. Wünschenswert wäre es, (vor allem kaliberstarke para-umbilikale) Perforatorgefäße zu schonen, um das Risiko des Auftretens von Hautnekrosen und konsekutiven Wundheilungsstörungen zu reduzieren. In der Praxis ist dies aber bei den offenen Verfahren nicht immer möglich, da eine entsprechende Exposition des lateralen Kompartiments und eine übersichtliche Präparation dadurch zu stark eingeschränkt werden.

Nach Exposition der Aponeurose des M. obliquus externus (OEA) 1–2 cm lateral der Linea semilunaris erfolgt die Durchtrennung der OEA (Abb. 21.3) vertikal vom Rippenbogenansatz bis in die Leistenregion. Um den korrekten Einstieg zu finden, kann die laterale Begrenzung des Muskelbauches des M. rectus abdominis bidigital palpiert werden. Bei großen Defekten mit weit nach lateral verlagerter oder atropher Rektusmuskulatur kann dies aber schwierig bis unmöglich sein. Alternativ wird unmittelbar unter der Thoraxapertur der M. obliquus externus aufgesucht, dessen aponeurotischer Anteil medialseitig in die Rektusscheide einstrahlt. Die Durchtrennung der OEA erfolgt in weiterer Folge medial der hier auslaufenden Muskelfasern des M. obliquus externus. Sollte nach Inzision der Faszie längsverlaufende Muskulatur zum Vorschein treten, bedeutet dies, dass der Einstieg für die Separation zu weit medial (ungewollte ventrale Eröffnung der Rektusscheide) gewählt wurde. Die Durchtrennung der OEA erfolgt zunächst mit dem Elektrokauter (oder Skalpell) auf einer Strecke von 2–3 cm. Man kann entweder eine rechtwinkelige Klemme unter die OEA einbringen oder unter digitaler Kontrolle die OEA auf der gesamten Länge durchtrennen. Auf äußere Narben – welche vormalige laterale (quere) Laparotomien, Drainage-, Trokar- oder Stomastellen kennzeichnen – ist zu achten, und diese Stellen sollten für den initialen Einstieg in die Separationsschicht gemieden werden. Am Rippenbogenansatz finden sich keine sehnigen Anteile des M. obliquus externus mehr, hier müssen die an den Rippen ventral ansetzenden Fasern des M. obliquus externus diathermisch durchtrennt werden. Nach dem Durchspalten der OEA muss noch die eigentliche Separation der Faszien und Muskelschichten zwischen dem M. obliquus externus und dem M. obliquus internus erfolgen (Abb. 21.3). Dieser Schritt ist integraler Bestandteil der Komponentenseparation und ermöglicht es je nach Lokalisation (epigastrisch, umbilikal, suprapubisch), Physiognomie des Patienten und Compliance der Bauchdecke, bis zu 10 cm autologes, myofasziales Gewebe pro Seite zu gewinnen (Ramirez et al. 1990). Um eine ausreichende Medialisierung der Bauchdecke im Epigastrium zu ermöglichen, ist die Durchtrennung der außen an den Rippen ansetzenden Muskelfasern des M. obliquus externus notwendig. Nachdem M. obliquus internus und M. transversus abdominis auf der Rückseite der Rippen ansetzen, spricht nichts dagegen, sämtliche außen in die Thoraxapertur einstrahlenden Muskelfasern für eine maximale Mobilisierung zu lösen.

3 Caspar Bauhin (1560–1624). Bauhin stammt aus Basel – wo er auch promovierte – und war Anatom und Botaniker. Unter anderem beschrieb er die nach ihm benannte Bauhin-Klappe am ileozökalen Übergang.

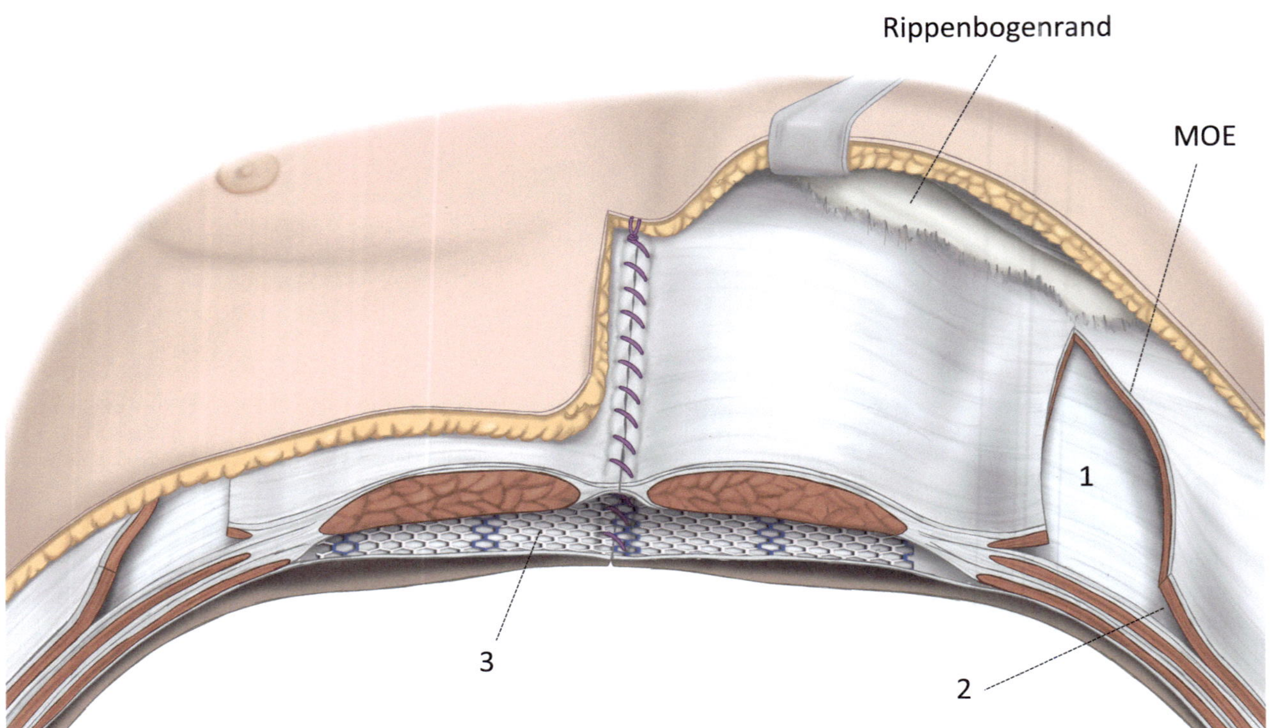


**Abb. 21.3** Anteriore Komponentenseparation nach Ramirez et al. (1990). Das Subkutangewebe muss breitflächig von der Aponeurose der Bauchdecke abgelöst werden. Die mediale (sehnige) Insertion des M. obliquus externus (MOE) wird auf beiden Seiten vom Rippenbogen bis zur Leistenregion durchtrennt; Die Ebene zwischen den Mm. obliqui wird breitflächig separiert 2). Während Ramirez in der Originaloperation auf ein Netz verzichtet, zeigen die aktuellen Daten, dass ein Netz in *Retrorectus*-Position (Schicht „F") 3) die Rezidivrate signifikant verringert

Bei der Originaltechnik nach Ramirez, bei welcher eine Rekonstruktion der Bauchdecke ohne Kunststoffnetz erfolgt, wird neben der Spaltung der OEA und Separation der Komponenten noch bei Bedarf die Rektusscheide dorsal inzidiert. Die Faszienlefzen werden sodann nach medial geschlagen, um zusätzlich 1–2 cm autologes Gewebe pro Seite für den Mittellinienverschluss zu gewinnen (Ramirez et al. 1990; van Geffen 2004). Der Nahtverschluss des hinteren Blattes der Rektusscheide wird durch diese Modifikation aber in der Regel deutlich erschwert.

### ▪ *Retrorektale* Präparation und Naht der hinteren Rektusscheide

Aufgrund der zu erwartenden hohen Rezidivraten (Slater et al. 2015) sollte wenn immer möglich eine Verstärkung der Mittellinie mittels Kunststoffnetz in *retrorektaler* Position erfolgen. Eine detaillierte Beschreibung dieses Operationsschrittes findet sich in ▶ Kap. 20. Nachdem bei großen und/oder komplexen Inzisionalhernien nahezu regelhaft eine Darmadhäsiolyse aufgrund von Verwachsungen des Intestinums an der Bruchpforte oder an bereits implantierten Kunststoffnetzen notwendig ist, bietet sich der einfachere, hintere, transperitoneale Zugang zum retrorektalen Kompartiment an.

21

Die Rekonstruktion der hinteren Rektusscheide erfolgt mit langsam resorbierbarem, monofilen Nahtmaterial der Fadenstärke 2-0 USP; sie hat weniger eine mechanisch stabilisierende Funktion, sondern soll vielmehr die komplett extraperitoneale Lage des Kunststoffnetzes gewährleisten. Diesem Umstand Rechnung tragend, kann durch einfache Zusatzmaßnahmen wie der Verwendung des Bruchsackes, der Präparation des Ligamentum falciforme oder durch Mobilisierung des Blasenperitoneums eine dorsale Defektdeckung erreicht werden. Eine weitere Möglichkeit ist bei vorhandenem Omentum majus, dieses an die Defektränder des hinteren Blattes der Rektusscheide mit einer fortlaufenden Naht zu fixieren, um einen Kontakt des Kunststoffnetzes mit dem Intestinum zu vermeiden.

### ▪ Netzeinlage und Naht der vorderen Rektusscheide

Nach Spülen des OP-Gebietes mit reichlich körperwarmer Kochsalzlösung wird das Netzlager ausgemessen. Eine Unterfütterung des gesamten Defektes mit entsprechender Netzüberlappung nach lateral, kranial und kaudal muss gewährleistet werden (s. auch ▶ Kap. 20). Verschiedene Arten der (atraumatischen) Netzfixierung inkl. selbsthaftender Netze und synthetischer Klebstoffe stehen zur Verfügung (s. auch ▶ Kap. 32). Die Fixierung des Kunststoffnetzes soll ein Einschlagen der Ränder und ein Verrutschen in der frühen postoperativen Phase verhindern. Das Netz sollte möglichst falten- und spannungsfrei eingebracht werden, um eine gute Gewebeintegration zu ermöglichen. Wird das Kunststoffnetz mit (transfaszialen) Nähten oder mithilfe anderer penetrierender Techniken unter Spannung fixiert, werden die biomechanischen Eigenschaften des Kunststoffnetzes inkl. der Porengröße nachteilig verändert. Darüber hinaus kann es zum Auftreten von zentralen Rezidiven durch eine Netzruptur kommen (Petro et al. 2015).

Um größeren Flüssigkeitsansammlungen oder Hämatomen vorzubeugen, sollte das Netzlager mit Sogdrainagen versorgt werden. Der ventrale Verschluss der Faszie stellt die eigentliche Rekonstruktion der Bauchdecke dar und sorgt zusammen mit dem Kunststoffnetz für die mechanische Stabilität. Diese Rekonstruktion der Linea alba erfolgt mit monofilem, nichtresorbierbaren Nahtmaterial der Fadenstärke 2-0 oder 0 USP in der sog. Small-bites-Technik (s. auch ▶ Abschn. 27.1) (Fortelny 2018). Nach Spülen des ausgedehnten Subkutanraumes werden auch subkutan 2–4 Sogdrainagen eingelegt. Etwaige Überschüsse des Haut-Weichteilmantels werden exzidiert und nach kompletter Adaption der Subkutis die Haut mit Nähten oder Klammern verschlossen.

#### ■ Postoperative Versorgung

Eine (relative) Bettruhe für 24 bis 48 h kann je nach Konstitution des Patienten und Komplexität der Hernienversorgung sinnvoll sein. Der Dauerkatheter kann nach erfolgter Mobilisierung des Patienten entfernt werden. Ein etwaig applizierter Epiduralkatheter zum Schmerzmanagement wird in der Regel am 3. postoperativen Tag entfernt. Das Tragen eines Klettmieders als unterstützende Maßnahme kann erfahrungsgemäß für 4 Wochen Tag und Nacht und für weitere 4 Wochen tagsüber empfohlen sein.

#### ■ Ergebnisse

Mithilfe der anterioren Komponentenseparation gewinnt man vor allem im Bereich der Taille bis zu 10 cm je Seite autologes, funktionell aktives Material. Das Ausmaß der Medialisierung der myofaszialen Lappen von bis zu 5 cm im Epigastrium und von bis zu 3 cm suprapubisch pro Seite ist dabei aber deutlich geringer (Ramirez et al. 1990).

Die hohe Rate an Wundkomplikationen – als wesentlicher Nachteil der offenen anterioren Komponentenseparation – erklärt sich durch die exzessive subkutane Dissektion und Durchtrennung der Perforatorgefäße. So werden Wundinfekte und -dehiszenzen, Hautnekrosen wie auch Serome in bis zu 48 % der Fälle beobachtet (de Vries Reilingh et al. 2007; Krpata et al. 2012).

Die Rezidivraten sind vergleichbar mit jenen der retromuskulären Netztechnik ohne kombinierte Komponentenseparation, aber deutlich höher als die beobachtete Inzidenz bei der posterioren Komponentenseparation (Krpata et al. 2012; Sailes et al. 2010) (s. auch ▶ Kap. 22). Dies erklärt sich vor allem dadurch, dass im Rahmen der posterioren Komponentenseparation ein ungleich größerer retromuskulärer Raum eröffnet wird und sehr große Netze mit entsprechender Überlappung implantiert werden können. Darüber hinaus können Rezidive nach anteriorer Komponentenseparation durch die Möglichkeit der weiten Überlappung mittels posteriorer Komponentenseparation versorgt werden (Pauli et al. 2015).

#### ■ Das Wesentliche für die Patientenberatung

Im Rahmen der Aufklärung und Beratung der Patienten sollte explizit auf die hohe Rate an Wundkomplikationen und deren Konsequenzen (Behandlung chronischer Wunden, mögliche Interventionen und Folgeeingriffe) hingewiesen werden. Ebenso muss über die Möglichkeit eines Rezidivgeschehens aufgeklärt werden. Mögliche Behandlungsalternativen inkl. einem konservativen Vorgehen müssen dem Patienten dargelegt werden. Auf potenziell nachteilige Konsequenzen wie beispielsweise der Gefahr der Inkarzeration sollte aber hingewiesen werden. Daten bezüglich funktioneller Einschränkungen nach Bauchdeckenrekonstruktionen nach der anterioren Komponentenseparation liegen nicht vor. Das Auftreten einer Vorwölbung der Bauchdecke (sog. Bulging) lateral der Rektusscheide nach erfolgter anteriorer Komponentenseparation wurde durch Ghali et al. bei bis zu 14 % der Patienten beschrieben (Ghali et al. 2012). Neu auftretende Hernien im Bereich der lateralen Durchtrennung der OEA wurden in der Literatur bis dato nicht beschrieben.

#### ■ Ausblick: Minimalinvasive anteriore Komponentenseparation in Kombination mit der offenen *retrorektalen* Netzimplantation

Im Bemühen, die Morbidität im Rahmen der anterioren Komponentenseparation zu senken, wurden minimalinvasive Verfahren entwickelt, um das Ausmaß der subkutanen Dissektion soweit wie möglich zu reduzieren. So konnten Ghali et al. zeigen, dass es signifikant weniger Wunddehiszenzen und Heilungsstörungen bei den minimalinvasiv durchgeführten Operationen gab (Ghali et al. 2012) Vorteilhaft sind die minimalinvasiven Verfahren auch bei Vorhandensein eines Stomas, welches in der Regel durch die Rektusmuskulatur angelegt wird. Die minimalinvasive Methode ermöglicht eine Separation lateral der Stomaanlage, ohne diesen Bereich direkt zu eröffnen. Eine Versetzung der Hautöffnung am Stomadurchtritt entfällt bei diesen Verfahren zumeist.

2017 wurden zwei Publikationen veröffentlicht, die sich mit der Standardisierung und Vereinfachung des minimalinvasiven Zuganges zur Durchtrennung der OEA und Separation der anterioren Komponenten beschäftigen (◘ Abb. 21.4) (Dauser et al. 2017; Köhler et al. 2018).

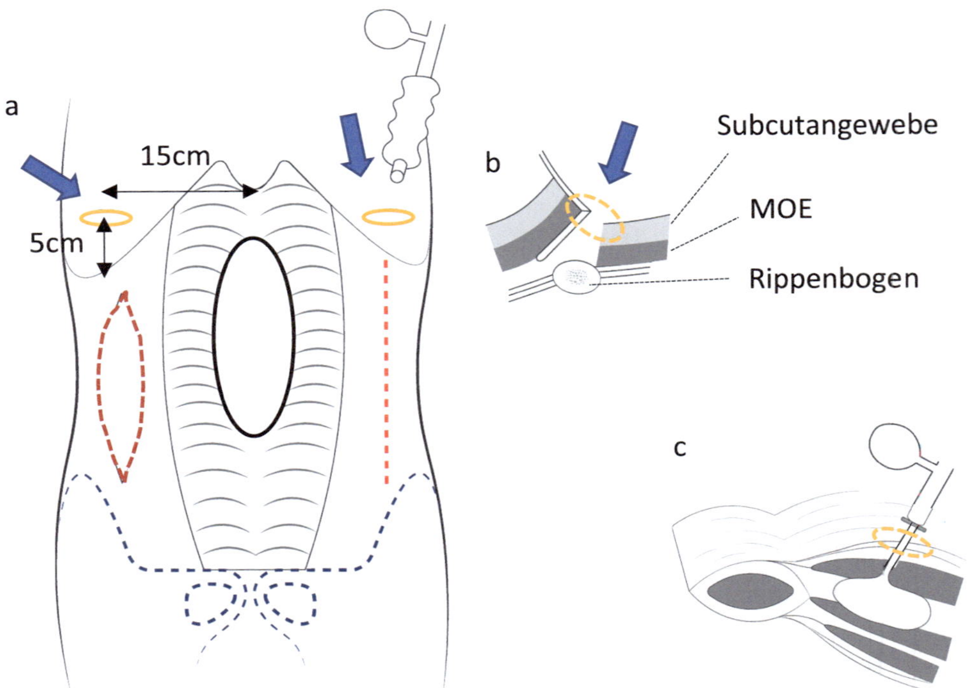


**Abb. 21.4a–c** Minimalinvasive anteriore Komponentenseparation mittels präcostalem Zugang (Köhler et al. 2018). **a** und **b** zeigen den primären Zugang zur minimalinvasiven anterioren Komponentenseparation; durch diesen präcostal gelegenen Zugang gelingt es direkt in die Schicht zwischen Musculus obliquus externus und internus zu gelangen. Durch das Hochhalten des Musculus obliquus externus (welcher als einziger schräger Bauchmuskel außen an den Rippen ansetzt) kann mittels Langenbeck Retraktor (b) der gewünschte intermuskuläre Raum aufgefunden werden. In weiterer Folge wird hier ein (Ballon-)Trokar eingebracht um den Raum aufzudilatieren (blaue Pfeile) a-**c**, welcher im Anschluss gegen einen Optiktrokar (inkl. CO2 Insufflation) ersetzt wird. Über einen weiteren 5 mm Trokar welcher unter Sicht laterokaudal des beschriebenen Erstzuganges angelegt wird, wird ein laparoskopisches Instrument zur Durchtrennung der OEA eingebracht

## Literatur

Albanese A (1951) Eventración mediane xiphopubica gigante. Método para su tratamiento. Rev Asoc Med Argent 65:376–378

Albanese A (1961) Surgical anatomy of the walls of the abdomen. Sem Med 118:1671–1677

Cano CA, Yarade ME, Gutierres N (2016) Las incisions de descargas de Albanese en el cierre de defectos catastróficos. Rev Hispanoam Hernia 4:145–155

Dauser B, Ghaffari S, Ng C, Schmid T, Köhler G, Herbst F (2017) Endoscopic anterior component separation: a novel technical approach. Hernia 21:951–955

de Vries Reilingh TS, Bodegom ME, van Goor H, Hartman EH, van der Wilt GJ, Bleichrodt RP (2007) Autologous tissue repair of large abdominal wall defects. Br J Surg 94:791–803

Fortelny RH (2018) Abdominal wall closure in elective midline laparotomy: the current recommendations. Front Surg 5:34

Ghali S, Turza KC, Baumann DP, Butler CE (2012) Minimally invasive component separation results in fewer wound-healing complications than open component separation for large ventral hernia repair. J Am Coll Surg 214:981–989

Holihan JL, Nguyen DH, Nguyen MT, Mo J, Kao LS, Liang MK (2016) Mesh location in open ventral hernia repair: a systematicv review and network meta-analysis. World J Surg 40:89–99

Köhler G, Fischer I, Kaltenböck R, Lechner M, Dauser B, Jorgensen LN (2018) Evolution of endoscopic anterior component separation to a precostal acces with a new cylindrical balloon trocar. J Laparoendosc Adv Surg Tech A 28:730–735

Krpata DM, Blatnik JA, Novitsky YW, Rosen MJ (2012) Posterior and open anterior components separations: a comparative analysis. Am J Surg 203:318–222

Muysoms FE, Miserez M, Berrevoet F, Campanelli G, Champault GG, Chelala E, Dietz UA, Eker HH, El Nakadi I, Hauters P, Hidalgo Pascual M, Hoeferlin A, Klinge U, Montgomery A, Simmermacher RK, Simons MP, Smietański M, Sommeling C, Tollens T, Vierendeels T, Kingsnorth A (2009) Classification of primary and incisional abdominal wall hernias. Hernia 13:407–414

Pauli EM, Wang J, Petro CC, Juza RM, Novitsky YW, Rosen MJ (2015) Posterior component separation with transversus abdominis release successfully addresses recurrent ventral hernias following anterior component separation. Hernia 19:285–291

Petro CC, Nahabet EH, Criss SN, Orenstein SB, von Reum HA, Novitsky YW, Rosen MJ (2015) Central failures of lightweight monofilament polyester mesh causing hernia recurrence: a cautionary note. Hernia 19:155–159

Ramirez OM, Ruas E, Dellon AL (1990) „Components separation"' method for closure of abdominal-wall defects: an anatomic and clinical study. Plast Reconstr Surg 86:519–526

Sailes FC, Walls J, Guelig D, Mirzabeigi M, Long WD, Crawford A, Moore JH Jr, Copit SE, Tuma GA, Fox J (2010) Synthetic and biological mesh in component separation: a 10-year single institution review. Ann Plast Surg 64:696–698

Slater NJ, Montgomery A, Berrevoet F, Carbonell AM, Chang A, Franklin M, Kercher KW, Lammers BJ, Parra-Davilla E, Roll S, Towfigh S, van Geffen E, Conze J, van Goor H (2014) Criteria for definition of a complex abdominal wall hernia. Hernia 18:7–17

Slater NJ, van Goor H, Bleichrodt RP (2015) Large and complex ventral hernia repair using „component separation technique" without mesh results in a high recurrence rate. Am J Surg 209:107–179

van Geffen HJAA, Simmermacher RK, Bosscha K, van der Werken C, Hillen B (2004) Anatomical considerations for surgery of the anterolateral abdominal wall. Hernia 8:93–97

# Posteriore Komponentenseparation bei der Reparation von Inzisionalhernien (Syn.: Transversus-abdominis-Release, TAR)

*Bernhard Dauser*

**Inhaltsverzeichnis**




U. A. Dietz et al. (Hrsg.), *Offene Hernienchirurgie*,
https://doi.org/10.1007/978-3-662-61348-1_22

Die posteriore Komponentenseparation wurde erstmals von Alfredo M. Carbonell beschrieben (Carbonell et al. 2008). Nach Durchtrennung des hinteren Blattes der Rektusscheide am lateralsten Punkt wird in den Raum zwischen M. transversus abdominis und M. obliquus internus eingegangen. In unmittelbarer Nähe verlaufen die neurovaskulären Strukturen (Nn. intercostales) zwischen den genannten Muskelgruppen und limitieren dadurch die Präparation lateralseits. 2012 präsentierte die Arbeitsgruppe um Yuri W. Novitsky mit dem sog. Transversus-abdominis-Release (TAR) eine technische Modifikation der posterioren Komponentenseparation (Novitsky et al. 2012). Nachdem zum einen die neurovaskulären Strukturen (und damit die Innervation der Rektusmuskeln) geschont werden, zum anderen eine nahezu uneingeschränkte Erweiterung des Netzlagers weit nach lateral, subxiphoidal, retrokostal und retropubisch möglich ist, hat sich der TAR gegenüber dem von Carbonell erstbeschriebenen Zugang zum hinteren Kompartiment durchgesetzt.

Wann und welche Art der Komponentenseparation zum Einsatz kommen muss, bleibt eine individualmedizinische Entscheidung (s. auch ▶ Abschn. 22.2). Ob das Ausmaß der Medialisierung von autologen, funktionell aktiven Bestandteilen der Bauchdecke bei der posterioren Komponentenseparation vergleichbar mit der anterioren Komponentenseparation ist (s. ▶ Kap. 21), ist bis dato nicht eindeutig zu beantworten, da Studien mit vergleichbaren Protokollen fehlen (Sneiders et al. 2019, Majumder et al. 2018; Ramirez et al. 1990; Shestak et al. 2000). Neben großen Mittelliniendefekten mit einem queren Durchmesser ≥10 cm (W3 nach EHS-Klassifikation) können mithilfe dieser Technik aber auch lateral der Mittellinie gelegene Defekte optimal versorgt werden.

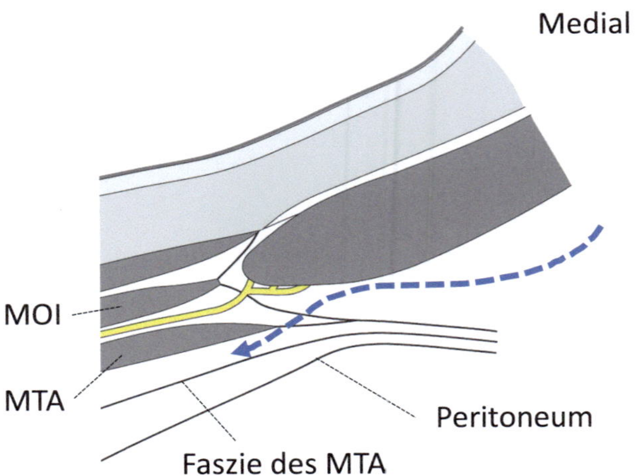


**Abb. 22.1** Die Nerven der Bauchdecke *(gelb)* verlaufen zwischen dem M. obliquus internus *(MOI)* und dem M. transversus abdominis *(MTA)* („neurovascular plane“, s. auch Tab. 19.1). Daher muss die Schicht zwischen beiden Muskeln erhalten bleiben, um keine Denervation der Bauchdecke zu verursachen. Der Weg zur posterioren Komponentenseparation wird durch den *blau gestrichelten Pfeil* dargestellt

### Transversus-abdominis-Release (TAR) – Beschreibung der Technik

Das peri- und postoperative Management ist analog zur anterioren Komponentenseparation und wird in ▶ Kap. 21 beschrieben.

Es kann für den Einstieg in den *retrorektalen* Raum ein extraperitonealer Zugang durch das vordere Blatt der Rektusscheide oder ein hinterer transperitonealer Zugang gewählt werden. Im Rahmen der Laparotomie und Adhäsiolyse, wird darauf geachtet, das hintere Blatt der Rektusscheide und das Peritoneum möglichst zu schonen. Nach erfolgter Adhäsiolyse wird der Darm mittels Tüchern vor diathermischen Schäden im Rahmen der retromuskulären Präparation geschützt. Das retrorektale Kompartiment wird wie beschrieben eröffnet. Das hier vorliegende spinnwebenartige Gewebe kann großteils stumpf gelöst werden. Kleinere Perforatoräste, die aus den epigastrischen Gefäßen stammen, werden diathermisch versorgt. Das eigentliche interkostale Gefäß-Nerven-Bündel, welches lateral in die Rektusscheide einströmt, sollte aber unbedingt geschont werden (Abb. 22.1). Der *retrorektale* Raum erstreckt sich von subkostal bis zum Os pubis (s. auch Tab. 19.1, Schicht „H“). Zwischen den retromuskulären Kompartimenten der rechten und linken Seite bestehen keine direkten Verbindungen, vielmehr sind die Kompartimente durch eine intakte Linea alba voneinander getrennt. In Bereichen kranial und kaudal der eigentlichen Herniation muss deshalb – um eine adäquate Netzüberlappung zu gewährleisten – das hintere Blatt der Rektusscheide unter Schonung der Linea alba durchtrennt werden.

Ist die *retrorektale* Präparation komplettiert, kann mit dem eigentlichen „Release“ (TAR) begonnen werden. Hierfür wird unmittelbar medial des einstrahlenden interkostalen Gefäß-Nerven-Bündels das hintere Blatt der Rektusscheide (in Form der hinteren Lamelle des M. obliquus internus und des sehnigen Anteils der M.transversus abdominis) durchtrennt (Abb. 22.1, Abb. 22.2). Wird der Einstieg zu weit medial gewählt, gelingt die korrekte Schichtfindung in der Regel nicht, da hier die hintere Lamelle des M. obliquus internus und die aponeurotischen Ausläufer des M. transversus abdominis fest zum hinteren Blatt der Rektusscheide fusionieren.

Gibreel et al. empfehlen, mit dem Einstieg möglichst weit lateral und kranial zu beginnen, da die muskulären Ausläufer des M. transversus abdominis im Oberbauch am besten zu erkennen sind und hier unter der hinteren Lamelle des M. obliquus internus

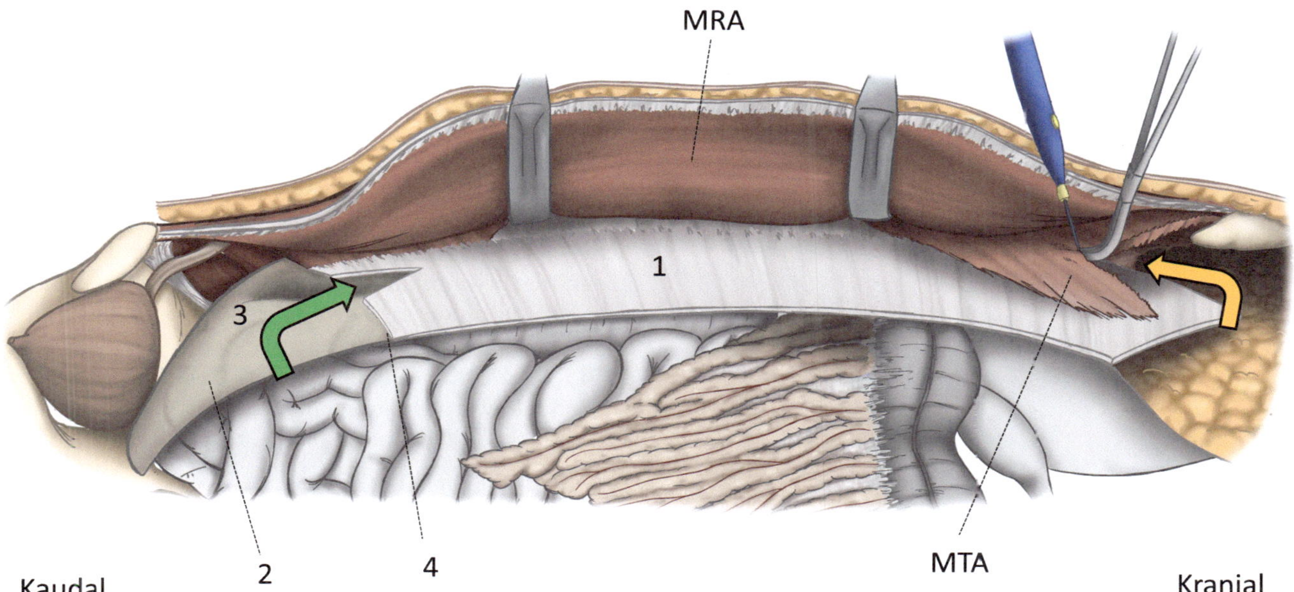


**Abb. 22.2** Der kraniale Einstieg der posterioren Komponentenseparation *(gelber Pfeil)* beginnt mit der Ablösung der Insertion des muskulären Anteils des M. transversus abdominis *(MTA)* von der Innenseite der hinteren Rektusscheide). (1). Dies gelingt unter Zuhilfenahme einer gebogenen Klemme: Die Nervenbündel, die zum M. rectus abdominis verlaufen, müssen dabei dargestellt und geschont werden. Von distal her *(grüner Pfeil)* erfolgt der Einstieg durch Ablösung des Peritoneums (2), Durchtrennen des hinteren Blattes der Rektusscheide und Eingehen ins Spatium Bogros lateralwärts (3) auf Ebene der Linea arcuata (Douglas) (4). Dadurch wird die „neurovascular plane" geschont (s. auch Tab. 19.1); *MRA* = M. rectus abdominis

weiter nach medial ziehen als in den Bereichen unterhalb des Nabels (Gibreel et al. 2016). Danach werden bei der Originaltechnik die beschriebenen Muskelfasern mit der anterioren hauchdünnen Hüllfaszie schrittweise durchtrennt, indem man unter die Muskulatur eine rechtwinklige Klemme einbringt, um die darunter liegenden Strukturen zu schonen (Abb. 22.2). Die dorsale Hüllfaszie des M. transversus abdominis wird zusammen mit dem darunter teils stark anhaftenden Peritoneum von der Muskulatur vornehmlich stumpf abpräpariert. Unterhalb der Linea arcuata, wo der M. transversus abdominis zunehmend lateraler verläuft und nunmehr lediglich die aponeurotischen Ausläufer des Muskels disseziert werden können, ist hingegen die Präparation zwischen Peritoneum und dorsaler Hüllfaszie des M. transversus abdominis oftmals einfacher. Dies erklärt sich aus der Verteilung des präperitonealen Fettes, auf die noch später eingegangen wird (Abb. 22.3). Ist kranial und/oder kaudal der korrekte Einstieg gefunden, kann auch zunächst mittels stumpfer (digital-manueller) Präparation der Raum lateral der zu durchtrennenden aponeurotischen und muskulären Ausläufer des M. transversus abdominis geschaffen werden, um die Durchtrennung der Muskulatur unter digitaler Kontrolle zu erleichtern und deutlich zu beschleunigen. Die Erweiterung des Netzlagers nach lateral bis zu den Psoasmuskeln ist nahezu uneingeschränkt möglich. Mithilfe des TAR kann aber auch nach subxiphoidal, retrokostal und retropubisch ein ausreichend großes Netzlager. geschaffen werden (Abb. 22.4 und 22.5). Läsionen im Bereich des Peritoneums müssen mit resorbierbarer Naht verschlossen werden, um etwaigen Darmprotrusionen durch diese Lücken vorzubeugen.

Eine interessante technische Modifikation des TAR, die sog. „down-to-up TAR", wurde 2018 von Robin-Lersundi et al. vorgestellt (Robin-Lersundi et al. 2018). Hierbei wird der eigentliche Release nicht (wie in der Originalbeschreibung empfohlen) möglichst weit kranial, sondern unmittelbar an der Linea arcuata begonnen. Das präperitoneal vorhandene Fettgewebe unterhalb der Linea arcuata erleichtert initial das Ablösen der Rektusmuskulatur vom Peritoneum (Spatium Retzii, s. auch Abb. 22.4). Sodann kann von hier aus nach laterokranial in Richtung Bogros-Raum stumpf digital präpariert werden. So wird der Raum lateral der Linea semilunaris eröffnet, bevor der eigentliche Release vorgenommen wird. Die Dissektion des hinteren Blattes der Rektusscheide beginnt 0,5–1 cm medial der Linea semicircularis, um Verletzungen des Gefäß-Nerven-Bündels vorzubeugen. Nachdem etwa 5 cm Dissektionsstrecke zurückgelegt ist, wird weiter in kranialer Richtung der präperitoneale Raum gewonnen.

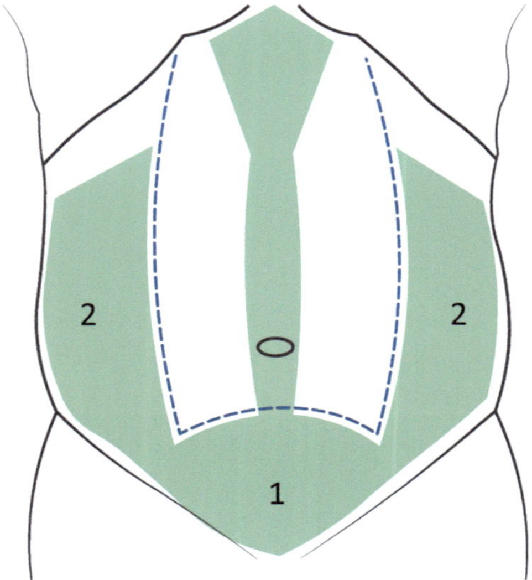


**Abb. 22.3** Präperitoneale Fettverteilung der Bauchdecke *(grüne Fläche)* mit Darstellung des Übergangs vom Spatium Retzii (1) (medial retropubisch) zum Bogros –Raum (2) (lateral) (Robin-Lersundi et al. 2018). In den Bereichen mit vermehrtem präperitonealem Fettanteil (grüne Flächen) gelingt die Abpräparation des Peritoneums in der Regel sehr einfach.

So können Verletzungen des Peritoneums im Rahmen der Durchtrennung des hinteren Blattes der Rektusscheide vermieden werden. Zudem beschreiben die Autoren dieser Publikation, dass nur die aponeurotischen Ausläufer des M. transversus abdominis und nicht seine Muskelfasern selbst durchtrennt werden, indem kranialwärts die Dissektionslinie nicht mehr parallel zur Linea semilunaris, sondern weiter medial geführt wird (Abb. 22.6). Nachdem keine Muskelfasern durchtrennt werden müssen, wurde diese technische Modifikation von den Autoren auch als „posterior rectus sheath release" bezeichnet. Das zu erzielende retromuskuläre Netzlager entspricht dem bei der originären TAR-Technik. Ob das Ausmaß der Mobilisierung funktionell aktiver Bestandteile beider Techniken vergleichbar ist, ist zum jetzigen Zeitpunkt noch nicht eindeutig zu beantworten. Die hier zitierten Überlegungen von Robin-Lersundi et al. sollen vor allem aber auch zum besseren Verständnis der exakten anatomischen Verhältnisse ober- und unterhalb der Linea arcuata beitragen (Robin-Lersundi et al. 2018).

### Verschluss der Bauchdecke und Netzeinlage

Mithilfe des TAR wird (im Gegensatz zur anterioren Komponentenseparationstechnik) nicht nur das vordere, sondern auch das hintere Blatt der Rektusscheide mobilisiert. Der dorsale Verschluss wird dadurch in der Regel erleichtert. Ein vorhandener Bruchsack sollte dennoch zunächst belassen werden, um einen kompletten Verschluss bei sehr großen Defekten zu ermöglichen. Details zum dorsalen Verschluss, der *retromuskulären* Netzeinlage (s. auch Tab. 19.1, Schicht „H" sowie Abb. 19.3) und der Naht des vorderen Blattes der Rektusscheide sind in den ► Kap. 20 und 21 beschrieben. Aufgrund der ausgedehnten Wundfläche sollten jedenfalls Sogdrainagen zur Verhinderung größerer postoperativer Flüssigkeitskollektionen eingelegt werden. Nachdem sehr große Netze mit entsprechender Defektüberlappung verwendet werden können, ist eine penetrierende (transfasziale) Fixierung des Kunststoffnetzes nicht notwendig.

### Ergebnisse

Die Rate an Wundkomplikationen ist bei Anwendung des TAR im Vergleich zur Ramirez-Technik deutlich geringer, da die ausgedehnte subkutane Dissektion entfällt (s. auch ► Kap. 21). Krpata et al. präsentierten 2012 eine retrospektive Analyse, bei der sich diesbezüglich ein signifikanter Unterschied zeigte (25,5 % vs. 48,2 %; p = 0,01) (Krpata et al. 2012). Zudem wurde aufgrund der Möglichkeit, größere, weit nach lateral reichende Kunststoffnetze verwenden zu können, eine deutlich geringere Rezidivrate (3,6 % vs. 14,3 %; p = 0,09) beobachtet. In einer Metaanalyse von 2018 bestätigt sich zwar der Trend, dass der TAR bessere Ergebnisse in Hinblick auf die Wundkomplikations- und Rezidivrate hat, signifikante Unterschiede konnten hier aber nicht gefunden werden (Hodgkinson et al. 2018).

### Das Wesentliche für die Patientenberatung

Im Rahmen der Aufklärung und Beratung der Patienten muss auf mögliche Komplikationen eingegangen werden. Hierzu zählen zeitnah auftretende Komplikationen wie Nachblutung, Wundinfektion oder die Protrusion des Darmes durch peritoneale Lücken mit konsekutiver Obstruktion. Auf die Möglichkeit des Auftretens eines Rezidivs sollte ebenso hingewiesen werden. Nach dem TAR kommt es zu einer kompensatorischen Hypertrophie der M. obliquus externus und internus bei gleichzeitiger Atrophie des M. transversus abdominis (De Silva et al. 2014). Negative Auswirkungen auf die Rumpfstabilität scheint der TAR nicht zu haben; der Untersuchung von Haskins et al. folgend werden Rückenschmerzen und die Lebensqualität signifikant verbessert (Haskins et al. 2019).

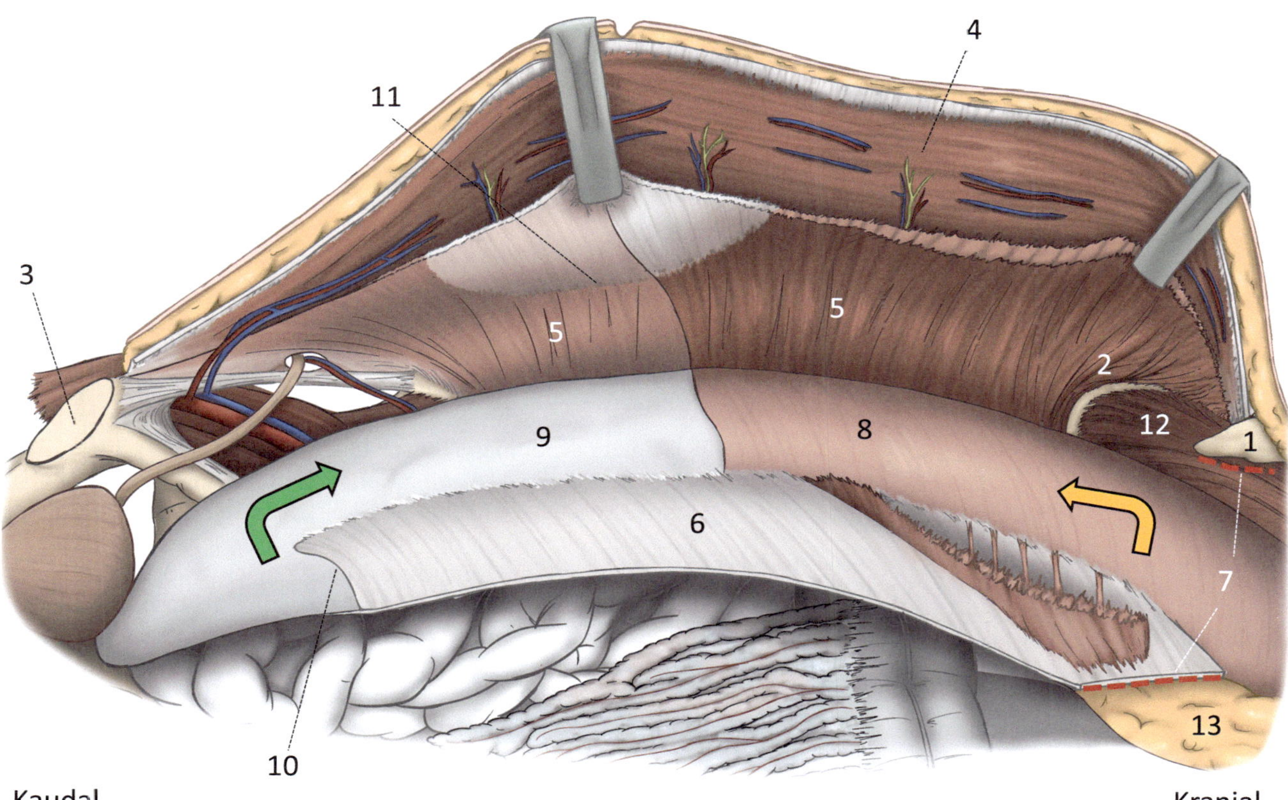


**Abb. 22.4** Illustration der posterioren Komponentenseparation nach Beendigung der Präparation. (1) Xiphoid; (2) Rippe; (3) Symphyse; (4) M. rectus abdominis; (5) M. transversus abdominis; (6) hintere Rektusscheide; (7) Insertionsstelle der hinteren Rektusscheide lateral am Xiphoid; (8) im kranialen Bereich der posterioren Komponentenseparation wird die Faszie des M. transversus abdominis breitflächig von seinen Muskelfasern abgelöst; (9) im kaudalen Bereich hat die Faszie des M. transversus abdominis zwei Schichten, eine davon bleibt am Muskel, die zweite bleibt bei der Präparation am Peritoneum (deshalb ist der Eingang zur posterioren Komponentenseparation von kaudal über den Bogros-Raum im Vergleich zum kranialen Einstieg mittels Durchtrennung der Muskelfasern an der hinteren Rektusscheide vereinfacht); (10) Linea arcuata; (11) Linea semilunaris; (12) Zwerchfell; (13) Fatty Triangle. Die Herausgeber bedanken sich bei Filip Muysoms (Gent), Miguel-Ángel García-Ureña (Madrid) und Yohann Renard (Reims) für ihren wertvollen Austausch beim Erstellen dieser Illustration

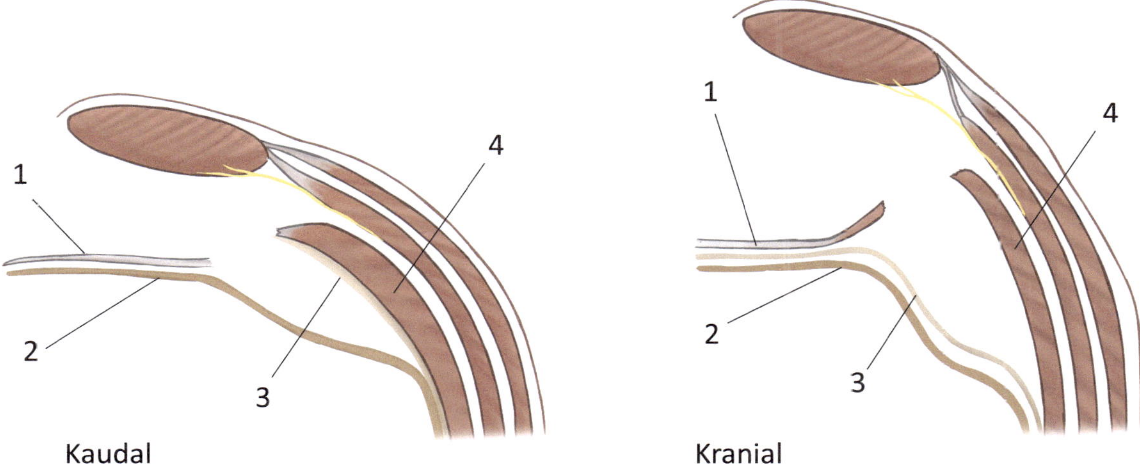


**Abb. 22.5 a, b** Transversaler Schnitt der lateralen Bauchdecke mit Darstellung der Präparationsschichten im kranialen und im kaudalen Bereich der posterioren Komponentenseparation. (1) Hintere Rektusscheide; (2) Peritoneum; (3) Fascia transversalis; (4) M. transversus abdominis

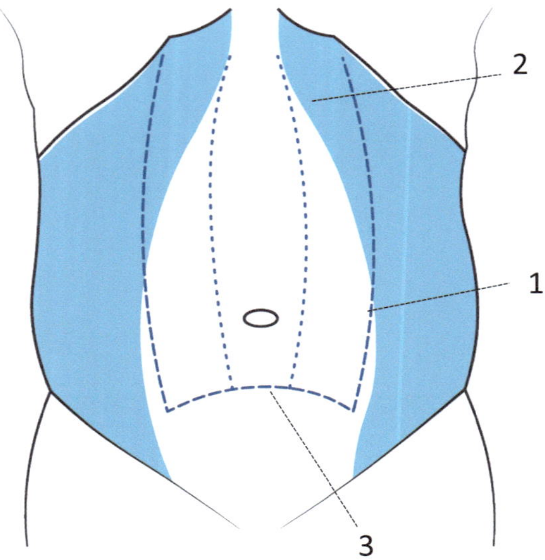


**Abb. 22.6** Muskuläre Anteile des M. transversus abdominis (türkise Fläche) in Relation zur Rektusscheide (blau gestrichelte Linien). Im kranialen Anteil endet die mediale Insertion des M. transversus abdominis nicht an der Linea semilunaris (1) sondern strahlt bis zur medialen Begrenzung des hinteren Blattes der Rektusscheide aus (2); (3) Linea arcuata (Robin-Lersundi et al. 2018)

#### Ausblick

Ähnlich wie bei anterioren Komponentenseparationstechniken können beim TAR durch den Einsatz minimalinvasiver Verfahren das Zugangstrauma und die Wundfläche reduziert werden. Aufgrund der Komplexität des minimalinvasiven TAR werden derartige Eingriffe zurzeit vor allem robotisch assistiert durchgeführt. Martin-del-Campo et al. fanden im Rahmen ihrer retrospektiven Vergleichsstudie bei Verwendung des robotisch assistierten Zuganges neben einer signifikanten Reduktion der systemischen Komplikationen auch eine deutliche Verkürzung des Krankenhausaufenthaltes von 6,0 auf 1,3 Tage (Martin-del-Campo et al. 2018). Bei der Rate an Wundkomplikationen zeigte sich aber kein wesentlicher Unterschied. Ähnliche Ergebnisse wurden von Bittner et al. 2018 veröffentlicht (Bittner et al. 2018).

Die Hernienchirurgie befindet sich aktuell im Umbruch und insbesondere neue, minimalinvasive Techniken der *retrorektalen* Präparation (Rives-Stoppa-Technik) mit konsekutiver, komplett extraperitonealer Netzpositionierung gewinnen zunehmend an Popularität. So ist es mittlerweile auch möglich, ohne robotische Systeme mit Verfahren wie der MILOS (Mini- or Less-Open Sublay Operation) und dem eTEP (enhanced-view Totally ExtraPeritoneal Repair) additiv bei Bedarf einen TAR minimalinvasiv durchzuführen (Reinpold et al. 2019; Belyansky et al. 2018) (s. auch ► Abschn. 23.2).



## 22.1 Kommentar der Herausgeber: Die chemische Komponentenseparation mit Botulinumtoxin A

Das Butulinumtoxin A (BTA) blockiert die Freisetzung von Acetylcholinen zur Auslösung von Muskelkontraktionen und ist weitgehend bekannt aus der Anwendung in der ästhetischen Medizin. In der Viszeralchirurgie wird es bis dato in der Therapie von Achalasie wie auch in der Behandlung von Analfissuren verwendet.

Die erste Beschreibung des Einsatzes von BTA im Rahmen einer Bauchdeckenrekonstruktion erfolgte 2009 von Tomas Ramon Ibarra-Hurtado aus Mexiko zum Verschluss einer Bauchwandhernie nach offenem Abdomen (Ibarra-Hurtado et al. 2009). Das Prinzip der BTA-Applikation beruht auf einer bereits nach 2 Wochen auftretenden Relaxation der lateralen Bauchdeckenmuskulatur, die durch die Inaktivität verkürzt ist und die Rektusmuskulatur nach außen retrahiert. Durch die mittels BTA bewirkte Relaxation der queren Bauchdeckenmuskulatur kommt es einerseits zur Reduktion der Traktion an den Rektusmuskeln und andererseits zur Erweiterung der Aufnahmekapazität der intraabdominellen Organe mit konsekutiver Abnahme der intraperitonealen Druckverhältnisse. Diese Art der Konditionierung der Bauchwandmuskulatur wird zur Spannungsreduktion des Mittellinienverschlusses im Rahmen von komplexen Ventral- und Narbenhernien verwendet und führt auch in der postoperativen Phase bis zum Wirkungsverlust des BTA nach 3 Monaten zu einer langsam auftretenden Zugbelastung der Muskulatur und Faszien, die im Reparationszeitraum erwünscht ist.

Der Zeitpunkt der BTA -Verabreichung wird in der Literatur mehrheitlich mit 4 Wochen präoperativ angegeben. Nach dieser Zeitspanne finden sich die Effekte von BTA an der myofaszikulären Bauchwand: Verlängerung und Ausdünnung der seitlichen Bauchmuskeln mit Vergrößerung des transversalen Rumpfdurchmessers. Die Technik der BTA-Applikation erfolgt beidseits an 3–5 Stellen lateral der Linea semilunaris. Unter sonografischer Kontrolle wird das verdünnte BTA unter Verwendung von gut sichtbaren Nadeln appliziert. Begonnen wird dabei im Bereich des M. transversus abdominis, fortgesetzt wird sodann im Rückzug beim M. obliquus internus abdominis und zuletzt ist der M. obliquus externus abdominis an der Reihe. Dabei ist darauf zu achten, dass die Injektionen in muskelstarken Arealen platziert werden, um eine maximale Wirkung zu erzielen (Weissler et al. 2017). Die verabreichte Menge an BTA wird mit 200–500 Einheiten in der Literatur angegeben und sollte aber immer mit physiologischer Kochsalzlösung zur breitflächigen Verteilung verdünnt werden.

Zur Planung des operativen Verfahrens ist eine unmittelbar präoperative Computertomografie mit vergleichender Messung der vor der BTA-Gabe erhobenen relevanten Messpunkte und damit des finalen Ausmaßes der Relaxation erforderlich.

Ziel der BTA-Konditionierung ist die Vermeidung einer zusätzlichen anterioren oder posterioren Komponentenseparation, die im Gegensatz zur passageren chemischen Denervierung zu einer permanenten Schwächung der Bauchdeckenmuskulatur führt.

Im speziellen Fall einer „Loss-of-Domain"-Hernie ist die Kombination von BTA und progressivem Pneumoperitoneum eine sehr vielversprechende Konditionierung zur erfolgreichen Bauchwandrekonstruktion (Elstner et al. 2017).

## 22.2 Kommentar der Herausgeber: Komponentenseparationen im Vergleich

Im Vergleich der anterioren mit der posterioren Komponentenseparation stellt sich natürlich die Frage, ob die Verfahren vergleichbar sind, was die Medialisierung der lateralen Bauchdecken angeht, bzw. wann welche Komponentenseparation im konkreten Patientenfall bevorzugt werden soll. Es kursiert die Faustregel, dass die anteriore Komponentenseparation 8cm Medialisierung auf jeder Seite ermöglicht, im Vergleich zu ca. 5 cm bei posteriorer Komponentenseparation. Diese Faustregel ist nicht korrekt. In einer Studie an 13 Leichen wurde eine Medialisierung von 3,9–4,5 cm allein durch die Freilegung beider Rektusscheiden (analog zur Rives-Stoppa-Technik mit *Retrorectus*-Präparation) erreicht; die vordere Rektusscheide kann mit der zusätzlichen anterioren Komponentenseparation (aKS) um weitere 2,6 cm, mit der zusätzlichen posterioren Komponentenseparation (pKS) um weitere 1,9 cm medialisiert werden. Die hintere Rektusscheide hingegen wird mit der aKS um weitere 3,0 cm medialisiert, mit der pKS um 5,2 cm. Somit ergibt die aKS zwar eine etwas weitere Medialisierung der vorderen Rektusscheide (im Mittelwert 5,8 cm), aber die pKS ermöglicht bis zu 9,4 cm Medialisierung (Sneiders et al. 2019). Hieraus ergibt sich, dass bei besonders großen medianen Inzisionalhernien (W3 nach EHS oder z. B. 15–20 cm) die pKS eher indiziert ist als die aKS (▪ Abb. 22.7).

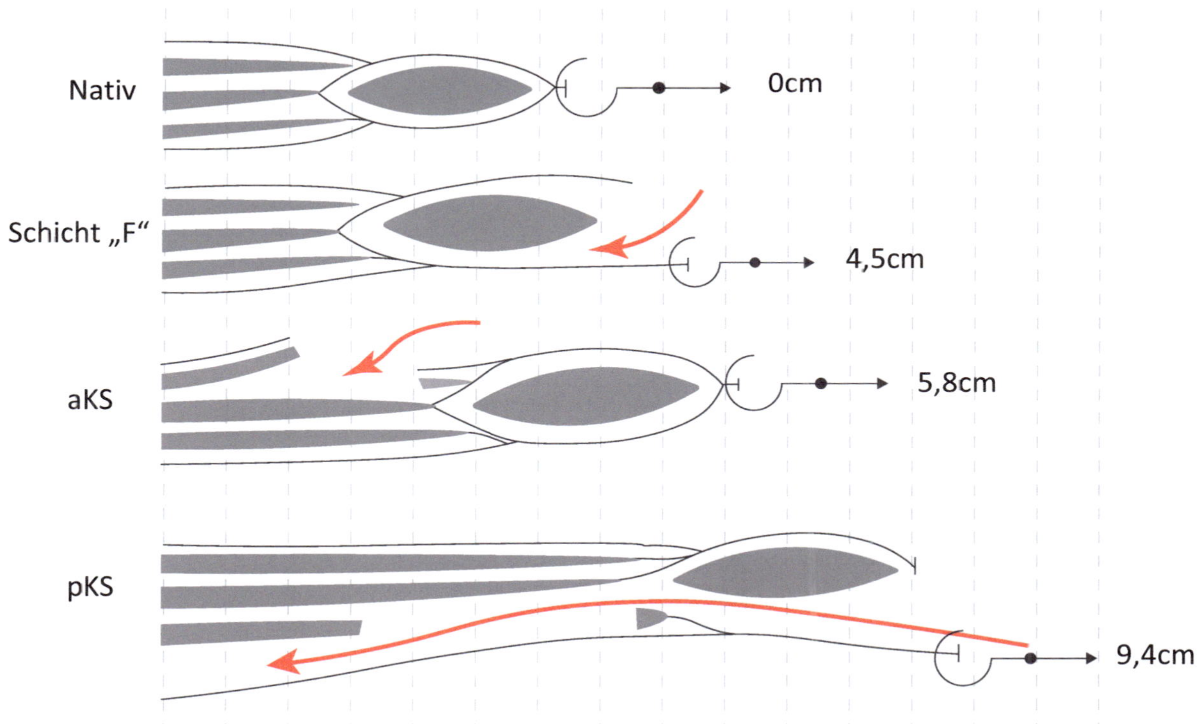


▪ **Abb. 22.7** Vergleich der Medialisierung der Linea alba in cm bei den verschiedenen Komponentenseparationen; die Daten sind eine vereinfachte Zusammenfassung der Literatur und sollen nur einen Überblick vermitteln (*aKS* = anteriore Komponentenseparation; *pKS* = posteriore Komponentenseparation) (Sneiders et al. 2019)

## Literatur


Belyansky I, Daes J, Radu VG, Balasubramanian R, Reza Zahiri H, Weltz AS, Sibia US, Park A, Novitsky Y (2018) A novel approach using the enhanced-view totally extraperitoneal (eTEP) technique for laparoscopic retromuscular hernia repair. Surg Endosc 32:1525–1532

Bittner JG 4th, Alrefai S, M VY, Mabe M, Del Prado PAR, Clingempeel NL (2018) Comparative analysis of open and robotic transversus abdominis release for ventral hernia repair. Surg Endosc 32:727–734

Carbonell AM, Cobb WS, Chen SM (2008) Posterior components separation during retromuscular hernia repair. Hernia 12:359–362

De Silva GS, Krpata DM, Hicks CW, Criss CN, Gao Y, Rosen MJ, Novitsky YW (2014) Comparative radiographic analysis of changes in the abdominal wall musculature morphology after open posterior component separation or bridging laparoscopic ventral hernia repair. J Am Coll Surg 218:353–357

Elstner KE, Read JW, Rodriguez-Acevedo O, Ho-Shon K, Magnussen J, Ibrahim N (2017) Preoperative progressive pneumoperitoneum complementing chemical component relaxation in complex ventral hernia repair. Surg Endosc 31:1914–1922

Gibreel W, Sarr MG, Rosen M, Novitsky Y (2016) Technical considerations in performing posterior component separation with transverse abdominis muscle release. Hernia 20:449–459

Haskins IN, Prabhu AS, Jensen KK, Tastaldi L, Krpata DM, Perez AJ, Tu C, Rosenblatt S, Rosen MJ (2019) Effect of transversus abdominis release on core stability: short-term results from a single institution. Surgery 165:412–416

Hodgkinson JD, Leo CA, Maeda Y, Bassett P, Oke SM, Vaizey CJ, Warusavitarne J (2018) A meta-analysis comparing open anterior component separation with posterior component separation and transversus abdominis release in the repair of midline ventral hernias. Hernia 22:617–626

Ibarra-Hurtado TR, Nuño-Guzmán CM, Echeagaray-Herrera JE, Robles-Vélez E, de Jesús González-Jaime J (2009) Use of botulinum toxin type a before abdominal wall hernia reconstruction. World J Surg 33:2553–2556.

Krpata DM, Blatnik JA, Novitsky YW, Rosen MJ (2012) Posterior and open anterior components separations: a comparative analysis. Am J Surg 203:318–222

Majumder A, Miller HJ, del Campo LM, Soltanian H, Novitsky YW (2018) Assessment of myofascial medialization following posterior component separation via transversus abdominis muscle release in a cadaveric model. Hernia 22:637–644

Martin-del-Campo LA, Weltz AS, Belyansky I, Novitsky YW (2018) Comparative analysis of perioperative outcomes of robotic versus open transversus abdominis release. Surg Endosc 32:840–845

Novitsky YW, Elliott HL, Orenstein SB, Rosen MJ (2012) Transversus abdominis muscle release: a novel approach to posterior component separation during complex abdominal wall reconstructions. Am J Surg 204:709–716

Ramirez OM, Ruas E, Dellon AL (1990) „Components separation“ method for closure of abdominal-wall defects: an anatomic and clinical study. Plast Reconstr Surg 86:519–526

Reinpold W, Schröder M, Berger C, Nehls J, Schröder A, Hukauf M, Köckerling F, Bittner R (2019) Mini- or Less-open Sublay Operation (MILOS): a new minimally invasive technique for the extraperitoneal mesh repair of incisional hernias. Ann Surg 269:748–755

Robin-Lersundi A, Blazquez Hernando L, López-Monclús J, Cruz Cidoncha A, San Miguel Méndez C, Jimenez Cubedo E, García-Ureña MA (2018) How we do it: down to up posterior components separation. Langenbeck's Arch Surg 403:539–546

Shestak KC, Edington HJ, Johnson RR (2000) The separation of anatomic components technique for the reconstruction of massive midline abdominal wall defects: anatomy, surgical technique, applications, and limitations revisited. Plast Reconstr Surg 105:731–738

Sneiders D, Yurtkap Y, Kroese LF, Jeekel J, Muysoms FE, Kleinrensink GJ, Lange JF (2019) Anatomical study comparing medialization after Rives-Stoppa, anterior component separation, and posterior component separation. Surgery 165:996–1002

Weissler JM, Lanni MA, Tecce MG, Carney MJ, Shubinets V, Fischer JP (2017) Chemical component separation: a systematic review and meta-analysis of botulinum toxin for management of ventral hernia. J Plast Surg Hand Surg 51:366–374

# Offenes IPOM bei der Reparation von Inzisionalhernien

*Rudi Schrittwieser*

## Inhaltsverzeichnis




U. A. Dietz et al. (Hrsg.), *Offene Hernienchirurgie*,
https://doi.org/10.1007/978-3-662-61348-1_23

Mit der Einführung der laparoskopischen Ventral- und Inzisionalhernienchirurgie zu Beginn der 90er Jahre des vorigen Jahrhunderts durch Karl LeBlanc aus Baton Rouge LA (USA) wurden auch in zunehmend größerer Zahl Netze entwickelt, welche für den *intraperitonealen* Einsatz zugelassen waren, da es sich zu Beginn bei der minimalinvasiven Technik ausschließlich um IPOM-Verfahren (intraperitoneales Onlay Mesh) handelte –, ein Begriff, der nicht korrekt ist und heute im Konsens nur noch als *intraperitoneal* beschrieben werden sollte (s. auch Tab. 19.1) (LeBlanc KA 1993; Muysoms 2018a). Die weitere Verbreitung der laparoskopischen IPOM-Technik führte dazu, dass diese Netze zum Teil auch in offener Technik eingebracht wurden. Unter anderem weil für die offene IPOM-Technik im Gegensatz zu anderen offenen Verfahren – wie die Sublay-Technik *(retromuscular)* – in der Abdominalwand kein Netzlager vorbereitet werden muss, fand diese Technik Eingang in das Armamentarium der Chirurgie. Durch die zunehmende Diskussion um die Folgen *intraperitoneal* gelegener Netze kam es auch zu einem Rückgang an Inzisionalhernienoperationen in offener IPOM-Technik, da bei diesem Verfahren einerseits der Nachteil des größeren Bauchdeckentraumas im Vergleich mit laparoskopischen Techniken in Kauf zu nehmen und andererseits auch der Nachteil der *intraperitonealen* Netzlage zu akzeptieren ist (Patel et al. 2018). Aus diesen Gründen ist die offene IPOM-Technik als eine Rückzugsmöglichkeit zu sehen, wenn laparoskopische Techniken zum Beispiel wegen fehlender Verträglichkeit beim Patienten für ein Pneumoperitoneum nicht möglich sind oder andere offene Verfahren technisch zu aufwendig oder unmöglich erscheinen. In einem Stufenkonzept zur Versorgung von Inzisionalhernien kann die Technik als Ultima Ratio zum Verschluss von großen Bauchwanddefekten unter besonderen Bedingungen gesehen werden.

### ▪ Zugang und Vorbereitung der Reparation

Am Beginn der Operation steht der Zugang durch die alte Operationsnarbe, welche im Normalfall ausgeschnitten wird. Nun werden sämtliche Bruchlücken dargestellt, eine Exploration der gesamten Narbe ist analog zu den laparoskopischen Techniken sinnvoll, auch muss immer die gesamte Narbe mit dem Netz abgedeckt werden. Eine ausgedehnte Präparation der Abdominalwand sollte vermieden werden, denn dies erhöht das Risiko einer Wundinfektion (Lavanchy et al. 2019). Als nächstes wird die Bruchlückengröße gemessen. Dies gelingt in der offenen Technik meist relativ einfach von außen mit einem sterilen Maßband. Handelt es sich um eine einzelne große Bruchlücke, ist das Rezidivrisiko deutlich höher als bei mehreren kleineren Lücken, den sog. „Swiss-Cheese-Defekten" (LeBlanc et al. 2018). Anschließend wird der Bruchsack vorsichtig eröffnet und eine Inspektion des Abdomens vorgenommen. In vielen Fällen ist als nächster Schritt eine mehr oder weniger langdauernde Adhäsiolyse der Abdominalwand vorzunehmen, um die „landing zone" für das Netz zu schaffen. Es empfiehlt sich, auf monopolare Elektrokoagulation möglichst zu verzichten und die Adhäsiolyse scharf mit der Schere durchzuführen. Wie weit die Adhäsiolyse nach lateral fortgeführt werden muss, hängt von der Größe des einzubringenden Netzes ab.

### ▪ Vorbereitung des Netzlagers und Netzwahl

Die ersten Beschreibungen der IPOM-Technik, ob offen oder laparoskopisch, empfahlen nach Adhäsiolyse das Einbringen des Netzes ohne weitere Präparation. Es wurde lediglich im Oberbauch das Ligamentum falciforme hepatis abgelöst, um nach kranial eine ausreichende Überlappung zu gewährleisten. Neuere Publikationen empfehlen jedoch zumindest das Ablösen des präperitonealen Fettstreifens in der Medianlinie (Lig. falciforme und Lig. teres hepatis, umbilikale Ligamente und prävesikaler Fettkörper), um einerseits eine bessere Integration des Netzes in die Bauchdecke zu erreichen und andererseits das Risiko einer übersehenen kleineren Lücke mit präperitonealem Fett als Bruchinhalt zu minimieren (Tulloh 2016). Bei Bruchlücken im Unterbauch ist in vielen Fällen das Ablösen der Blase und damit eine partielle extraperitoneale Platzierung des Netzes notwendig (*Transversal-fascial*-Lage, s. auch ◘ Tab. 19.1, Schicht „I"), da es andernfalls bei suprapubischen Hernien mit hoher Wahrscheinlichkeit zu einem Rezidiv kommt.

Es gibt mittlerweile eine große Anzahl an Netzen, die für die intraperitoneale Anwendung zugelassen sind (s. auch ► Kap. 31). Die Wahl bleibt letztendlich dem einzelnen Chirurgen überlassen. Wichtig ist jedenfalls eine möglichst geringe Verwachsungsbildung nach intraperitoneal. Auch sollte es nicht zu exzessiven Fibrosierungen und damit zum Schrumpfen des Netzes bzw.bzw. der umgebenden Narbe kommen. Vor dem Einbringen des Netzes in die Bauchhöhle ist es sinnvoll, das Omentum majus – so noch vorhanden – zwischen den Darm und das Netz zu legen, um dadurch eine weitere Reduktion des Risikos einer Darmarrosion oder Fistelung zu erreichen.

Die Größe des Netzes richtet sich nach der Größe der Bruchlücke(n) bzw. der Narbe. Legte man früher mehr Wert auf eine möglichst feste Fixierung, so ist man in letzter Zweit dazu übergegangen, größere Netze zu verwenden. Es können keine absoluten Zahlen für das Mindestmaß an Überlappung angegeben werden.

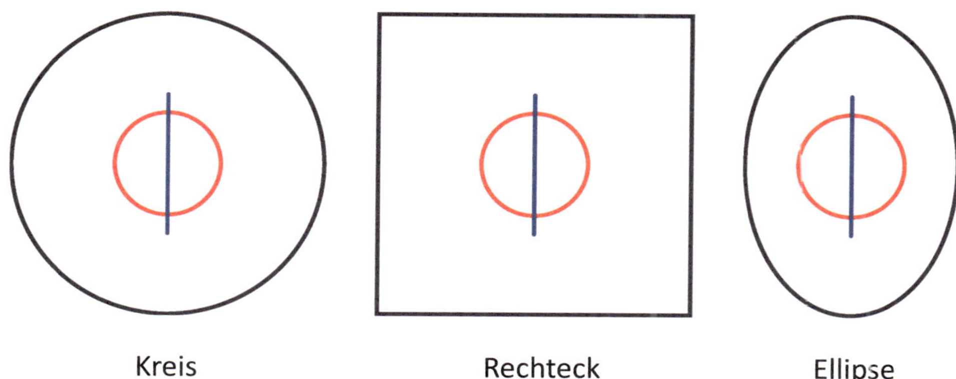


**Abb. 23.1** Wesentlich für die Stabilität und Rezidivfreiheit ist nicht die Überlappung allein, sondern vor allem das Verhältnis zwischen Netzgröße und Bruchlückengröße. Die *roten Kreise* stellen die unverschlossene Bruchlücke dar, die *senkrechten Linien* stellen die verschlossene Bruchlücke dar. Je nach Netzform wird die Netzfläche im Verhältnis zur Bruchlückenfläche berechnet. Kreis: $A = \pi x r^2$ (r = Radius); Quadrat: $A = a \times b$ (a und b sind die Seitenlängen); Ellipse: $A = a \times b \times$ (a und b sind die große und die kleine Achse) (Tulloh 2016)

Es empfiehlt sich eine Überlappung von mindestens 5 cm, bei einzelnen großen Defekten ist jedoch oft deutlich mehr notwendig. Neuere Arbeiten zur laparoskopischen IPOM-Technik haben gezeigt, dass ein entscheidender Faktor für das Rezidivrisiko nicht so sehr das Ausmaß der Überlappung, sondern das Verhältnis Netzgröße zu Defektgröße ist (Abb. 23.1) (Tulloh 2016).

## Netzfixation

Die IPOM-Technik erfordert zwingend eine Fixation des Netzes. Es stehen dafür Tacker (resorbierbar und nichtresorbierbar), Nähte und eventuell auch Kleber zur Verfügung (s. auch ► Kap. 32). Welche Art der Fixation gewählt wird, hängt auch von der Art des verwendeten Netzes ab. In den meisten Fällen wird das Netz mit U-Nähten fixiert, die transfaszial durch die Bauchdecke gestochen werden (Abb. 23.2). Das Netz wird zunächst mit diesen Nähten armiert und die Nähte anschließend mit einer großen, runden Öhsenadel oder auch mit einem Fadenführer durch die Abdominalwand geführt. Es hat sich bewährt, vor dem Einbringen des Netzes außen an der Bauchwand die ungefähre Position der transfaszial geführten Nähte anzuzeichnen, dies erleichtert die spätere Positionierung des Netzes. Um die postoperativ häufig im Bereich der transfaszialen Nähte auftretenden Schmerzen möglichst gering zu halten, ist es empfehlenswert, die Bauchdecke an den Durchtrittspunkten mit einem Lokalanästhetikum zu infiltrieren (Bellows 2006). Um das Netz rundum mit Tackern fixieren zu können, sind speziell gefertigte Netze, welche an den Rändern über zusätzliche Laschen zur Fixation verfügen, verfügbar. Allerdings empfiehlt es sich auch bei Tackerfixation, zusätzlich einige Nähte zur besseren Fixierung zu verwenden. Um die Anzahl an penetrierenden Fixationselementen wie Tacker und Nähte zu reduzieren, können zusätzlich einige Klebepunkte mit Histoacrylklebern gesetzt werden. Fibrinklebung kann lediglich zusätzlich in Bereichen verwendet werden, wo das Peritoneum abgelöst wurde, sie bietet jedoch am unbehandelten Peritoneum keinen Halt (Schug-Pass et al. 2009). Im Oberbauch ist besonders darauf zu achten, dass am Diaphragma keine penetrierenden Fixationselemente verwendet werden, es wird in der Literatur von Todesfällen aufgrund von Perikardtamponaden berichtet (Köckerling et al. 2018).

## Bruchlückenverschluss bzw. -verkleinerung

Nach Einbringen des Netzes und Vorlegen der transfaszialen Nähte wird ein Verschluss oder eine Verkleinerung der Bruchlücke vorgenommen. Dies kann durch Einzelknopfnähte oder auch durch fortlaufende Naht geschehen. Ist ein vollständiger Bruchlückenverschluss möglich, handelt es sich um eine Verstärkung durch das Netz, wenn dies nicht vollständig möglich ist, spricht man von einer „Netz-Bridging-Technik““ (Abb. 23.3). Wenn möglich, sollte man eine Netzverstärkung erreichen, da man damit das Risiko eines Bulging des Netzes, also eines Vorwölbens in die Bruchlücke hinein, verhindern kann. Ein Bulging wird bei stärkerer Ausprägung von vielen Patienten als störend empfunden und kann manchmal auch von mit der Hernienchirurgie nicht so vertrauten Untersuchern als Rezidiv interpretiert werden. Wenn ein vollständiger Verschluss der Bruchlücke über dem Netz nicht möglich ist, empfehlen wir – im Sinne einer

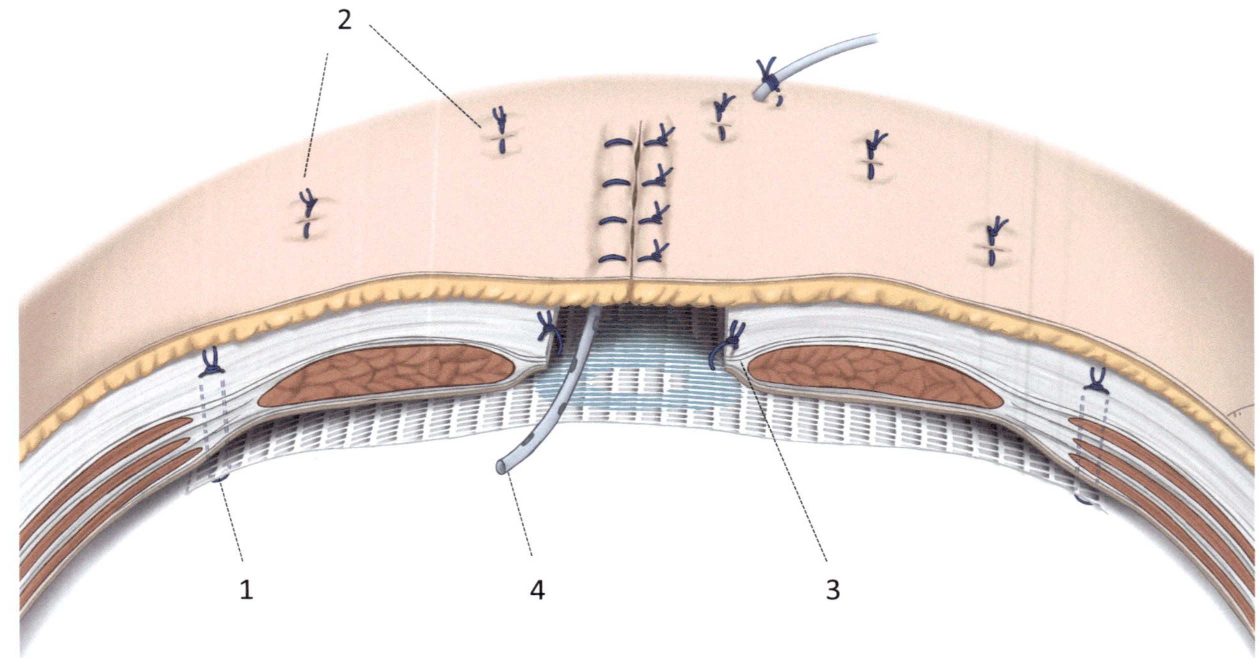


**Abb. 23.2** IPOM-Versorgung in Netz-Bridging-Technik, bei der die Bruchlücke nicht verschlossen wird. Die laterale Überlappung muss proportional zur Größe der Bruchpforte sein. Das subkutane Fettgewebe muss nicht von der Faszie abgelöst werden. *1)* Radiäre transfasziale Netzfixation (ggf. auch mit Unterleg-Patches). *2)* Zwischen zwei Transfixationsnähten sollten nicht mehr als 5 cm liegen, damit kein Darm durch die Nähte unter das Netz hernieren kann. *3)* Der Bruchlückenrand wird im Sinne der Double-Crown-Netzfixation ebenfalls an das Netz fixiert. *4)* Ggf. ist eine Saugdrainage sinnvoll, um das Risiko des postoperativen Seroms zu minimieren

Double-Crown-Fixation – die zusätzliche Fixation des Faszienrandes am Netz (Abb. 23.3). Dabei ist beim Setzen der Fortlaufnaht genauestens darauf zu achten, dass darunter liegende intraabdominelle Strukturen nicht mitgefasst werden. Von manchen Chirurgen wird bei nicht vollständigem Bruchlückenverschluss ein zusätzliches, oft resorbierbares Netz in die Lücke eingenäht, um einerseits zusätzliche Stabilität zu gewährleisten und andererseits das intraperitoneale Netz vor einer eventuellen Infektion zu schützen.

Ist der Bruchlückenverschluss vollkommen, kann eine subkutane Sogdrainage eingelegt werden. Etwaige überschüssige Haut oder Subkutis wird reseziert. Anschließend erfolgt ein schichtweiser Wundverschluss, zum Beispiel mit Donati[1]-Rückstichnähten.

#### Patientenberatung

Der Patient ist über die Einbringung eines Kunststoffnetzes aufzuklären. Weiter ist bei geplanter IPOM-Operation explizit auf die *intraperitoneale* Netzlage mit den damit verbundenen Risiken wie vermehrte Adhäsionen sowie in seltenen Fällen Netzmigration und Fistelbildungen einzugehen. Der Patient ist weiter über eventuelle Schmerzen vor allem frühpostoperativ im Bereich der Fixationsnähte aufzuklären. Ist schon präoperativ abschätzbar, dass ein Bruchlückenverschluss eventuell nicht möglich sein wird, so ist auch auf die Möglichkeit des Bulging hinzuweisen. Die weiteren Themen des Aufklärungsgespräches wie Infekte und Hämatome unterscheiden sich nicht von anderen Eingriffen an der Bauchwand.

## 23.1 Kommentar der Herausgeber: Ergebnisse der IPOM-Technik

Die Heterogenität der Narbenhernien ist insbesondere bei der laparoskopischen IPOM-Technik zu berücksichtigen. Hierbei sind die beiden Extreme der Narbenhernien mit wenigen kleinen Bruchlücken den Narbenhernie mit großen singulären oder multiplen Hernien mit großem Bruchlückendurchmesser gegenüberzustellen.

Beim Ersteren bedarf es primär einer Unterlegung der Bruchpforten und der gesamten initialen Narbe mit einem Kunststoffnetz. Hierbei ist die Fixation aufgrund der geringen Kräfte auf das Netz von untergeordneter Bedeutung. Oft ist der Verschluss kleiner Bruchlücken nicht relevant, da diese von den Patienten häufig nicht wahrgenommen werden.

1 *Mario Donati* (1879–1946). Donati hatte den Lehrstuhl für klinische Chirurgie in Mailand inne, musste allerdings während des II. Weltkrieges wegen seiner jüdischen Herkunft in die Schweiz ins Exil fliehen. Von seiner aktiven chirurgischen Tätigkeit bleibt uns heute noch die Hautnaht präsent, die seinen Namen trägt (Dietz et al. 2006).

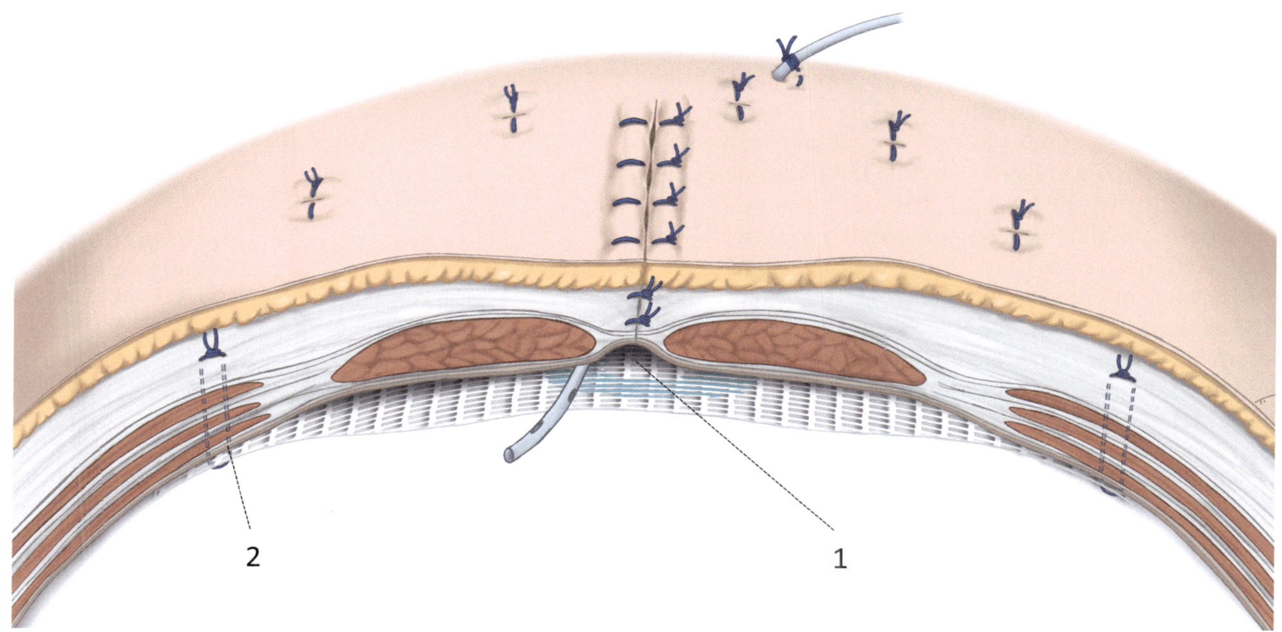


**Abb. 23.3** IPOM-Versorgung in „IPOM-Plus"-Technik. Die Bruchlücke wird über dem Netz verschlossen. Dadurch wird das Vorwölben des Netzes verhindert (Bulging) und die Rezidivrate ist geringer. Bei der IPOM-Plus-Technik muss das Subkutangewebe lateral etwas von der Faszie gelöst und ggf. ein Überschuss reseziert werden. (1) Bruchlückenverschluß *(2)* Transfasziale Netzfixation (ggf. auch mit Unterleg-Patches)

Bei Patienten mit Narbenhernien mit großem Durchmesser ist der Verschluss der Bruchlücke oft nur unter Spannung oder zum Teil gar nicht möglich. Bei nicht verschließbarer Bruchlücke ergeben sich aufgrund der intraabdominellen Drücke ausgeprägte Kräfte auf das Netz. Die Konsequenzen sind oft ein Bulging, eine Migration des Netzes oder sogar ein Ausreißen der Fixation. Somit kommt bei Patienten, bei welchen die Bruchlücke nicht verschlossen werden kann, der Fixation eine besondere Bedeutung zu. Transfasziale Nähte sind hier unumgänglich. Dennoch sollten diese Nähte locker geknotet werden, da die Schmerzen oft Konsequenz von eingeknoteten Nervenenden sind.

Ein Umsteigen auf eine offene Reparationsform ist bei Patienten mit sehr großen Narbenhernien oft auch keine Alternative. Es handelt sich bei solchen Patienten häufig um ältere Mitmenschen, welche sich nicht aufgrund der Kosmetik, sondern eher aufgrund der Raumforderung einer Operation unterziehen . Das Risiko eines Wundinfektes ist bei diesem Patientengut nicht nur aufgrund der Begleiterkrankungen, sondern auch aufgrund der Größe der Narbenhernie und der somit großen Wund- und Spannungsverhältnisse deutlich erhöht. Zudem wird von älteren Patienten oft primär eine Kontrolle des Bruches und nicht ein perfektes kosmetisches Ergebnis gesucht.

## 23.2 Kommentar der Herausgeber: Minimalinvasive Verfahren zur Inzisionalhernienversorgung

Die von Wolfgang Reinpold proponierte MILOS-Technik – ebenso wie auch alle in weiterer Folge entwickelten Verfahren wie eMILOS, eTEP, TARUP – basierte auf der Überlegung, das Netz analog dem klassischen Rives-Stoppa-Verfahren, in *Retrorectus*-Position bzw. lateral der Linea semilunaris extraperitoneal zu platzieren. Der Hauptgrund dafür war nicht allein die Verfolgung der gemäß dem „State-of-the-Art" durchgeführten *Retrorectus*-Technik mit den bekannten Vorteilen des minimal-invasiven Zuganges und sicherer Netzlage, sondern auch die zu diesem Zeitpunkt bereits bestehende Skepsis gegenüber den Langzeitergebnissen des IPOM-Verfahrens speziell in Bezug auf die Komplikationen der intraperitonealen Netzlage wie Adhäsionen, Migrationen und Infektionen mit spät auftretenden Abszessen. In der Zwischenzeit haben sich diese neuen alternativen Verfahren entwickelt und erste Daten liegen dazu vor. Eine große Serie mit Propensity-Score-gematchter Analyse wurde bereits publiziert (Reinpold et al. 2019a). In dieser Studie zeigen sich signifikant Vorteile der transhernialen minimalinvasiven MILOS-Zugangstechnik in Bezug auf postoperativ auftretende Komplikationen bis hin zum Rezidiv, aber auch den postoperativen Schmerz betreffend, im direkten Vergleich zum laparoskopischen IPOM-Verfahren. Diese Vorteile zeigen eindrucksvoll das Potenzial der klassischen Rives-Stoppa-Technik in Kombination mit einem reduzierten Zugangstrauma. Die Weiterentwicklung von endoskopisch gestützten bzw. rein endoskopisch basierten Techniken, wie eMILOS (Schwarz et al. 2017), eTEP (Belyansky et al. 2018) und weitere Modifikationen einschließlich des robotisch gestützten TA-RUP-Verfahrens von Filip Muysoms (Muysoms et al. 2018b) sind mittlerweile von vielen Hernienexperten in die Versorgungspalette der Bauchwandchirurgie aufgenommen worden. Eine weitere Publikation von Reinpold mit 1-Jahresergebnissen zeigt Vorteile von MILOS und eMILOS in der Versorgung von Nabel- und epigastrischen Hernien (Reinpold et al. 2019b).

Allerdings muss an dieser Stelle auch kritisch die Praktikabilität in der Praxis beleuchtet werden. Die technischen Anforderungen für diese neuen Verfahren setzen einerseits exakte anatomische Kenntnisse der Bauchdeckenschichten inklusive der neurovaskulären Versorgung, aber auch laparoskopische Fertigkeiten voraus, die im Vergleich zu den herkömmlichen offenen Verfahren inklusive der offenen IPOM-Technik als weit entwickelt bezeichnet werden müssen; es ist auch wahrscheinlich, dass die Netze bei Umbilikalhernien nicht so groß bemessen sein müssen wie bei Inzisionalhernien, doch wird bei MILOS, bedingt durch die weitflächige „Mindestpräparation" bzw. zugangsbedingt bei Umbilikalhernien ebenfalls ein großes Netz verwendet. Die damit verbundene Lernkurve, wie z. B. für die robotisch assistierte TARUP-Technik (Muysoms et al. 2018b), ist daher neben der Verfügbarkeit technischer Einrichtungen und den erforderlichen Patientenzahlen entscheidend für eine erfolgreiche Implementation dieser Techniken in das hernienchirurgische Verfahrensangebot. Wesentlich bei diesen neuen Verfahren wird aber letztlich der Ergebnisvergleich zu den Standardtechniken im mittel- und langfristigen Verlauf sein. Es zeichnet sich bereits jetzt unter den Chirurgen ein gewisser Trend in der komplexen Bauchwandchirurgie ab, bei selektionierten Patienten offene Verfahren wie die der anterioren Komponentenseparation durch endoskopische Techniken (eACS) (s. auch ▶ Kap. 21 und ◘ Abb. 23.3) und die posteriore Komponentenseparation (TAR) (s. auch ▶ Kap. 22) durch laparoskopische Techniken zu ersetzen.

## Literatur


Bellows CF, Berger DH (2006) Infiltration of duture sites with local anesthesia for management of pain following laparoscopic ventral hernia repairs: a prospective randomized trial. JSLS 10:345–350

Belyansky I, Daes J, Radu VG, Balasubramanian R, Reza Zahiri H, Weltz AS, Sibia US, Park A, Novitsky Y (2018) A novel approach using the enhanced-view totally extraperitoneal (eTEP) technique for laparoscopic retromuscular hernia repair. Surg Endosc 32:1525–1532

Dietz UA, Kuhfuß I, Debus ES, Thiede A (2006) Mario Donati and the vertical mattress suture of the skin. World J Surg 30:141–148

Köckerling F, Schug-Pass C, Bittner R (2018) A Word of caution: never use tacks for mesh fixation to the diaphragm! Surg Endosc 32:3295–3302

Lavanchy JL, Buff SE, Kohler A, Candinas D, Beldi G (2019) Long-term results of laparoscopic versus open intraperitoneal onlay mesh incisional hernia repair: a propensity score-matched analysis. Surg Endosc 33:225–233

LeBlanc KA, Booth WV (1993) Laparoscopic repair of incisional abdominal hernias using ePTFE: preliminary findings. Surg Lap End 3:39–41

LeBlanc KA, Sharma A, Kukleta JF, Schrittwieser R (2018) Standardtechnik für die laparoskopische Reparation von Ventral- und Narbenhernien in Bittner R, Köckerling F, Fitzgibbons RJ, LeBlanc KA, Mittal SK, Chowbey P Hrsg Laparo-endoskopische Hernienchirurgie – Evidenzbasierte klinische Praxis 1. Auflage, Heidelberg: Springer Verlag. S. 303-320.

Muysoms F (2018) IPOM: history of an acronym. Hernia 22:743–746

Muysoms F, Van Cleven S, Pletinckx P, Ballecer C, Ramaswamy A (2018) Robotict ransabdominal retromuscular umbilical prosthetic hernia repair (TARUP): observational study on the operative time during the learning curve. Hernia 22:1101–1111

Patel R, Reid TH, Parker SG, Windsor A (2018) Intraluminal mesh migration causing enteroenteric and enterocutaneous fistula: a case and discussion of the „mesh problem". BMJ Case Rep 17: pii: bcr-2017-223476.

Reinpold W, Schröder M, Berger C, Nehls J, Schröder A, Hukauf M, Köckerling F, Bittner R (2019a) Mini- or Less-open Sublay Operation (MILOS): a new minimally invasive technique for the extraperitoneal mesh repair of incisional Hernias. Ann Surg 269:748–755

Reinpold W, Schröder M, Berger C, Stoltenberg W, Köckerling F. (2019b) MILOS and EMILOS repair of primary umbilical and epigastric hernias. Hernia 935–944

Schug-Pass C, Lippert H, Köckerling F (2009) Fixation of mesh tot he peritoneum using fibrin glue: investigations with a biomechanical model and an experimental laparoscopic porcine model. Surg Endosc 23:2809–2815

Schwarz J, Reinpold W, Bittner R (2017) Endoscopic mini/less open sublay technique(EMILOS)- a new technique for ventral hernia repair. Langenbecks Arch Surg 402:173–180

Tulloh B, DeBeaux A (2016) Defects and donuts: the importance of the mesh:defect area ratio. Hernia 20:893–895

# Parastomale Hernien

Inhaltsverzeichnis

# Parastomale Hernien: Übersicht, Therapiewahl und IPST-Verfahren

*Gernot Köhler*

**Inhaltsverzeichnis**




U. A. Dietz et al. (Hrsg.), *Offene Hernienchirurgie,*
https://doi.org/10.1007/978-3-662-61348-1_24

Parastomale Hernien (PSH) sind Inzisionalhernien mit direktem Bezug zu einem künstlichen Darmausgang (Pilgrim et al. 2010). Es werden große Variationen in der Rate der Inzidenz der PSH beschrieben. Dieser Umstand ergibt sich durch uneinheitliche Definitionen von PSH, durch die verschiedenen Arten von untersuchten Stomata und nicht zuletzt durch die sehr unterschiedlichen und oft zu kurzen Follow-up-Zeiten der Studien (Carne et al. 2003). Wenn man die Patienten konsequent CT-morphologisch nachuntersucht, liegen die PSH-Raten bei realistisch fast 80 % (Cingi et al. 2006). Symptomatische und damit operationswürdige parastomale Hernien sind in den meisten Fällen klinisch zu diagnostizieren und beim stehenden Patienten unter Betätigung der Bauchpresse evident.

Endständige Kolostomien weisen generell die höchsten Hernienraten auf, wobei diese meist schon in den ersten beiden Jahren nach Anlage des Stomas auftreten (Londono-Schimmer et al. 1994). Parastomale Hernien können nach verschiedenen Kriterien klassifiziert werden, die Herniengröße, Lokalisation, Bruchsackinhalt und radiologische Befunde beinhalten, wobei die klinische Relevanz derartiger Klassifikationssysteme mit Beeinflussung des konkreten Managements von parastomalen Hernien angezweifelt wird (Śmietański et al. 2014). Es liegt auf der Hand, dass analog zu Leisten- und Inzisionalhernien der Nachteil einer Watchful Waiting-Strategie darin besteht, dass nicht nur das Komplikationsrisiko der Hernie steigt, sondern dass die Versorgung bei zunehmender Herniengröße auch immer risikoreicher ist und schwieriger wird. PSH können eine breite Palette von Problemen mit sich bringen und mehr Patienten als ursprünglich angenommen scheinen davon betroffen zu sein. Der Bogen reicht von parastomalen Hautreizungen und stetigen Undichtigkeiten der Stomaversorgungen über unspezifische Bauch- oder Rückenschmerzen durch den viszeralen Eingeweideprolaps bis hin zu lebensbedrohlichen Darminkarzerationen und Strangulationen (Pilgrim et al. 2010; Carne et al. 2003). Wenn man Registerzahlen aus Dänemark und Amerika berücksichtigt, scheint das Inkarzerationsrisiko doch deutlich höher zu sein als angenommen, sodass die Indikation zur elektiven Sanierung einer PSH wohl großzügiger gestellt werden sollte. Es gilt Notfalleingriffe zu vermeiden, die mit drastisch erhöhter Morbidität und auch Mortalität einhergehen (Helgstrand et al. 2013; Gregg et al. 2014). Die hohe Inzidenz an PSH, die assoziierten Beschwerden und die schlechten operativen Ergebnisse legen Bemühungen zur Prävention nahe (Antoniou et al. 2018).

In den letzten Jahren wurden zahlreiche Verfahren zur Reparation parastomaler Hernien entwickelt, wobei man grundsätzlich netzfreie Verfahren von netzgestützten Verfahren unterscheidet. Die Letztgenannten unterscheiden sich durch die Wahl des Zugangsweges (offen oder laparoskopisch), durch die Art des verwendeten Netzes und durch die Position der Netzeinbringung in Bezug auf die Schichten der Bauchwand (zur Terminologie der Netzpositionierung s. auch ◘ Tab. 19.1 und ◘ Abb. 19.3) (Muysoms 2018). Es sind auch dreidimensionale, tunnelförmige Netze verfügbar, wobei diese eigentlich für die Prävention konzipiert wurden (Köhler et al. 2016), sich jedoch auch zur Reparation eignen (◘ Abb. 24.1) (Fischer et al. 2017). Welches Verfahren die größte Sicherheit in Bezug auf Komplikationen und die höchste Effektivität hinsichtlich Rezidivvermeidung bietet, wird kontrovers beurteilt. Grundsätzlich spielen offene Verfahren bei parastomalen Hernienreparationen nach wir vor eine gewichtige Rolle, da die betroffenen Patienten nicht selten mehrfach voroperiert sind und komplexe Hernien oft vergesellschaftet mit Mittelliniendefekten aufweisen, sodass die Praktikabilität laparoskopischer Zugangswege und Techniken durchaus limitiert sein kann. Parastomale Hernienpatienten mit bestehender Medianlaparotomie haben durch die Schädigung der Rektusmuskulatur mit Verziehung der Mittelinie zur kontralateralen Seite ein siebenfach höheres Risiko, eine mediane Narbenhernie zu erleiden (Timmermans et al. 2014).

Mit flachen, eingeschnittenen Netzen können keine zufriedenstellenden Ergebnisse in der Therapie der parastomalen Hernie erzielt werden, weil die prekären Stomarandbereiche zirkumferenziell nicht abgedeckt werden können. Das sind jedoch genau die Regionen, wo sich Rezidive typischerweise entwickeln. Diese Beobachtung gilt in gleicher Weise für die *onlay, retrorectus* bzw. *retromusculare* und *intraperitoneale* Keyhole-Netzversorgung. Hierbei werden die Netze – bezogen auf die Bauchwandschichten – lediglich in einer anderen Position platziert. Die Problematik der unverstärkten Stomarandbereiche bleibt jedoch die gleiche, wodurch sich auch die hohen Rezidivraten dieser Netztechniken erklären lassen (Antoniou et al. 2018).

- **IPST-Verfahren**

Seit 2012 sind 3D-tunnelförmige Netze zur operativen Therapie der PSH verfügbar (s. ◘ Abb. 24.1). Eine Möglichkeit ist die homolaterale Stomamobilisation und -reinsertion, also eine Neuanlage des Stomas an gleicher Stelle, wo es initial gelegen hat, allerdings nachdem das neue Stoma zuvor durch das elastische 3D-Tunnelnetz durchgeleitet wurde (Fischer et al. 2017). Ein fettreiches, voluminöses Mesokolon des auszuleitenden Darmes bewirkt allerdings eine Erweiterung des elastischen Tunnels mit konsekutiver Verkürzung desselben. Des Weiteren führt die konzentrische Schrumpfung der flachen Netzanteile in alle Richtungen zu einer weiteren exzentrischen Dehnung das Tunnels, sodass gegenwärtig Netze mit einem auf 4cm verlängerten Tunnelanteil empfohlen werden (Köhler et al. 2018). Bei dieser Technik bieten sich außer der Abde-

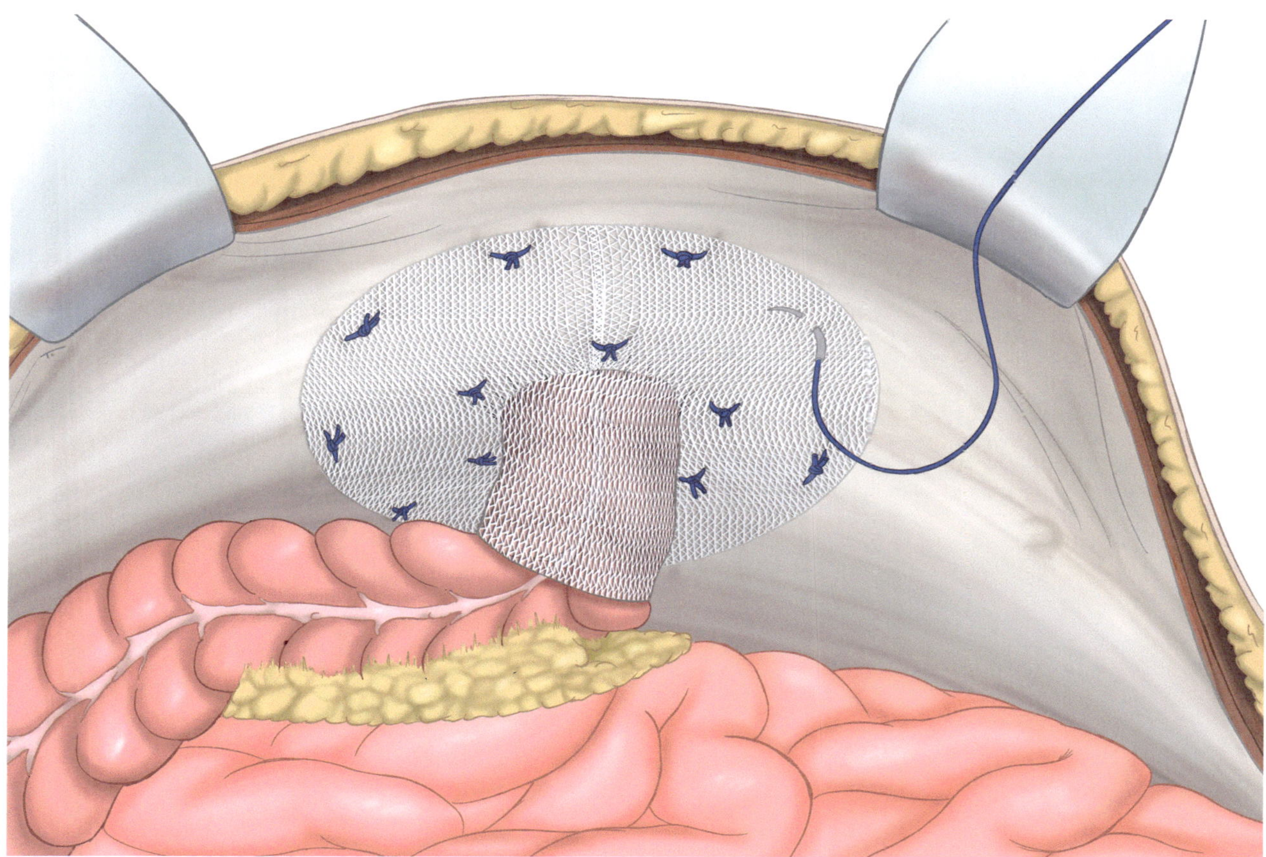

**Abb. 24.1** Tunnelförmiges Netz zur Reparation der parastomalen Hernie und zur Prophylaxe der parastomalen Hernie bei der primären endständigen Stomaanlage. Das Netz wird in intraperitonealer Position implantiert und radiär fixiert

ckung der Stomarandbereiche weitere Vorteile: Es kann der Fasziendefekt am Stoma mit Nähten auf die passende Weite eingeengt werden, der Bruchsack kann zur Serompräventiоn entfernt und ein begleitender Stomaprolaps kann durch Rückkürzung des Darmes behoben werden.

Die Technik der gleichseitigen Stomaneuanlage durch ein 3D-Tunnelnetz ist für offene Verfahren geeignet; dabei ist es hilfreich, ein größeres Netz mit 25 cm Seitenlänge zu verwenden, damit die Laparotomienaht oder koexistente mediane Narbenhernien ausreichend mitunterfüttert werden (in Analogie zur offenen IPOM-Technik; s. auch ► Kap. 23) (Fischer et al. 2017). Für die offene parastomale Hernienoperation kommt auch die Variante der Sugarbaker-Technik in Frage, welche im folgenden Kapitel beschrieben wird (Sugarbaker 1985). Die laterale parastomale Region ist beim Sugarbaker-Technik eine bedeutende Schwachstelle, weswegen das Verfahren als offener Eingriff in den Leitlinien nur in Ausnahmen empfohlen wird (Antoniou et al. 2018; Muysoms et al. 2017) Die kürzlich publizierte offene extraperitoneale Sugarbaker-Technik mit Transversus-abdominis-Release scheint eine ernstzunehmende Variante darzustellen (Pauli et al. 2016), mit der zum einen eine intraperitoneale Netzposition vermieden und zum anderen der retrorektale Raum durch Ablösung der Transversusmuskulatur bis weit nach lateral erweitert werden kann. Die bisherige Datenlage diesbezüglich ist noch sehr dünn und zeigt widersprüchliche Ergebnisse (Tastaldi et al. 2017).

## Literatur

Antoniou SA, Agresta F, Garcia Alamino JM, Berger D, Berrevoet F, Brandsma HT, Bury K, Conze J, Cuccurullo D, Dietz UA, Fortelny RH, Frei-Lanter C, Hansson B, Helgstrand F, Hotouras A, Jänes A, Kroese LF, Lambrecht JR, Kyle-Leinhase I, López-Cano M, Maggiori L, Mandalà V, Miserez M, Montgomery A, Morales-Conde S, Prudhomme M, Rautio T, Smart N, Śmietański M, Szczepkowski M, Stabilini C, Muysoms FE (2018) European Hernia Society guidelines on prevention and treatment of parastomal hernias. Hernia 22:183–198

Carne PW, Robertson GM, Frizelle FA (2003) Parastomal hernia. Br J Surg 90:784–793

Cingi A, Cakir T, Sever A, Aktan AO (2006) Enterostomy site hernias: a clinical and computerized tomographic evaluation. Dis Colon Rectum 49:1559–1563

Fischer I, Wundsam H, Mitteregger M, Köhler G (2017) Parastomal Hernia Repair with a 3D Funnel Intraperitoneal Mesh Device and Same-Sided Stoma Relocation: results of 56 Cases. World J Surg 41:3212–3217

Gregg ZA, Dao HE, Schechter S, Shah N (2014) Paracolostomy hernia repair: who and when? J Am Coll Surg 218:1105–1012

Helgstrand F, Rosenberg J, Kehlet H, Jorgensen LN, Wara P, Bisgaard T (2013) Risk of morbidity, mortality, and recurrence after parastomal hernia repair: a nationwide study. Dis Colon Rectum 56:1265–1272

Köhler G, Fischer I, Wundsam H (2018) A novel technique for Parastomal Hernia repair combining a laparoscopic and Ostomy-opening approach. J Laparoendosc Adv Surg Tech A 28:209–214

Köhler G, Hofmann A, Lechner M, Mayer F, Wundsam H, Emmanuel K, Fortelny RH (2016) Prevention of parastomal hernias with 3D funnel meshes in intraperitoneal onlay position by placement during initi al stoma formation. Hernia 20:151–159

Londono-Schimmer EE, Leong AP, Phillips RK (1994) Life table analysis of stomal complications following colostomy. Dis Colon Rectum 37:916–920

Muysoms F, Van De Winkel N, Ramaswamy A (2017) The Achilles' heel of Sugarbaker. Hernia 21:477–479

Muysoms F, Jacob B (2018) International Hernia collaboration consensus on nomenclature of abdominal wall Hernia repair. World J Surg 42:302–304

Pauli EM, Juza RM, Winder JS (2016) How I do it: novel parastomal herniorrhaphy utilizing transversus abdominis release. Hernia 20:547–552

Pilgrim CH, McIntyre R, Bailey M (2010) Prospective audit of parastomal hernia: prevalence and associated comorbidities. Dis Colon Rectum 53:71–76

Śmietański M, Szczepkowski M, Alexandre JA, Berger D, Bury K, Conze J, Hansson B, Janes A, Miserez M, Mandala V, Montgomery A, Morales Conde S, Muysoms F (2014) European Hernia Society classification of parastomal hernias. Hernia 18:1–6

Sugarbaker PH (1985) Peritoneal approach to prosthetic mesh repair of paraostomy hernias. Ann Surg 201:344–346

Tastaldi L, Haskins IN, Perez AJ (2017) Single center experience with the modified retromuscular Sugarbaker technique for parastomal hernia repair. Hernia 21:941–949

Timmermans L, Deerenberg EB, Lamme B (2014) Parastomal hernia is an independent risk factor for incisional hernia in patients with end colostomy. Surgery 155:178–183

# Keyhole-Netz und offene Sugarbaker-Technik bei der Reparation parastomaler Hernien

*René Fortelny und Walter Brunner*

**Inhaltsverzeichnis**




U. A. Dietz et al. (Hrsg.), *Offene Hernienchirurgie,*
https://doi.org/10.1007/978-3-662-61348-1_25

Die ideale Versorgung von parastomalen Hernien (PSH), sei es in offener oder in laparoskopischer Technik, steht trotz der Existenz von randomisierten kontrollierten Studien und Reviews nach wie vor zur Diskussion. Wie schon in der einleitenden Übersicht ausführlich dargestellt (s. ► Kap. 24), scheint die Netzprophylaxe bei permanenter Stomaanlage mit hoher Evidenz unbestritten die erste Wahl zur Vermeidung von PSH zu sein. Die Wahl des Netzes und die Position sind sowohl für die Prävention als auch für die Therapie von entscheidender Bedeutung. Prinzipiell stehen zur Versorgung des parastomalen Defektes zwei netzverstärkende Verfahren zur Verfügung: einerseits das Keyhole-Netzverfahren und andererseits das Sugarbaker-Verfahren. Beide Methoden können in offener wie auch laparoskopischer Technik durchgeführt werden. Das Keyhole-Netz ist mit einer zentralen Öffnung des Netzes zum Durchtritt des auszuleitenden Darmanteils definiert. Diese zentrale Öffnung wird entweder durch zirkulären Ausschnitt oder – wie überwiegend in der Literatur beschrieben – mittelskreuzförmigen Netzeinschnittes dem Durchmesser des Darmes angepasst. Dieser Umstand ist bereits ein viel diskutierter Schwachpunkt der Keyhole-Technik hinsichtlich der Prädilektionsstelle für das Auftreten von Rezidiven am zirkulären Netzrand. Die erste Beschreibung der netzgestützten Reparation einer PSH erfolgte 1977 von John Rosin und Renato Bonardi aus Baltimore und erfolgte mittels Marlex Mesh in Onlay-Position (Rosin 1977).

#### ▪ Keyhole-Onlay-Verfahren

Bei dieser Technik wird nach ausreichender epifaszialer Dissektion des subkutanen Fettgewebes im Bereich des parastomalen Defektes zunächst der Bruchsack präpariert und abgetragen und die Durchtrittsstelle im Bereich der Externusaponeurose mittels nichtresorbierbarer Nähte auf den Durchmesser des auszuleitenden Darmes verkleinert bzw. adaptiert. Die Öffnung für den stomatragenden Darm sollte in aller Regel nicht mehr als 2 cm im Durchmesser betragen. Zur Onlay-Netzverstärkung sind zwei unterschiedliche Netztechniken möglich. Ohne komplette Auslösung des Stomas aus dem Haut-, Subkutis- und Rektus-muskulären Bereich wird das Netz geschlitzt und um den Stoma-anteiligen Darmbereich gelegt. Die alternative Technik besteht in einem kompletten Auslösen des Stomas aus dem Haut- und Subkutisbereich und weiterer Mobilisation, eventuell mit Nachkürzung des Darmes mittels Linearstapler zur besseren Übersichtlichkeit. Danach folgt die Platzierung eines nichtresorbierbaren, makroporösen, synthetischen Netzes mit zentraler Öffnung und anschließender Durchzug des Stomaanteiles. Die Netzfixation kann mit resorbierbaren Nähten oder auch durch transporöse Klebung durchgeführt werden. Die Größe des Netzes sollte eine allseitige, dem Defektverschluss entsprechende Abdeckung von zumindest 5 cm gewährleisten. Somit sollte die Netzgröße nicht unter 15×15 cm gewählt werden. Ein subkutane Drainage empfiehlt sich aufgrund der erhöhten Serominzidenz dieser Netzposition. Diese impliziert im Vergleich zur *Retrorectus*-Position auch ein erhöhtes Infektionsrisiko.

#### ▪ Keyhole-*Retrorectus*-Verfahren

Die retromuskuläre Keyhole-Netzverstärkung ist das weitaus häufigere und etabliertere Verfahren. Sämtliche Vorteile der retromuskulären Netzlage, bekannt aus der Stoppa-Rives-Technik, inklusive der potenziellen Erweiterung der lateralen Netzabdeckung in Kombination mit der posterioren Komponentenseparation (TAR) stehen hier zur Verfügung. Die Präparation und Dissektion der hinteren Rektusscheide erfolgt über einen Mittellinienschnitt bzw. Laparotomie. Auch in diesem Fall besteht primär die Möglichkeit, das Stoma komplett aus der Bauchdecke auszulösen, potenziell nachzuresezieren bzw. abzustaplen und den Bruchsack abzutragen. Die Alternative besteht darin, das Stoma wie bereits im Onlay-Verfahren beschrieben in situ zu belassen. Nach adaptierender Versorgung der Stomadurchtrittsstelle mit nichtresorbierbaren Nähten wird ein makroporöses, nichtresorbierbares synthetisches Netz auf das hintere Blatt der Rektusscheide platziert und mit einzelnen, resorbierbaren Nähten fixiert (s. ◘ Abb. 25.1). Die gewählte Netzgröße ist auch hier – abhängig vom parastomalen Defekt – von entscheidender Bedeutung. Da die rein retromuskuläre Dissektionsfläche bei größeren Defekten hinsichtlich der lateralen Netzabdeckung insuffizient sein kann, ist in diesen Fällen eine posteriore Komponentenseparation in TAR-Technik in Betracht zu ziehen. Dadurch ist eine ausreichende netzverstärkende Überlappung auch im lateralen Segment vorhanden. Zur Vermeidung einer zugangsbedingten Narbenhernie der Mittellinie sollte darüber hinaus die Netzüberlappung auch in den kontralateralen, retromuskulären Bereich geführt werden (Kasperk et al. 2000). Die Versorgung des *Retrorectus*- bzw. extraperitonealen Raumes sollte zur Serom- und Hämatomprophylaxe mittels Sogdrainage fakultativ erfolgen.

Zur intraperitonealen netzbasierten Versorgung von parastomalen Hernien stehen zwei Techniken zur Verfügung: das Keyhole-Verfahren und die Sugarbaker-Methode.

#### ▪ Keyhole-IPOM-Verfahren

Die Versorgung von PSH mit Keyhole-ähnlichen konfigurierten Polypropylennetzen wurde 1998 von Morris-Stiff beschrieben. Die angeführten hohen

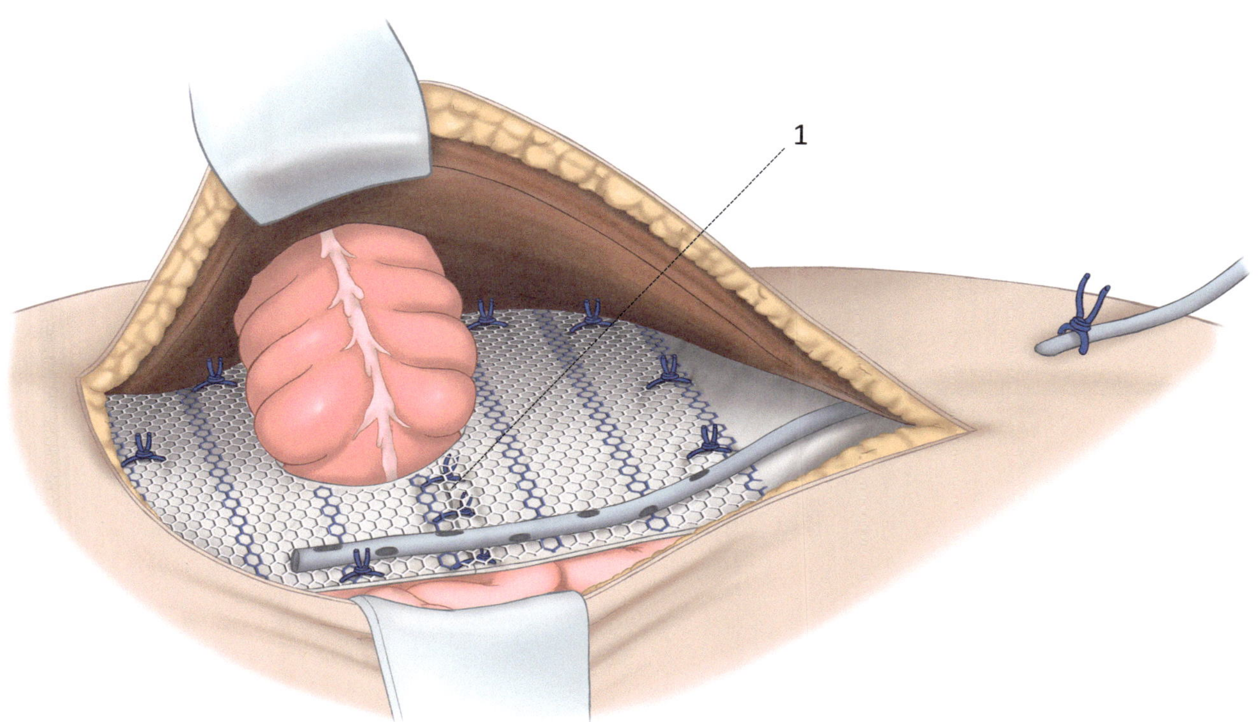


**Abb. 25.1** Keyhole-Netzimplantation in *Retrorectus*-Position; es wird ein planes großporiges, nichtresorbierbares Netz empfohlen. Je nach Größe der Bruchlücke muss diese mit Nähten adaptiert werden *1*). Die Einlage einer subkutanen Drainage ist fakultativ

Komplikationsraten (29 % Rezidivrate, Adhäsionen 57 %, Abszesse 15 %) waren offensichtlich dem Netztyp geschuldet (Morris-Stiff 1998). 2005 berichtete van Sprundel über die Verwendung von ePTFE-Netzen (DualMesh). in Keyhole-Technik mit 2,5 % Rezidiven (2/16) nach im Mittel 29 Monaten Follow-up und ohne netzassoziierte Komplikationen (van Sprundel 2005). Aufgrund der in den folgenden Jahren publizierten hohen Rezidivraten der laparoskopisch mittels Keyhole-Netz versorgten PSH wird diese Methode weder laparoskopisch noch offen empfohlen (Hansson et al. 2012).

Eine Sonderform der offenen Versorgung von PSH besteht im Einsatz eines 3D-tunnelförmigen IPOM-Netzes (IPST-Verfahren, s. auch Abb. 24.1). Dieses Netz ermöglicht die Kombination einer homolateralen Stomamobilisation mit Reinsertion des Stomas an gleicher Stelle nach Durchleitung des Stomadarmes durch den elastischen 3D-Tunnel. Im Unterschied zu den Keyhole-Netzen weist dieses 3D-Tunnelnetz keine Schwachstelle des Netzrandes auf und verhindert darüber hinaus einen potenziellen Stomaprolaps (Fischer et al. 2017). Bei Kombination von PSH und medianen Narbenhernien ist dieses Netz mit kontralateraler Überlappung in der Größe von 25×25 cm ideal einsetzbar.

## Offene Sugarbaker-Technik

Paul Sugarbaker aus Bethesda in Maryland beschrieb 1985 erstmals seine intraperitoneale Netzabdeckung der Stomaregion bei parastomalen Hernien (Sugarbaker 1985). Das IPOM-Netz. dient als Bridging Repair des parastomalen Herniendefektes mit allen Vorteilen der intraperitonealen Netzlage hinsichtlich des Infektionsrisikos und unter Erhaltung der Bauchdeckenschichten sowie einer netzassoziierten Tunnelbildung für den lateralisierten Stomaschenkel. Potenzielle Nachteile sind in erster Linie die zu geringe laterale Abdeckung und eine Obstruktionsgefährdung an der Tunneleintrittsstelle des Darmes zwischen Netz und Peritoneum. Nach medianer Laparotomie und Adhäsiolyse von Darm- und Netzanteilen am parastomalen Bruchsack sollte analog der Keyhole-Technik die Stomaöffnung auf den Durchmesser des auszuleitenden Darmes adaptiert bzw. verengt werden. Dies ist ein wesentlicher Schritt, da eine alleinige Netzüberdeckung mit hohen Rezidivraten verbunden ist. Bei Vorliegen von großen parastomalen Hernien und zusätzlich bestehenden Narbenhernien der Mittellinie ist auf eine adäquate Abdeckung mit großen Netzen, die über die Mittellinie reichen, wie bereits von Sigmar Stelzner 2004 beschrieben, zu achten (Stelzner et al. 2004). Die Netzfixation sollte mit

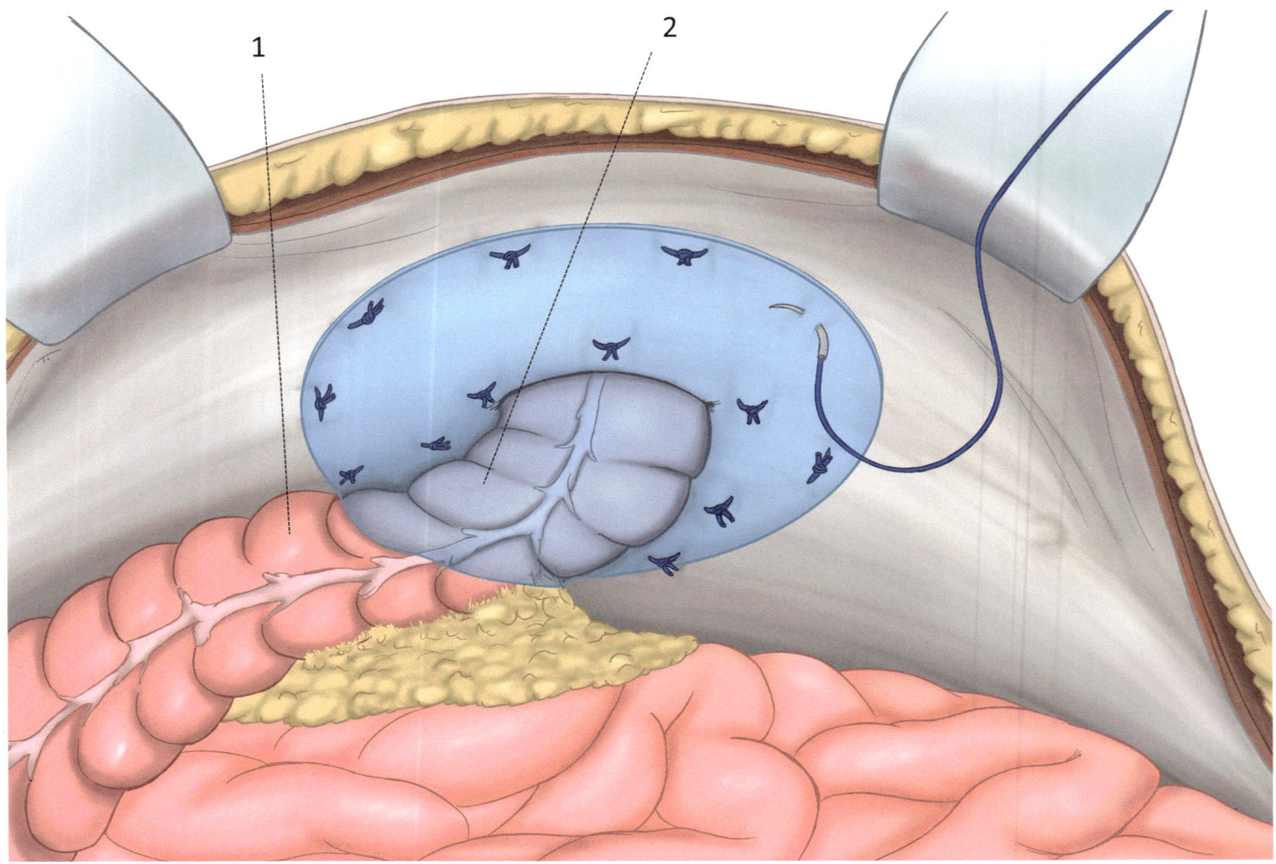


**Abb. 25.2** Intraperitoneale Versorgung der parastomalen Hernie nach Sugarbaker. Hier werden Netze für intraperitoneale Anwendung implantiert. *1)* Der Darm wird lateralisiert und über ca. 8 cm an die laterale Bauchdecke gebracht. *2)* Das Netz hält den Darm lateral an der Bauchwand und bildet einen Tunnel, welcher vor einem Rezidiv an der Stomaaustrittsstelle schützt und den teleskopartigen Prolaps des Darmes verhindert; die Bruchpforte ist von allen Seiten unterfüttert

Nähten bzw. in Kombination mit Tackern erfolgen (Abb. 25.2).

Eine weitere Alternative stellt die kombinierte Keyhole- und Sugarbaker-Technik („Sandwich-Technik“) von Dieter Berger dar (Berger 2007). Diese Technik, die allerdings bis dato vorzugsweise laparoskopisch eingesetzt wurde, impliziert die Verwendung von 2 IPOM-Netzen, die auch kritisch in Bezug auf die Menge des eingebrachten Fremdmaterials gesehen werden müssen. Eine weitere potenzielle Gefahrenquelle ist eine Keyhole-Netz-assoziierte Stenose oder Erosion des Stomaanteiles.

Die Frage nach einer optimalen offenen Versorgung von parastomalen Hernien wird in den Leitlinien der EHS (Key Question 7) aufgrund insuffizienter Evidenz mit keiner Empfehlung für ein spezielles Verfahren beantwortet (Antoniou et al. 2018). Somit bleibt letztendlich in erster Linie die evidenzbasierte Empfehlung der Vorbeugung von PSH mit dem Einsatz eines prophylaktischen Netzes bei der permanenten Stomaanlage.

## 25.1 Kommentar der Herausgeber: Bildgebende Untersuchungstechniken für die OP-Planung

Die aktuelle europäische Leitlinie zur Versorgung parastomaler Hernien empfiehlt aufgrund der fehlenden ausreichenden Evidenz keine routinemäßige Bildgebung. Allerdings kann in unklaren Fällen eine Bildgebung die Diagnosestellung untermauern (Antoniou et al. 2018). Generell gilt die klinische Untersuchung als sensitiv und spezifisch. Für eine Bildgebung wird in der Literatur zum einen die Durchführung einer Computertomografie sowie ein dreidimensionaler Ultraschall diskutiert (Nasvall et al. 2014; Janes 2011; Moreno-Matias et al. 2009).

Moreno-Matias beschrieb in diesem Zusammenhang eine Klassifikation für parastomale Hernien in der Computertomografie. Hierbei wird „0“ als „normal“ klassifiziert; „I“ als „die parastomale Hernie enthält eine Darmschlinge, welche zum Stoma führt“; „II“

als „die parastomale Hernie enthält Omentum"; „III" als „die parastomale Hernie enthält eine vom Stoma unabhängige Darmschlinge".

Klinisch zeigt sich eine klare Korrelation mit der Symptomatik des Patienten und Detektierbarkeit der Hernie in der klinischen Untersuchung mit steigender Klassifikation, wobei nahezu alle Patienten mit einer Typ-III-Hernie symptomatisch waren (Moreno-Matias et al. 2009). Wird eine CT zur weiteren Diagnostik durchgeführt, sollte diese in Bauchlage des Patienten erfolgen, was die Interobserver-Variabilität reduziert (Janes 2011).

In einer schwedischen Studie wurde die Sensitivität einer Computertomografie mit einer intrastomalen 3D-Endosonografie verglichen. Als Referenz diente der intraoperative Befund. Hierbei zeigte sich, dass sowohl CT als auch Endosonografie eine hohe Sensitivität und Spezifität aufweisen. Die Autoren schlussfolgern hieraus, dass die Endosonografie eine einfache, kostengünstige und strahlenfreie Alternative zur CT darstellt, speziell um eine Hernierung von einem Bulging differenzieren zu können (Nasvall et al. 2014).

Zusammengefasst sind die klinische Untersuchung sowie die Beschwerdesymptomatik des Patienten führend für die Diagnosestellung.

## Literatur

Antoniou SA, Agresta F, Garcia Alamino JM, Berger D, Berrevoet F, Brandsma HT, Bury K, Conze J, Cuccurullo D, Dietz UA, Fortelny RH, Frei-Lanter C, Hansson B, Helgstrand F, Hotouras A, Jänes A, Kroese LF, Lambrecht JR, Kyle-Leinhase I, López-Cano M, Maggiori L, Mandalà V, Miserez M, Montgomery A, Morales-Conde S, Prudhomme M, Rautio T, Smart N, Śmietański M, Szczepkowski M, Stabilini C, Muysoms FE (2018) European Hernia Society guidelines on prevention and treatment of parastomal hernias. Hernia 22:183–198

Berger D, Bientzle M (2007) Laparoscopic repair of parastomal hernias: a single surgeon's experience in 66 patients. Dis Colon Rectum. 1668–1673.

Fischer I, Wundsam H, Mitteregger M, Köhler G (2017) Parastomal Hernia repair with a 3D funnel intraperitoneal mesh device and same-sided stoma relocation: results of 56 cases. World J Surg 41:3212–3217

Hansson BM, Slater NJ, van der Velden AS, Groenewoud HM, Buyne OR, de Hingh IH, Bleichrodt RP (2012) Surgical techniques for parastomal hernia repair: a systematic review of the literature. Ann Surg 255:685–695

Kasperk R, Klinge U, Schumpelick V (2000) The repair of large parastomal hernias using a midline approach and a prosthetic mesh in the sublay position. Am J Surg 179:186–188

Moreno-Matias J, Serra-Aracil X, Darnell-Martin A, Bombardo-Junca J, Mora-Lopez L, Alcantara-Moral M, Rebasa P, Ayguavives-Garnica I, Navarro-Soto S (2009) The prevalence of parastomal hernia after formation of an end colostomy. A new clinico-radiological classification. Colorectal Dis 11:173–177

Morris-Stiff G, Hughes LE (1998) The continuing challenge of parastomal hernia: failure of a novel polypropylene mesh repair. Ann R Coll Surg Engl 80:184–187

Nasvall P, Wikner F, Gunnarsson U, Rutegård J, Strigård K (2014) A comparison between intrastomal 3D ultrasonography, CT scanning and findings at surgery in patients with stomal complaints. Int J Colorectal Dis 29:1263–1266

Rosin JD, Bonardi RA (1977) Paracolostomy hernia repair with Marlex mesh: a newtechnique. Dis Colon Rectum 20:299–302

Stelzner S, Hellmich G, Ludwig K (2004) Repair of paracolostomy hernias with a prosthetic mesh in the intraperitoneal onlay position: modified Sugarbaker technique. Dis Colon Rectum 185–191.

Sugarbaker PH (1985) Peritoneal approach to prosthetic mesh repair of paraostomy hernias. Ann Surg 201:344–346

Van Sprundel TC, Gerritsen van der Hoop A (2005) Modified technique for parastomal hernia repair in patientswith intractable stoma care problems. Colorectal Dis 7:445–449

# Prophylaxe parastomaler Hernien mit Netz

*René Fortelny*

## Inhaltsverzeichnis




U. A. Dietz et al. (Hrsg.), *Offene Hernienchirurgie*,
https://doi.org/10.1007/978-3-662-61348-1_26

Das Auftreten von parastomalen Hernien wird in der Literatur mit 30–50 % angegeben (López-Cano et al. 2017). In einer prospektiven Studie konnten Pilgrim et al. unabhängig von der Elektiv- oder Akutversorgung und der primären Indikation zur Stomaanlage eine kumulative parastomale Hernienrate von 33 % nach einem medianen Follow-up von 14 Monaten nachweisen (Pilgrim et al. 2010). In der multivarianten Analyse fanden sich als prädiktive Risikofaktoren für das Auftreten von parastomalen Hernien das Alter (mit 4 % Zunahme pro Jahr) sowie die Größe der Stomaanlage (mit Zunahme von 10 % für jeden zusätzlichen Millimeter). Die Anlage einer Kolostomie war im Vergleich zur Ileostomie ebenfalls mit einem signifikant erhöhten Risiko behaftet (46 % vs. 22 %). Als weitere tendenzielle, aber nicht signifikante Risikofaktoren konnten BMI über 35 kg/m², Diabetes, Prostatahypertrophie, Aszites und chronische Obstipation selektioniert werden (Pilgrim et al. 2010). In einer weiteren retrospektiven Studie zeigte sich eine kumulative 5-Jahresinzidenzrate von 37 % für parastomale Hernien. Die multivariate Analyse ergab ein signifikant erhöhtes Risiko für das weibliche Geschlecht, Alter über 60 Jahre, BMI über 25 kg/m² und Hypertonie (Sohn et al. 2012).

Das potenzielle Risiko von Stomakomplikationen nach Anlage einer Kolostomie – wie Bulging, abdominelles Unwohlsein, Schmerzen, Obstipation, Inkarzeration, Ileus und parastomale Herniation – muss in einem Gesamtzeitrahmen von über 20 Jahren gesehen, beurteilt und kalkuliert werden (Londono-Schimmer et al. 1994). Die Verbesserung der Lebensqualität betroffener Patienten sollte daher primäres Ziel unserer Bemühungen sein. Die Zunahme der Inzidenz von Patienten, die eine parastomale Hernienkomplikation erleiden, ist einerseits durch das Ansteigen von Risikofaktoren wie Adipositas, andererseits auch durch die demografisch bedingte Zunahme von chirurgisch therapierbaren kolorektalen Karzinomen pro futuro zu erwarten. Dies führt unweigerlich zur Fragestellung der Vermeidung parastomaler Hernien durch prophylaktische Netzimplantation im Rahmen primärer permanenter Stomaanlagen. In den Leitlinien der Europäischen Hernien-Gesellschaft (EHS) zur Therapie und Prophylaxe parastomaler Hernien werden alle offenen und laparoskopischen Techniken der Prävention umfassend abgehandelt (Antoniou et al. 2018). Dieses Kapitel fokussiert auf die prophylaktische Netzeinlage in offener Technik.

### ■ Netzprophylaxe

Seit der ersten randomisierten kontrollierten Studie der schwedischen Gruppe um Israelsson mit prophylaktischer Netzimplantation in einer *Retrorectus*- bzw. *Retromuscular*-Position, die aus ethischen Gründen aufgrund der hohen parastomalen Hernienrate der netzfreien Gruppe abgebrochen werden musste, sind zahlreiche Studien mit unterschiedlichen Techniken und Netzpositionen publiziert worden (Jänes et al. 2004, 2009). Prinzipiell sind nahezu alle Techniken der prophylaktischen Netzimplantation, die in der Literatur beschrieben werden, auch mit offenem Zugang anwendbar. Die am häufigsten angewendete Technik bei offenem Verfahren ist die Implantation im *Retrorectus*-Bereich.

### ■ Techniken

*Onlay*-Netz
Die prophylaktische Netzverstärkung in Onlay-Technik wurde 2006 aus Dänemark von Görgenur et al. publiziert. Für diese Technik wurde ein spezielles, sternenförmiges Polypropylennetz mit einem zentralen Keyhole verwendet (Pianka et al. 2017).

*Retrorectus*-Netz
Die sog. klassische Technik der offenen prophylaktischen Netzpositionierung liegt im *retrorektalen* Bereich (ehemals Sublay, s. ◻ Tab. 19.1). Der Dissektionsbereich erstreckt sich rund um die transrektal-muskuläre Stomaöffnung und wird durch die Breite der Rektusloge limitiert (Jänes et al. 2009) (s. auch ◻ Abb. 25.1).

3D-Tunnelförmiges IPOM-Netz
Eine weitere Methode, die sich nicht nur für die laparoskopische, sondern auch hervorragend für die offene Technik eignet, ist die Verwendung eines speziellen dreidimensionalen intraperitoneales Stomanetzes (IPST), das mit einem zentralen zylindrischen Tunnelanteil den ausführenden Darmanteil umgibt und somit eine komplette Abdichtung der Stomastelle parietalseitig bewirkt. Zusätzlich kann mit diesem Tunnel effizient einem drohenden Stomaprolaps prophylaktisch entgegengewirkt werden (Berger 2008; Köhler et al. 2016) (s. auch ▶ Kap. 24, ◻ Abb. 24.1).

SMART (Stapled Mesh Stoma Reinforcement Technique)
Eine neue Technik unter Verwendung von Zirkulärstaplern zur netzverstärkten Stomaanlage steht ebenfalls zur Prophylaxe von parastomalen Hernien zur Verfügung [12].

### ■ Ergebnisse

Der längste Nachbeobachtungzeitraum aller randomisierten kontrollierten Studien zur parastomalen Netzprophylaxe betrug 5 Jahre und wurde von Israelsson

2009 publiziert (Jänes et al. 2009). In der mit prophylaktischem Netz in *Retrorectus*-Position versorgten Gruppe wurden in 13,3 % der Fälle parastomale Hernien im Vergleich zu 80,9 % in der Kontrollgruppe detektiert (p < 0,01). Komplikationen wie Fistulationen und Strikturen wurden in der Netzgruppe nicht beobachtet, auch musste keines der Netze explantiert werden. Seit dem letzten Review zum prophylaktischen Netzeinsatz bei Stomaanlage von Pianka et al. aus dem Jahr 2017, in dem 8 randomisierte, 2 prospektiv kontrollierte und 1 retrospektive Studie eingeschlossen wurden, sind 3 neue randomisierte kontrollierte Studien und eine prospektiv-kontrollierte Studie erschienen (◘ Tab. 26.1). Die Metaanalyse von Pianka et al. mit Einschluss von 410 randomisierten und 242 nichtrandomisierten Patienten ergab für die 8 randomisierten kontrollierten Studien signifikante Vorteile für die prophylaktische Netzgruppe bezüglich des Auftretens parastomaler Hernien (Pianka et al. 2017). Hingegen konnte diese Überlegenheit in den nichtrandomisierten Studien nicht nachgewiesen werden. In Bezug auf das Auftreten von Stomanekrosen, Strikturen und Infektionen gab es keinen signifikanten Unterschied zwischen netzverstärkter und konventioneller Stomaanlage.

Die Anwendung von 3D-tunnelförmigen IPOM-Netzen wurde in prospektiven Studien von Berger sowie von Köhler et al. mit geringer parastomaler Hernienrate publiziert (Berger 2008; Köhler et al. 2016).

In einem 2018 veröffentlichten Cochrane Review von Jones et al. zur Netzprophylaxe bei Stomaanlage wurden 10 randomisierte kontrollierte Studien mit insgesamt 771 Patienten eingeschlossen (Jones et al. 2018). Die parastomale Hernienrate war für die Netzgruppe mit 21,7 % im Vergleich zu 40,6 % für die netzfreie Gruppe signifikant niedriger. Zu berücksichtigen ist allerdings eine moderate Heterogenität der eingeschlossenen Studien. Die Analyse der Reoperationsrate, die Operationszeit des Indexeingriffes, die stationäre Liegedauer, die stomaassoziierte Infektionsrate sowie das postoperative „Quality of Life Outcome" zeigt im Vergleich der beiden Gruppen keinen signifikanten Unterschied. Die Subgruppenanalyse zwischen offener und laparoskopischer Netzprophylaxe schloss 2 laparoskopische Studien und 6 Studien mit offener Netzimplantation ein. Der direkte Vergleich der Reduktion der parastomalen Hernienrate war für die offenen Verfahren von signifikantem Vorteil gegenüber der laparoskopischen Technik. Die Gegenüberstellung der Netzposition extra- versus intraperitoneal erbrachte in Bezug auf das Auftreten parastomaler Hernien in einer weiteren Subgruppenanalyse ebenfalls signifikante Vorteile für die extraperitoneale Position (Jones et al. 2018).

Eine neue Methode, die Stapled Mesh Stoma Reinforcement Technique (SMART), wurde erstmals von Williams et al. vorgestellt (Williams et al. 2015). Bisher wurden 3 prospektiv-kontrollierte Studien mit signifikanten Vorteilen für die SMART-Gruppe publiziert. Die Datenlage lässt allerdings eine endgültige Beurteilung dieser Technik noch nicht zu (Williams et al. 2015; Canda et al. 2018; Ng et al. 2017).

Zusammenfassend sind in den Analysen des Cochrane-Review wie auch der EHS-Leitlinien die signifikanten Vorteile der prophylaktischen Netzverstärkung bei Kolostomieanlage – ohne Risiko für netzassoziierte Komplikationen – auf hohem Evidenzlevel abgesichert. Die besten Resultate bezüglich der Vermeidung von parastomalen Hernien sind in der Subgruppenanalyse des Cochrane Review nach offener Netzverstärkung mit extraperitonealer *Retrorectus*-Netzlage zu sehen (Jones et al. 2018).

**◘ Tab. 26.1** Randomisierte kontrollierte Studien zur Fragestellung der Effektivität eines prophylaktischen synthetischen Netzes zur Vorbeugung parastomaler Hernien

| Autor | Patienten (N) Studie/Kontrolle | Netz | Outcome | Follow-up Monate (Median) | PSH Studie/Kontrolle |
|---|---|---|---|---|---|
| Jänes et al. (2009) | 54<br>27vs.27 | PG/PP | Klinisch | 65 | 13 %/80 % |
| Lambrecht et al. (2015) | 58<br>32vs.26 | PP | Klinisch, CT | 40 | 6 %/46 % |
| Brandsma et al. (2017) | 150<br>75vs.75 | PP | Klinisch, CT | 24 | 4,5 %/24,2 % |
| Odensten (2019) | 232<br>114vs.118 | PP | Klinisch, CT | 24 | 32 %/30 % |
| Serra-Aracil et al. (2009) | 54<br>27vs.27 | PG/PP | Klinisch, CT | 29 | 14,8 %/40,7 % |

In allen Studien wurden die Netze in *Retrorectus*/Sublay-Position implantiert
PP = Polypropylen, PG = Polyglactin

▪ **Netzmaterialien**

Die Diskussion bezüglich der Wahl des Netzimplantates bei Stomaanlage im kontaminierten Operationssitus der Stomaanlage (CDC-Klassifikation[1] Grad III) ist nach wie vor aktuell. Im Rahmen der vorliegenden Studien kamen fast ausschließlich Netzmaterialien aus Polypropylen mit großporiger Struktur zur Anwendung (Pianka et al. 2017). Netzassoziierte Komplikationen wie Infektionen, Strikturen, Migrationen wurden bei der prophylaktischen Implantation permanent synthetischer Netze nicht beschrieben, sodass für diese Netzgruppe eine hohe Sicherheit der Anwendung evident ist. Die in diesem Zusammenhang im Raum stehende Frage der Kosteneffektivität des prophylaktischen Netzeinsatzes kann auf Basis einer Metaanalyse als durchaus positiv und kosteneffektiv bei Verwendung von synthetischen Netzen beantwortet und dem Kostenträger gegenüber argumentiert werden (Findlay et al. 2018).

Die Verwendung von biologischen Materialien zeigt unterschiedliche Ergebnisse. Wie in der Zusammenfassung der Leitlinien der Europäischen Herniengesellschaft dargestellt, ist zurzeit aufgrund mangelnder Evidenz keine bzw. noch keine Empfehlung zum prophylaktischen Einsatz biologischer Netze abzuleiten (Antoniou et al. 2018; Fortelny et al. 2015).

▪ **Zusammenfassung**

In Anbetracht der aktuellen Evidenzlage auf Basis der publizierten Metaanalysen und den Leitlinien der EHS besteht die hochgradige Empfehlung zur prophylaktischen Netzeinlage im Rahmen einer permanenten Dickdarmstomaanlage. Aufgrund der existierenden Datenlage ist die Netzprophylaxe in *Retrorectus*-Position unter Verwendung von permanent synthetischen Netzmaterialien zu bevorzugen (Antoniou et al. 2018; Jones et al. 2018). Für die Anlage von Ileostomien sowie für den prophylaktischen Einsatz von biologischen bzw. bioresorbierbaren Netzmaterialien können derzeit keine evidenzbasierten Empfehlungen gegeben werden (Antoniou et al. 2018).

## 26.1 Kommentar der Herausgeber: Die EHS-Leitlinien

Die von der Europäischen Hernien-Gesellschaft 2018 publizierte „Clinical Practice Guideline" ist aktuell die einzige internationale Empfehlung zur Prophylaxe und Therapie parastomaler Hernien (Antoniou et al. 2018). Die Leitlinie wurde von Experten aus 14 europäischen Ländern erarbeitet und im Rahmen des 38ten Kongresses der „European Hernia Society Congress" evaluiert. Insgesamt wurden 12 klinisch relevante Fragen formuliert und anhand der Literatur zu beantworten versucht. Zudem wurde versucht, eine Graduierung der Empfehlung zu formulieren. Im Folgenden wird eine Zusammenfassung der Antworten wiedergegeben:

1. Die Inzidenz parastomaler Hernien ist unbekannt. Es wird eine Inzidenz von 30 % nach einem Jahr angenommen, welche im weiteren Verlauf zunimmt.
2. Die Inzidenz parastomaler Hernien ist bei endständigen Stomata höher als bei doppelläufigen Stomata.
3. Es gibt aktuell keine einheitliche Klassifikation für parastomale Hernien.
4. Die Diagnose einer parastomalen Hernie erfolgt primär klinisch, kann aber durch bildgebende Verfahren unterstützt werden.
5. Es gibt keine Evidenz für Watchful Waiting bei parastomalen Hernien.
6. Es besteht keine Evidenz für spezifische operative Verfahren im Rahmen der Stomaanlage ohne Netzimplantation (z. B. anatomische Lokalisation des Stomas).
7. Bei der Anlage eines endständigen Kolostomas soll zur Verhinderung einer parastomalen Hernie ein Netz eingebracht werden. Hierfür besteht eine hohe Evidenz und eine starke Empfehlung. Zum Einsatz von prophylaktischen Netzen bei Ileostomata gibt es keine Evidenz.
8. Parastomale Hernien sollen mit Netzimplantation versorgt werden. Der alleinige Nahtverschluss ist insuffizient. Hierzu besteht Evidenz, die Empfehlung wird als stark angegeben.
9. Es ist unklar, ob ein laparoskopisches Reparaturverfahren dem offenen Verfahren gleichwertig ist.
10. Es gibt kein zu bevorzugendes offenes Operationsverfahren.
11. Für die laparoskopische Hernienversorgung wird präferenziell die Verwendung eines Netzes ohne Loch empfohlen.
12. Es gibt keine Evidenz für die Nutzung einer spezifischen Netzart.

**Wichtig**

Die Evidenz nur für die prophylaktische Netzimplantation im Rahmen eines endständigen Kolostomas ist gut und hier besteht eine klare Empfehlung für das Netz (Antoniou et al. 2018).

Im Rahmen der Versorgung einer parastomalen Hernie soll eine Netzverstärkung erfolgen, obwohl für diese Empfehlung die Datenlage gering ist (Antoniou et al. 2018).

1 Centers for Disease Control and Prevention (CDC) (USA). Die OP-Wunden wurden in 4 Kontaminationsgrade eingeteilt: I) sauber (aseptisch); II) sauber-kontaminiert; III) kontaminierter Eingriff; IV) infizierter Eingriff.

## Literatur

Antoniou SA, Agresta F, Garcia Alamino JM, Berger D, Berrevoet F, Brandsma HT, Bury K, Conze J, Cuccurullo D, Dietz UA, Fortelny RH, Frei-Lanter C, Hansson B, Helgstrand F, Hotouras A, Jänes A, Kroese LF, Lambrecht JR, Kyle-Leinhase I, López-Cano M, Maggiori L, Mandalà V, Miserez M, Montgomery A, Morales-Conde S, Prudhomme M, Rautio T, Smart N, Śmietański M, Szczepkowski M, Stabilini C, Muysoms FE (2018) European hernia society guidelines on prevention and treatment of parastomal hernias. Hernia 22:183–198

Berger D (2008) Prevention of parastomal hernias by prophylactic use of a specially designed intraperitoneal onlay mesh (Dynamesh IPST). Hernia 12:243–246

Brandsma HT, Hansson BM, Aufenacker TJ, van Geldere D, Lammeren FM, Mahabier C, Makai P, Steenvoorde P, de Vries Reilingh TS, Wiezer MJ, de Wilt JH, Bleichrodt RP, Rosman C; Dutch Prevent Study group (2017) Prophylactic mesh placement during formation of an end-colostomy reduces the rate of parastomal Hernia: short-term results of the Dutch PREVENT-trial. Ann Surg 265:663–669

Canda AE, Terzi C, Agalar C, Egeli T, Arslan C, Altay C, Obuz F (2018) Preventing parastomal hernia with modified stapled mesh stoma reinforcement technique (SMART) in patients who underwent surgery for rectal cancer: a case-control study. Hernia 22:379–384

Findlay JM, Wood CPJ, Cunningham C (2018) Prophylactic mesh reinforcement of stomas: a cost-effectiveness meta-analysis of randomised controlled trials. Tech Coloproctol 22:265–270

Fortelny RH, Hofmann A, May C, Köckerling F, BioMesh Study Group (2015) Prevention of a parastomal hernia by biological mesh reinforcement. Front Surg 22:53 eCollection.

Jänes A, Cengiz Y, Israelsson LA (2004) Preventing parastomal hernia with a prosthetic mesh. Arch Surg 139:1356–1358

Jänes A, Cengiz Y, Israelsson LA (2009) Preventing parastomal hernia with a prosthetic mesh: a 5-year follow-up of a randomized study. World J Surg 33:118–121

Jänes A, Weisby L, Israelsson LA (2011) Parastomal hernia: clinical and radiological definitions. Hernia 15:189–192

Jones HG, Rees M, Aboumarzouk OM, Brown J, Cragg J, Billings P, Carter B, Chandran P (2018) Prosthetic mesh placement for the prevention of parastomal herniation. Cochrane Database Syst Rev 20:CD008905

Köhler G, Hofmann A, Lechner M, Mayer F, Wundsam H, Emmanuel K, Fortelny RH (2016) Prevention of parastomal hernias with 3D funnel meshes in intraperitoneal onlay position by placement during initial stoma formation. Hernia 20:151–159

Lambrecht JR, Larsen SG, Reiertsen O, Vaktskjold A, Julsrud L, Flatmark K (2015) Prophylactic mesh at end-colostomy construction reduces parastomal hernia rate: a randomized trial. Colorectal Dis 17:191–197

Londono-Schimmer EE, Leong AP, Phillips RK (1994) Life table analysis of stomal complications following colostomy. Dis Colon Rectum 37:916–920

López-Cano M, Brandsma HT, Bury K, Hansson B, Kyle-Leinhase I, Alamino JG, Muysoms F (2017) Prophylactic mesh to prevent parastomal hernia after end colostomy: a meta-analysis and trial sequential analysis. Hernia 21:177–189

Ng ZQ, Tan P, Theophilus M (2017) Stapled Mesh stomA Reinforcement Technique (SMART) in the prevention of parastomal hernia: a single-centre experience. Hernia 21:469–475

Odensten C, Strigård K, Rutegård J, Dahlberg M, Ståhle U, Gunnarsson U, Näsvall P (2019) Use of prophylactic mesh when creating a colostomy does not prevent parastomal Hernia: a randomized controlled trial-STOMAMESH. Ann Surg 269:427–431

Pianka F, Probst P, Keller AV, Saure D, Grummich K, Büchler MW, Diener MK (2017) Prophylactic mesh placement for the PREvention of paraSTOmal hernias: the PRESTO systematic review and meta-analysis. PLoS One 12:e0171548

Pilgrim CH, McIntyre R, Bailey M (2010) Prospective audit of parastomal hernia: prevalence and associated comorbidities. Dis Colon Rectum 53:71–76

Serra-Aracil X, Bombardo-Junca J, Moreno-Matias J, Darnell A, Mora-Lopez L, Alcantara-Moral M, Ayguavives-Garnica I, Navarro-Soto S (2009) Randomized, controlled, prospective trial of the use of a mesh to prevent parastomal hernia. Ann Surg 249:583–587

Sohn YJ, Moon SM, Shin US, Jee SH (2012) Incidence and risk factors of parastomal hernia. J Korean Soc Coloproctol 28:241–246

Williams NS, Hotouras A, Bhan C, Murphy J, Chan CL (2015) A case-controlled pilot study assessing the safety and efficacy of the Stapled Mesh stomA Reinforcement Technique (SMART) in reducing the incidence of parastomal herniation. Hernia 19:949–954

# Das offene Abdomen

Inhaltsverzeichnis

# Die offene Abdominalbehandlung

*Arnulf G. Willms und Robert Schwab*

## Inhaltsverzeichnis




U. A. Dietz et al. (Hrsg.), *Offene Hernienchirurgie*,
https://doi.org/10.1007/978-3-662-61348-1_27

Die offene Abdominalbehandlung (Synonym: Laparostoma) ist eine chirurgische Strategie zur Behandlung kritisch kranker Patienten mit unterschiedlichen schwerwiegenden intraabdominellen Pathologien. Sie ist definiert als ein bewusster Verzicht auf den Fasziënverschluss am Ende einer Laparotomie (Kirkpatrick et al. 2013). Grundsätzlich stellt ein Laparostoma damit die Maximalvariante einer iatrogenen ventralen Bauchwandhernie dar. Ziele der offenen Abdominalbehandlung sind es, durch eine verkürzte initiale Operation die operationsbedingte Sekundärschädigung zu minimieren und einen leichten Zugang für folgende Revisionen zu schaffen, um die Morbidität und Mortalität der Patienten zu reduzieren, deren systemische Kompensationsmechanismen grundlegend derangiert sind (Open Abdomen Advisory Panel et al. 2009; Sartelli et al. 2015; Dietz et al. 2021). In der Folge sind jedoch zwingend ein zweiter und nicht selten weitere operative Eingriffe notwendig. Damit stellt das Management des offenen Abdomens eine enorme Herausforderung dar. Patienten mit einem offenen Abdomen benötigen ein strukturiertes Therapiekonzept mit einer engen Verzahnung von Chirurgie und Intensivmedizin, um von den Vorteilen des Verfahrens zu profitieren. In Deutschland wird die offene Abdominalbehandlung in 94 % der chirurgischen Kliniken angewendet, allerdings im Median nur bei 5 Patienten pro Jahr und Klinik (Herrle et al. 2011).

### ▪ Diagnostik

Das diagnostische Vorgehen vor Einleitung einer offenen Abdominalbehandlung wird durch die zugrunde liegenden Erkrankungen oder Verletzungen vorgegeben, die die Indikation zum Laparostoma darstellen. Besteht der Verdacht auf ein begleitendes oder isoliertes abdominelles Kompartmentsyndrom (ACS), so ist die transvesikale Messung des intraabdominellen Drucks durchzuführen. Das ACS ist definiert als eine Kombination einer intraabdominellen Druckerhöhung von >20 mmHg mit einem gleichzeitigen Vorliegen mindestens einer neu aufgetretenen Organdysfunktion. Warnsymptome für die Entwicklung eines ACS sind nachstehend aufgeführt. Ein Zeitintervall von 4–6 h erscheint für repetitive intraabdominelle Druckmessungen zweckmäßig (Kirkpatrick et al. 2013; De Laet et al. 2008).

**Warnsymptome für die Entwicklung eines abdominellen Kompartmentsyndroms**

- Zunahme des Bauchumfangs
- Pralle und gespannte Bauchdecke
- Darmatonie/Ileussymptomatik
- Eingeschränkte Urinausscheidung
- Erhöhte Beatmungsdrücke

**Tab. 27.1** Klassifikation des offenen Abdomens nach Björck (Björck et al. 2016)

| Grad | Beschreibung |
|---|---|
| 1 | Keine Adhäsionen |
| 1A | Nicht kontaminiert, keine Adhäsionen |
| 1B | Kontaminiert, keine Adhäsionen |
| IC | Intestinale Leakage, keine Adhäsionen |
| 2 | Beginnende Adhäsionen |
| 2A | Nicht kontaminiert, beginnende Adhäsionen |
| 2B | Kontaminiert, beginnende Adhäsionen |
| 2C | Intestinale Leakage, beginnende Adhäsionen |
| 3 | Frozen Abdomen |
| 3A | Nicht kontaminiertes Frozen Abdomen |
| 3B | Kontaminiertes Frozen Abdomen |
| 4 | Etablierte enteroatmosphärische Fistel |

### ▪ Klassifikation und strategische Indikation

Das offene Abdomen wird nach Björck et al. in 4 Schweregrade klassifiziert (Tab. 27.1) (Björck et al. 2016). Die Morbidität und Mortalität nehmen grundsätzlich von Grad 1 bis Grad 4 zu.

Indikationen einer offenen Abdomenbehandlung sind die Reexploration zur erneuten Lavage bei der generalisierten Peritonitis, die geplante Reexploration im Rahmen von Damage-Control-Laparotomien beim Abdominaltrauma, vor allem in Verbindung mit einem abdominellen Packing, und die Behandlung und Prävention des abdominellen Kompartmentsyndroms (Coccolini et al. 2017).

Die sekundäre Peritonitis ist auf eine Hohlorganperforation oder eine postoperative Anastomoseninsuffizienz zurückzuführen. Im Zentrum des Behandlungskonzepts steht die chirurgische Fokussanierung (Sartelli et al. 2015; Dietz et al. 2012; Fortelny et al. 2014; Willms et al. 2015). Die Vorteile der offenen Abdominalbehandlung mit einer verkürzten Primäroperation wurden in einigen Studien untersucht und belegt (Stawicki et al. 2008).

Beim schwerem Abdominaltrauma ist die Anlage eines Laparostomas integraler Bestandteil der Damage-Control-Surgery (DCS) (Schwab 2004). Bei der DCS handelt es sich um ein mehrphasiges Konzept zur Stabilisierung von Schwersttraumatisierten. Die klinischen Faktoren, die bei der Entscheidung zum DCS helfen, sind in **der folgenden Übersicht** dargestellt.

**Triggerfaktoren für die Initiierung einer** Damage-Control-Surgery

- Hämodynamische Instabilität
- Multiple lebensgefährliche/penetrierende Verletzungen
- Schweres Lebertrauma/vergleichbares viszerales Trauma
- Hochgradiger Schockzustand
- ISS > 35
- pH art. < 7,2
- Serumlaktat > 5 mmol/l
- Koagulopathie (Gerinnungsdefizit, Thrombozyten < 50 %)
- Hypothermie (Körperkerntemperatur < 34° C)

Eine Traumalaparotomie nach den DCS-Prinzipien verfolgt daher das Ziel der Blutungs- und Kontaminationskontrolle. Es wird hierbei auf jedwede rekonstruktive Verfahren verzichtet (Ordoñez et al. 2011). Die Wiederherstellung der physiologischen Parameter („endpoints of resuscitation") kann nur erreicht werden, wenn es gelingt, die sog. tödlichen Triade („lethal triad") aus Azidose, Hypothermie und Koagulopathie zu durchbrechen (Smith et al. 2010). Die definitive Versorgung mit Entfernung des Packings, der anatomiegerechten Rekonstruktion und dem Verschluss eines beim Ersteingriff angelegten Laparostomas erfolgt frühestens 24–48 h nach der intensivmedizinischen Stabilisierung. Dieses Vorgehen konnte die Überlebensraten des schwersttraumatisierten Patienten signifikant verbessern (Brenner et al. 2011). Eine Alternative zum offenen Abdomen ist die On-Demand-Laparotomie (van Ruler 2007).

### ▪ Operationstechnik mit Tipps aus der Praxis für die Praxis

Folgende Anforderungen werden an das ideale Verfahren der offenen Abdominaltherapie gestellt: Protektion der Dünndarmserosa (Viszeralschutz), Verhinderung der Faszienretraktion und Sekretableitung (Open Abdomen Advisory Panel et al. 2009; Bruhin et al. 2014).

Integraler Bestandteil des Behandlungskonzeptes ist die Anwendung einer Sogtherapie (Vakuum): Der anliegende Sog bewirkt eine suffiziente Sekretableitung, reduziert das Ödem und verbessert die Mikroperfusion des Intestinums. Hinsichtlich der zu verwendenden Sogintensität gilt es einen Mittelweg zwischen einer möglichen Schädigung durch intensiven Sog und einer insuffizienten Sekretableitung zu finden. Es wird im Mittel ein kontinuierlicher Sog von 75–100 mmHg verwendet (Willms et al. 2017).

Da Serosaläsionen als Ausgangspunkt von Dünndarmfisteln gesehen werden, wurde die Behandlung der Darmoberfläche als entscheidender Schlüsselfaktor bei der Fistelprävention erkannt. Die Fistelinzidenz lässt sich durch Auflage einer inerten, nichthaftenden, perforierten Folie (Viszeralschutz) minimieren (Dubose 2010). Dadurch werden Adhäsionen zwischen Darm und Bauchwand bzw. zwischen Darm und Abdominalverband minimiert, und das Risiko für Serosaläsionen wird signifikant reduziert (Bruhin et al. 2014).

Der schnellstmögliche Faszienverschluss ermöglicht es, das Outcome zu verbessern und verfahrensassoziierte Komplikationen zu reduzieren. Ohne Gegenmaßnahme beginnt schon nach 3 Tagen des offenen Abdomens eine relevante Faszienretraktion (Willms et al. 2015). Daher werden in den letzten Jahren zunehmend Verfahren entwickelt, die eine Faszienretraktion verhindern (z. B. alloplastische resorbierbare und nichtresorbierbare Netze, Matratzennähte, das Klettverschlusssystem oder spezielle dynamische Anker-Systeme). Mit solchen Maßnahmen gelingt der primäre Verschluss der Linea alba nach Ende der intensiven Therapie des offenen Abdomens in bis zu 90 % der Fälle (Willms et al. 2016). Dadurch werden die teils monströsen ventralen Hernien, die komplexe rekonstruktive Eingriffe mit ausgeprägtem Risikoprofil erfordern, verhindert.

Der „Koblenzer Algorithmus" integriert alle 3 Therapieelemente in einem Gesamtkonzept, um Synergien zu erzielen, die in der Summe die Primärziele des Verfahrens schneller und suffizienter erreichen lassen (◘ Abb. 27.1).

### ▪ Praktische Hinweise zur Anwendung der offenen Abdominalbehandlung

Bei der Anlage des offenen Abdomens werden ein Viszeralschutz und ein subkutaner Schwamm mit Sog verwendet. Wichtig ist, dass das gesamte Intestinum vom Viszeralschutz umhüllt wird, um Kontakte zwischen subkutanem Schwamm und Darmserosa sowie zwischen Bauchwand und Darm zu vermeiden (◘ Abb. 27.2). Hierbei wird die Viszeralschutzfolie passend geschnitten und in das Abdomen eingebracht, sodass das gesamte Intestinum bis tief in die parakolischen Rinnen und in das kleine Becken bedeckt wird. Der Sogschwamm darf nicht in Kontakt zur Serosa kommen.

Die erste Reoperation mit Wechsel des Systems sollte abhängig von den systemischen Parametern des Patienten und der erwarteten Lokalsituation intraabdominell nach 48–72 h erfolgen. Sofern ein früher Primärverschluss nicht möglich erscheint, sollte dann eine Faszienstabilisierung über die Implantation eines

27

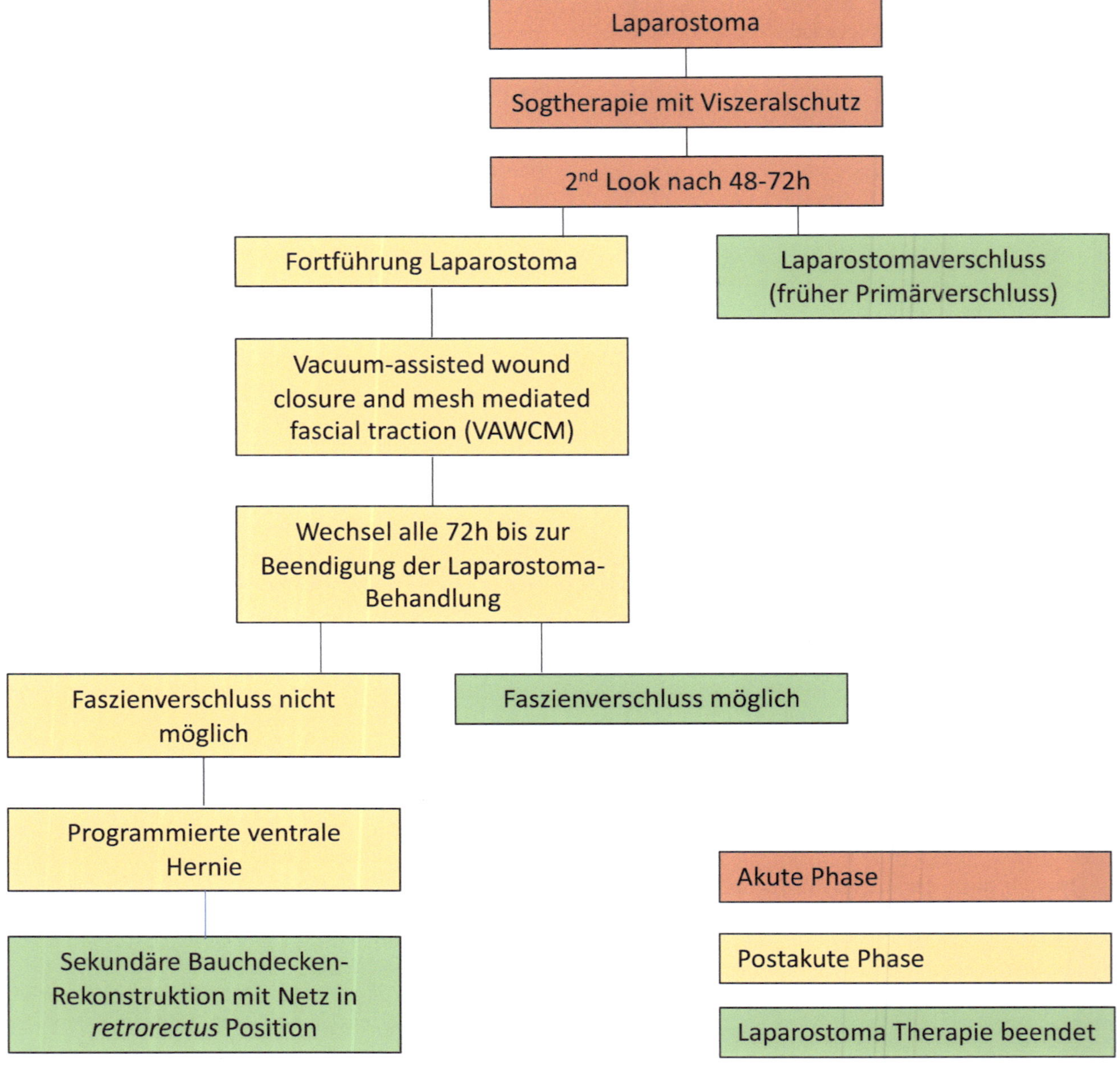


**Abb. 27.1** Koblenzer Algorithmus (Willms 2015)

Netzes initiiert werden (Willms et al. 2015; Petersson et al. 2007). Bei den folgenden Reoperationen wird dieses Netz längs eröffnet, der Viszeralschutz durch die entstehende Öffnung entfernt und die Revision durchgeführt. Dann wird das Netz bei jeder Revision sukzessive verkleinert und unter moderater Spannung mittels einer fortlaufenden Naht vernäht. Durch dieses Vorgehen lässt sich der Fasziendefekt mit jeder Revision kontinuierlich reduzieren. Nach Annäherung der Faszienränder und indizierter Beendigung der offenen Abdominalbehandlung wird das Netz entfernt und der Primärverschluss der Faszie mittels langsam resorbierbarer fortlaufender Naht mit einem Verhältnis von Faden zu Wundlänge von mehr als 4:1 durchgeführt. Aufgrund hoher sekundärer Hernienraten ist in dieser Phase die Implantation eines prophylaktischen Netzes zu erwägen (Willms et al. 2016). Bei makroskopisch anergem Subkutangewebe wird ein subkutanes Vakuumsystem angelegt. Bei vitalen Wundverhältnissen erfolgt der Hautverschluss. Wenn die Faszie am Ende der offenen Abdominalbehandlung nicht verschlossen werden kann, wird entweder eine primäre inzisionale Hernie in Kauf genommen oder es erfolgt die Implantation eines IPOM (Dietz et al. 2012).

Um die klinischen Ergebnisse der Laparostomabehandlung zu verbessern und mit Evidenz zu hinterlegen, sollte eine multizentrische und standardisierte Erfassung erfolgen. Eine geeignete Basis stellt die Er-

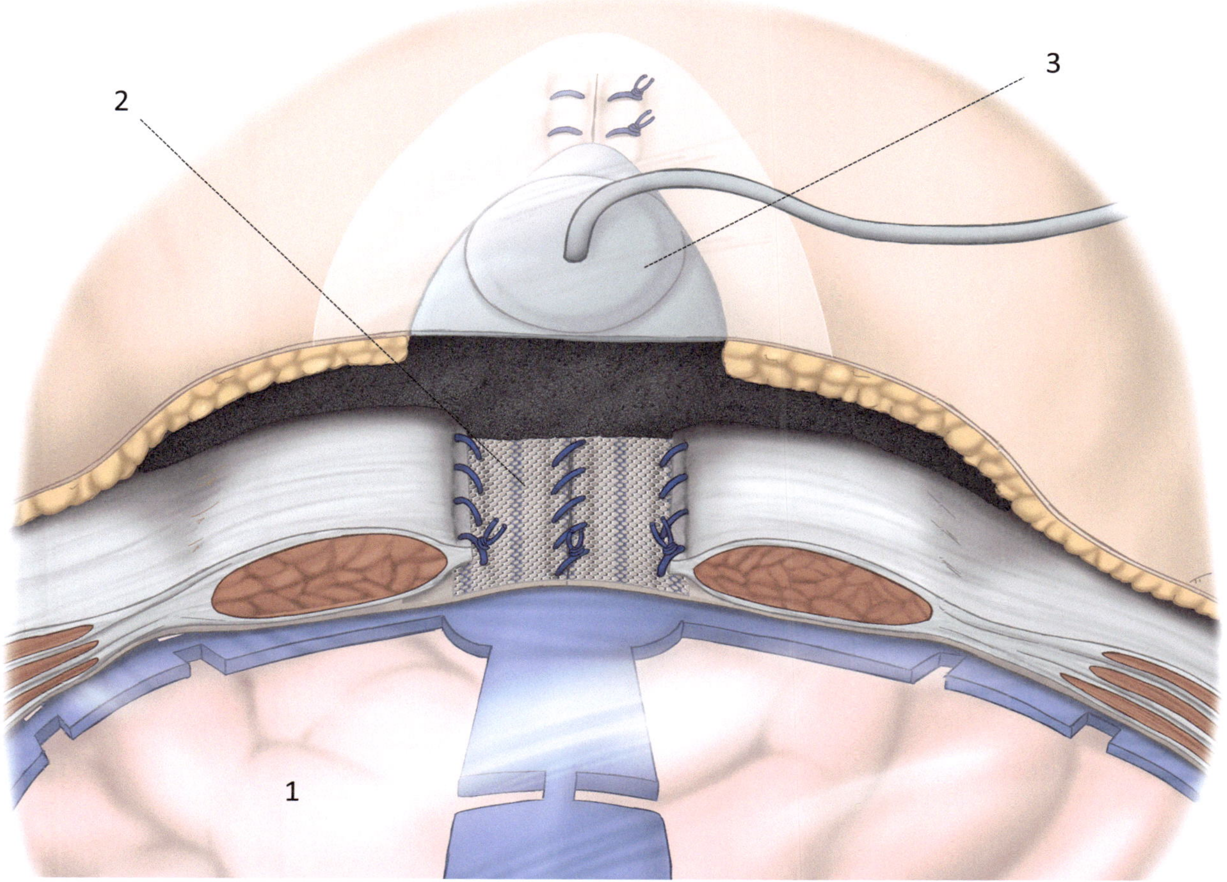


Abb. 27.2 Stufenweiser Bauchdeckenverschluss im Rahmen der Open-Abdomen-Therapie. (1) Intraperitoneale Viszeralschutzfolie. (2) Als „inlay" (Schicht „C") eingenähtes Netz zur Schonung der Faszienränder im Rahmen der wiederholten Revisionen der Bauchdecke; dieses Netz kann schrittweise vor dem erneuten programmierten Nahtverschluss kleiner geschnitten und so die Bauchdecke langsam adaptiert werden. (3) Subkutaner Vakuumverband, der Sog gelangt über den subkutanen Schwamm durch das Netz auf die Viszeralschutzfolie und drainiert die tiefen Bereiche des Abdomens Willms et al. 2015

fassung der Daten im Hernienregister der EHS, Open Abdomen Route, dar (▶ www.eurahs.eu) (Willms et al. 2017).

- **Das Wesentliche für die Patientenberatung**

Meistens sind Patienten, die eine Therapie am offenen Abdomen brauchen, auf der Intensivstation nicht ansprechbar. Wichtig ist es allerdings, die Angehörigen über die unkonventionelle Therapie und die nachfolgende eventuelle Behandlung zu informieren und dies zu dokumentieren. Dazu gehört die Information über die noch nicht im Voraus bekannte Anzahl an Operationen, ggf. die Unmöglichkeit des Faszienverschlusses mit Bildung einer großen programmierten Hernie, Wundheilungsstörungen, Dünndarmfisteln, die Anlage eines temporären Anus praeter, die Möglichkeit der Spalthauttransplantation sowie eventuell die hohe Inzidenz an Inzisionalhernien bzw. die Notwendigkeit der sekundären Bauchdeckenrekonstruktion.

## 27.1 Kommentar der Herausgeber: Der Bauchdeckenverschluss

Der ideale Bauchdeckenverschluss beginnt mit der Laparotomie: Wird die Linea alba mittig eröffnet, kann ihre anschließende Naht sicher halten, was durch die dekussierenden Fasern und die mehrdimensionale Verteilung der Faszienfasern in diesem Bereich gesichert wird (s. auch Abb. 1.1). Darüber hinaus wird die Naht der Linea alba beim Bauchdeckenverschluss nicht optimal heilen, wenn subkutanes Fettgewebe mitgefasst wird. Es ist einfach eine Tatsache, dass Faszie-auf-Faszie besser heilt als Faszie-auf-Fett. Diese Erkenntnis ist bereits in den klassischen Operationslehren beschrieben, so zum Beispiel bei Shackelfords Surgery of the Alimentary Tract (5th Edition, W.B.Sounders, Philadelphia), wo die Freilegung der Linea alba auf 2 cm zu jeder Seite vor der medianen Laparotomie gefordert wird, damit der Bauchdeckenverschluss korrekt erfolgen kann (Abb. 27.3a). Folgt man dieser me-

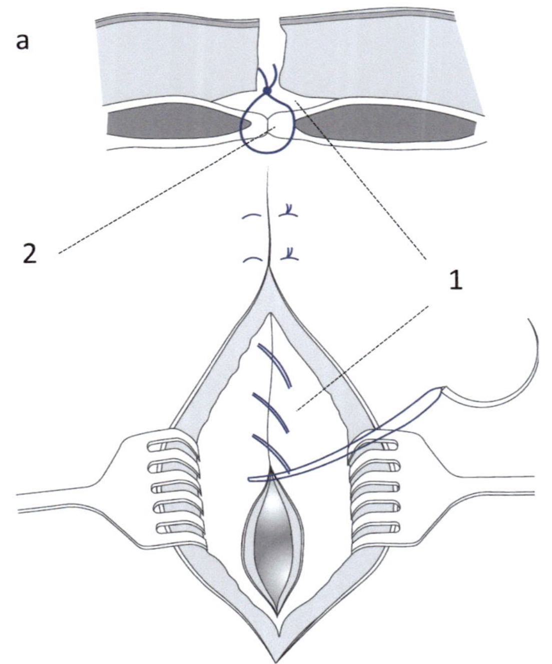


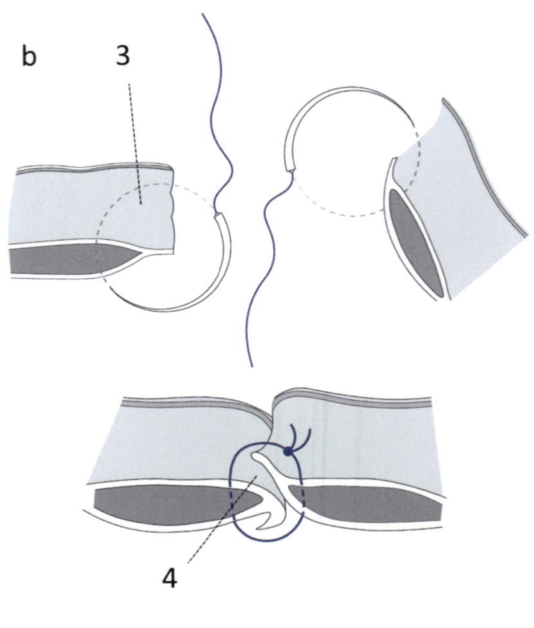


**Abb. 27.3 a,b** **a** Zur Technik des Bauchdeckenverschlusses im Bereich der Linea alba gehört, dass diese auf ca. 1 cm nach rechts und links von subkutanem Fettgewebe gelöst wird (1); dadurch gelingt die Naht der Linea alba auf Stoß (2), ohne Interposition von Fettgewebe. (3) Die fortlaufende Naht der Linea alba soll mit monofilem, langfristig resorbierbarem Nahtmaterial und kleiner Nadel in Small-Bites-Technik erfolgen (s. auch Abb. 27.5). **b** Wenn das Fettgewebe nicht abgelöst wird, kommt es durch die Rundung der Nadel zu einem unnötigen Mitfassen von Fettgewebe (3), welches sich zwischen die Faszienränder interponiert (4) und zur Inzisionalhernie prädisponiert (Fortelny 2018; Muysoms et al. 2015)

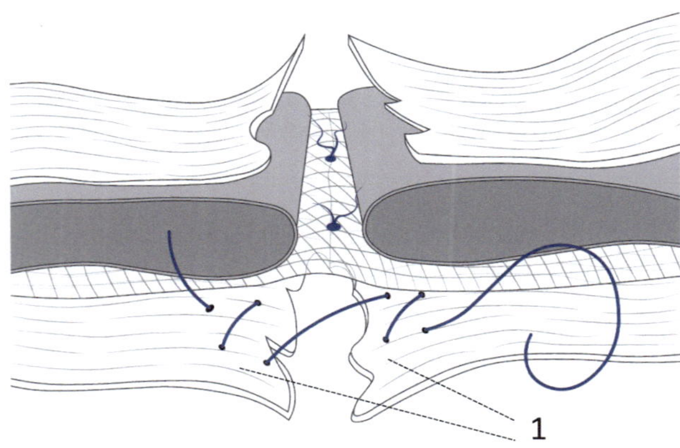


**Abb. 27.4** Bei Platzbauch kann die Naht der Linea alba ggf. nur noch bedingt erfolgen, da die Faszie teilweise zerstört ist. In solchen Fällen gelingt die getrennte Naht beider Rektusscheiden mit Implantation eines Netzes in *Retrorectus*-Position (Schicht „F"). Um das Ausreißen der Nähte durch die „zerfranste" Rektusscheide zu verhindert, hat sich die bilaterale invertierende Achternaht bewährt (1), welche so konfiguriert ist, dass sie beidseits die Fasern der Rektusscheide wie ein „Lasso" fasst (Dietz et al. 2007)

chanistischen Logik, ist bei Abweichung der Linea alba im Rahmen der Laparotomie die Narbenhernie vorprogrammiert, denn der Bauchdeckenverschluss wird im Anschluss ungenau erfolgen (Abb. 27.3b).

Wenn die Linea alba nicht korrekt eröffnet wurde, muss die Technik des Bauchdeckenverschlusses dies kompensieren, zum Beispiel durch spezielle Achternähte, wie für die Behandlung des Platzbauches beschrieben (Abb. 27.4).

Da die Vermeidung der Inzisionalhernie in den letzten Jahren stark an Bedeutung zugenommen hat, wurde auch die Technik des Bauchdeckenverschlusses neu untersucht. Die Einzelknopfnaht der Bauchdecke ist für den normalen Laparotomieverschluss obsolet (Diener et al. 2010). Standard ist seit Stelzner die fortlaufende Naht mit monofilem Nahtmaterial, unter Berücksichtigung eines Faden-zu-Wundlängen-Verhältnisses von 4:1 mit einem starken Faden und großer Nadel (Stelzner 1988). Der Bauchdeckenverschluss mit fortlaufender Schlingennaht und großen Stichen ist auch als Everett[1]-Naht bekannt (Everett 1970). Um dies zu erreichen, gilt die Regel, dass der Einstich auf jeder Seite einen Abstand von 1cm zum Wund-

1 William G. Everett war Chirurg am Addenbrooke's Hospital in Cambridge. Er beschrieb bereits Anfang der 1970er Jahre Nahtmaterielien und Nahtteschniken. Seit seiner Pensionierung widmet er sich der Kunst.

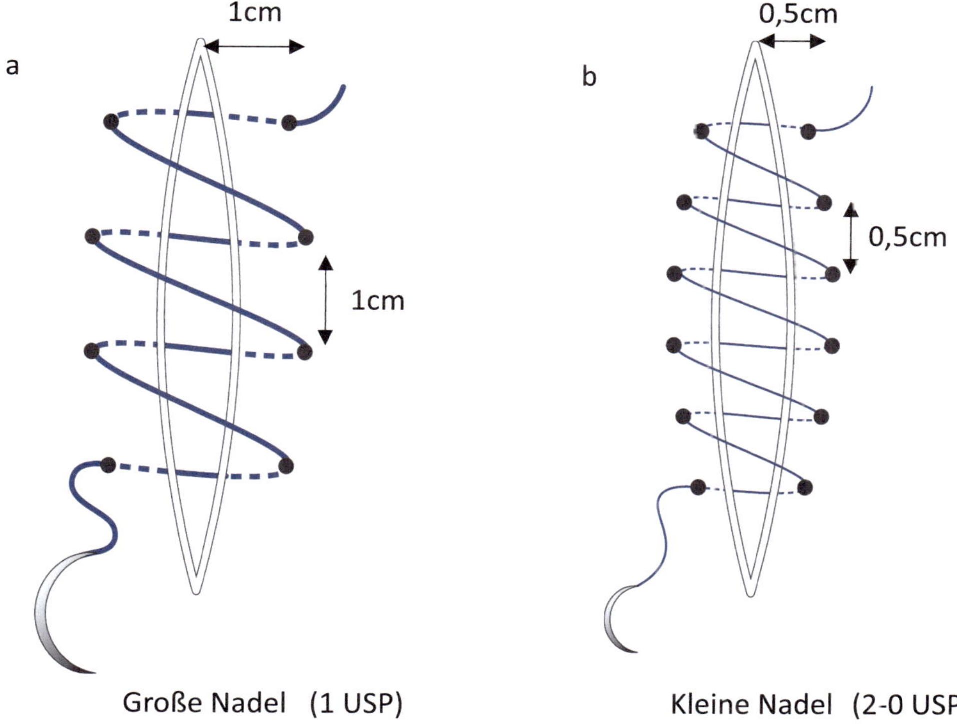


**Abb. 27.5 a,b** Naht der medianen Linea alba: Die Large-Bites-Technik **a** war viele Jahre der Standard; heute ist die Small-Bites-Technik **b** in mehreren Studien überlegen und sollte somit zum Standard werden

rand und zwischen den einzelnen Stichen beträgt (Abb. 27.5a). Diese Technik wird in Abgrenzung zu neueren Erkenntnissen als Large-Bites-Technik benannt. Seit Israelsson ist bekannt, dass der fortlaufende Bauchdeckenverschluss mit dünnem Nahtmaterial und kleiner Nadel sowie eng gestochenen Nähten eine geringere Inzidenz an Inzisionalhernien hat (Israelsson et al. 2013). Für die sog. Small-Bites-Technik ist die perfekte mediane Eröffnung der Linea alba eine Voraussetzung, die Stiche erfolgen im Abstand von 0,5 cm zueinander (Abb. 27.5b). Hierzu gibt es mittlerweile eine Empfehlung der Europäischen Herniengesellschaft, die vor allem von medianen Zugängen bei der primären Laparotomie abrät (Muysoms et al. 2015).

## Literatur

Björck M, Kirkpatrick AW, Cheatham M, Kaplan M, Leppaniemi A, De Waele JJ (2016) Amended classification of the open abdomen. Scand J Surg 105:5–10

Boele van Hensbroek P, Wind J, Dijkgraaf MG, Busch OR, Goslings JC (2009) Temporary closure of the open abdomen: a systematic review on delayed primary fascial closure in patients with an open abdomen. World journal of surgery. 33(2):199–207

Brenner M, Bochicchio G, Bochicchio K, Ilahi O, Rodriguez E, Henry S, Joshi M, Scalea T (2011) Long-term impact of damage control laparotomy: a prospective study. Arch Surg 146:395–399

Bruhin A, Ferreira F, Chariker M, Smith J, Runkel N (2014) Systematic review and evidence based recommendations for the use of negative pressure wound therapy in the open abdomen. Int J Surg 12:1105–1114

Coccolini F, Montori G, Ceresoli M, Catena F, Moore EE, Ivatury R, Biffl W, Peitzman A, Coimbra R, Rizoli S, Kluger Y, Abu-Zidan FM, Sartelli M, De Moya M, Velmahos G, Fraga GP, Pereira BM, Leppaniemi A, Boermeester MA, Kirkpatrick AW, Maier R, Bala M, Sakakushev B, Khokha V, Malbrain M, Agnoletti V, Martin-Loeches I, Sugrue M, Di Saverio S, Griffiths E, Soreide K, Mazuski JE, May AK, Montravers P, Melotti RM, Pisano M, Salvetti F, Marchesi G, Valetti TM, Scalea T, Chiara O, Kashuk JL, Ansaloni L (2017) The role of open abdomen in non-trauma patient: WSES Consensus Paper. World J Emerg Surg 14(12):39

De Laet IE, Ravyts M, Vidts W, Valk J, De Waele JJ, Malbrain ML (2008) Current insights in intra-abdominal hypertension and abdominal compartment syndrome: open the abdomen and keep it open! Langenbeck´s Arch Surg 393:833–847

Diener MK, Voss S, Jensen K, Buchler MW, Seiler CM (2010) Elective midline laparotomy closure: the inline systematic review and meta-analysis. Ann Surg 251:843–856

Dietz UA, Debus ES, Thiede A, Kuhfuss I (2007) Inverting bilateral figure-of-eight suture of the rectus sheath after burst abdomen with destruction of the linea alba: a new technique. J Plast Reconstr Aesthet Surg 60:389–392

Dietz UA, Wichelmann C, Wunder C, Kauczok J, Spor L, Strauss A, Wildenauer R, Jurowich C, Germer CT (2012) Early repair of open abdomen with a tailored two-component mesh and conditioning vacuum packing: a safe alternative to the planned giant ventral hernia. Hernia 16:451–460

Dietz UA, Baur J, Piso RJ, Willms A, Schwab R, Wiegering A (2021) Laparostoma – Vermeidung und Therapie von Komplikationen. Chirurg. ► https://doi.org/10.1007/s00104-020-01322-4. Online ahead of print

Dubose JJ, Lundy JB (2010) Enterocutaneous fistulas in the setting of trauma and critical illness. Clin Colon Rectal Surg 23:182–189

Everett WG (1970) Suture meterials in general surgery. Progress Surg 8:14–37

Fortelny RH, Hofmann A, Gruber-Blum S, Petter-Puchner AH, Glaser KS (2014) Delayed closure of open abdomen in septic patients is facilitated by combined negative pressure wound therapy and dynamic fascial suture. Surg Endosc 28:735–740

Fortelny RH (2018) Abdominal wall closure in elective midline laparotomy: the current recommendations. Front Surg 23(5):34. eCollection.

Herrle F, Hasenberg T, Fini B, Jonescheit J, Shang E, Kienle P (2011) Open abdomen 2009. A national survey of open abdomen treatment in Germany. Chirurg 82:684–690

Israelsson LA, Millbourn D (2013) Prevention of incisional hernias: how to close a midline incision. Surg Clin North Am 93:1027–1040

Kirkpatrick AW, Roberts DJ, De Waele J, Jaeschke R, Malbrain ML, De Keulenaer B et al (2013) Intra-abdominal hypertension and the abdominal compartment syndrome: updated consensus definitions and clinical practice guidelines from the World Society of the Abdominal Compartment Syndrome. Intens Care Med 39:1190–1206

Muysoms FE, Antoniou SA, Bury K, Campanelli G, Conze J, Cuccurullo D, de Beaux AC, Deerenberg EB, East B, Fortelny RH, Gillion JF, Henriksen NA, Israelsson L, Jairam A, Jänes A, Jeekel J, López-Cano M, Miserez M, Morales-Conde S, Sanders DL, Simons MP, Śmietański M, Venclauskas L, Berrevoet F, European Hernia Society (2015) European hernia society guidelines on the closure of abdominal wall incisions. Hernia 19:1–24

Open Abdomen Advisory Panel, Campbell A, Chang M, Fabian T, Franz M, Kaplan M (2009) Management of the open abdomen: from initial operation to definitive closure. Am Surg 75(Suppl):1–22

Ordoñez CA, Pino LF, Badiel M, Sánchez AI, Loaiza J, Ballestas L, Puyana JC (2011) Safety of performing a delayed anastomosis during damage control laparotomy in patients with destructive colon injuries. J Trauma 71:1512–1517

Petersson U, Acosta S, Bjorck M (2007) Vacuum-assisted wound closure and mesh-mediated fascial traction – a novel technique for late closure of the open abdomen. World J Surg 31:2133–2137

Sartelli M, Abu-Zidan FM, Ansaloni L, Bala M, Beltran MA, Biffl WL, Catena F, Chiara O, Coccolini F, Coimbra R, Demetrashvili Z, Demetriades D, Diaz JJ, Di Saverio S, Fraga GP, Ghnnam W, Griffiths EA, Gupta S, Hecker A, Karamarkovic A, Kong VY, Kafka-Ritsch R, Kluger Y, Latifi R, Leppaniemi A, Lee JG, McFarlane M, Marwah S, Moore FA, Ordonez CA, Pereira GA, Plaudis H, Shelat VG, Ulrych J, Zachariah SK, Zielinski MD, Garcia MP, Moore EE (2015) The role of the open abdomen procedure in managing severe abdominal sepsis: WSES position paper. World J Emerg Surg 12(10):35

Schwab CW (2004) Introduction: damage control at the start of 21st century. Injury 35:639–641

Smith BP, Adams RC, Doraiswamy VA, Nagaraja V, Seamon MJ, Wisler J, Cipolla J, Sharma R, Cook CH, Gunter OL, Stawicki SP (2010) Review of abdominal damage control and open abdomens: focus on gastrointestinal complications. J Gastrointest Liver Dis 19:425–435

Stawicki SP, Brooks A, Bilski T, Scaff D, Gupta R, Schwab CW, Gracias VH (2008) The concept of damage control: extending the paradigm to emergency general surgery. Injury 39:93–101

Stelzner F (1988) Theorie und Praxis der fortlaufenden Laparotomienaht (Platzbauch und Narbenhernie). Chirurg 59:654–660

van Ruler O, Mahler CW, Boer KR, Reuland EA, Gooszen HG, Opmeer BC, de Graaf PW, Lamme B, Gerhards MF, Steller EP, van Till JW, de Borgie CJ, Gouma DJ, Reitsma JB, Boermeester MA, Dutch Peritonitis Study Group (2007) Comparison of on-demand vs planned relaparotomy strategy in patients with severe peritonitis: a randomized trial. JAMA 298:865–872

Willms A, Gusgen C, Schaaf S, Bieler D, von Websky M, Schwab R (2015) Management of the open abdomen using vacuum-assisted wound closure and mesh-mediated fascial traction. Langenbeck's Arch Surg 400:91–99

Willms A, Schaaf S, Schwab R, Richardsen I, Bieler D, Wagner B, Güsgen C (2016) Abdominal wall integrity after open abdomen: long-term results of vacuum-assisted wound closure and mesh-mediated fascial traction (VAWCM). Hernia 20:849–858

Willms A, Muysoms F, Gusgen C, Schwab R, Lock J, Schaaf S, Germer C, Richardsen I, Dietz U (2017) The open abdomen route by EuraHS: introduction of the data set and initial results of procedures and procedure-related complications. Hernia 21:279–289

# Aktuelle Themen der offenen Hernienchirurgie

Inhaltsverzeichnis

# Minimierung perioperativer Risiken der offenen Hernienchirurgie

*Manuel Halbherr und Andreas Vogt*

**Inhaltsverzeichnis**




U. A. Dietz et al. (Hrsg.), *Offene Hernienchirurgie*,
https://doi.org/10.1007/978-3-662-61348-1_28

Dieses Kapitel soll anhand Studien mit hoher Evidenz und Leitlinien der letzten zehn Jahre einen Überblick über das perioperative Risikomanagement in der abdominalen Hernienchirurgie vermitteln.

Kardiale Komplikationen sind die häufigste Ursache für perioperative Morbidität und Mortalität und führen zu verlängertem Spitalaufenthalt, höheren Kosten und schlechterer Langzeitprognose (Duceppe et al. 2017; Liu et al. 2018). Das Erkennen von Risikopatienten in der präoperativen Sprechstunde und die angepasste perioperative Betreuung sind daher essenziell. Eine spezielle Risikopopulation stellen adipöse Patienten dar. Einerseits ist die Inzidenz von Inzisionalhernien erhöht, anderseits ist das perioperative Risiko bei einer Narbenhernienplastik größer (Bosanquet et al. 2015). Der wachsende Anteil an Menschen mit Adipositas, welche sich einem bariatrischen Eingriff unterziehen, wird zu einem häufigeren Zusammentreffen dieser Population mit dem Hernienchirurgen führen. Abschließend wird die hohe Inzidenz postinterventioneller chronischer Schmerzen seit der Etablierung von Netzplastiken in der Hernienchirurgie thematisiert.

- **Komorbiditäten mit Erhöhung der perioperativen Morbidität und Mortalität**

Die Risikominimierung beginnt mit der präoperativen Evaluation des Patienten. Es sollen bisher unbekannte oder unterschätzte Erkrankungen mit prognostischer Bedeutung und therapeutischer Priorität erfasst werden. Sowohl patientenabhängige (Komorbiditäten) als auch operative Faktoren (Invasivität, Dringlichkeit) bestimmen das Risiko. Das perioperative Prozedere hängt von dieser Beurteilung ab. Patienten mit kardialen Vorerkrankungen sind besonders gefährdet. Von den weltweit schätzungsweise 200 Mio. Erwachsenen, welche sich jährlich einer größeren Operation unterziehen, sind etwa 100 Mio. gefährdet, eine perioperative myokardiale Schädigung zu erleiden, und 10 Mio. erfahren tatsächlich einen größeren kardialen Event (De Hert et al. 2016). Eine im Jahr 2014 von Botto et al. publizierte prospektive Kohortenstudie mit über 15.000 Patienten zeigte, dass es bei nichtkardialen Eingriffen in 8 % der Fälle zu einer perioperativen myokardialen Verletzung (Myocardial Injury after Non-cardiac Surgery, MINS) kommt, Folge ist eine deutliche Erhöhung an postoperativen kardiovaskulären Komplikationen (Herzinfarkt, Herzstillstand, Herzinsuffizienz, Schlaganfall, Tod) sowie eine erhöhte 30-Tage-Mortalität (9,8 % gegenüber 1,1 % bei Nicht-Vorliegen einer MINS). Über 30 % der postoperativen 30-Tage-Mortalität können auf MINS zurückgeführt werden (Botto et al. 2014).

Im letzten Jahrzehnt wurden verschiedene Leitlinien zum perioperativen Management kardialer Risikopatienten veröffentlicht. Gemäß der Publikation von Kristensen et. al. aus dem Jahr 2014 entscheidet primär die Dringlichkeit einer Operation, ob und wieviel Zeit für eine präoperative Evaluation zur Verfügung steht. Instabile kardiale Zustände (dekompensierte Herzinsuffizienz, instabile Angina pectoris oder kürzlich stattgehabter Herzinfarkt, relevante Arrhythmien, symptomatische Klappenerkrankungen) müssen, wenn immer möglich, präoperativ abgeklärt und optimiert werden. Liegt keine akute kardiale Erkrankung vor, so bestimmt das intrinsische kardiale Risiko der geplanten Operation das weitere Vorgehen. Hierbei werden die unterschiedlichen Operationen in Eingriffe mit niedrigem (<1 %, z. B. superfizielle Eingriffe wie die Leistenhernienversorgung), intermediärem (1–5 %, z. B. intraperitoneale Eingriffe oder Inzisionalhernienversorgung) und hohem Risiko (>5 %, z. B. Leberresektion oder Hernien mit Eventration) für eine kardiale Komplikation unterteilt. Häufig kann das operative Risiko nicht gesenkt werden, da die zugrunde liegende Erkrankung den Eingriff definiert. Da bei Operationen mit niedrigem Risiko Optimierungsstrategien in der Regel zu keiner relevanten Risikoreduktion führen und daher ohne Weiteres durchgeführt werden können, sollten Patienten ab einem intermediären Operationsrisiko durch einen entsprechend erfahrenen Gutachter evaluiert und gegebenenfalls weiter abgeklärt und therapiert werden (Kristensen et al. 2014). Der Anästhesist übernimmt eine Führungsrolle im Erkennen dieser Patienten.

Risikoindices wie zum Beispiel der Revised Cardiac Risk Index (RCRI) schätzen anhand präoperativer Variablen das Risiko für eine perioperative kardiale Komplikation ein. Während Kristensen et al. zur Indikationsstellung einer erweiterten Diagnostik nebst dem RCRI die Berücksichtigung der funktionellen Belastbarkeit (Metabolic Equivalents, MET) der Patienten empfehlen, tendieren jüngere Publikationen vermehrt zu kardialen Biomarkern für die Risikostratifizierung (Kristensen et al. 2014). Duceppe et. al. empfehlen in den 2016 verfassten Leitlinien der Canadian Cardiovascular Society (CCS) die präoperative Bestimmung des (NT-pro-)BNP bei kardialen Risikopatienten, da eine Erhöhung dieses Peptids besser mit dem Outcome korreliert als beispielsweise eine Echokardiografie. Bei Erreichen eines Cut-Off-Wertes erfolgt postoperativ eine routinemäßige Standortbestimmung mittels objektivierbarer Befunde (EKG sowie wiederholte Troponinbestimmungen), da MINS perioperativ bei über 50 % der Patienten ohne typische klinische Symptome stattfinden (Duceppe et al. 2017; Botto et al. 2014). Auch de Hert et al. weisen in ihrer 2018 aktualisierten Leitlinie der European Society of Anaesthesiology (ESA) zur präoperativen Evaluation Erwachsener der prä- und postoperativen Bestimmung von Herzenzymen bei kardialen Hochrisikopatienten einen festen Stellenwert zu (De Hert et al. 2018). Die Früherkennung von Komplikationen ermöglicht eine zeitnahe Intervention und kann im besten Fall eine weitere Aggravation der Problematik und bleibende Schäden verhindern.

Obstruktive Herzerkrankungen (u. a. schwere Aorten- oder Mitralstenose) sowie eine schwere pulmonal-arterielle Hypertonie gehen mit einem deutlich erhöhten kardialen Risiko einher und bei Verdacht auf deren Vorliegen ist selbst in Notfallsituationen dringend eine präoperative Echokardiografie anzustreben (Duceppe et al. 2017). Im Falle einer symptomatischen Aortenstenose sollte bei elektiven Eingriffen ein präoperatives Klappenersatzverfahren erwogen oder von nicht dringend indizierten Eingriffen abgesehen werden (Kristensen et al. 2014). Operationen an solchen Hochrisikopatienten benötigen eine individualisierte und interdisziplinäre Behandlung mit Einbezug aller daran beteiligten Disziplinen (Chirurgie, Anästhesie, Kardiologie, Intensivmedizin), diese Eingriffe sollten an Kliniken mit Zugang zu einer entsprechenden Versorgung durchgeführt werden.

Adipositas (definiert als BMI >30kg/m$^2$) ist häufig mit Komorbiditäten (u. a. koronare Herzkrankheit, arterielle Hypertonie, obstruktive Schlafapnoe, Diabetes, Mangelernährung) assoziiert, und die entsprechenden physiologischen Veränderungen haben einen großen Einfluss auf die perioperative Betreuung dieser Patienten. Die ESA empfiehlt daher, präoperativ neben der klinischen Erfassung auch folgende Untersuchungen zur Detektion der häufigsten relevanten Nebenerkrankungen routinemäßig durchzuführen (Kristensen et al. 2014):

- Elektrokardiogramm,
- Risikoerhebung für obstruktive Schlafapnoe mittels STOP-BANG-Fragebogen (Chung et al. 2012),
- Oxymetrie und ggf. Spirometrie und/oder Polysomnografie,
- Labordiagnostik zur Detektion eines gestörten Glukosemetabolismus oder einer Anämie.

Patienten mit Schlafapnoe haben ein erhöhtes Risiko für das Auftreten von pulmonalen Komplikationen (Hypoxämie, Aspiration, Pneumonie, ARDS, Embolien). Ein persönliches Gerät zur Überdruckbeatmung (CPAP, BiPAP) sollte von zuhause mitgebracht werden zur optimalen Weiterführung der Schlafapnoetherapie während des Spitalaufenthaltes.

Die Laryngoskopie adipöser Patienten gestaltet sich häufiger schwierig. Präoperative Hinweise für eine schwierige Atemwegssicherung (Halsumfang >43 cm, Mallampati-Score[1] 3 oder 4, OSAS) sollen gesucht werden, damit alternative Strategien bereits vor Einleitung der Anästhesie bereit sind und genügend Ressourcen bei der Atemwegssicherung bereitstehen.

Die mangelnde Datenlage erfordert weitere Studien zur Prüfung, ob präoperative Optimierung (z. B. Gewichtsabnahme, Verbesserung der kardiopulmonalen Fitness) das Risiko bei adipösen Patienten verringert. Die oben erwähnten Maßnahmen sollen helfen, das von mit Adipositas vergesellschafteten Komorbiditäten ausgehende Risiko möglichst gering zu halten (De Hert et al. 2018).

#### Effektivität und Sicherheit von Allgemein- und Regional-Anästhesieverfahren

Für eine inzisionale Hernienversorgung ist eine Allgemeinanästhesie indiziert. Diese kann zur besseren analgetischen Abdeckung mit einem regionalen Verfahren kombiniert werden. Die Metaanalyse von Gao et. al. zeigte einen positiven Effekt auf akute postoperative Schmerzen nach abdominaler Hernienchirurgie unter Einsatz eines TAP-Blocks (Gao et al. 2017).

Bei der Leistenhernienversorgung kann das gesamte Spektrum anästhesiologischer Verfahren angewendet werden. Die Allgemeinanästhesie bietet bezüglich Ruhigstellung der Patienten am ehesten ideale Operationsvoraussetzungen, birgt aber das Potenzial für Komplikationen am Atemweg, hämodynamische Instabilität und postoperative Nausea und Vomitus (PONV). Mittels neuroaxialer Blockade (meist Spinalanästhesie) können gewisse Nachteile einer Allgemeinanästhesie umgangen werden. Eine pathologische Blutgerinnung ist jedoch eine Kontraindikation und das häufigere Auftreten von postoperativem Harnverhalt kann die Patientenerholung und den Spitalaustritt verzögern. Die offene Versorgung einer Leistenhernie ist auch in Lokalanästhesie möglich. Dieses Verfahren kann bezüglich postoperativer Schmerzen, anästhesiologischer Morbidität sowie postoperativer Erholung der Patienten und Kosten vorteilhaft und vor allem bei polymorbiden Patienten geeignet sein. Relative Kontraindikationen für einen Eingriff in Lokalanästhesie sind junge, ängstliche oder unruhige Patienten, morbide Adipositas (BMI >35kg/m$^2$) und Verdacht auf Inkarzeration oder Strangulation der Hernie (s. auch ► Kap. 9). Das individuell geeignete Anästhesieverfahren wird vom Patienten und Anästhesisten in der präoperativen Sprechstunde festgelegt (Simons et al. 2009).

1 Der Mallampati-Score schätzt die Einfachheit der Intubation mittels der Distanz zwischen dem Zungengrund zur oberen Mundhöhle in 4 Schweregrade ein. Er schätzt quasi die für die Intubation vorhandene orale Raumgröße ein. 1 bedeutet viel Raum, 4 wenig Raum.

28

### Chronische Schmerzen nach Leistenhernienversorgung

Chronische Schmerzen im Operationsgebiet treten immer mehr in den Vordergrund, seit Rezidive durch Netzimplantation besser kontrolliert werden.

Sie gehören zu den relevantesten Komplikationen nach Leistenhernienversorgung. Die große Spannweite der Inzidenz in der Literatur (<1 % bis >50 %) ist mitunter einer uneinheitlichen Definition dieser Komplikation geschuldet. Die European Hernia Society (EHS) definiert diese wie folgt (Simons et al. 2009):

- in Zusammenhang mit der Operation auftretende neue Schmerzen der Leistenregion,
- veränderte Schmerzproblematik, falls bereits präoperativ chronische Schmerzen der Leistenregion vorhanden waren,
- zum Zeitpunkt 3 Monate postoperativ vorhanden,
- Mindestdauer der Beschwerden 6 Monate.

Bis zu 6 % der Patienten nach Leistenhernienchirurgie leiden an im Alltag stark einschränkenden Schmerzen (Alfieri et al. 2011). Erfolgsversprechende Therapien dieser Komplikation fehlen gegenwärtig, sodass der Prävention umso mehr Bedeutung zukommt. Verschiedene chirurgische Optionen zur Prophylaxe wurden untersucht. Gesichert ist die Implantation von leichtgewichtigen Netzen. Andere Strategien wie die möglichst atraumatische Fixation des Netzes oder selbsthaftende Netze sind nicht etabliert. Eine 2016 publizierte prospektive Studie zeigte jedoch keinen Vorteil einer Fixation mit Gewebekleber gegenüber resorbierbarem Fadenmaterial (12 % vs. 13 % Inzidenz für chronische Schmerzen) bei vergleichbarer Rezidivrate (4,2 % vs. 2,5 %) (Matikainen et al. 2017). In einer weiteren Studie aus dem Jahr 2017 wurden selbsthaftende Netze mit Naht derselben verglichen. Es zeigte sich eine Zunahme der Rezidivrate (11,5 % vs. 5 %) bei gleicher Inzidenz chronischer Schmerzen (3,7 % in beiden Gruppen) (Zwaans et al. 2018). Neue Operationstechniken verfolgen mitunter das gleiche Ziel. Die ONSTEP-Technik, welche 2013 vorgestellt wurde (s. auch ▶ Kap. 14), wies lediglich 0,6 % Patienten mit verbleibenden Schmerzen 6 Monaten postoperativ auf (Lourenco und da Costa 2013). Die Resultate konnten jedoch in einer Folgestudie nicht reproduziert werden (chronische Schmerzen 10,9 % vs. 13,7 %, Hernienrezidiv 4,8 % vs. 4 %) (Andresen et al. 2017). Auch das komplette Weglassen von Netzen in der Leistenhernienversorgung verringert das Auftreten von chronischen Schmerzen gemäß einer Metaanalyse der Cochrane Library nicht (Bittner et al. 2015).

Die endoskopische Versorgung (TEP und TAPP) von Inguinalhernien ist mit einem deutlich geringeren Auftreten chronischer Schmerzen assoziiert als eine offene Netzplastik und hat in diesem Sinne präventiven Charakter (Bittner 2015). Risikofaktoren für das Auftreten von chronischen postoperativen Schmerzen sind bereits präoperativ bestehende Schmerzen oder andere vorbestehende Schmerzsyndrome, junges Alter (unter 40–50 Jahre) und weibliches Geschlecht. Diese Faktoren sollten die Wahl des geeigneten Operationsverfahrens mitbestimmen. Akute postoperative Schmerzen sind ein weiterer Risikofaktor und sollten daher adäquat behandelt werden. Therapeutische Optionen sind lokale Infiltration, TENS (transkutane elektrische Nervenstimulation) oder Physiotherapie. Erneute chirurgische Eingriffe zur Behandlung chronischer postoperativer Schmerzen sollten erst nach Ausschöpfen konservativer Maßnahmen erwogen werden. Die letzte Option stellt die Neurektomie der Inguinalnerven (hauptsächlich N. ilioinguinalis, seltener N. iliohypogastricus) dar (Bittner et al. 2015; Miserez et al. 2014). Von einer präventiven Neurektomie bei primärer Hernioplastik rät die EHS aufgrund mangelnder Evidenz für einen Benefit jedoch ab (Simons et al. 2009) (s. auch ▶ Abschn. 14.1).

## Literatur


Alfieri S, Amid PK, Campanelli G, Izard G, Kehlet H, Wijsmuller AR, Di Miceli D, Doglietto GB (2011) International guidelines for prevention and management of post-operative chronic pain following inguinal hernia surgery. Hernia 15:239–249

Andresen K, Burcharth J, Fonnes S, Hupfeld L, Rothman JP, Deigaard S, Winther D, Errebo MB, Therkildsen R, Hauge D, Sørensen FS, Bjerg J, Rosenberg J (2017) Chronic pain after inguinal hernia repair with the ONSTEP versus the Lichtenstein technique, results of a double-blinded multicenter randomized clinical trial. Langenbecks Arch Surg 402:213–218

Bittner R, Montgomery MA, Arregui E, Bansal V, Bingener J, Bisgaard T, Buhck H, Dudai M, Ferzli GS, Fitzgibbons RJ, Fortelny RH, Grimes KL, Klinge U, Köckerling F, Kumar S, Kukleta J, Lomanto D, Misra MC, Morales-Conde S, Reinpold W, Rosenberg J, Singh K, Timoney M, Weyhe D, Chowbey P, International Endohernia Society (2015) Update of guidelines on laparoscopic (TAPP) and endoscopic (TEP) treatment of inguinal hernia (International Endohernia Society). Surg Endosc 29:289–321

Bosanquet DC, Ansell J, Abdelrahman T, Cornish J, Harries R, Stimpson A, Davies L, Glasbey JC, Frewer KA, Frewer NC, Russell D, Russell I, Torkington J (2015) Systematic Review and Meta-Regression of Factors Affecting Midline Incisional Hernia Rates: Analysis of 14,618 Patients. PLoS ONE 10:e0138745

Botto F et al (2014) Myocardial injury after noncardiac surgery: a large, international, prospective cohort study establishing diagnostic criteria, characteristics, predictors, and 30-day outcomes. Anesthesiology 120:564–578

Chung F, Subramanyam R, Liao P, Sasaki E, Shapiro C, Sun Y (2012) High STOP-Bang score indicates a high probability of obstructive sleep apnOEA. Br J Anaesth 108:768–775

De Hert S, Moerman A, De Baerdemaeker L (2016) Postoperative complications in cardiac patients undergoing noncardiac surgery. Curr Opin Crit Care 22:357–264

De Hert S, Staender S, Fritsch G, Hinkelbein J, Afshari A, Bettelli G, Bock M, Chew MS, Coburn M, De Robertis E, Drinhaus H, Feldheiser A, Geldner G, Lahner D, Macas A, Neuhaus C, Rauch S, Santos-Ampuero MA, Solca M, Tanha N, Traskaite V, Wagner G, Wappler F (2018) Pre-operative evaluation of adults undergoing elective noncardiac surgery: Updated guideline from the European Society of Anaesthesiology. Eur J Anaesthesiol 35:407–465

Duceppe E, Parlow J, MacDonald P, Lyons K, McMullen M, Srinathan S, Graham M, Tandon V, Styles K, Bessissow A, Sessler DI, Bryson G, Devereaux PJ (2017) Canadian Cardiovascular Society Guidelines on Perioperative Cardiac Risk Assessment and Management for Patients Who Undergo Noncardiac Surgery. Can J Cardiol 33:17–32

Gao T, Zhang JJ, Xi FC, Shi JL, Lu Y, Tan SJ, Yu WK (2017) Evaluation of Transversus Abdominis Plane (TAP) Block in Hernia Surgery: A Meta-analysis. Clin J Pain 33:369–375

Kristensen SD, Knuuti J, Saraste A, Anker S, Bøtker HE, De Hert S, Ford I, Gonzalez Juanatey JR, Gorenek B, Heyndrickx GR, Hoeft A, Huber K, Iung B, Kjeldsen KP, Longrois D, Luescher TF, Pierard L, Pocock S, Price S, Roffi M, Sirnes PA, Uva MS, Voudris V, Funck-Brentano C, Authors TF, Members (2014) 2014 ESC/ESA Guidelines on non-cardiac surgery: cardiovascular assessment and management: The Joint Task Force on non-cardiac surgery: cardiovascular assessment and management of the European Society of Cardiology (ESC) and the European Society of Anaesthesiology (ESA). Eur J Anaesthesiol 31:517–573

Liu JB, Liu Y, Cohen ME, Ko CY, Sweitzer BJ (2018) Defining the Intrinsic Cardiac Risks of Operations to Improve Preoperative Cardiac Risk Assessments. Anesthesiology 128:283–292

Lourenco A, da Costa RTS (2013) The ONSTEP inguinal hernia repair technique: initial clinical experience of 693 patients, in two institutions. Hernia 17:357–364

Matikainen M, Kössi J, Silvasti S, Hulmi T, Paajanen H (2017) Randomized Clinical Trial Comparing Cyanoacrylate Glue Versus Suture Fixation in Lichtenstein Hernia Repair: 7-Year Outcome Analysis. World J Surg 41:108–113

Miserez M, Peeters E, Aufenacker T, Bouillot JL, Campanelli G, Conze J, Fortelny R, Heikkinen T, Jorgensen LN, Kukleta J, Morales-Conde S, Nordin P, Schumpelick V, Smedberg S, Smietanski M, Weber G, Simons MP (2014) Update with level 1 studies of the European Hernia Society guidelines on the treatment of inguinal hernia in adult patients. Hernia 18:151–163

Simons MP, Aufenacker T, Bay-Nielsen M, Bouillot JL, Campanelli G, Conze J, de Lange D, Fortelny R, Heikkinen T, Kingsnorth A, Kukleta J, Morales-Conde S, Nordin P, Schumpelick V, Smedberg S, Smietanski M, Weber G, Miserez M (2009) European Hernia Society guidelines on the treatment of inguinal hernia in adult patients. Hernia 13:343–403

Zwaans WAR, Verhagen T, Wouters L, Loos MJA, Roumen RMH, Scheltinga MRM (2018) Groin Pain Characteristics and Recurrence Rates: Three-year Results of a Randomized Controlled Trial Comparing Self-gripping Progrip Mesh and Sutured Polypropylene Mesh for Open Inguinal Hernia Repair. Ann Surg 267:1028–1033

# Präoperative Erhebung des Ernährungsstatus vor offener Hernienchirurgie

*Daniel Inderbitzin und Martina Pabst*

## Inhaltsverzeichnis




U. A. Dietz et al. (Hrsg.), *Offene Hernienchirurgie*,
https://doi.org/10.1007/978-3-662-61348-1_29

Bereits im Jahre 1936 beschrieb Hiran O. Studley die Korrelation von präoperativem Gewichtsverlust und postoperativen Komplikationen. In seiner Arbeit zeigte er an 50 chirurgischen Patienten mit peptischen Ulzera eine Mortalitätsrate von 33 % bei vorbestehender Mangelernährung im Gegensatz zu 3,5 % bei normal ernährten Patienten (Studley 1936). Es sollten 80 Jahre verstreichen, bis die erste Leitlinie zur Erfassung der Malnutrition im Jahr 2013 internationale Anerkennung erfuhr (Kondrup et al. 2003). Damit wurde das „Stiefkind Ernährungsmedizin“ in der umfassenden Patientenbetreuung endlich ernstgenommen.

Operationen bei konsumierenden Erkrankungen oder Polytraumata lösen im Körper einen katabolen Zustand aus, der große Mengen an Protein und Energie verbraucht. Dabei werden Fette, Proteine und Glykogen aus Skelettmuskel und Fettgewebe mobilisiert und in metabolisch hochaktiven viszeralen Organen verbraucht. Innerhalb weniger Tage führt dieser Vorgang zu einer akuten Mangelernährung. Bei bereits vorbestehender Unterernährung läuft dieser Vorgang exzessiv ab. Ähnliches ist in geringerem oder größerem Maß auch bei großen Bauchdeckenrekonstruktionen zu erwarten.

**Malnutrition führt unter anderem zu folgenden Komplikationen (Askari et al. 2019)**

- Erhöhte Infektionsrate
- Schlechtere Wundheilung und Anfälligkeit für Dekubitus
- Ödeme und Anasarka
- „Bacterial overgrowth“ im Magen-Darm-Trakt
- Diarrhö mit Nährstoff- und Elektrolytverlust

Zahlreiche Studien haben belegt, dass der präoperative Ernährungszustand stationärer Patienten erheblichen Einfluss auf Morbidität, Krankenhausverweildauer, Letalität und Lebensqualität hat (Hiesmayr et al. 2009; Pirlich et al. 2006; Rittler und Jauch 2010; Sorensen et al. 2008). Der erhöhte Therapieaufwand bei Komplikationen und die dadurch bedingte Verlängerung des stationären Aufenthaltes bis zu 40 ¼ % steigern die Gesamtkosten pro Patient erheblich (Isabel und Correia 2003; Lucchin et al. 2009).

In deutschen Krankenhäusern ist jeder vierte Patient mangelernährt. Betroffen sind vor allem geriatrische, onkologische und gastroenterologische Patienten

**Tab. 29.1** Das Risikoscreening hat zwei Elemente: der Ernährungsstatus und die Schwere des Krankheitsbildes. (Nach (Weimann et al. 2013))

| **Störung des Ernährungszustandes** | | **Krankheitsschwere** | |
|---|---|---|---|
| **Keine**<br>0 Punkte | Normaler Ernährungszustand | **Keine**<br>0 Punkte | Normale Ernährung |
| **Milde**<br>1 Punkt | Gewichtsverlust > 5 % in 3 Monaten<br>oder<br>Nahrungszufuhr < 50–75 % in der vergangenen Woche | **Milde**<br>1 Punkt | z. B. Schenkelhalsfraktur, chronische Erkrankungen besonders mit Komplikationen:<br>Leberzirrhose, chronisch obstruktive Lungenerkrankung, Hämodialyse, Diabetes, maligne Tumoren |
| **Moderate**<br>2 Punkte | Gewichtsverlust > 5 % in 2 Monaten<br>oder<br>BMI 18,5 – 20,5 kg/m² und reduzierter Allgemeinzustand<br>oder<br>Nahrungszufuhr < 20–60 % in der vergangenen Woche | **Moderate**<br>2 Punkte | z. B. große Abdominalchirurgie, Apoplex, schwere Pneumonie, hämatologische Tumorerkrankung,<br>komplexe Bauchdeckenrekonstruktion, Loss-of-Domain |
| **Schwere**<br>3 Punkte | Gewichtsverlust > 5 % in 1 Monat<br>(>15 % in 3 Monaten)<br>oder<br>BMI < 18,5 kg/m² und reduzierter Allgemeinzustand<br>oder<br>Nahrungszufuhr 0–25 % in der vergangenen Woche | **Schwere**<br>3 Punkte<br>1 Punkt | z. B. Kopfverletzung, Knochenmarktransplantation, intensivpflichtige Patienten (APACHE-II > 10), offenes Abdomen<br>Alter > 70 Jahre |
| ≥ 3 Punkte: Ernährungsrisiko liegt vor: Erstellung eines Ernährungsplanes nötig<br>< 3 Punkte: Wöchentlich wiederholtes Screening<br>Bemerkung: Ist für den Patienten eine große Operation geplant = Erstellung eines präventiven Ernährungsplans | | | |

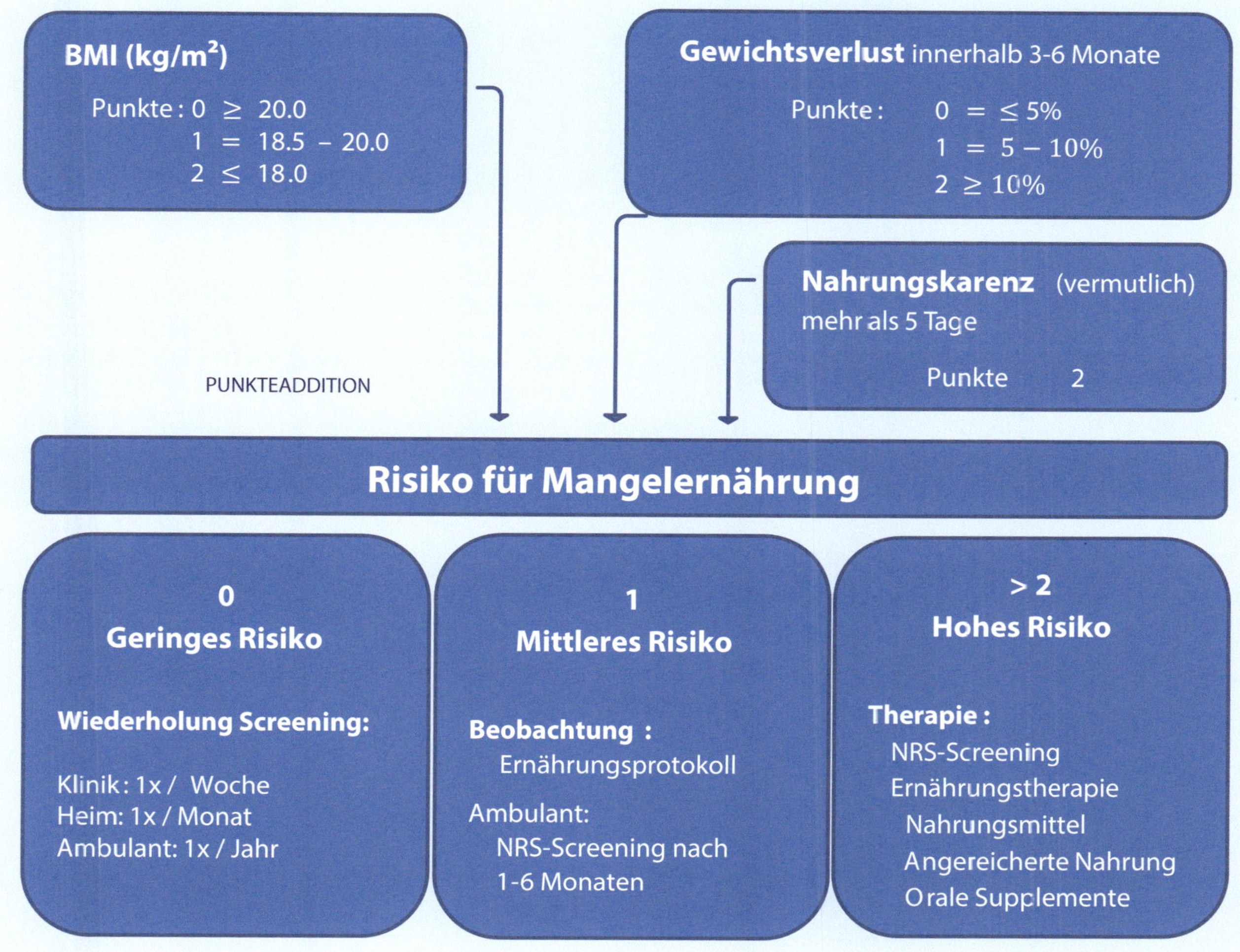


**Abb. 29.1** Malnutrition Universal Screening Tool (MUST) für ambulante Patienten (Weimann et al. 2013)

(Pirlich et al. 2006; Lucchin et al. 2009). Alle Fachrichtungen zusammengenommen, liegt die Malnutritionsrate bei 20–60 %, je nach chirurgischem Fachgebiet zwischen 19 % und 35 % (Stanga et al. 2009). Jede Operation muss deshalb bei der Planung die metabolische Dimension im Sinne einer gesamtheitlichen Behandlung mitberücksichtigen (Weimann et al. 2013).

### Planung von Hernienreparationen

Zu berücksichtigende Aspekte bei der Planung von Hernienreparationen aus metabolischer und ernährungsmedizinischer Sicht:

- Screening und Erfassung des metabolischen Risikos bei Aufnahme des Patienten
- Einbezug der Ernährung in das therapeutische Gesamtkonzept
- Vermeidung längerer Nüchternperioden, insbesondere präoperativ
- Frühestmögliche Wiederaufnahme der Nährstoffzufuhr postoperativ, wenn immer möglich enteral
- Intensives Blutzucker-Monitoring und -Management
- Frühe Mobilisation des Patienten zur Stimulation von Proteinsynthese und Muskelfunktion

Die systematische Erkennung von Patienten mit potenzieller oder manifester Malnutrition ist aus diesen Überlegungen heraus sehr wichtig. Daher empfiehlt die S. 3-Leitlinie der Deutschen Gesellschaft für Ernährungsmedizin (DGEM), schon bei der Patientenaufnahme ein ernährungsmedizinisches Risikoscreening (Tab. 29.1) durchzuführen, um so schnell wie möglich eine adäquate Ernährungstherapie zu implementieren (Weimann et al. 2013). Bei chirurgischen Patienten sind als Risikoscreening das MUST (Malnutrition

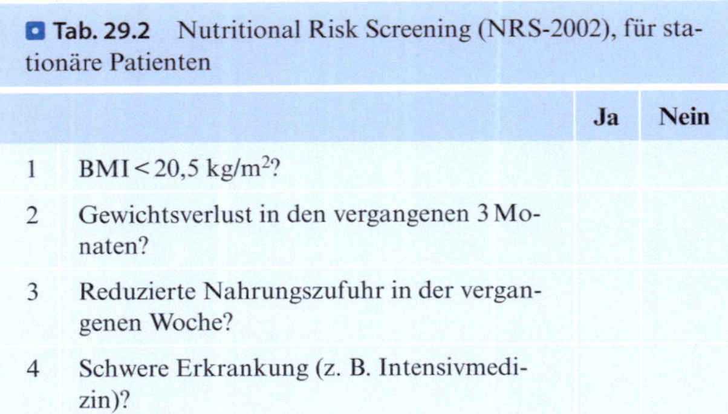

**Tab. 29.2** Nutritional Risk Screening (NRS-2002), für stationäre Patienten

| | | Ja | Nein |
|---|---|---|---|
| 1 | BMI < 20,5 kg/m²? | | |
| 2 | Gewichtsverlust in den vergangenen 3 Monaten? | | |
| 3 | Reduzierte Nahrungszufuhr in der vergangenen Woche? | | |
| 4 | Schwere Erkrankung (z. B. Intensivmedizin)? | | |

Ja: Wird eine dieser Fragen mit Ja beantwortet: weiterfahren mit Hauptscreening
Nein: Werden alle Fragen mit Nein beantwortet: wöchentlich wiederholtes Screening
Bemerkung: Ist für den Patienten eine große Operation geplant: Erstellung eines präventiven Ernährungsplans

gelernährung (NRS-2002 $\geq 3$ Punkte) innerhalb von 10–14 Tagen vor dem Eingriff durch eine optimierte enterale Ernährung verbessert werden. Der Einsatz von immunmodulierenden Trinklösungen wird kontrovers diskutiert. Diese Überlegungen gelten nicht nur für Eingriffe wie Ösophagusresektion, Gastrektomie, Duodenopankreatektomie und halschirurgische Tumoroperationen, sondern erfahrungsgemäß auch für komplexe Bauchdeckenrekonstruktionen und bei Loss-of-Domain.

Zusammenfassend sind Interventionen zur Erkennung und Behandlung der Mangelernährung klinisch wirksam und kostensparend. Die empfohlenen Screeninginstrumente sind einfach und standardisiert, was es ermöglicht, sie auch im Klinikalltag anzuwenden (Almeida et al. 2012). Alle chirurgisch tätigen Ärzte sind aufgerufen, diese wertvollen Screeningins-

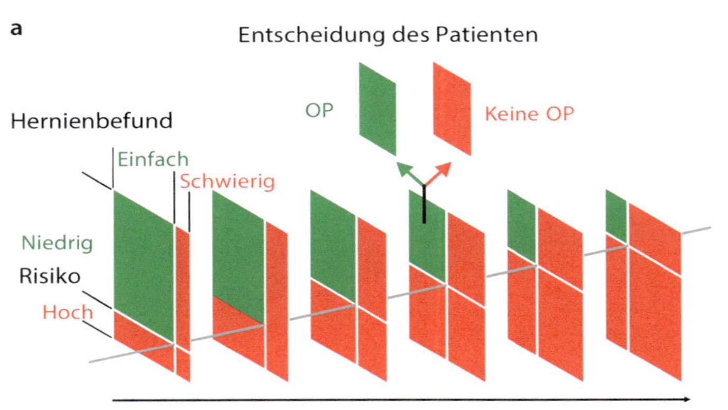

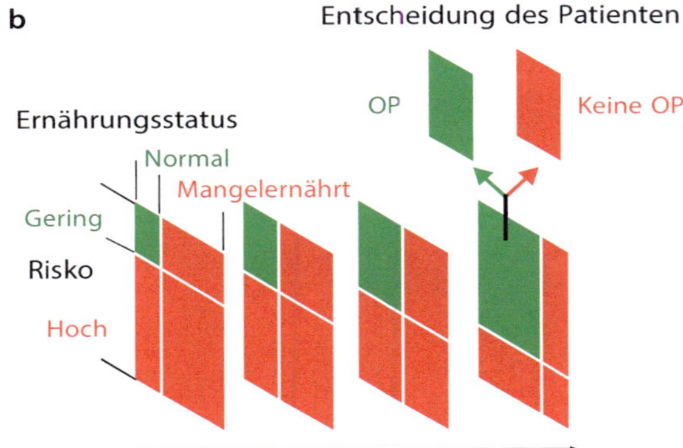


**Abb. 29.2** **a** Das Operationsrisiko steigt bei zunehmender Komplexität der Hernienbefundes, zum Beispiel mit der Größe der Bruchpforte. **b** Bei mangelernährten Patienten kann es entscheidend sein, durch Präkonditionierung ein gerade noch akzeptables Risikofenster zu nutzen

Universal Screening Tool, Abb. 29.1) im ambulanten Bereich und das NRS-2002 (Nutritional Risk Screening 2002, Tab. 29.2) für den stationären Bereich validiert (Kondrup et al. 2003).

Auch der alleinige Gewichtsverlust von $\geq 5\,\%$ innerhalb der vorausgegangenen 6 Monate gilt als hochsignifikanter Risikofaktor für postoperative Komplikationen (Almeida et al. 2012). Ähnlich ist auch eine verminderte Nahrungszufuhr in der Woche vor der Krankenhausaufnahme ein starker Risikoprädiktor für Komplikationen bei abdominal-chirurgischen Eingriffen (Kuppinger et al. 2012; Schwegler et al. 2010). Für Patienten > 65 Jahre wurden in einer systematischen Übersichtsarbeit der Gewichtsverlust und das Serumalbumin als prädiktive Risikoparameter gefunden (van Stijn et al. 2013).

Um postoperative Komplikationen zu vermindern, soll bei elektiven Eingriffen eine schwere Man-trumente zum Wohle ihrer Patienten einzusetzen, entsprechende Ernährungskonzepte zu erstellen und umzusetzen. Gerade auch bei der Rekonstruktion großer Bauchdeckendefekte ist es entscheidend, dass die Heilung der oft riesigen Wundflächen unauffällig abläuft. Wie Abb. 29.2 zeigt, können sich gute OP-Zeitfenster mit der Zeit schließen (größere Bruchlücken gehen mit signifikant mehr Komplikationen einher); mittels präoperativer Ernährungssubstitution können die Ausgangsbedingungen bei mangelernährten Patienten erheblich verbessert werden.

## Literatur

Almeida AI, Correia M, Camilo M, Ravasco P (2012) Nutritional risk screening in surgery: valid, feasible, easy! Clin Nutr 31(2012):206–211

Askari R, Seres D, Cochran A, Collins KA (2019) Overview of perioperative nutritional support. UpToDate. ► https://www.uptodate.com/contents/overview-of-perioperative-nutritional-support. Zugegriffen: 11. Okt. 2019.

Hiesmayr M, Schindler K, Pernicka E, Schuh C, Schoeniger-Hekele A, Bauer P, Laviano A, Lovell AD, Mouhieddine M, Schuetz T, Schneider SM, Singer P, Pichard C, Howard P, Jonkers C, Grecu I, Ljungqvist O, Team NA (2009) Decreased food intake is a risk factor for mortality in hospitalized patients – The nutrition Day Survey 2006. Clin Nutr 28:484–491

Isabel TD, Correia M (2003) The impact of malnutrition on morbidity, mortality, length of hospital stay and costs evaluated through a multivariate model analysis. Clin Nutr 22:235–239

Kondrup J, Allison SP, Elia M, Vellas B, Plauth M (2003) ESPEN Guidelines for Nutrition Screening 2002. Clin Nutr 22(4):415–421

Kuppinger D, Hartl WH, Bertok M et al (2012) Nutritional screening for risk prediction in patients scheduled for abdominal operations. Br J Surg 99:728–737

Lucchin L, D'Amicis A, Gentile MG, Battistini NC, Fusco MA, Palmo A, Cereda E (2009) An Italian investigation on nutritional risk at hospital admission: The PIMAI (Project: Iatrogenic Malnutrition in Italy) study.e-PEN,4(4). ► https://doi.org/10.1016/j.eclnm.2009.05.012.

Pirlich M, Schütz T, Norman K, Gastell S, Lübke HJ, Bischoff SC, Bolder U, Frieling T, Güldenzoph H, Hahn K, Jauch KW, Schindler K, Stein J, Volkert D, Weimann A, Werner H, Wolf C, Zürcher G, Bauer P, Lochs H (2006) The german hospital malnutrition study. Clin Nutr 25:563–574

Rittler P, Jauch KW (2010) Krankheitsbedingte Mangelernährung – Eine Herausforderung für unser Gesundheitssystem. Pabst Science Publication, Lengerich, S 45–49

Schwegler I, von Holzen A, Gutzwiller JP, Schlumpf R, Mühlebach S, Stanga Z (2010) Nutritional risk is a clinical predictor of postoperative mortality and morbidity in surgery for colorectal cancer. Br J Surg 97:92–97

Sorensen J, Kondrup J, Prokopowicz J, Schiesser M, Krähenbühl L, Meier R, Liberda M, EuroOOPS study group (2008) EuroOOPS: An international multicentre study to implement nutritional risk screening and evaluate clinical outcome. Clin Nutr 27:340–349

Stanga Z, Leuenberger M, Gerber A, Reinhard I (2009) Malnutrition: Which Screening–Tool is Appropriate? Aktuel Ernaehr Med 34:79–82

Studley H (1936) Percentage of weight loss: a basic indicator of surgical risk in patients with chronic peptic ulcer. JAMA 106:321–336

van Stijn MF, Korkic-Halilovic I, Bakker MS, van der Ploeg T, van Leeuwen PA, Houdijk AP (2013) Preoperative nutrition status and postoperative outcome in elderly general surgery patients : a systematic review. J Parenter Enteral Nutr 37:37–43

Weimann A, Breitenstein S, Breuer JP, Gabor SE, Holland-Cunz S, Kemen M, Längle F, Rayes N, Reith B, Rittler P, Schwenk W, Senkal M, Steering Committee DGEM (2013) S3-Leitlinie der Deutschen Gesellschaft für Ernährungsmedizin. Klinische Ernährung in der Chirurgie. Aktuel Ernährungsmed 38:e155–e197

# Basics zu Netzen für die Leistenhernienreparation

*Uwe Klinge*

## Inhaltsverzeichnis




U. A. Dietz et al. (Hrsg.), *Offene Hernienchirurgie*,
https://doi.org/10.1007/978-3-662-61348-1_30

Seit Mitte der 90er Jahre stützt sich die operative Versorgung der Leistenhernie vornehmlich auf die Verstärkung der Leistenregion durch Implantation von die Bruchlücke weit überlappenden, großflächigen, textilen Netzen oder alternativ durch direkten Verschluss der Bruchlücken mittels Kunststoff-Plugs. Während bei den flachen Netzen bereits die Integration in Narbe oder in lokales Gewebe die Fixation des idealerweise spannungsfrei eingebrachten Implantates gewährleistet, erfordert der Plug-Stopfen eine suffiziente Narbenfixation in der Bruchlücke zur Prävention einer Migration bei lokaler mechanischer Belastung. Angesichts der gestörten Narbenbildung mit Ausbildung minderwertigen Kollagens bei vielen Hernienpatienten erscheint es nicht überraschend, dass im Vergleich zu flachen Netzen der Plug-Verschluss mit erhöhten Rezidivraten bzw. Migrationsraten behaftet ist (HerniaSurge 2018).



Alle Herniennetze sind jetzt gemäß der neuen europäischen Medical Device Regulation (MDR)[1] als Medizinprodukte der Risikoklasse 3 anzusehen, da ihr Einsatz unstrittig mit Komplikationen in Zusammenhang stehen kann. Diese sind eine erhöhte Rezidivrate aufgrund einer stärkeren Narbenschrumpfung, die Ausbildung von Schmerzen durch Einmauerung lokaler Nerven in die Fremdkörperreaktion oder aber das Risiko für Protheseninfektionen aufgrund gesteigerter bakterieller Adhärenz auf der Implantatoberfläche (HerniaSurge 2018; Amid 1997). Dabei akkumuliert das Netzrisiko über Jahrzehnte, entsprechend ist das Risiko netzbedingter Komplikationen altersabhängig und höher bei jüngeren Patienten mit deren längerer Lebenserwartung. Gemäß der Zusammenstellung der FDA (U.S. Food and Drug Administration)[2] sind die häufigsten Komplikationen nach Netzimplantation zur Hernienreparation Schmerz, Infektion, Rezidiv, Adhäsion, Ileus, Netzmigration und Netzschrumpfung.

- Grundsätzlich sind überdimensionierte Strukturen mit einem unangemessenen Materialeinsatz aufgrund der dadurch gesteigerten Entzündungs- und Narbenreaktion mit einem höheren Risiko für Komplikationen behaftet.
- Ungeschütztes Polypropylen gilt als riskant für den Einsatz in der Abdominalhöhle, da es beim direkten Kontakt mit Darmstrukturen zu Fistelbildungen kommen kann.
- PTFE gilt in kontaminierten Wunden als problematisch, da die folienartige Oberfläche mit den Mikroporen eine bakterielle Besiedlung begünstigt.
- Aufgrund der obligaten inflammatorischen Fremdkörperreaktion resultiert stets eine narbige Integration der Netze in das umgebende Gewebe, wobei bei geringen Porengrößen die gesamte Pore durch kollagenreiche Narbe ausgefüllt ist und keinesfalls durch ortsständiges lokales z. B. Fettgewebe (Klosterhalfen et al. 2005; Klinge und Klosterhalfen 2012).

Aktuell sind ca. 140 Modifikationen von flachen Netzprothesen von mehr als einem Dutzend Hersteller verfügbar. Mehrheitlich handelt es sich dabei um monofile Konstruktionen, zumeist aus Polypropylen, deren Festigkeit und Dehnbarkeit mehr oder weniger an die jeweilige Indikation angepasst sind, und deren großporige Struktur zur raschen Gewebeintegration führen soll. Allerdings sind diese Aussagen nur bedingt zutreffend, da alle Netzkonstruktionen immer auch einen multifilen und kleinporigen Bereich bei den Porenbindungen aufweisen, die Dehnbarkeit der Netze vornehmlich auf der schlitzförmigen Verschmälerung der Poren beruht und ein Netz biomechanisch aufgrund des Herstellungsprozesses keinesfalls multiaxial alle physiologischen Anforderungen widerspiegeln kann.

Die Bewertung des Risikoprofils für ein spezielles Netz ist oft schwierig:

- Bei moderaten Veränderungen der Konstruktion ist die Relevanz für das Risiko von Komplikationen unklar, welches Risiko steigt wie stark beispielsweise bei einem um 5 % veränderten Fadendurchmesser oder einer geringen Veränderung der Porengeometrie?
- Modifizierte Netzkonstruktionen können widersprüchliche Designaspekte kombinieren, die einerseits über eine Materialreduktion das Risiko zwar senken, andererseits aber gleichzeitig über eine Verkleinerung der Poren das Risiko anheben können – was die Bewertung des generellen Risikos entsprechend erschwert.
- Das Risiko der Materialien kann sich für die verschiedenen Operationsverfahren und Indikationen erheblich unterscheiden und hängt z. B. davon ab, ob das Material elektiv in sauberen Wunden oder im Notfall in kontaminierten Wunden eingesetzt wird.
- Grundsätzlich erscheint das netzbedingte Risiko sogar vernachlässigbar, wenn die chirurgische Therapie fehlerhaft durchgeführt wird oder die Patienten eine außergewöhnlich kompromittierte Wundheilung haben.
- Angesichts der zahlreichen Unwägbarkeiten und Einschränkungen ist es unrealistisch, von klinischen Studien eine klare Festlegung zu erwarten, welches Netz „sicher“ ist. Selbst wenn in einem selektionierten Kollektiv das Material für 40 % der Komplikationen verantwortlich ist und ein drastisch optimiertes Material die Komplikationsrate um die Hälfte reduzieren kann, dann werden 2 × 3213 Patienten für eine ausreichende statistische Power von 80 % be-

1 Medical device regulation (2017) **Comprehensive for the EU, now considering meshes as type III medical devices with extendend needs for post market surveillance trials.**

2 FDA. **The American Food and Drug administration lists mesh related complications and is responsible for the application of mesh devices.**

nötigt. In der Gruppe 1 werden dann 321 Komplikationen erwartet, in der Gruppe 2 mit optimiertem Material 257 Komplikationen – d. h. lediglich ca. 64 Komplikationen von insgesamt 578 Komplikationen und über 6000 Patienten in der Studie liessen sich vermeiden! Der Effekt von nur graduellen Veränderungen wie einer z. B. Vergrößerung der Porengrößen um 10 %, einer Veränderung ausschließlich der textilen Bindungen, einer geringen Veränderung de Polymerrezeptur, einer diskreten Verminderung des Fadendurchmessers oder einer Veränderung nur des Netzzuschnittes wird sich in klinischen Studien in der Regel gar nicht nachweisen lassen.
- Nimmt man allerdings Subgruppen, bei denen eine exzellente chirurgische Therapie durchgeführt worden ist und die keine patientenseitigen Risiken aufweisen, dann können u. U. mehr als 2/3 der Komplikationen auf ein risikobehaftetes Material zurückgeführt werden (Bringman et al. 2005). Von insgesamt 600 Patienten und zwei Gruppen, die entweder ein Prolene-Netz oder ein Vypro-II-Netz erhielten, entwickelten in der ersten Gruppe 7 Patienten einen chronischen Leistenschmerz, in der zweiten Gruppe lediglich 2 Patienten. Der direkte Vergleich mittels Chi-Quadrat-Test mit $p=0{,}093$ ist zwar nicht signifikant. Aber unter der Annahme, dass in jeder Gruppe 2 Patienten chronische Schmerzen unabhängig vom Material entwickeln, dann wären die übrigen 5 von insgesamt 7 Fällen in der ersten Gruppe auf das Material zurückzuführen (=70 %)!

Grundsätzlich ist festzustellen, dass es kein Netz gibt, welches für alle Operationsverfahren und alle Indikationen gleichermaßen ein optimales Risikoprofil aufweist. Die Anforderungen an Stabilität und Dehnbarkeit, intraoperative Handhabung und Platzierbarkeit sowie das Ausmaß postoperativer Narbenbildung sind für die verschiedenen Hernien und Patienten zu unterschiedlich, um von *einer einzigen* textilen Struktur abgedeckt werden zu können.

Flache, großporige Netze aus dünnen Monofilamenten von Polypropylen, Polyester oder PVDF, die jegliche Überdimensionierung vermeiden und in Stabilität und Elastizität an die jeweiligen Anforderungen angepasst sind, weisen die geringsten Risiken auf im Vergleich zu überdimensionierten, kleinporigen Strukturen aus dicken Filamenten.

Während für die größeren TAPP/TEP-Netze im präperitonealen Fett eher flexible Netze vorteilhaft sind, kann eine lokale Strukturverstärkung beim Lichtenstein-Netz für den Durchtritt des Ductus deferens im Schlitz notwendig sein. Andererseits besteht bei der Lichtenstein-Operation aufgrund der engen topografischen Nähe zu den Nerven eher ein Risiko für chronische Schmerzen, wenn das Netz eine intensive entzündliche und narbige Reaktion hervorruft, die durch die Nähe zur Muskulatur ohnehin stärker ausgeprägt ist als im präperitonealen Fett.

Bei den TAPP-/TEP-Verfahren ist zu berücksichtigen, dass es postoperativ durch das Ablassen des Pneumoperitoneums zu einer erheblichen Faltung in Projektion auf das Leistenband kommt (Ciritsis et al. 2014).

Textile Charakteristika, die mit einer Verminderung der Risiken einhergehen, sind:
- Es sollten stabile Polymere ausgewählt werden, die keine oder wenig Degradation im Körper zeigen.;
- Dabei sollte die Stabilität nicht überdimensioniert sein, sondern die Polymere sollten in ihrer Dehnbarkeit an die physiologischen Anforderungen angepasst sein.
- Die Poren bzw. der Abstand zwischen den Fäden sollte so groß sein, dass der Zwischenraum nicht vollständig von Entzündungszellen bzw. Narbe ausgefüllt wird, sondern das Einwachsen lokalen Fettgewebes ermöglicht.
- Dabei sollten die Poren auch bei (geringer) Zugbelastung ausreichend groß genug bleiben, was eine entsprecchende strukturelle Stabilität erfordert.
- Dickere Fäden induzieren ein dickeres Fremdkörpergranulom, sodass dünnere Fäden diesbezüglich günstiger sind. Anderseits sind dünnere Fäden mit einer relativ größeren Oberfläche behaftet, um die gleiche Stabilität wie dickere Fäden zu erreichen. Damit verbunden kann ein erhöhtes Risiko für eine bakterielle Infektion einhergehen, da die Größe der Oberfläche mit der Möglichkeit zur Bakterienadhärenz korreliert.
- Im Bauchraum ist das Auftreten von Adhäsionen zum Implantat eine äußerst relevante Komplikation. Bislang ist kein Material verfügbar, welches die nicht zuletzt durch das chirurgische Trauma bedingten Adhäsionen sicher reduzieren kann.
- Netzmigration dürfte maßgeblich von den lokalen Zugspannungen abhängen und sind somit am ehesten durch eine Tension-free-Positionierung zu vermeiden. Materialien mit einem starken inflammatorischen Infiltrat und ihrer hohen proliferativen Aktivität setzen einer Migration weniger entgegen als Materialien, die vornehmlich fibrös eingescheidet werden.

Die Rolle des Materials wurde jüngst auch im Rahmen der internationalen Leitlinien kritisch analysiert (HerniaSurge 2018). Unter Berücksichtigung der aktuellen Literatur und zahlreicher Expertenmeinungen wurde dabei resümiert, dass:
- andere Netzkonstruktionen als die flachen Netze derzeit nicht empfohlen werden können, da sie in klinischen Vergleichsstudien keine eindeutigen Vorteile aufweisen (was aufgrund der komplexen Interaktionen der vielfältigen Einflussgrößen kaum möglich ist),

- Netze einen Einfluss auf das postoperative Ergebnis haben, aber kein spezielles, perfektes Netz existiert,
- Porengröße, effektive Porosität, Polymer und Filament die Biokompatibilität bestimmen, während das Gewicht alleine keine entsprechende Aussage zum Implantat-Risiko erlaubt,
- größere Poren mit weniger Fremdkörperentzündung und Narbenreaktion vorteilhaft sind,
- Polypropylen- und Polyestermaterialien in vivo Zeichen der Degradation zeigen, wobei die klinische Bedeutung noch unklar ist,
- das Risiko für netzbedingte Komplikationen mit der Verweildauer im Gewebe steigt,
- bakterielle Netzinfektionen ohne zusätzliche Risikofaktoren selten sind, die Verwendung eines Implantates jedoch eine in kontaminierten Wunden bzw. bei Vorhandensein anderer Risikofaktoren Antibiotikaprophylaxe notwendig machen (HerniaSurge 2018).

Zusammenfassend lässt sich feststellen, dass ein nicht an die Anforderungen angepasstes Material bei einigen Patienten das Risiko für Komplikationen erhöhen kann. Da wir bislang nicht in der Lage sind, diejenigen Patienten zu identifizieren, die mit einem erhöhten Risiko für Komplikationen einhergehen, sind wir gehalten, bei allen Patienten optimale Materialien mit den geringstmöglichen Risiken einzusetzen.

## 30.1 Kommentar der Herausgeber: 3D-Netze

Im Gegensatz zu den flachen Netzen wurden in der Vergangenheit auch dreidimensional strukturierte Netze für die Leistenhernie entwickelt. Unter diesen sind die Plugs und das Prolene Hernia System (PHS) bzw. das Ultrapro Hernia System (UHS zu nennen. Der Gedanke hinter diesen Netzen ist, dass sie über einen transinguinalen Zugang eine spannungsfreie Reparation ermöglichen.

Beim Plug handelt es sich um ein kegelförmiges Konstrukt, welches in die Bruchlücke eingeführt wird, diese quasi ausfüllt und darin fixiert wird. Dabei erfolgt keine eigentliche Rekonstruktion der Morphologie. Die Plug-Technik wurde von Ira M. Rutkow (New York, USA) 1993 bekannt gemacht und erreichte wegen ihrer Einfachheit – gerade auch im ambulanten Bereich – große Beliebtheit. Die frühpostoperativen Ergebnisse zeigen keinen Vorteil für die Plug-Technik im Vergleich zur Lichtenstein-Technik (Kingsnorth et al. 2000). Allerdings werden die Plugs meist aus gefalteten kleinporigen Netzen hergestellt, was zur narbigen Retraktion der Konstrukte und konsekutiv zu Schmerzsyndromen, Arrosion des Ductus deferens und Rezidiven führt (Iakovlev et al. 2018). Die Explantation dieser Netze ist oft sehr arbeitsintensiv und komplikationsträchtig.

PHS und UHS sind Netzkonstruktionen, die ebenfalls in die Bruchlücke eingeführt werden, allerdings zwei Lagen eines flachen Netzes beinhalten: Die eine Lage verstärkt die Hinterwand, die andere die Vorderwand der Leistenregion. Die Operationstechnik wurde erstmals von Arthur I. Gilbert (Miami, USA) 1998 beschrieben. Aktuell werden diese Netze unter anderem auch in Asien gerne implantiert (s. auch ▶ Kap. 54). Die Ergebnisse von PHS und UHS sind in der Literatur mit denen der Lichtenstein-Reparation vergleichbar (Huang et al. 2005). Auch die Zufriedenheit – gemessen mithilfe des SF-36 – scheint nach 3 Jahren vergleichbar mit der Lichtenstein-Technik zu sein (Magnusson et al. 2016). Die Leitlinien raten allerdings von diesen Netzkonstruktionen ab, denn bei Auftreten eines Rezidivs sind bereits beide Zugangswege (anterior und posterior) mit Netz vernarbt, was wiederum das Operationsrisiko einer nachfolgenden Operation deutlich erhöht (HerniaSurge 2018).

## Literatur


Amid P (1997) Classification of biomaterials and their related complications in abdominal wall surgery. Hernia 1:15–21

Bringman S, Wollert S, Osterberg J, Smedberg S, Granlund H, Felländer G, Heikkinen T (2005) One year results of a randomised controlled multi-centre study comparing Prolene and Vypro II-mesh in Lichtenstein hernioplasty. Hernia 9:223–227

Ciritsis A, Hansen NL, Barabasch A, Kuehnert N, Otto J, Conze J, Klinge U, Kuhl CK, Kraemer NA (2014) Time-dependent changes of magnetic resonance imaging-visible mesh implants in patients. Invest Radiol 49:439–444

HerniaSurge (2018) International guidelines for groin hernia management. Hernia 22:1–165

Huang CS, Huang CC, Lien HH (2005) Prolene hernia system compared with mesh plug technique: a prospective study of short- to mid-term outcomes in primary groin hernia repair. Hernia 9:167–171

Iakovlev V, Koch A, Petersen K, Morrison J, Grischkan D, Oprea V, Bendavid R (2018) A Pathology of Mesh and Time: Dysejaculation, Sexual Pain, and Orchialgia Resulting From Polypropylene Mesh Erosion Into the Spermatic Cord. Ann Surg 267:569–575

Kingsnorth AN, Porter CS, Bennett DH, Walker AJ, Hyland ME, Sodergren S (2000) Lichtenstein patch or Perfix plug-and-patch in inguinal hernia: a prospective double-blind randomized controlled trial of short-term outcome. Surgery 127:276–283

Klinge U, Klosterhalfen B (2012) Modified classification of surgical meshes for hernia repair based on the analyses of 1,000 explanted meshes. Hernia 16:251–258

Klosterhalfen B, Junge K, Klinge U (2005) The lightweight and large porous mesh concept for hernia repair. Expert Rev Med Devices 2:103–117

Magnusson J, Nygren J, Gustafsson UO, Thorell A (2016) UltraPro Hernia System, Prolene Hernia System and Lichtenstein for primary inguinal hernia repair: 3-year outcomes of a prospective randomized controlled trial. Hernia 20:641–648

# Netze für die Narbenhernienreparation

*Manuel Jakob und Guido Beldi*

## Inhaltsverzeichnis




U. A. Dietz et al. (Hrsg.), *Offene Hernienchirurgie*,
https://doi.org/10.1007/978-3-662-61348-1_31

Die hohe Rezidivrate bei Direktverschluss einer Inzisionalhernie hatte in den späten 1960er Jahren die Einführung von Netzen aus synthetischen Materialien zur Folge. Die verfügbaren Materialien der Netze haben spezifische Eigenschaften, welche mit entsprechenden Komplikationen einhergehen. Die Kenntnis der wichtigsten Materialien und deren spezifische Eigenschaften und biologische Effekten sollten somit jedem allgemeinchirurgisch tätigen Arzt bekannt sein, um das zu implantierende Netz optimal an die aktuelle Situation anpassen zu können.

> Die Eigenschaften des perfekten Netzes beinhalten Biokompatibilität und vollständige Resistenz für Adhäsionen und Infekte.



Diese theoretischen Leitlinien haben zur Schaffung von verschiedenen Netzmaterialien geführt, wobei in der elektiven Hernienchirurgie im deutschsprachigen Raum meist nichtresorbierbare Netze aus Polypropylen zur Anwendung kommen. Die Gemeinsamkeit aller Materialien ist eine mehr oder weniger ausgeprägte, partiell erwünschte, Fremdkörperreaktion des Organismus auf das Implantat.

Synthetische Netze können grob in nichtresorbierbar und resorbierbar aufgeteilt werden (Tab. 31.1). Die zweite Gruppe sind sog. Composite-Netze, wobei es sich hierbei um Mischformen von synthetischen Netzen handelt (beispielsweise: Kombination von nichtresorbierbar und resorbierbar). Die dritte Gruppe sind biologische Netze, die humanen oder tierischen Ursprungs sein können.

### Art der Netze

Synthetische, nichtresorbierbare Netze.

Die Fremdkörperreaktion des Organismus auf den implantierten Fremdkörper ist abhängig vom Polymer selber, von der Faseroberfläche sowie der Makrostruktur des Fremdkörpers (Porengröße, Porengeometrie und Porenverteilung). Nachfolgend werden die vier wichtigsten Polymere, aus denen synthetische Netze hergestellt werden, aufgelistet (Shankaran et al. 2011).

Polypropylen (PP) ist ein nichtresorbierbares, meist monofilamentöses, hydrophobes Netzmaterial. PP wurde initial als schwergewichtiges Netz hergestellt und im Laufe der Zeit vornehmlich leichtgewichtig vertrieben. PP-Netze weisen eine gute Infektionstoleranz auf. Nachteilig ist die mögliche oxidative Degradation von PP, die elektronenmikroskopisch nachgewiesen werden konnte, jedoch klinisch kaum relevant zu sein scheint.

Polyethylenterephthalat/Polyester (PES) ist ein in der Regel multifilamentöses Netz, welches sich durch eine weichere Konsistenz mit reduzierter Rigidität im Vergleich zu PP auszeichnet. Nachteile werden vornehmlich der multifilamentösen Struktur zugeschrieben mit der damit verbundenen Infektionsgefahr (s. unten) und der biologischen Degradation, die zu einer Verminderung der Reißfestigkeit im Langzeitverlauf führt (Trabucchi et al. 1998).

Expandiertes Polytetrafluorethylen (ePTFE) ist ein chemisch inertes, hydrophobes, meist mikroporöses Netz, welches sich durch die geringe Fremdkörperreaktion nach Implantation auszeichnet. Nachteilig ist jedoch die schlechte Gewebsinkorporation. Zudem müssen bei einer Infektion fast ausnahmslos alle Netze entfernt werden (Pason et al. 2007).

Polyvinylidenfluorid (PVDF) ist ein nichtresorbierbares, chemisch hochstabiles Polymer, das meist als Monofilament in Netzimplantaten angewendet wird. Im Vergleich mit PP, PES und ePTFE weist PVDF die höchste Widerstandsfähigkeit gegen Degradation auf und ist damit das Polymer mit der höchsten Langzeitstabilität (HerniaSurge 2018). Darüber hinaus zeichnet sich PVDF durch eine geringe Fremdkörperreaktion (Conze et al. 2008; Klink et al. 2011), eine hohe Biokompatibilität (Klinge et al. 2002b) sowie einen hohen Reinheitsgrad (frei von zusätzlichen Additiven) aus.

Resorbierbare synthetische Netze (biosynthetische Netze).

Als Alternative zu nichtresorbierbaren Netzen und mit der grundsätzlichen Idee der Vermeidung von chronischen Netzinfektionen und den damit verbunde-

**Tab. 31.1** Übersicht über synthetische Netze

| Synthetische Netze | Materialien | Vorteile | Nachteile | Verwendung |
|---|---|---|---|---|
| Nichtresorbierbar | PP<br>PES<br>ePTFE<br>PVDF | Langjährige Erfahrung<br>Preis | Intermediäre (Polyester) und schlechte (ePTFE) Infektresistenz | Generell in der elektiven Hernienchirurgie |
| Resorbierbar (biosynthetisch) | Polyglactin<br>z. B. P4HB | Infektresistenz? | Hernienrezidive?<br>Preis | Kontamination<br>Komplexe Hernien |
| Mischformen (Composite) | Kombination aus verschiedenen Netzmaterialien | Adhäsionen | Preis | Intraperitoneale Lage |

PP Polypropylen, PES = Polyethyleneterephtalat/Polyester, ePTFE = expandiertes Polytetrafluorethylen, PVDF = Polyvinylidenfluorid, P4HB = Poly-4-Hydroxybutirat.

nen Komplikationen existieren Netze aus monofilamentösem Polymer, die sich im Intervall resorbieren. Während der Resorptionsphase dient der sich langsam resorbierende Fremdkörper als Leitstruktur für kollagenes Bindegewebe und die damit verbundene Verstärkung der Abdominalwand. Biosynthetische Netze können in kontaminierten Verhältnissen eingesetzt werden, wobei aufgrund der Resorption Hernienrezidive nicht vermieden werden (Rosen et al. 2017).

Composite-Netze.

Composite-Netze sind Mischformen aus verschiedenen, v. a. von resorbierbaren und nichtresorbierbaren Materialien, welche primär für die intraperitoneale Implantation entwickelt wurden. Die Einlage von unbeschichteten PP-Netzen in intraperitonealer Lage führt zu starker Adhäsionsbildung mit intraabdominellen Organen und es besteht die Möglichkeit einer Arrosionsfistel des Netzes mit dem Darm. Aus diesem Grund wurden synthetische nichtresorbierbare Netze mit einem viszeralen resorbierbaren Netzanteil kombiniert, und die geringere Adhäsionsbildung konnte im Tiermodell reproduziert werden (Zhang et al. 2014).

Resorbierbare biologische Netze (s. auch ► Abschn. 31.1)

Aufgrund von beschriebenen Infektionskomplikationen von synthetischen nicht-resorbierbaren Netzen, insbesondere bei Kontamination, wurden sog. biologische Netze entwickelt. Biologische Netze können humanen oder tierischen Ursprungs (v. a. Schwein oder Rind) sein. Die humane oder tierische Grundstruktur (v. a. Dermis, aber auch Dünndarm oder Perikard) wird dezellularisiert und anschließend sterilisiert. Der Begriff „cross-linking" bezieht sich auf einen Prozess, welcher eine zusätzliche Proteinvernetzung bewirkt und zu einer rigideren und somit stärkeren Matrix führt, wobei dieser Vorteil mit einer deutlich markanteren Fremdkörperreaktion bezahlt wird. Heutzutage werden biologische Netze vor allem zur Versorgung komplexer Hernien und bei Kontamination (z. B. Darmfistel, offenes Abdomen) eingesetzt. Die RICH-Studie konnte eine recht gute Erfolgsquote in der kontaminierten Hernienversorgung zeigen, wobei aber die heutige Datenlage zur generellen Unterstützung von biologischen Netzen im kontaminierten Setting insuffizient ist (Itani et al. 2012).

#### ▪ Netzstruktur

Netzgewicht: leichtgewichtig versus schwergewichtig.

Das Netzgewicht hängt von folgenden Faktoren ab: Gewicht des Polymers und Menge an verwendetem Material. Ursprüngliche Netze waren allesamt schwere Netze, die eine starke Fremdkörperreaktion hervorrufen mit konsekutiver ausgedehnter Narbenbildung. Aufgrund von Berichten über chronische Schmerzen nach Hernienversorgung – wahrscheinlich aufgrund einer durch die Fibrose bedingten rigiden Bauchwand mit den damit verbundenen funktionellen Einbußen – wurden sog. mittel- und leichtgewichtige Netze geschaffen (Welty et al. 2001). Das Gewicht wird vornehmlich durch eine Erhöhung der Netzporengröße und entsprechender Verringerung an Netzmaterial reduziert. Den maximal wirkenden Kräften der Abdominalwand (22 N/cm kraniokaudal bzw. 32 N/cm lateral) können auch die leichtesten Netze problemlos standhalten (Pott 2017). Vom mechanischen Standpunkt her sind schwergewichtige Netze demnach in Bezug auf die Fadenstärke deutlich überdimensioniert. Es konnte gezeigt werden, dass die Rate an Hernienrezidiven zwischen leicht- und schwergewichtigen Netzen vergleichbar ist (Conze et al. 2005). Demnach überwiegen potenzielle Nachteile gemäß dem aktuellen Wissensstand die Vorteile und die heute verwendeten Netze sind beinahe ausnahmslos leichtgewichtig.

Porosität.

Die Abstände der Netzmaschen werden als Poren bezeichnet. Die Porengröße sollte mindestens 75 $\mu$m betragen, damit regenerative Zellen zwischen die Poren infiltrieren können. In der Umgebung der Netzmaschen bilden sich sog. Granulome als Teil der Fremdkörperreaktion. Der Begriff „Bridging" beschreibt konfluierende Granulome, die das gesamte Netz mit Narbengewebe einhüllen können, was konsekutiv zu einer flächenhaften Narbenplatte mit geringer Flexibilität führt (Brown und Finch 2010). Erst ab einer Porengröße von > 1 mm resultiert die Ablagerung von erwünschtem kollagenem Bindegewebe. Insbesondere schwergewichtige, kleinporige Netze führen vermehrt zu narbigem, steifem Bindegewebe. Narben neigen zu Kontraktion, was zu einer Netzschrumpfung führen und abhängig von der Porengröße bis zu 50 % der ursprünglichen Größe betragen kann (Matthews et al. 2003). Dieses Phänomen bildet die Rationale der ordentlichen Netzüberlappung (5 cm) einer Hernie, da die Rezidive meist am Netzrand lokalisiert sind.

#### ▪ Infektrisiko

Insbesondere in Bezug auf das Infektionsrisiko nach Netzimplantation ist die Anzahl an Filamenten bzw. die Größe der Netzoberfläche von erheblicher Relevanz. Generell sind PP-Netze monofilamentös (nur ein Faden wurde verwendet) und PE-Netze multifilamentös. Der Vergleich zwischen mono- und multifilamentösen Netzen zeigte, dass die größere Oberfläche multifilamentöser Netze eine deutlich höhere Adhärenz von Bakterien zulässt und dass die Clearance der Bakterien herabgesetzt ist (Klinge et al. 2002a; Blatnik et al. 2012). Nicht nur Filamente, sondern auch die dreidimensionale Morphologie der Netze spielen eine Rolle im infizierten Setting. Netze aus ePTFE sind komplex multifilamentös gewoben und führen somit zu einer noch geringeren Clearance und höheren Produktion von Biofilm durch adhärente Bakterien im Vergleich zu PE-Netzen. Der Biofilm bildet eine optimale Nische für Mikroorganismen und verunmöglicht die bakterielle Eradikation durch Antibiotika (Engelsman et al. 2008). Klinisch müssen aus diesem Grund beinahe alle infizierten ePTFE-Netze explantiert werden (Pason et al. 2007).

▪ **Zusammenfassung**

Die Anforderungen an ein optimales Netz sind individuell und abhängig von der Indikation. Generell werden aktuell in der elektiven Hernienchirurgie leichtgewichtige, großporige, monofilamentöse, nichtresorbierbare Netze empfohlen, die die Anforderungen der Mechanik der Abdominalwand erfüllen (mind. 32 N/cm). Je nach Lage des Netzmaterials scheint die Kombinationen von verschiedenen Netzmaterialien den speziellen Anforderungen der Biologie besser gerecht zu werden. Die Wahl des Netzes ist bezüglich Rezidivhäufigkeit und -zeitpunkt wahrscheinlich zentral. Die Datenlage in der Infektsituation ist zurzeit noch unklar. Aufgrund von potenziell infektionsbedingten Komplikationen werden nichtresorbierbare, synthetische Netze in solchen Situationen seltener verwendet – dies trotz der Tatsache, dass einer der größten Risikofaktoren für die Narbenhernie eine Infektion der Bauchwand darstellt. Die aktuell häufig zitierte Empfehlung, bei einer Infektion eher biosynthetische bzw. biologische Netze einzusetzen, ist aufgrund der fehlenden Datenlage mit Vorsicht anzuwenden.

## 31.1 Kommentar der Herausgeber: Biologische und resorbierbare Netze

Das perfekte Netz wäre zum einen vollständig infektresistent und würde gleichzeitig langfristig ein Rezidiv der Narbenhernien verhindern. Aufgrund von beschriebenen Infektionskomplikationen von synthetischen nichtresorbierbaren Netzen insbesondere bei Kontamination wurden früher resorbierbare Netze verwendet und in den letzten Jahren auch sog. biologische Netze entwickelt.

Wegen des fehlenden Fremdmaterials würden resorbierbare Netze nicht zu chronischen Infekten führen. Aufgrund der Rezidive, welche bereits innerhalb der ersten 12 Monate postoperativ auftreten, haben sich resorbierbare Netzen jedoch nicht durchgesetzt. Biologische Netze können humanen oder tierischen Ursprungs (v. a. Schwein oder Rind) sein. Die humane oder tierische Grundstruktur (v. a. Dermis, aber auch Dünndarm oder Perikard) wird dezellularisiert und anschließend sterilisiert. Der Begriff „cross-linking" bezieht sich auf einen Prozess, welcher eine zusätzliche Proteinvernetzung herbeiführt und zu einer rigideren und somit stärkeren Matrix führt, wobei dieser Vorteil mit einer deutlich markanteren Fremdkörperreaktion bezahlt wird. Heutzutage werden biologische Netze vor allem zur Versorgung komplexer Hernien und bei Kontamination (z.B. Darmfistel, offenes Abdomen) angepriesen und zum Teil auch eingesetzt. Die RICH-Studie konnte eine recht gute Erfolgsquote in der kontaminierten Hernienversorgung zeigen, wobei aber die heutige Datenlage zur generellen Unterstützung von biologischen Netzen im kontaminierten Setting insuffizient ist (Itani et al. 2012; Petter-Puchner und Dietz 2013).

Somit liegt noch heutzutage kein Netzmaterial vor, welches sowohl infektresistent ist wie auch Rezidiven der Narbenhernie zuverlässig vorbeugt.

## 31.2 Kommentar der Herausgeber: Kontamination, Peritonitis und CED

Es gibt zwei besondere Situationen, bei denen die Implantation eines Netzes im Rahmen der Versorgung einer Hernie besonders überlegt und geplant werden muss: eine Peritonitis bzw. Kontamination sowie das Bestehen einer chronisch-entzündlichen Darmerkrankung (CED).

Netze bei Kontamination und Peritonitis.

Es besteht eine anhaltende Debatte darüber, ob bei Patienten mit einer „Kontaminierten" Wunde z. B. im Rahmen einer Peritonitis im Rahmen der Versorgung einer Hernie oder beim komplexen Bauchdeckenverschluss (z. B. zur Prophylaxe einer Hernie) ein Netz implantiert werden soll. Bereits 2003 wurde gezeigt, dass die Eröffnung des Kolons im Rahmen einer Hernienversorgung nicht zu einer erhöhten Infektrate des implantierten Netzes führt (Geisler et al. 2003). In einer Analyse von 33.832 Patientendaten aus dem NESQIP-Register zeigt sich in Hinblick auf postoperative Komplikationen bei nichtkontaminierten Wundverhältnissen kein Unterschied zwischen Hernienversorgung mit und ohne Netz. Betrachtet man Patienten mit einer sauber kontaminierten oder kontaminierten Wunde, so zeigt sich – wie zu erwarten – ein deutlicher Anstieg der postoperativen Komplikationen, besonders auch bei Patienten mit Netzimplantation; über die Rezidivrate macht die Studie allerdings keine Aussage (Choi et al. 2012). In einer vergleichenden Kohortenstudie mit oder ohne Implantation eines prophylaktischen Netzes in IPOM-Position beim Bauchdeckenverschluss im Rahmen der Therapie der Peritonitis, war die Rate an Wundinfektionen in beiden Gruppe vergleichbar (61,9 vs. 60,3 %; p = 0,603). Auch die Inzidenz der enterokutanen Fistel war vergleichbar (4,8 % vs. 2,9 %;

p = 0,667); die Inzidenz der Inzisionalhernie war allerdings bei Netzimplantation signifikant geringer (2/63 vs. 20/70 bzw. 3,2 vs. 28,6 %; p < 0,001) (Kurmann et al. 2013). Eine Möglichkeit ist immerhin auch, das Netz unmittelbar vor der Implantation mit Gentamicin zu benetzen – z. B. mit 160-140 mg – um die perioperative Kontamination auf Materialebene zu eliminieren: Die hohe Konzentration des bakteriziden Antibiotikums auf den Netzfilamenten tötet auch multiresistente Keime ab, währen kaum eine systemische Resorption des Gentamicins zu messen ist (Wiegering et al. 2014). Zusammengefasst lässt sich festhalten, dass eine Netzimplantation bei kontaminierten Wundverhältnissen nicht als absolut kontraindiziert zu betrachten ist und in jedem Fall individuell entschieden werden sollte.

Netze bei Patienten mit CED.

Ein Großteil von Patienten mit chronisch-entzündlichen Darmerkrankungen (CED) müssen in ihrem Leben mindestens einmal operiert werden. Auch mit den modernen TNF-α-Inhibitoren werden nur 2 von 3 Patienten suffizient therapiert, es kommt noch hinzu, dass von den medikamentös gut führbaren Patienten jährlich 5–10 % nicht mehr auf die TNF-α-Inhibitoren ansprechen (Bemelman und S-ECCO collaborators 2018). So ist die Chirurgie bei CED ein wichtiger Teil der Therapie. Aufgrund der Immunsuppression besteht bei diesen Patienten eine erhöhte Rate an Inzisionalhernien. In einer retrospektiven Beobachtungsstudie über 1.000 Patienten wurde eine Inzisionalhernienrate von 20 % beschrieben (Heimann et al. 2018). Zur Versorgung von Inzisionalhernien bei Patienten mit einer chronisch-entzündlichen Darmerkrankung gibt es jedoch nur sehr wenig Daten. Generell gilt jedoch auch bei diesem Patientengut, dass die Implantation des Netzes mit einer reduzierten Rezidivrate einhergeht (Heimann et al. 2017). Jedoch besteht speziell bei der Verwendung von synthetischen Netzen in IPOM-Position bei Patienten mit einem Morbus Crohn theoretisch die Gefahr der Ausbildung einer enterokutanen Fistel, da das Netz direkt dem Inflammationsprozess am Darm anliegt. Die Wahrscheinlichkeit dafür wird in einer retrospektiven Studie mit 10 % angegeben, wobei in dieser Studie die Netze in Onlay- oder Inlay-Position eingebracht wurden (Heimann et al. 2017). In einer Fallserie der Cleveland Clinic wurden Patienten mit chronisch-entzündlicher Darmerkrankung, welche eine Hernienversorgung mit Implantation eines Netzes in Sublay-Position (*retrorectus*) erhalten haben, nachuntersucht. Es zeigte sich eine Rezidivrate von 9,4 %, ohne Entstehung einer enterokutanen Fistel (Wang et al. 2016). Somit kann die aktuell sehr dünne Literatur wie folgt zusammengefasst werden: Auch Patienten mit einer chronisch-entzündlichen Darmerkrankung sollen mittels Netzimplantation versorgt werden; um das Risiko enterokutaner Fisteln und das Komplikationsrisiko auch künftiger Laparotomien gering zu halten, sollte bei medianen Zugängen das Netz in *Retrorectus*-Position implantiert werden.

## 31.3 Kommentar der Herausgeber: MRI-sichtbare Netze

Die Einführung von Eisenoxid-haltigen Netzen zur indirekten Visualisierung in der magnetresonanzbasierten Bildgebung (z. B. PVDF) ist speziell für die Langzeitbeurteilung von Netzpositionen von erheblicher Bedeutung. Einerseits ermöglicht diese Technologie eine exakte Vermessung der Netzgröße im postoperativen Verlauf und somit dem narbenbedingten Schrumpfungsprozess, und andererseits erlaubt sie die exakte Lagebestimmung des Netzes in dreidimensionaler Rekonstruktion im Langzeitverlauf. Die Anwendung dieser Technologie ist in der netzgestützten Leisten- und Bauchwandchirurgie eine potenzielle Möglichkeit, Netzveränderungen bezüglich der Lage und Größe zu kontrollieren (Muysoms et al. 2018). Die Detektion von Schrumpfungsprozessen war in der Vergangenheit meist nur im experimentellen Setting nachzuweisen und belief sich in einem Bereich bis zu 20 %. Chirurgische Netze sind allerdings auch ohne die Inkorporation von Eisenpartikeln in gewissem Ausmaß in der Bildgebung erkennbar, zum einen durch die „Sichtbarkeit" des Netzes an und für sich, zum anderen indirekt aufgrund der inflammatorischen Reaktion, die durch das Netz beim Patienten ausgelöst wird (Parra et al. 2004; Kirchhoff et al. 2010; Rakic 2013).

Durch die Einführung des Begriffes der effektiven Porosität – also der Porosität unter Belastung – und dem damit assoziierten Einwachsverhalten des Implantates erlauben diese neuen Netzen auch den Nachweis von Schrumpfungsprozessen, die sich speziell im Hiatusbereich mit Stenosen und Migrationen manifestieren können (s. auch ▶ Kap. 30).

Es gelang auch erstmals, ein in der TAPP-Technik implantiertes Netz dreidimensional mittels 3D-Drucker darzustellen und damit eindrucksvoll die Netzform nach Implantation zu visualisieren. Damit wurde auch die Diskussion über die Sinnhaftigkeit von präformierten dreidimensionalen Netzen für die laparoskopische Leistenhernienversorgung neu angefacht. Prinzipiell lässt sich daraus ableiten, dass jedes makroporöse Netz bei korrekter Größe und Lage automatisch zum dreidimensionalen Netz wird und sich damit den individuellen anatomischen Verhältnissen anpasst und damit auch optimal integriert wird. Die innovative Möglichkeit, nichtinvasiv Netze im Langzeitverlauf zu beurteilen, stellt damit ein ausgezeichnetes Werkzeug für die Hernienchirurgie dar. Wahrscheinlich werden sich in Zukunft alle Netzfabrikate an diese Technologie anschließen müssen.

## Literatur

Bemelman WA, S-ECCO collaborators, (2018) Evolving Role of IBD Surgery. J Crohns Colitis 12:1005–1007

Blatnik JA, Krpata DM, Jacobs MR, Gao Y, Novitsky YW, Rosen MJ (2012) In Vivo Analysis of the Morphologic Characteristics of Synthetic Mesh to Resist MRSA Adherence. J Gastrointest Surg 16:2139–2144

Brown CN, Finch JG (2010) Which mesh for hernia repair? Ann R Coll Surg Engl 92:272–278

Choi JJ, Palaniappa NC, Dallas KB, Rudich TB, Colon MJ, Divino CM (2012) Use of mesh during ventral hernia repair in clean-contaminated and contaminated cases: outcomes of 33,832 cases. Ann Surg 255:176–180

Conze J, Kingsnorth AN, Flament JB, Simmermacher R, Arlt G, Langer C, Schippers E, Hartley M, Schumpelick V (2005) Randomized clinical trial comparing lightweight composite mesh with polyester or polypropylene mesh for incisional hernia repair. Br J Surg 92:1488–1493

31

Conze J, Junge K, Weiss C, Anurov M, Oettinger A, Klinge U, Schumpelick V (2008) New polymer for intra-abdominal meshes – PVDF copolymer. J Biomed Mater Res B Appl Biomater 87:321–328

Engelsman AF, Van Der Mei HC, Busscher HJ, Ploeg RJ (2008) Morphological aspects of surgical meshes as a risk factor for bacterial colonization. Br J Surg 95:1051–1059

Geisler DJ, Reilly JC, Vaughan SG, Glennon EJ, Kondylis PD (2003) Safety and outcome of use of nonabsorbable mesh for repair of fascial defects in the presence of open bowel. Dis Colon Rectum 46:1118–1123

Heimann TM, Swaminathan S, Greenstein AJ, Greenstein AJ, Steinhagen RM (2017) Outcome of incisional hernia repair in patients with Inflammatory Bowel Disease. Am J Surg 214:468–473

Heimann TM, Swaminathan S, Greenstein AJ, Steinhagen RM (2018) Incidence and Factors Correlating With Incisional Hernia Following Open Bowel Resection in Patients With Inflammatory Bowel Disease: A Review of 1000 Patients. Ann Surg 267:532–536

HerniaSurge (2018) International guidelines for groin hernia management. Hernia 22:1–165

Itani KM, Rosen M, Vargo D, Awad SS, Denoto G 3rd, Butler CE; RICH Study Group (2012) Prospective study of single-stage repair of contaminated hernias using a biologic porcine tissue matrix: the RICH-study. Surgery 152:498505

Kirchhoff S, Ladurner R, Kirchhoff C, Mussack T, Reiser MF, Lienemann A (2010) Detection of recurrent hernia and intraabdominal adhesions following incisional hernia repair: a functional cine MRI-study. Abdom Imaging 35:224–231

Klinge U, Junge K, Spellerberg B, Piroth C, Klosterhalfen B, Schumpelick V (2002a) Do multifilament alloplastic meshes increase the infection rate? Analysis of the polymeric surface, the bacteria adherence, and the in vivo consequences in a rat model. J Biomed Mater Res 63:765–771

Klinge U, Klosterhalfen B, Ottinger AP, Junge K, Schumpelick V (2002b) PVDF as a new polymer for the construction of surgical meshes. Biomaterials 23:3487–3493

Klink CD, Junge K, Binnebösel M, Alizai HP, Otto J, Neumann UP, Klinge U (2011) Comparison of long-term biocompability of PVDF and PP meshes. J Investig Surg Off J Acad Surg Res 24:292–299

Kurmann A, Barnetta C, Candinas D, Beldi G (2013) Implantation of prophylactic nonabsorbable intraperitoneal mesh in patients with peritonitis is safe and feasible. World J Surg 37:1656–1660

Matthews BD, Pratt BL, Pollinger HS (2003) Assessment of adhesion formation to intraabdominal polypropylene mesh and polytertrafluoroethylene mesh. J Surg Res 114:126–132

Muysoms FE, Beckers R, Kyle-Leinhase I (2018) Prospective cohort study on mesh shrinkage measured with MRI after laparoscopic ventral hernia repair with an intraperitoneal iron oxide-loaded PVDF mesh. Surg Endosc 32:2822–2830

Parra JA, Revuelta S, Gallego T, Bueno J, Berrio JI, Fariñas MC (2004) Prosthetic mesh used for inguinal and ventral hernia repair: normal appearance and complications in ultrasound and CT. Br J Radiol 77:261–265

Pason BL, Novitsky YW, Zerey M, Sing RF, Kercher KW, Heniford BT (2007) Management of infections of polytetrafluoroethylene-based mesh. Sur Infect 8:337–341

Petter-Puchner AH, Dietz UA (2013) Biological implants in abdominal wall repair. Br J Surg 100:987–988

Pott PP, Schwarz ML, Grundling R, Nowak K, Hohenberger P, Roessner ED (2017) Mechanical properties pf mesh materials used for hernia repair and soft tissue augmentation. PLoS ONE 7:e46978

Rakic S, LeBlanc KA (2013) The radiologic appearance of prosthetic materials used in hernia repair and a recommended classification. AJR Am J Roentgenol 201:1180–1183

Rosen MJ, Bauer JJ, Harmaty M, Carbonell AM, Cobb WS, Matthews B, Goldblatt MI, Selzer DJ, Poulose BK, Hansson BM, Rosman C, Chao JJ, Jacobsen GR (2017) Multicenter, prospective, longitundinal study of the recurrence, surgical site infection, and quality of life after contaminated ventral hernia repair using Biosynthetic absorbable mesh: the cobra study. Ann Surg 265:205–2011

Shankaran V, Weber DJ, Reed RJ, Luchette FA (2011) A review of available prostethics for ventral hernia repair. Ann Surg 253:16–26

Trabucchi E, Corsi F, Meinard C (1998) Tissue response for polyester for hernia repair: an ultra-microscopic study in man. Hernia 2:107–112

Wang J, Majumder A, Fayezizadeh M, Criss CN, Novitsky YW (2016) Outcomes of Retromuscular Approach for Abdominal Wall Reconstruction in Patients with Inflammatory Bowel Disease. Am Surg 82:565–570

Welty G, Klinge U, KlosterhalfenB SV (2001) Functional impairment and complaints following incisional hernia with different polypropylene meshes. Hernia 5:142–147

Wiegering A, Sinha B, Spor L, Klinge U, Steger U, Germer CT, Dietz UA (2014) Gentamicin for prevention of intraoperative mesh contamination: demonstration of high bactericide effect (in vitro) and low systemic bioavailability (in vivo). Hernia 18:691–700

Zhang Z, Zhang T, Li J, Ji Z, Zhou H, Zhou X, Gu N (2014) Preparation of poly(L-lactic acid)-modified polypropylene mesh and its antiadhesion in experimental abdominal wall defect repair. J Biomed Mater Res B Appl Biomater 102:12–21

# Netzfixation (offene Leisten- und Narbenhernien)

*Alexander H. Petter-Puchner, Simone K. Gruber-Blum und Karl S. Glaser*

## Inhaltsverzeichnis




U. A. Dietz et al. (Hrsg.), *Offene Hernienchirurgie*,
https://doi.org/10.1007/978-3-662-61348-1_32

### Einleitung

Kaum ein anderes Thema hat die moderne Hernienchirurgie in den letzten zwei Dekaden so geprägt wie die Netzfixation (Rausa et al. 2019). Ausgehend von der Erkenntnis, dass perforierende Fixationselemente, noch dazu bis dahin häufig kritiklos platziert, ein Hauptgrund für die Entwicklung chronischer Schmerzen sind, entspann sich ein unvergleichlicher Innovationsschub, der zur Etablierung von neuartigen Techniken wie Fibrinkleberfixation oder Microgrip-Netzen und der Vorstellung hochspezialisierter Applikationsinstrumente führte. Darüber hinaus kam es zu einer starken Fokussierung auf die Anatomie der Leiste und der Bauchwand sowie zum aufkeimenden Verständnis, dass Netze und deren Fixation als funktionelle Einheit anzusehen sind.

Nachfolgend werden perforierende und atraumatische Fixationsmethoden dargestellt, wobei Letztere in Klebeverfahren und mechanische Verfahren gegliedert werden. Wo geboten, wird auf die Besonderheiten der offenen Leistenhernien- bzw. Ventralhernienversorgung eingegangen. Abschließend wird noch auf die Option der Nicht-Fixation eingegangen.

### Perforierende Netzfixation

Tacks und andere Gewebeanker haben in der offenen Leistenhernien- und Narbenhernienchirurgie kaum mehr einen Platz. Abgesehen von den erheblichen Kosten gegenüber konventionellem Nahtmaterial stellen die Eindringtiefe und die die physiologischen Erfordernisse bei weitem übersteigenden Haltekräfte die wesentlichen Limitationen für die genannten Indikationen dar. Es soll zwar der Vollständigkeit halber darauf hingewiesen werden, dass immer wieder speziell für die offene Hernienchirurgie angebotene Klammergeräte lanciert werden, diese können jedoch bestenfalls als Nischenprodukte bezeichnet werden.

Das am weitesten verbreitete perforierende Fixationselement ist die Naht. Evidenzbasierte Empfehlungen, ob abbaubares, langsam resorbierbares oder permanentes Nahtmaterial zur Anwendung zu bringen ist, fehlen für de facto alle Operationstechniken (Sanders und Waydia 2014). Einig ist man sich lediglich darüber, dass bei der Lichtenstein-Operation die laterale Netzfixation am Leistenband mit einer nichtresorbierbaren Naht auszuführen ist.

Generell kann man postulieren, dass moderne Herniennetze, die im Bereich der Bauchdecke *retrorektal* platziert werden, ohne Weiteres mit resorbierbaren Einzelknopfnähten fixiert werden können. Analog zur Identifikation nervaler Strukturen in der Leiste ist auch hier die Beachtung der lokalen Anatomie einzufordern, was sich durch die Schonung der neurovaskulären Bündel am lateralen Rand der Rektusmuskulatur ausdrückt.

Bei der Onlay-Technik ist durch das Fehlen einer komprimierenden Muskelloge das Risiko einer Netzdislokation erhöht und daher eine Netzfixation mit zumindest langsam resorbierbaren Nahtmaterial ratsam. Bei allen Arten der Inzisionalhernienversorgung sind Einzelknopfnähte ohne starke Einengung des Gewebes auszuführen („Luftmaschen" oder „Luftknoten"), da so das Risiko des Entrapments von Nerven oder Gefäßen reduziert werden kann. Überhaupt ist die Netzfixation meist als Schutz vor dem Verrutschen oder Umschlagen des Netzes im subakuten postoperativen Verlauf anzusehen, da dieses durch die beginnende Gewebsintegration mit Einsprossung von Fibroblasten und Gefäßen binnen weniger Tage eine mehr oder weniger stabile Verbindung mit der Umgebung eingeht. Obwohl diese Erkenntnisse keinesfalls neu sind und sich dieses Bewusstsein auch in verantwortungsvollem klinischen Handeln ausdrückt, sind gerade bei offenen Inzisionalhernienoperationen alarmierende Inzidenzen chronischer postoperativer Schmerzen zu bezeichnen. Aktuell wurden in einer Matched-Pair-Analyse aus dem Herniamed Datenregister von Onlay- vs. *Retrorectus*-Technik (Sublay) ca. 9 % der Patienten (n = 1016 pro Verfahren) identifiziert, die 1 Jahr nach der Operation noch über dauerhaft therapiepflichtige Schmerzen klagten. Diese Zahlen lassen sich nicht alleine mit den gewählten Fixationsverfahren erklären, sondern unterstreichen nach Meinung der Autoren die Notwendigkeit, den Fokus wieder vermehrt auf die – durch die meist polymeren Netzmaterialien getriggerte – Fremdkörperreaktion zu richten (Matikainen et al. 2018; Cavallo et al. 2014).

### Atraumatische Netzfixation (Klebeverfahren)

Die ausschließliche Fibrinkleber-Netzfixation ist ein sicheres Verfahren für die Leistenhernie und die Versorgung von Inzisionalhernien, sogar in der Onlay-Technik, wie die Arbeitsgruppe um Guy Voeller zeigen konnte (Watson et al. 2015). Der aufwendigste Beitrag zur Fibrinkleber-Netzfixation in der offenen Hernienchirurgie ist die TIMELI-Studie in der Lichtenstein-Technik (Campanelli et al. 2014). Obwohl die Ergebnisse für die Klebegruppe im Vergleich zur Nahtgruppe vorteilhaft waren, ist – im Gegensatz zur laparoskopischen Fibrinkleberfixation in der TAPP – die klinische Durchdringung bei der Lichtenstein-Operation sehr gering. Die relativ leichte Identifikation der Nerven in der Lichtenstein-Technik hat zur Beibehaltung der Nahtfixation durch die meisten Anwender beigetragen. Das unverändert am weitesten verbreitete Produkt ist Tisseel. Die Vorteile sind eine flächendeckende, dreidimensionale Fixation, mit Verbesserung der Wundheilung durch im Fibrinkleber enthaltene Wachstumsfaktoren.

Cyanoacrylate (allen voran N-2-Butyl-Cyanoacrylat mit dem Handelsnamen „Glubran“) stellen eine Alternative zu Tisseel in der offenen Hernienchirurgie dar. Es ist jedoch beachtenswert, dass dieser Klebstoff die Einsprossung von Zellen und Geweben potenziell behindern kann und es keine schlüssigen Daten dazu gibt, ob aus diesem Grund eine Sprayapplikation überhaupt indiziert ist. Cyanoacrylate polymerisieren mittels einer thermischen Reaktion und sind zytotoxisch, wobei keiner der genannten Effekte zu belegten klinischen Komplikationen führte (Pascual et al. 2017). Tierexperimentell wurden aber starke Fremdkörperreaktionen beobachtet (Fortelny et al. 2007).

Grundsätzlich sind das Wirkprinzip und die Verwendung näher an mechanischen Fixationselementen zu verorten als an der Netzklebung mit Fibrin, da Cyanoacrylate – bis zur wissenschaftlichen Bestätigung der Unbedenklichkeit und Vorteilhaftigkeit der Sprayapplikation – eher punktförmig anzubringen sind und die sehr starke, unmittelbare Verbindung mit der Unterlage zu beachten ist. Letztere kann durchaus kritisch wahrgenommen werden, da sie eine eventuell notwendige Neupositionierung des Netzes erschweren kann.

Als besondere Arten der Klebefixation von Herniennetzen sind noch Polyethylenglykol-(PEG-)beschichtete, selbsthaftende Netze und Albumin-basierte Klebstoffe zu nennen, die sich aber aufgrund verschiedener Probleme (Dislokation in der experimentellen Hernienchirurgie [PEG] bzw. eine überbordende Fremdkörperreaktion auf den Albuminkleber „Bioglu“) nicht durchsetzen konnten (Gruber-Blum et al. 2010, 2014).

#### ▪ Mechanische, atraumatische Netzfixation

Sehr erfolgreich in der offenen Leistenhernien- und Narbenhernienchirurgie sind die Netze der Progrip-Reihe (Molegraaf et al. 2018; Kroese et al. 2017). Diese sind mit einer Vielzahl sog. Mikrohäkchen („Microgrips“) behaftet, die durch das Abflämmen von Polylaktosefaden (PLA) entstehen. Das Netz selber besteht aus Polyester und ist deshalb im Gegensatz zur Häkchenschicht nicht resorbierbar. Befürchtungen, dass es durch den Abbauprozess der Microgrips zu vermehrter Serombildung käme, haben sich genauso wenig bestätigt wie Schädigungen des Ductus deferens durch den direkten Kontakt mit den Häkchen. Operationszeiten lassen sich durch die Anwendung von Progrip-Netzen verringern, vorausgesetzt der Anwender ist im Umgang versiert. Kritisch zu sehen ist das relativ hohe Netzgewicht ($73\,g/m^2$ vor Degradation des PLA-Anteils) durch die dichte Häkchenbeschichtung. Vor allem in der *Retrorectus*-Technik (Sublay-Technik) wäre ein leichteres Netz mit weniger Microgrips wünschenswert, welches so den Erkenntnissen bezüglich Fremdkörperreaktion und ausreichender Fixation besser Rechnung tragen würde.

#### ▪ Nicht-Fixation

Die Nicht-Fixation des Netzes in der offenen Hernienchirurgie ihren Platz in der Sublay-Technik (und in ihren Erweiterungen durch posteriore Komponentenseparation und dergleichen, wo sich bei *retrorektaler* Netzpositionierung durch Zunahme der eingesetzten Netzgröße auch der Scherkraftwiderstand erhöht).

> Nicht eine dauerhafte, „feste“ Fixation ist das wesentliche Element moderner Netzfixationsverfahren, sondern eine **ausreichende Verankerung in der Frühphase nach Implantation**, die eine bewegungsbedingte Dislokation oder ein Umschlagen verhindern sollen. Dementsprechend müssen Netze bei Reparationen von Leistenhernien und bei Onlay-Technik fixiert werden.

## Literatur

Campanelli G, Pascual MH, Hoeferlin A, Rosenberg J, Champault G, Kingsnorth A, Bagot d'Arc M, Miserez M (2014) Post-operative benefits of Tisseel/Tissucol for mesh fixation in patients undergoing Lichtenstein inguinal hernia repair: secondary results from the TIMELI trial. Hernia 18:751–760

Cavallo JA, Roma AA, Jasielec MS, Ousley J, Creamer J, Pichert MD, Baalman S, Frisella MM, Matthews BD, Deeken CR (2014) Remodeling characteristics and collagen distribution in synthetic mesh materials explanted from human subjects after abdominal wall reconstruction: an analysis of remodeling characteristics by patient risk factors and surgical site classifications. Surg Endosc 28:1852–1865

Fortelny RH, Petter-Puchner AH, Walder N, Mittermayr R, Ohlinger W, Heinze A, Redl H (2007) Cyanoacrylate tissue sealant impairs tissue integration of microporous mesh in experimental hernia repair. Surg Endosc 21:1781–1785

Gruber-Blum S, Petter-Puchner AH, Mika K, Brand J, Redl H, Ohlinger W, Benesch T, Fortelny RH (2010) A comparison of a bovine albumin/glutaraldehyde glue versus fibrin sealant for hernia mesh fixation in experimental onlay and IPOM repair in rats. Surg Endosc 24:3086–3094

Gruber-Blum S, Riepl N, Brand J, Keibl C, Redl H, Fortelny RH, Petter-Puchner AH (2014) A comparison of Progrip and Adhesix self-adhering hernia meshes in an onlay model in the rat. Hernia 18:761–769

Kroese LF, van Eeghem LHA, Verhelst J, Jeekel J, Kleinrensink GJ, Lange JF (2017) Long term results of open complex abdominal wall hernia repair with self-gripping mesh: a retrospective cohort study. Int J Surg 44:255–259

Matikainen M, Aro E, Vironen J, Kössi J, Hulmi T, Silvasti S, Ilves I, Hertsi M, Mustonen K, Paajanen H (2018) Factors predicting chronic pain after open inguinal hernia repair: a regression analysis of randomized trial comparing three different meshes with three fixation methods (FinnMesh Study). Hernia 22:813–818

Molegraaf M, Kaufmann R, Lange J (2018) Comparison of self-gripping mesh and sutured mesh in open inguinal hernia repair: a meta-analysis of long-term results. Surgery 163:351–360

Pascual G, Rodríguez M, Mesa-Ciller C, Pérez-Köhler B, Fernández-Gutiérrez M, San Román J, Bellón JM (2017) Sutures versus new cyanoacrylates in prosthetic abdominal wall repair: a preclinical long-term study. J Surg Res 220:30–39

Rausa E, Asti E, Kelly ME, Aiolfi A, Lovece A, Bonitta G, Bonavina L (2019) Open inguinal hernia repair: a network meta-analysis comparing self-gripping mesh, suture fixation, and glue fixation. World J Surg 43:447–456

Sanders DL, Waydia S (2014) A systematic review of randomised control trials assessing mesh fixation in open inguinal hernia repair. Hernia 18:165–176

SIGN Working Group (2012) Sign Grading System 1999 – 2012 ▶ https://www.sign.ac.uk/assets/sign_grading_system_1999_2012.pdf Zugegriffen: 14. März 2019

Watson JT, Webb DL, Stoikes NF, Voeller GR (2015) Fibrin Sealant: A Review of the History, Biomechanics, and Current Applications for Prosthetic Fixation in Hernia Repair. Surg Technol Int 27:140–145

# Bedeutung offener Leistenhernienreparationen im Kontext der Leitlinien

*Dirk Weyhe*

**Inhaltsverzeichnis**




U. A. Dietz et al. (Hrsg.), *Offene Hernienchirurgie*,
https://doi.org/10.1007/978-3-662-61348-1_33

**Tab. 33.1** Evidenzgrade nach Oxford Level of Evidence (OCEBM Levels of Evidence Working Group 2011)

| Grad der Evidenz | Beschreibung |
|---|---|
| I | Systematisches Review randomisierter kontrollierter Studien (RCT) |
| I-b | Gut geplante, einzelne randomisierte kontrollierte Studie |
| II-a | Systematisches Review gut geplanter Kohortenstudien |
| II-b | Gut geplante, einzelne Kohortenstudie (RCT mit mäßigem Follow-up) |
| II-c | Outcome-Research-Studie |
| III-a | Systematisches Review von Fall-Kontroll-Studien |
| III-b | Einzelne Fall-Kontroll-Studie |
| IV | Fallserien, schlechte Kohorten- und Fall-Kontroll-Studien |
| V | Meinung von Experten ohne explizite klinische Bewertung, physiologische Modelle, Vergleiche, Grundsätze |



### Leitlinienentwicklung für die Leistenhernienchirurgie

Leitlinienkonforme Therapie im Sinne einer unter juristischen Aspekten regelgerechten Therapie ist in Deutschland insofern schwierig, als dass es derzeit keine AWMF-Leitlinien[1] für die Hernienchirurgie gibt (AWMF und ÄZQ 2008). Allerdings wurden seit 2003 13 internationale Leitlinien bzw. Empfehlungen zur Therapie der Leistenhernie des Erwachsenen publiziert (Weyhe et al. 2018).

Die zuletzt im Februar 2018 erschienene „International Guideline – HerniaSurge" wurde als ambitioniertes Projekt von sieben Fachgesellschaften als weltumspannende Empfehlung angelegt (HerniaSurge 2018). Nach der systematischen Entwicklung von Schlüsselfragen mittels PICO (Patient, Intervention, Comparison, Outcome) wurden die identifizierten Artikel graduiert und nach dem Oxford Level of Evidence (LoE) der SIGN-Methode (Scottish Intercollegiate Guidelines Network) und der GRADE-Methode (Grading of Recommendations Assessment, Development and Evaluation) klassifiziert (OCEBM Levels of Evidence Working Group 2011; SIGN Working Group 2012; Guyatt 2008a). Dabei weicht an dieser Stelle HerniaSurge deutlich von den bisher publizierten internationalen Guidelines wie auch von den AWMF-Leitlinien anderer Themengebiete ab. Diese wählten und graduierten die Literatur ausschließlich nach dem Oxford Level of Evidence. Der Evidenzlevel orientiert sich dabei maßgeblich an der Qualität der Studien, wobei Metaanalysen prospektiver randomisierter kontrollierter Studien mit dem Level 1 A an erster Stelle stehen. Daraus leiten sich Empfehlungen in A (muss man tun) über B (sollte man tun) bis C (kann man tun) ab. Diese vordergründig klare Einordnung der Literaturevidenz ist dabei aber nicht immer vorteilhaft. Eine publizierte Metaanalyse wird unabhängig von ihrer Qualität zwangsläufig dem Evidenzlevel 1 A zugeordnet. Dass die Qualität von Metaanalysen dennoch nicht immer den Evidenzlevel 1 A verdienen, zeigen zwei 2018 publizierte Metaanalysen zum Vergleich der konventionellen Operationsmethoden nach Desarda und Lichtenstein (Emile und Elfeki 2018; Ge et al. 2018). Obwohl beide Arbeiten auf die zum gleichen Zeitraum publizierte Literatur randomisierter kontrollierter Studien zurückgreifen, kamen die jeweiligen Autoren zu vollkommen unterschiedlichen Schlussfolgerungen. Begründet ist dies in einer unterschiedlichen und auch fragwürdig standardisierten Literaturauswahl. Diesbezüglich bietet das GRADE-System den Vorteil, die Qualität und Relevanz der Literatur in einem 5-Stufen-Modell auf- oder abzuwerten, um letztlich den Nutzen der Publikation für die Empfehlungsfindung zu graduieren (Tab. 33.1 und Abb. 33.1). Die Empfehlungen werden dann im Rahmen eines DELBI[2]-Instruments im Konsens abgestimmt (AWMF und ÄZQ 2008). Im Gegensatz zu den Leitlinien der AWMF wurden die internationalen Empfehlungen z. B. der IEHS oder EHS nicht von interdisziplinären Arbeitsgemeinschaften und vor allem unter Ausschluss von Patientenvertretern entwickelt (Bittner et al. 2011; Simons et al. 2009). Insofern sind die bisherigen als „Guidelines" publizierten Arbeiten zur Chirurgie der Leistenhernie zwar als gewichtige Publikation zu verstehen, jedoch nicht als Leitlinie im juristischen Sinne der deutschen AWMF-S. 3-Leitlinien. Die AWMF-S. 3-Leitlinien werden von deutschen Gerichten sehr nah dem „praktizierten deutschen Facharztstandard" zugeordnet.So müssen im Falle einer Gutachtenerstattung auch Sachverständige ihren Standpunkt umfänglich begründen, wenn trotz

1 Arbeitsgemeinschaft der Wissenschaftlichen Medizinischen Fachgesellschaften in Deutschland.

2 DELBI = Deutsches Leitlinien-Berwertungsinstrument der AWMF. Nicht zu verwechseln mit „Delphi- Methode", einem systematischen mehrstufigen Befragungsverfahren.

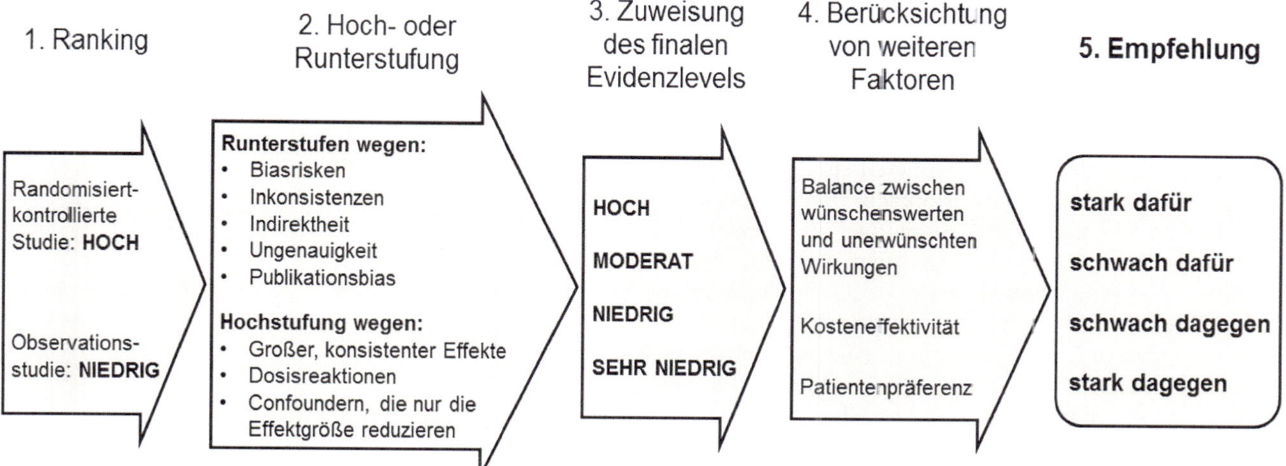


**Abb. 33.1** Vorgehen für das Erstellen von evidenzbasierten Empfehlungen nach GRADE. (Guyatt et al. 2008b)

Abweichung von einer S. 3-Leitlinie ein Behandlungsfehler verneint wird (Weyhe et al. 2018).

### Konventionelle Nahtverfahren im Licht verschiedener Leitlinien

Die 2009 erschienene Leitlinie der EHS empfiehlt primär den Einsatz von Kunststoffnetzen, jedoch auch die Shouldice-Technik, mit dem Level 2 A (Simons et al. 2009). Allerdings werden in dem Update dieser Leitlinie von 2014 gängige Nahtverfahren wie die Shouldice-Technik gar nicht erst aufgenommen oder als Reserveoption eingeschätzt (Miserez et al. 2014). HerniaSurge empfiehlt sogar primär konsequent die Verwendung netzgestützter Verfahren (HerniaSurge 2018). Auch wenn in den Empfehlungen die Shouldice-Technik als bestes Nahtverfahren eingruppiert wird, sollte diese Technik nur im Fall einer patientenseitigen Ablehnung eines Kunststoffnetzes nach intensiver Aufklärung durchgeführt werden. In dieser Deutlichkeit wird sich diese Empfehlung in einem zukünftigen Update der HerniaSurge-Empfehlungen sicher nicht mehr abbilden lassen. Eine aktuellere, starke Literaturevidenz zeigt eine mit netzgestützten Verfahren vergleichbar langjährige niedrige Rezidivrate (Malik et al. 2016). Ebenso zeigen trotz ihrer Limitationen die vorgenannten Metaanalysen von Emilie et al. und Ge et al. vergleichbar gute Ergebnisse für die Desarda-Technik als Nahtverfahren (Emile und Elfeki 2018; Ge et al. 2018). Voraussetzung für derart gute Ergebnisse sind ohne Frage eine hohe persönliche Expertise und Standardisierung, wie sie zum Beispiel die Shouldice-Klinik vorhält.

### Konventionelle Netzverfahren im Licht verschiedener Leitlinien

Das 2014 erschienene Update der EHS-Leitlinie stellt dem Plug & Patch und dem PHS-System mit dem Evidenzlevel 1 A eine sehr gute Ergebnisqualität in Bezug auf die Rezidivraten und den Schmerz im Vergleich zur Lichtenstein-Technik aus (Miserez et al. 2014). Mit dem Empfehlungsgrad B werden beide Methoden als alternative Methode zur Lichtenstein-Technik eingeschätzt. Vier Jahre später empfiehlt nun HerniaSurge, diese dreidimensionalen Systeme nicht mehr anzuwenden (HerniaSurge 2018). Hintergrund ist die notwendige Eröffnung der anterioren und posterioren planaren Ebenen des Leistenkanales, die im Fall eines Rezidives ein komplementäres endoskopisches Verfahren wie die TEP oder TAPP erschweren. Favorisiert wird daher in HerniaSurge als konventionelles Netzverfahren die Lichtenstein-Technik, um im Fall eines Rezidivs eine laparoskopische Versorgung vornehmen zu können. Allerdings sieht selbst in wirtschaftlich stabilen Ländern wie Deutschland, in denen mehr als 50 % der Fälle endoskopische Verfahren angewendet werden, die tatsächliche Versorgungsrealität anders aus. So zeigt eine Analyse des Herniamed-Registers, dass von 2482 Patienten mit Rezidivoperationen nach laparoskopischen Eingriffen 90,5 % in komplementärer Technik operiert wurden, von 2330 Patienten mit Rezidiven nach konventioneller Chirurgie jedoch wurden nur 38,5 % endoskopisch versorgt. Im Umkehrschluss bedeutet dies, dass in nahezu 70 % der Fälle versucht wird, das Rezidiv mit der bereits primär gescheiterten gleichen konventionellen Technik zu versorgen (Köckerling et al. 2016). Hier besteht ein enormer Fortbildungs- und Aufklärungsbedarf, um komplementäre minimalinvasiv-chirurgische Techniken auch flächendeckend durchzusetzen, wenn diese im Fall eines Rezidivs indiziert sind. Auch wenn eine Therapiefreiheit der ärztlichen Entscheidungsfindung besteht, so bedeutet dies niemals eine Therapiebeliebigkeit. Leitlinienkonforme Chirurgie der Leistenhernie bedeutet bei der ärztlich-partizipativen Therapieentscheidung unabhängig von der deutschen

33

Rechtsprechung immer auch die besondere Berücksichtigung der individuellen Patientensituation im Licht der internationalen Literaturevidenz.

### ■ Zusammenfassung

Im eigentlichen juristischen Sinne ist die leitlinienkonforme Therapie des konventionellen Bruchlückenverschlusses in Deutschland in Ermangelung speziell adressierter AWMF-Leitlinien gar nicht möglich. „Internationale Leitlinien" werden von deutschen Gerichten als „gewichtige Fachpublikation", aber nicht als Leitlinie verstanden, die den „praktizierten deutschen Facharztstandard" abbilden würden. Daher haben auch konventionelle Nahtmethoden ihren Stellenwert, da sie patientenindividuell Vorteile gegenüber netzbasierten Methoden bieten können. Diese Therapiefreiheit bedeutet jedoch nicht Therapiebeliebigkeit. Rezidive sollten unbedingt in komplementärer Technik behandelt werden. Die Entscheidung zum jeweils angewendeten Verfahren sollte partizipativ, unter Berücksichtigung der aktuellen Literaturevidenz und vor allem der persönlichen Expertise, erfolgen. Abgestimmte kollegiale Netzwerke (Zentrenbildungen) können helfen, alle aktuellen und indizierten Techniken in der Chirurgie von Leistenhernien anzubieten.

## Literatur


AWMF und ÄZQ (2008) Deutsches Instrument zur methodischen Leitlinien-Bewertung (DELBI)Fassung 2005/2006 + Domäne 8 (2008) ► https://www.leitlinien.de/mdb/edocs/pdf/literatur/delbi-fassung-2005-2006-domaene-8-2008.pdf Zugegriffen: 14. März 2019

Bittner R, Arregui M, Bisgaard T, Dudai M, Ferzli G, Fitzgibbons R et al (2011) Guidelines for laparoscopic (TAPP) and endoscopic (TEP) treatment of inguinal hernia [International Endohernia Society (IEHS)]. Surg Endosc 25:2773–2843

Emile SH, Elfeki HJH (2018) Desarda's technique versus Lichtenstein technique for the treatment of primary inguinal hernia: a systematic review and meta-analysis of randomized controlled trials. Hernia 22:385–395

Ge H, Liang C, Xu Y, Ren S, Wu J (2018) Desarda versus Lichtenstein technique for the treatment of primary inguinal hernia: A systematic review. Int J Surg 50:22–27

Guyatt GH, Oxman AD, Vist GE, Kunz R, Falck-Ytter Y, Alonso-Coello P, Schünemann HJ (2008a) GRADE: an emerging consensus on rating quality of evidence and strength of recommendations. BMJ 336:924–926

Guyatt G (2008b) Users' Guide to the Medical Literature: Essentials of Evidence-Based Medicine Clinical Practice, 2. Aufl. The McGraw-Hill Companies Inc, USA

HerniaSurge (2018) International guidelines for groin hernia management. Hernia 22:1–165

Köckerling F, Bittner R, Kuthe A, Stechemesser B, Lorenz R, Koch A, Reinpold W, Niebuhr H, Hukauf M, Schug-Pass C (2016) Laparo-endoscopic versus open recurrent inguinal hernia repair: should we follow the guidelines? Surg Endosc 31:3168–3185

Malik A, Bell CM, Stukel TA, Urbach DR (2016) Recurrence of inguinal hernias repaired in a large hernia surgical specialty hospital and general hospitals in Ontario, Canada. Can J Surg 59:19–25

Miserez M, Peeters E, Aufenacker T, Bouillot JL, Campanelli G, Conze J, Fortelny R, Heikkinen T, Jorgensen LN, Kukleta J, Morales-Conde S, Nordin P, Schumpelick V, Smedberg S, Smietanski M, Weber G, Simons MP (2014) Update with level 1 studies of the European Hernia Society guidelines on the treatment of inguinal hernia in adult patients. Hernia 18:151–163

OCEBM Levels of Evidence Working Group (2011) The Oxford 2011 Levels of Evidence Oxford, UK: Oxford Centre for Evidence-Based Medicine. ► https://www.cebm.net/index.aspx?o=5653. Zugegriffen: 14. März 2019

Simons MP, Aufenacker T, Bay-Nielsen M, Bouillot JL, Campanelli G, Conze J, de Lange D, Fortelny R, Heikkinen T, Kingsnorth A, Kukleta J, Morales-Conde S, Nordin P, Schumpelick V, Smedberg S, Smietanski M, Weber G, Miserez M (2009) European Hernia Society guidelines on the treatment of inguinal hernia in adult patients. Hernia 13:343–403

Weyhe D, Uslar VN, Mählmeyer C, Oehlers H (2018) Juristische Relevanz von Leitlinien. Chirurg 89:624–630

# Watchful-Waiting bei Leistenhernie und Inzisionalhernie

*Johannes C. Lauscher*

## Inhaltsverzeichnis




U. A. Dietz et al. (Hrsg.), *Offene Hernienchirurgie*,
https://doi.org/10.1007/978-3-662-61348-1_34

34

▪ **Leistenhernien**

Symptomatische Leistenhernien bereiten dem Patienten im Alltag Schmerzen und Unbehagen und stellen daher eine OP-Indikation dar. Dagegen ist die Indikationsstellung zur Operation bei asymptomatischen und oligosymptomatischen Leistenhernien komplexer. Hier müssen die Risiken des Watchful Waiting gegen die potenziellen perioperativen Komplikationen abgewogen werden. Durch einige große prospektive Studien sind hierzu reliable Daten bekannt, die mit dem Patienten im Sinne eines Shared Decision Making besprochen werden sollten, bevor die Indikation zur Operation gestellt wird.

Die größte prospektiv-randomisierte Multizenterstudie, die Watchful Waiting (WW) mit der operativen Versorgung (Lichtenstein-Reparation) bei Männern mit asymptomatischer und minimal symptomatischer Leistenhernie verglich, ist die Arbeit von Fitzgibbons et al. Es wurden insgesamt 720 Patienten rekrutiert mit einer 1:1-Randomisierung in den WW- und den OP-Arm (Fitzgibbons et al. 2006). Nach einem Follow-up von 4,5 Jahren lag die Rate von akuten Inkarzerationen bei 1,8 pro 1000 Patientenjahren. Würden also 100 Männer mit asymptomatischer Leistenhernie über zehn Jahre beobachtet, würden zwei Männer in diesem Zeitraum eine akute Inkarzeration erleiden. Die Rate an Patienten, die nach zwei Jahren Follow-up unter Schmerzen litten, die sie bei Alltagsaktivitäten einschränkten, lag in der WW-Gruppe bei 5,1 % und in der OP-Gruppe bei 2,2 % und war nicht unterschiedlich; p = 0,52. 23 % der Patienten wechselten innerhalb von zwei Jahren den Studienarm von Watchful Waiting zur Operation.

Eine kleinere schottische unizentrische Studie kam zu ähnlichen Ergebnissen. Es wurden 160 Männer mit asymptomatischer Leistenhernie eingeschlossen, die 55 Jahre und älter waren. Es erfolgte eine 1:1-Randomisierung in die WW- und OP-Gruppe (spannungsfreie Versorgung mit Netz) (O'Dwyer et al. 2006). Nach einem Follow-up von 12 Monaten fand sich ebenfalls kein Unterschied bezüglich Schmerzen in der Leistenregion in beiden Gruppen. Ein Patient in der WW-Gruppe entwickelte eine akute Inkarzeration. Die Rate von Patienten, die den Studienarm von Watchful Waiting zur Operation wechselten, lag sogar bei 26 % nach 15 Monaten.

Eine niederländische Multizenterstudie inkludierte mindestens 50-jährige Männer mit a- oder oligosymptomatischer Leistenhernie. 496 Patienten wurden 1:1 randomisiert in Watchful Waiting oder elektive Hernienversorgung (de Goede et al. 2018). Die Studie zeigte einen grenzwertigen Vorteil bezüglich Schmerzen und Unwohlsein zugunsten der Operationsgruppe. 6 Patienten (2,3 %) mussten aufgrund einer akuten Inkarzeration mit einer Notfallherniotomie versorgt werden. 38 % der Patienten wechselten den Studienarm von Watchful Waiting zu Operation.

Die Arbeitsgruppe um Fitzgibbons konnte in einer Folgearbeit außerdem zeigen, dass ein Aufschub der Leistenhernienreparation nicht mit einer höheren Morbidität einhergeht. Es wurden anhand der Population der oben genannten multizentrischen Studie von Fitzgibbons et al. die Patienten, die gemäß Randomisierung initial eine Hernienreparation erhielten, verglichen mit den Patienten, die verzögert (nach über 6 Monaten) operiert wurden. Es konnten keine Unterschiede in den postoperativen Komplikationen, den chronischen Schmerzen, der Rezidivrate und der Patientenzufriedenheit zwischen diesen beiden Gruppen nachgewiesen werden (Thompson et al. 2008).

Es zeigte sich aber im Langzeit-Follow-up dieser Studien, dass sich nach einer Langzeitbeobachtung von 10 Jahren 68 % der Patienten schließlich für eine Operation entschieden hatten. Der Grund hierfür war bei den meisten Patienten (54 %) der Schmerz (Fitzgibbons et al. 2013). Übereinstimmend mit diesen Ergebnissen fand auch die Gruppe um O`Dwyer eine sogar noch höhere Crossover-Rate, die nach 7,5 Jahren bei 72 % lag (Chung et al. 2011). Von den 46 Männern, die sich im Verlauf für eine Operation entschieden, gaben 33 Schmerzen als Grund an.

Diese Risiken und Nachteile des Watchful Waiting (akute Inkarzeration mit notfallmäßiger Operation, Größenzunahme der Hernie, Entwicklung von Beschwerden und Schmerzen durch die Hernie) sind gegen potenzielle perioperative Komplikationen abzuwägen. Komplikationen sind durch Fortentwicklungen und Standardisierung in der Leistenhernienchirurgie selten. Wundinfektionen treten bei 1–2 %, Hämatome bei 3–6 %, Serome bei 3–6 % und Rezidive bei 2–3 % der Patienten auf (Scheuermann et al. 2017). Der chronische Schmerz ist die für den Patienten am meisten belastende Komplikation. Er wird von 6–13 % der Patienten angegeben und kann den Alltag betroffener Patienten erheblich einschränken. Über diese potenzielle Komplikation sollte gerade ein Patient mit asymptomatischer Leistenhernie informiert werden, wenn die Indikation zur Operation gestellt wird.

> Insgesamt gibt es für die **Leistenhernie** ausreichend Level-1-Evidenz zum Vergleich von Watchful Waiting und Operation, um den asymptomatischen Patienten zu beraten. Das Risiko einer akuten Inkarzeration ist gering, allerdings entwickelt die Mehrzahl der Patienten im Langzeitverlauf Beschwerden, sodass sie sich aus diesem Grunde für eine Operation entscheiden.

Aus diesem Grund kommt auch die aktuelle HerniaSurge-Leitlinie zu dem Schluss, dass die Mehrzahl der Männer im Verlauf eine chirurgische Versorgung benötigt. Bei der Entscheidung für oder gegen die Operation sind die berufliche Tätigkeit und die Gesundheit des Patienten zu berücksichtigen. Es ist ferner zu bedenken, dass das perioperative Risiko für Komplikationen im elektiven Setting geringer ist als in der Notfallsituation (HerniaSurge 2018).

### Inzisionalhernien

Im Gegensatz zur Leistenhernie gibt es bislang keine Level-1-Evidenz zu Watchful Waiting vs. Operation bei der Inzisionalhernie. Bislang wurden lediglich retrospektive Studien zu diesem Thema publiziert.

Eine Arbeitsgruppe aus Rotterdam untersuchte eine Kohorte von 255 Patienten. 151 Patienten wurden initial operiert und 104 beobachtet mit einem Follow-up von 68 Monaten. Die Gründe, sich für eine systematische Beobachtung zu entscheiden, oblagen dem Chirurgen. Als Gründe wurden am häufigsten eine asymptomatische Hernie (33 %) und Komorbiditäten des Patienten (23 %) genannt. 34 Patienten (33 %) wechselten von Beobachtung zu Operation. Bei 8 dieser Patienten war die Ursache dafür eine akute Inkarzeration mit der Notwendigkeit einer Notfalloperation. Im Vergleich zwischen Operation im Intervall (WW zu OP) und initialer Operation zeigten sich in der Gesamtmorbidität keine Unterschiede. Allerdings lag die Rate an postoperativen enterokutanen Fisteln, an intraoperativen Darmperforationen (entweder durch die Ischämie bei der akuten Inkarzeration oder durch die Präparation bedingt) und der durch die Inzisionalhernie bedingten Mortalität in der WW-Gruppe gegenüber der OP-Gruppe höher als bei den Patienten, die initial geplant operiert wurden (Verhelst et al. 2015).

Zu konträren Ergebnissen kam eine retrospektive Studie aus Dänemark, welche eine größere Patientenkohorte (N = 569) inkludierte. Lediglich 19 % der Patienten, die initial beobachtet wurden, unterzogen sich innerhalb von 5 Jahren einer Operation. Nur 4 % der Patienten wurden aufgrund einer akuten Inkarzeration notfallmäßig operiert. Die Rate an stationären Wiederaufnahmen, Re-Operationen (2,9 % nach verzögerter Operation) und auch die Mortalität (2,9 % nach verzögerter Operation) war zwischen der Beobachtungsgruppe, die später operiert wurde, und der initialen Operationsgruppe nicht unterschiedlich (Kokotovic et al. 2016a).

Die Inzisionalhernienreparation ist mit höheren Komplikationsraten als die Leistenhernienreparation behaftet, und betroffene Patienten weisen nicht selten eine größere Zahl von Komorbiditäten auf. Die Rate an Rezidiven nach Inzisionalhernienversorgung wird mit 14–18 %, die Rate an Wundinfektionen mit 5 %, an Hämatomen mit 11 %, an Seromen mit 4–7 % und an intraoperativen Enterotomien mit 3 % angegeben (Eker et al. 2013). 5 % der Patienten entwickeln im Langzeitverlauf (5-Jahre Follow-up) netzabhängige Komplikationen, die einer chirurgischer Revision bedürfen (Kokotovic et al. 2016b). Wegen der relevanten Rate an frühpostoperativen Komplikationen und Langzeitkomplikationen sollte die Indikation zur Operation bei der oligosymptomatischen Inzisionalhernie exakt gestellt werden.

Die bislang publizierten retrospektiven Studien sind mit den inhärenten Limitationen dieses Studientyps behaftet. Um das Konzept des Watchful Waiting bei Narbenhernien mit hoher Evidenz zu untersuchen, wurde die AWARE-Studie initiiert. Die AWARE-Studie ist die einzige prospektiv-randomisierte Studie, die Watchful Waiting vs. Operation für a- und oligosymptomatische Inzisionalhernien vergleicht. 42 Zentren in Deutschland nehmen teil. Der primäre Endpunkt ist Ausprägung des Schmerzes bei normalen Aktivitäten nach 2 Jahren Follow-up. Die Rekrutierung konnte im Juni 2019 beendet werden. Nach dem zweijährigen Follow-up werden die Ergebnisse für Ende 2021 erwartet. Die AWARE-Studie wird wichtige Ergebnisse zur Inkarzerationsfrequenz von Inzisionalhernien, der Größenzunahme der Hernie bei Watchful Waiting und der möglichen Zunahme von Schmerzen und Beschwerden bei systematischer Beobachtung erbringen. Ferner wird die Studie prospektive Daten dazu liefern, wie viele Patienten sich im Langzeitverlauf für eine Operation entscheiden und ob und bei welchen Subgruppen das Watchful Waiting eine gleichwertige Alternative zur Operation sein kann (Lauscher et al. 2012, 2016).

## Literatur

Chung L, Norrie J, O'Dwyer PJ (2011) Long-term follow-up of patients with a painless inguinal hernia from a randomized clinical trial. Br J Surg 98:596–599

De Goede B, Wijsmuller AR, van Ramshorst GH, van Kempen BJ, Hop WCJ, Klitsie PJ, Schelfinga MR, de Haan J, Mastboom WJB, van der Harst E, Simons MP, Kleinrensink GJ, Jeekel J, Lange JF, INCA Trialists' Collaboration (2018) Watchful Waiting Versus Surgery of Mildly Symptomatic or Asymptomatic Inguinal Hernia in Men Aged 50 Years and Older: A Randomized Controlled Trial. Ann Surg 267:42–49

Eker HH, Hansson BM, Buunen M, Janssen IM, Pierik RE, Hop WC, Bonjer HJ, Jeekel J, Lange JF (2013) Laparoscopic vs. open incisional hernia repair: a randomized clinical trial. JAMA Surg 148:259–263

Fitzgibbons RJ Jr, Giobbie-Hurder A, Gibbs JO, Dunlop DD, Reda DJ, McCarthy M Jr, Neumayer LA, Barkun JS, Hoehn JL, Murphy JT, Sarosi GA Jr, Syme WC, Thompson JS, Wang J, Jonasson O (2006) Watchful waiting vs repair of inguinal hernia in minimally symptomatic men: a randomized clinical trial. JAMA 295:285–292

Fitzgibbons RJ Jr, Ramanan B, Arya S, Turner SA, Li X, Gibbs JO, Reda DJ (2013) Investigators of the Original Trial. Long-term results of a randomized controlled trial of a nonoperative strategy (watchful waiting) for men with minimally symptomatic inguinal hernias. Ann Surg 258:508–515

HerniaSurge (2018) International guidelines for groin hernia management. Hernia 22:1–165

Kokotovic D, Sjølander H, Gögenur I, Helgstrand F (2016a) Watchful waiting as a treatment strategy for patients with a ventral hernia appears to be safe. Hernia 20:281–287

Kokotovic D, Bisgaard T, Helgstrand F (2016b) Long-term recurrence and complications associated with elective incisional Hernia repair. JAMA 316:1575–1582

Lauscher JC, Martus P, Stroux A, Neudecker J, Behrens U, Hammerich R, Buhr HJ, Ritz JP (2012) Development of a clinical trial to determine whether watchful waiting is an acceptable alternative to surgical repair for patients with oligosymptomatic incisional hernia: study protocol for a randomized controlled trial. Trials 13:14

Lauscher JC, Leonhardt M, Martus P, Zur Hausen G, Aschenbrenner K, Zurbuchen U, Thielemann H, Kohlert T, Schirren R, Simon T, Buhr HJ, Ritz JP, Kreis ME (2016) Watchful waiting vs surgical repair of oligosymptomatic incisional hernias: Current status of the AWARE study. Chirurg 87:47–55

O'Dwyer PJ, Norrie J, Alani A, Walker A, Duffy F, Horgan P (2006) Observation or operation for patients with an asymptomatic inguinal hernia: a randomized clinical trial. Ann Surg 244:167–173

Scheuermann U, Niebisch S, Lyros O, Jansen-Winkeln B, Gockel I (2017) Transabdominal Preperitoneal (TAPP) versus Lichtenstein operation for primary inguinal hernia repair – a systematic review and meta-analysis of randomized controlled trials. BMC Surg 17:55

Thompson JS, Gibbs JO, Reda DJ, McCarthy M Jr, Wei Y, Giobbie-Hurder A, Fitzgibbons RJ Jr (2008) Does delaying repair of an asymptomatic hernia have a penalty? Am J Surg 195:89–93

Verhelst J, Timmermans L, van de Velde M, Jairam A, Vakalopoulos KA, Jeekel J, Lange JF (2015) Watchful waiting in incisional hernia: is it safe? Surgery 157:297–303

# Die Sportlerleiste

*Joachim Conze*

**Inhaltsverzeichnis**




U. A. Dietz et al. (Hrsg.), *Offene Hernienchirurgie*,
https://doi.org/10.1007/978-3-662-61348-1_35

Belastungsabhängige Leistenschmerzen sind bei Sportlern häufig und können verschiedene Ursachen haben. Sie lassen sich anhand ihrer anatomischen Lokalisation in 4 Bereiche unterteilen: adduktorenbedingte, iliopsoasbedingte, schambeinbedingte und inguinal bedingte Leistenschmerzen. Bei den inguinal bedingten Beschwerden handelt es sich um ein eigenständiges Krankheitsbild mit typischer Beschwerdesymptomatik und Ultraschallbefund, welches als Sportlerleiste bezeichnet wird. Durch eine lokalisierte Vorwölbung im Bereich der Leistenkanalhinterwand kommt es zu einer Druckbelastung auf die Strukturen im Leistenkanal mit möglicher Nervenirritation sowie Pubalgie durch Medialisierung des Muskelansatzes am Schambein.

## Einleitung

Belastungsabhängige Leistenschmerzen sind vor allem bei aktiven Sportlern häufig und werden von bis zu 10 % aller professionellen Athleten im Laufe ihrer Karriere angegeben. Besonders bei aktiven Fußballspielern mit den spielbedingten schnellen Tempo- und Richtungswechseln kommt es zu teils langwierigen, verletzungsbedingten Spielpausen. Neueren Untersuchungen von Harøy et al. zufolge ist die Inzidenz bei professionellen Fußballspielern sogar noch deutlich höher (Harøy et al. 2017).



In einem von Serner et al. (2015) veröffentlichten Review fanden sich in 72 Studien insgesamt 33 unterschiedliche diagnostische Begriffe, um den Leistenschmerz bei Athleten zu beschreiben (Serner et al. 2015). Begriffe wie Pubic Inguinal Pain Syndrome (PIPS), Gilmores Groin, Pubalgia, Osteitis pubis, Sportsmens Hernia oder Sportsmens Groin tauchen in der Literatur immer wieder auf.

Erklärungsversuche und Hypothesen, welche den chronischen Leistenschmerz erklären könnten, gehen zum einen von Überlastungsproblemen einzelner Muskelgruppen aus, typischerweise am Ansatz des M. rectus oder der Adduktoren, welche zu Tendinosen und in der Folge zu möglichen reflektorischen Dysbalancen führen können. Zum anderen wird immer wieder eine lokalisierte Schwäche der Leistenkanalhinterwand beschrieben.

In den letzten Jahren wurden bereits verschiedene wissenschaftliche Versuche unternommen, eine Klärung der gängigen Begriffe und dadurch eine einheitliche Terminologie herbeizuführen. Die British Hernia Society prägte 2014 auf der Manchester Consensus Conference aufgrund typischer klinischer Beschwerden den Begriff „inguinal disruption“ (Sheen et al. 2014). Die DOHA-Klassifikation von 2015 unterteilt neben den hüftbedingten Beschwerden die 4 anatomischen Bereiche der Leiste: adduktorenbedingte, iliopsoasbedingte, schambeinbedingte und inguinal bedingte Leistenschmerzen (Weir et al. 2015).

In der Literatur wird die Diagnose Sportlerleiste meist als Ausschlussdiagnose erhoben, das heißt wenn alle anderen möglichen Ursachen für chronischen Leistenschmerz ausgeschlossen sind. Um die Diagnosefindung zu erleichtern, entwickelten Schröder et al. im Rahmen einer Konsensuskonferenz einen Algorithmus, welcher die diagnostische Abgrenzung zum femoroacetabulären Impingement möglich macht (Schröder 2019). 2010 grenzten Muschaweck und Berger bereits die „Sportsmen‘s groin“, die Sportlerleiste, als eigenständiges Krankheitsbild und in einer weiteren Arbeit von 2015 von den orthopädischen Ursachen weiter ab (Muschaweck und Berger 2010; Muschaweck et al. 2015). Demnach handelt es sich bei der Sportlerleiste um eine inguinal bezogene Entität, ein eigenes Krankheitsbild, welches sich durch eine typische Symptomatik bemerkbar macht,und sich durch entsprechende Befunde bei der klinischen und sonografischen Untersuchung belegen lässt. Bei der operativen Exploration findet sich eine umschriebene Schwäche der Leistenkanalhinterwand. Darüber wird der intraabdominelle Druck direkt auf die Strukturen des Leistenkanals übertragen, z. B. auf den Ramus genitalis (◘ Abb. 35.1). Warum es vor allem Leistungssportler trifft, mag an veränderten Druckverhältnissen liegen, welche durch die aktivitätsbedingte Ventralkippung des Beckens – anders als beim Nicht-Sportler, -auf die Hinterwand des Leistenkanals trifft (◘ Abb. 35.2). Zusätzlich mag dies auch den vermehrten Zug am Rektusansatz erklären, der durch eine Medialisierung des Muskels zu einer lokalisierten Pubalgie am Schambein führen kann (◘ Abb. 35.1).

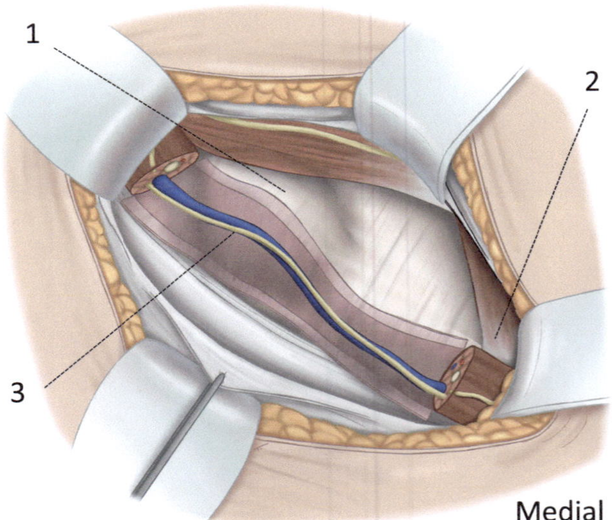


◘ **Abb. 35.1** Schematische Darstellung der lokalisierten Protrusion der Leistenkanalhinterwand *(1)* und Medialisierung des Muskelzugs *(2)*. Der R. genitalis des N. genitofemoralis liegt im Funiculus spermaticus direkt der Hinterwand des Leistenkanals an. Zur genauen orthotopen Lage des Ramus genitalis in der „Blue Line“ s. auch ◘ Abb. 12.2

## Diagnostik

Bislang war die Sportlerleiste eine Ausschlussdiagnostik, wenn sich keine eindeutige Pathologie finden konnte, häufig dann als „weiche" oder „okkulte" Hernie bezeichnet. Dies liegt vor allem an der komplexen Anatomie des Leistenbereiches, der Nähe zum Hüftgelenk und der Variabilität der klinischen Symptomatik.

Anamnese: Die vom Patienten beklagten Beschwerden treten selten akut und plötzlich auf, sondern nehmen unter körperlicher Belastung langsam zu. Unter Schonung kommt es schnell zu einer spontanen Besserung der Beschwerdesymptomatik. Die Beschwerden sind eher umschrieben im Leistenbereich lokalisiert und gehen häufig mit einer Ausstrahlung zur Oberschenkelinnenseite und/oder Außenseite des Skrotums bzw. der Labien einher. Häufig – und für die Diagnosestellung besonders hilfreich – ist eine Schmerzprovokation durch Husten und Niesen.

Klinische Untersuchung: Die Inspektion ist unauffällig, es sind keine Asymmetrie oder lokale Vorwölbungen sichtbar. Beim Mann lässt sich der Leistenkanal über die Skrotumhaut gut austasten. Diese Untersuchung sollte im Stehen und unter rezidivierendem Valsalva-Manöver durchgeführt werden. Beim Mann kann dabei bereits häufig eine weiche Vorwölbung der Leistenkanalhinterwand nachgewiesen werden mit entsprechender Schmerzangabe des Patienten. Lässt sich hingegen hierbei eine Bruchgeschwulst ertasten, liegt eine Leistenhernie vor. Besonders auffällig und typisch ist bei Patienten mit einer Sportlerleiste ein auffällig tief liegendes Schambein (Abb. 35.2). Die ist Folge der Ventralkippung des ganzen Beckenrings, bedingt durch den Ventralzug der sportbedingt übermäßig beanspruchten Muskulatur.

Zur weiteren Abklärung einer möglichen Beteiligung der Adduktoren erfolgen die Palpation der Muskelansätze sowie die Durchführung des „Squeeze-Tests".[1]

Ultraschall: die sonografische Untersuchung der Leistenregion erfordert besondere Expertise und sollte, wenn möglich, immer vom Chirurgen selbst durchgeführt werden. Die Untersuchung sollte mit einem

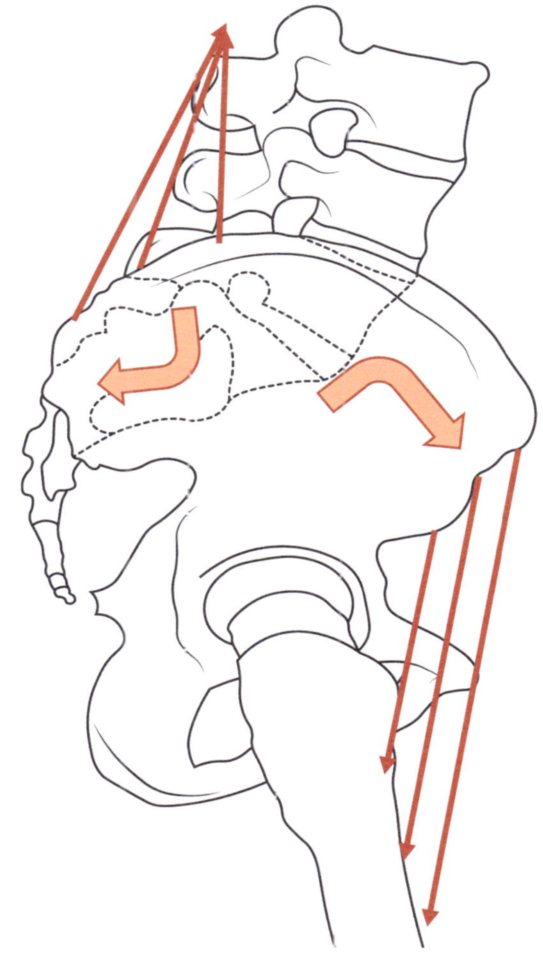

**Abb. 35.2** Seitenansicht des Beckens mit Ventralkippung des Beckens durch muskulären Zug. Schematische Darstellung

Nahfeldschallkopf durchgeführt werden (mindestens 5 MHz), zunächst beim flachliegenden Patienten in Rückenlage und unter wiederholtem Valsalva-Manöver (s. auch ► Abschn. 7.1). Hierbei lässt sich typischerweise eine lokalisierte Vorwölbung der Leistenkanalhinterwand darstellen. Wichtig ist dabei der Ausschluss einer Leisten- und Schenkelhernie.

Neurologische Untersuchung: Die Schmerzausstrahlung ist typischerweise durch eine Irritation von sensiblen Nerven in der Leiste verursacht. Eine neurologische Untersuchung kann dies noch deutlicher differenzieren, v. a. bei Patienten mit bekannter Bandscheibenproblematik, oder bei atypischen Ausstrahlungen über die Versorgungsgebiete des R. genitalis und N. ilioinguinalis hinaus.

Diagnostische Infiltration: Die perkutane Infiltration der sensiblen Nervenäste mit Lokalanästhetikum (z. B. Bupivacain) kann zusätzlich helfen, die Beschwerden von muskuloskelettalen und intraabdominellen Ursachen zu differenzieren.

1 Der Squeeze-Test wird im Liegen durchgeführt; dem Patienten wird eine mit Luft auf 10 mmHg gefüllte Blutdruckmessmanschette zwischen die Knie positioniert und der Patient im Anschluss gebeten, beide Knie aneinanderzudrücken; dabei wird der Druckanstieg am Blutdruckmessgerät registriert. Der Test wird bei 0° Kniebeugung sowie bei 45° und 90° durchgeführt. Da die höchsten Drücke bei 45°-Position erzeugt werden, sollte diese Position bevorzugt für den Ausschluss einer Adduktorentendinitis verwendet werden (Delahunt et al. 2011).

MRT/CT: Diese Untersuchungen werden im Liegen durchgeführt. Selbst bei gleichzeitigem Valsalva-Manöver sind sie dem dynamischen Ultraschall, welcher durch repetitives Pressmanöver im Stehen und Liegen durchgeführt werden kann, bei der Diagnosestellung einer Sportlerleiste unterlegen. Sie sollten vor allem bei unklarer Symptomatik eingesetzt werden, um mögliche andere Pathologien auszuschließen.

Die Indikation zu einer möglichen operativen Intervention sollte nur dann erfolgen, wenn die Befunde zusammenpassen. Anamnestische Beschwerden, klinischer Untersuchungsbefund und das Ergebnis der Ultraschalluntersuchung ergeben also zusammen die Diagnose.

Inwieweit ein konservativer Therapieversuch mit Physiotherapie und/oder Osteopathie dann angeraten ist, wird weiterhin kontrovers diskutiert, hier wird immer wieder die Stärkung der „core-stability" hervorgehoben. Schonung bzw. Vermeidung der initial auslösenden Belastungsabläufe führen typischerweise zur schnellen Beschwerdefreiheit, die Wiederaufnahme der Aktivität jedoch zur erneuten Symptomatik.

Besteht die Indikation zur Operation, so stehen dem Operateur verschiedene Verfahren zur Verfügung. Therapeutisches Ziel ist dabei die Stabilisierung bzw. Rekonstruktion der Leistenkanalhinterwand. Diese kann, ähnlich der Leistenhernienchirurgie, entweder in offener Technik – mit oder ohne Kunststoffnetz – oder in laparoskopischer Technik mit Kunststoffnetz erfolgen. Dabei hat jedes Verfahren seine Vor- und Nachteile, wobei die operative Expertise von besonderer Bedeutung ist. Bei den endoskopischen Verfahren soll die Netzeinlage eine breitflächige Verstärkung aller inguinalen Schwachstellen ermöglichen, mit kleinem Zugangstrauma, aber immer in Vollnarkose und immer mit Netzeinlage. Eine Inspektion von sensiblen Nervenästen und einem möglichen Nervenentrapment ist hierbei jedoch nur eingeschränkt möglich. Beim offenen Verfahren ist der Zugangsweg zwar etwas größer, aber die Notwendigkeit einer Netzeinlage lässt sich bis zur Freilegung der Leiste aufschieben und somit individuell entscheiden. Dabei kann auch der Rektusmuskel wieder lateralisiert und dadurch die Zugspannung am Schambein reduziert werden (▫ Abb. 35.3). Zum anderen ist die Inspektion der sensiblen Nervenäste möglich und bei Hinweis auf Nervenirritation mit fibrotischer Veränderung ggfs. eine Neurektomie des betroffenen Nerven direkt durchführbar. Dabei sollte der langstreckig resezierte Nervenast immer zur histologischen Untersuchung eingesandt werden.

Über die richtige Art und Weise der Nervenresektion besteht weiterhin kein Konsens. Bevorzugen einige Chirurgen die Elektrokauterisierung des Nervenstumpfes, verlagern andere Chirurgen den ligierten Nervenstumpf in die Muskulatur, um so einer möglichen Neurombildung zu begegnen. Eine andere Form der Neurektomie besteht in der Infiltration des proximal freigelegten Nervenanteils mit Lokalanästhetikum und anschließender Durchtrennung des unter leichtem Zug angespannten Nerven an der Muskelaustrittstelle. Dadurch lässt sich das Trauma reduzieren und der Nervenstumpf zieht sich in die Muskulatur zurück (Evidenzlevel V) (s. auch ▫ Tab. 33.1).

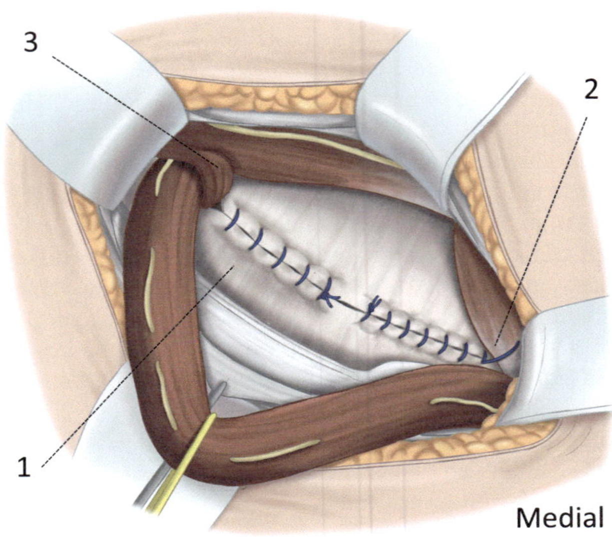


▫ **Abb. 35.3** Minimal Repair nach Muschaweck und Berger 2010 mit den drei Elementen: (1) Verstärkung der Fascia transversalis, (2) Lateralisierung der Insertion des M. rectus abdominis am Becken und (3) Schutz des inneren Leistenrings durch Transposition von Muskelfasern des M. obliquus internus. (Muschaweck und Berger 2010)

35

Ein besonderer Vorteil der offenen Verfahren ist die Möglichkeit, den Eingriff in Lokalanästhesie durchzuführen, ggfs. mit zusätzlicher Analgosedierung (z. B. Propofol).

Entscheidend für den Erfolg der Versorgung von Sportlerleisten ist die richtige Diagnose- und Indikationsstellung, basierend auf der Anamnese, der klinischen Symptomatik und dem Ultraschallbefund. Bei unklaren Befunden sollte ein Infiltrationsversuch bzw. eine neurologische Abklärung und ein MRT erfolgen. Welches operative Verfahren dann zum Einsatz kommt, hängt nicht zuletzt auch von der entsprechenden Expertise des behandelnden Chirurgen ab. Vorteil der offenen Minimal-Repair–Technik ist die Beschränkung der Reparation auf den lokalen Defekt/die Vorwölbung der Leistenkanalhinterwand mit Naht ohne zusätzliche Verwendung von synthetischen Netzmaterialien bei gleichzeitiger Möglichkeit der intraoperativen Beurteilung der sensiblen Leistennerven in Lokalanästhesie.

## Literatur

Delahunt E, McEntee BL, Kennelly C, Green BS, Coughlan GF (2011) Intrarater reliability of the adductor squeeze test in Gaelic games athletes. J Athl Train 46:241–245

Harøy J, Clarsen B, Thorborg K, Hölmich P, Bahr R, Andersen TE (2017) Groin problems in male soccer players are more common than previously reported. Am J Sports Med 45:1304–1308

Muschaweck U, Berger L (2010) Minimal Repair technique of sportsmen's groin: an innovative open-suture repair to treat chronic inguinal pain. Hernia 14:27–33

Muschaweck U, Gollwitzer H, Conze J (2015) Sportsmen's groin. Definition, differential diagnostics and therapy. Orthopäde 44:173–185

Schröder JH, Conze J, Dora C, Fortelny R, Gebhart C, Gollwitzer H, Hartmann A, Hoffmann H, Koch A, Krüger J, Lorenz R (2019) Diagnostic algorithm "FAI and sports hernia": results of the consensus meeting for groin pain in athletes. Orthopade doi: ► https://doi.org/10.1007/s00132-019-03775-w. [Epub ahead of print]

Serner A, van Eijck CH, Beumer BR, Hölmich P, Weir A, de Vos RJ (2015) Study quality on groin injury management remains low: a systematic review on treatment of groin pain in athletes. Br J Sports Med 49:813

Sheen AJ, Stephenson BM, Lloyd DM, Robinson P, Fevre D, Paajanen H, de Beaux A, Kingsnorth A, Gilmore OJ, Bennett D, Maclennan I, O'Dwyer P, Sanders D, Kurzer M (2014) Treatment of the sortsman'sgroin: British Hernia Society's 2014 position statement based on the Manchester Consensus Conference. Br J Sports Med 48:1079–1087

Weir A, Brukner P, Delahunt E, Ekstrand J, Griffin D, Khan KM, Lovell G, Meyers WC, Muschaweck U, Orchard J, Paajanen H, Philippon M, Reboul G, Robinson P, Schache AG, Schilders E, Serner A, Silvers H, Thorborg K, Tyler T, Verrall G, de Vos RJ, Vuckovic Z, Hölmich P (2015) Doha agreement meeting on terminology and definitions in groin pain in athletes. Br J Sports Med 49:768–774

# Tipps für sicheres und erfolgreiches ambulantes Operieren in der offenen Hernienchirurgie

*Ralph Lorenz*

**Inhaltsverzeichnis**




U. A. Dietz et al. (Hrsg.), *Offene Hernienchirurgie*,
https://doi.org/10.1007/978-3-662-61348-1_36

Weltweit kam es in den letzten Jahren in den meisten Ländern Europas zu einem kontinuierlichen Anstieg ambulanter Hernienoperationen. Nach Umfragen in der Europäischen Herniengesellschaft beläuft sich der Anteil ambulanter Leistenhernienoperationen auf bis zu 80 % (Lorenz et al. 2017). Seit Jahren empfehlen die Leitlinien der Europäischen Herniengesellschaft die ambulante Durchführung von Leistenhernienoperationen bei allen Patienten mit ASA-Klassifikation I und II, unabhängig von jeweiligen Verfahren (Simons et al. 2009). In dem 2014 publizierten Update der Europäischen Leitlinien gilt dies sogar für viele Fälle mit ASA-Klassifikation III (Miserez et al. 2014). Auch in den neueren internationalen HerniaSurge-Leitlinien ist dieses Vorgehen für die Mehrzahl der Leistenhernien empfohlen, sofern eine häusliche Versorgung gewährleistet ist (HerniaSurge 2018).

Ambulante Leistenhernienoperationen gelten heutzutage als sicher. Es treten danach keine Todesfälle auf, die auf die ambulanten Rahmenbedingungen zurückzuführen sind (Majholm et al. 2012). Auch ist die Wiederaufnahmerate nach ambulanten Operationen sehr gering (Engbaek et al. 2006; Dhumale et al. 2010). Die meisten Patienten scheinen prinzipiell von einer ambulanten Durchführung der Hernienoperation zu profitieren (Drissi et al. 2018).

36

Die Definition des ambulanten Operierens weißt jedoch international einige Unterschiede auf. In Deutschland ist das ambulante Operieren folgendermaßen definiert: Der Patient verbringt die Nacht vor und nach der Operation zu Hause! Im angelsächsischen Raum werden unter ambulantem Operieren jedoch auch Begriffe wie „extended-recovery", „day-case-surgery" und „short-stay-surgery" zusammengefasst. Diese Begriffe sind meist weiter gefasst und beinhalten häufig auch eine Nachbetreuung von bis zu 24 h (Toftgaard und Parmentier 2006). Im Jahre 1955 erschien die erste Publikation über die Vorzüge ambulanter Leistenhernienoperationen mit schnellerer Mobilisation, hoher Patientenzufriedenheit und geringeren Kosten (Farquharson 1955). Erst seit 1960 wurden weltweit vermehrt ambulante Operationen durchgeführt. Das erste ambulante OP-Zentrum wurde 1970 in Phönix/Arizona gegründet. In Deutschland wurde das erste ambulante OP-Zentrum 1977 in Göttingen eröffnet (Broekelmann 2018).

#### ▪ Ambulantes Operieren heute

Dank des medizinischen Fortschritts sind Hernienoperationen heute in den meisten Fällen ambulant durchführbar. Dies liegt an vor allem an:

- gewebeschonenderen neuen Operationsverfahren,
- besseren Anästhesieverfahren,
- besseren Schmerzmedikamenten,
- einer schnelleren Rekonvaleszenz mit frühzeitigerer Belastungssteigerung.

In der wissenschaftlichen Literatur gibt es keine eindeutigen Hinweise, welche speziellen Patientencharakteristika für eine ambulante Durchführung von Hernienoperationen besonders geeignet sind (Scarfe et al. 2018).

Zahlreiche wissenschaftliche Arbeiten berichten jedoch über die Machbarkeit von ambulanten Hernienoperationen bei besonderen Patientengruppen. Beispielsweise gibt es mehrere Studien, die ambulante Leistenhernienoperationen auch im Alter von über 65 Jahren uneingeschränkt empfehlen (Kurzer et al. 2009; Mattila et al. 2011; Sanjay et al. 2011; Amato et al. 2013; Palumbo et al. 2014; Grifasi et al. 2015). Auch Adipositas scheint kein Hinderungsgrund für das ambulante Operieren zu sein (Acevedo und Leon 2010). Selbst beim Vorliegen von Komorbiditäten können Leistenhernienoperationen ambulant durchgeführt werden (Kurzer et al. 2009). Vielfach wird über Vorteile der Durchführung von Leistenhernienoperationen in Lokalanästhesie berichtet (Mattila et al. 2011; Acevedo und Leon 2010; Pere et al. 2016). Insbesondere endoskopische Leistenhernienoperationen können in vielen Fällen ambulant erbracht werden (Cassinotti et al. 2008; Ngo et al. 2010; Lorente-Herce et al. 2015).

**Indikationen für ambulante Hernienoperationen**

- Unilaterale reponible Leistenhernien bei ASA-I- und -II-Patienten
- Epigastrische- und Nabelhernien bei ASA-I- und -II-Patienten
- Kleinere Trokarnarbenhernien bei ASA-I- und -II-Patienten

**Kontraindikationen für ambulante Hernienchirurgie aufgrund des Hernienbefundes**

- Inkarzerierte Hernien, insbesondere solche mit Darminhalt
- Skrotalhernien
- Beidseitige Leistenhernien
- Rezidivleistenhernien insbesondere nach vorausgegangener Netzimplantation
- Ausgedehntere primäre und sekundäre Ventralhernien

Weitere Kontraindikationen für ambulante Hernienchirurgie sind:

Name, Vorname: ............................................ geb.: ....................................................................................................

Diagnose: ...................................................... Eingriff: ..........................................Seitenlokalisation....................

Termin: ............................................................... Uhrzeit: ................................................................................

Am Tag der OP bin ich unter folgender Adresse zu erreichen und werde dort auch nach der OP bis zum nächsten Tag betreut:

Name: .................................. Straße: ............................................ PLZ / Ort .... ..................................................

Telefon: ............................................................... Handy: .......................................................................................

Ich habe erhalten (bitte ankreuzen):

Aufklärungsblatt zur ambulanten Hernien-Operation: O

Aufklärungsblatt mit Empfehlungen vor und nach der Operation: O

Narkoseprotokoll: O

Ich werde am Tag der OP aus der Praxis abgeholt: ja / nein

Wenn ja, bitte Tel. Nr. für Benachrichtigung angeben: ....................................................................................

Ich benötige einen Krankentransport: ja / nein

Ich benötige eine Arbeitsunfähigkeitsbescheinigung: ja / nein

Ich leide an allergischen Erkrankungen ja / nein

Ich leide an folgenden Allergien: ..............................................................................................................................

Ich hatte schon mal eine Thrombose ja / nein

Ich nehme regelmäßig diese Medikamente: ...................................................................................................

Wichtig! Bitte lesen Sie alle Informationen sorgfältig durch, füllen Sie bitte die Fragebögen aus und unterschreiben Sie alle Formulare. Bitte bringen Sie die OP-Mappe zu Ihrem OP-Termin mit. Die Informationsblätter können bei Ihnen verbleiben.

Nach der OP dürfen Sie 24 Stunden nicht aktiv am Straßenverkehr teilnehmen!

Alle meine Fragen wurden mir beantwortet!

Ort, Datum: .................................................. Unterschrift: ..........................................................................

**Abb. 36.1** Checkliste für Ambulante Hernienoperationen

- Aufgrund von Begleiterkrankungen:
  - Komorbidität mit schwerwiegenden Nebenerkrankungen (z. B. Apoplex, Myokardinfarkt, Schlafapnoe, maligne Hyperthermie, Antikoagulation)
  - Überwachungspflichtige Nebenerkrankungen (Diabetes, obstruktive Lungenerkrankungen, Herzrhythmusstörungen, erhebliche Nieren- und Leberfunktionsstörungen, schwere Immundefekte)
- Aufgrund der sozialen Situation des Patienten:
  - Fehlende Kommunikationsmöglichkeit oder Einsichtsfähigkeit des Patienten
  - Fehlende häusliche Versorgungsmöglichkeit nach OP

#### Ambulante Operationen in Deutschland

Deutschland liegt bezüglich dem Anteil ambulanter Hernienoperationen deutlich hinter den europäischen Nachbarn. Die Verlagerung stationärer Operationen in den ambulanten Bereich wird in Deutschland bis in die Gegenwart vermutlich durch gesundheitspolitische Fehlanreize behindert. Als mögliche Hemmfaktoren werden vor allem die unterschiedliche Kosten- und Erlössituation und die strikte Trennung des stationären und ambulanten Sektors vermutet (Schulz 2008). Ein höherer Anteil ambulanter Operationen würde ein enormes Einsparpotenzial in den Gesundheitsausgaben ergeben (Holzheimer 2004). Der extrem niedrige Anteil endoskopischer Eingriffe im ambulanten Bereich in Deutschland ist der Tatsache geschuldet, dass eine ambulante endoskopische Leistenhernienoperation zwar ebenso möglich und sicher ist, jedoch in Deutschland mit einer erheblichen Kostenunterdeckung verbunden ist (Weyhe et al. 2006; Wirth et al. 2017).



#### Richtlinien für ambulantes Operieren in Deutschland

Sowohl für den stationären als auch für den ambulanten Bereich gelten die gleichen strengen strukturellen und personellen Vorgaben der Qualitätssicherungsvereinbarung. In beiden Sektoren gilt stets der Facharztstandard. Dies bedeutet, dass Weiterbildungseingriffe nur unter Assistenz eines Facharztes oder unter dessen unmittelbarer Aufsicht und Weisung mit der Möglichkeit des unverzüglichen Eingreifens erbracht werden dürfen.

Neben dem eigentlichen AOP-Vertrag nach § 115 b wurden von den Vertragspartnern zusätzliche Qualitätssicherungsmaßnahmen nach § 135 (2) SGB V verbindlich vereinbart.

Gesetzliche Grundlage der Hygienevorschriften sind das Infektionsschutzgesetz (IfSG) und die darauf basierenden Hygieneverordnungen, die in den einzelnen Bundesländern leicht unterschiedliche Bestimmungen zur Umsetzung des § 23 IfSG enthalten. Darüber hinaus sind die Richtlinien der Bundesärzteammer (BÄK) zur Qualitätssicherung ambulanter Operationen und die Leitlinien der AWMF zu beachten(AWMF und ÄZQ 2008). Die Bestimmungen zur Hygiene beruhen auf Vorgaben des Robert-Koch-Instituts (RKI, vormals Bundesgesundheitsamt) (Standl und Lussi 2012; Zinn et al. 2008; Zinn 2012).

**Wichtig zu beachten**

Besonders wichtig erscheint in diesem Zusammenhang die Entwicklung einer entsprechenden Logistik für die erfolgreiche und sichere Durchführung ambulanter Hernienoperationen. Folgende Aspekte sollten dabei berücksichtigt werden:
- Genaue präoperative Diagnostik und Differenzialdiagnostik
- Richtige Indikationsauswahl und sorgfältige Aufklärung des Patienten
- Handout für Patienten: Was passiert vor und nach der Operation?
- Definition eines OP-Standards
- Schmerzmanagement mit Nutzung von Lokalanästhetika
- Definition einer standardisierten Nachbehandlung
- Komplikationsmanagement und Notfallkontakt

Eine Implementierung einer Qualitätssicherung mittels Hernienregister, z. B. Herniamed, in die tägliche Routine erscheint ebenso sinnvoll, um die eigenen Ergebnisse reflektieren zu können und einen Benchmark zu ermöglichen. ◘ Abb. 36.1 zeigt eine Alltags-Checkliste für ambulante Hernienoperationen.

## Literatur


Acevedo A, Leon J (2010) Day case hernia surgery under local anaestesia is feasable and safe in obese patients. Hernia 14:57–62

Amato B, Compagna R, Fappiano F, Rossi R, Bianco T, Danzi M, Accurso A, Serra R, Aprea G, Massa S (2013) Day-surgery inguinal hernia repair in the elderly: single centre experience. BMC Surg 13 Suppl 2:28

AWMF und ÄZQ (2008) Deutsches Instrument zur methodischen Leitlinien-Bewertung (DELBI)Fassung 2005/2006 + Domäne 8 (2008). ► https://www.leitlinien.de/mdb/edocs/pdf/literatur/delbi-fassung-2005-2006-domaene-8-2008.pdf. Zugegriffen: 14. März 2019

Broekelmann J (2018) Entwicklung und Bedeutung ambulanter Eingriffe im internationalen Vergleich. Smart Books 01.02.2007. ► https://www.arzt-in-europa.de/pages/Endfassung_001_Broekelmann.pdf. Zugegriffen: 1. Juli 2018

Cassinotti E, Colombo EM, Di Giuseppe M, Rovera F, Dionigi G, Boni L (2008) Current indications for laparoscopy in day-case surgery. Int J Surg 6 Suppl 1:93–96

Dhumale R, Tisdale J, Barwell N (2010) Over a thousand ambulatory hernia repairs in a primary care setting. Ann R Coll Surg Engl 92:127–130

Drissi F, Jurczak F, Cossa JP, Gillion JF, Baayen C, for "Club Hernie" (2018) Outpatient groin hernia repair: assessment of 9330 patients from the French „Club Hernie" database. Hernia 22:427–435

Engbaek J, Bartholdy J, Hjortsø N-C (2006) Return hospital visits and morbidity within 60 days after day surgery: a retrospective study of 18,736 day surgical procedures. Acta Anaesthesiol Scand 50:911–919

Farquharson EL (1955) Early ambulation; with special reference to herniorrhapy as an outpatient procedure. Lancet 269:517–519

Grifasi C, Calogero A, Esposito A, Dodaro C (2015) Perioperative care of elderly outpatient A review. Ann Ital Chir 86:100–105

HerniaSurge (2018) International guidelines for groin hernia management. Hernia 22:1–165

Holzheimer RG (2004) First results of Lichtenstein hernia repair with Ultrapro-mesh as cost saving procedure – quality control combined with a modified quality of life questionnaire (SF-36) in a series of ambulatory operated patients. Eur J Med Res 30:323–327

Kurzer M, Kark A, Hussain ST (2009) Day-case inguinal hernia repair in the elderly: a surgical priority. Hernia 13:131–136

Lorente-Herce JM, Marín-Morales J, Jiménez-Vega FJ, Ruíz-Juliá ML, Claro-Alves BM, Fernández-Zulueta A, Gallardo-García PA, Marrero-Cantera S, De Quinta-Frutos R (2015) Incisional hernia repair in an ambulatory surgery-extended recovery centre: a review of 259 consecutive cases. Hernia 19:487–492

Lorenz R, Koch A, Wieber I (2017) Leistenhernienchirurgie-Ambulant gleich Stationär? Chir Praxis 83:105–117

Majholm B, Engbæk J, Bartholdy J, Oerding H, Ahlburg P, Ulrik AM, Bill L, Langfrits CS, Møller AM (2012) Is day surgery safe? A Danish multicentre study of morbidity after 57,709 day surgery procedures. Acta Anaesthesiol Scand 56:323–331

Mattila K, Vironen J, Eklund A, Kontinen VK, Hynynen M (2011) Randomized clinical trial comparing ambulatory and inpatient care after inguinal hernia repair in patients aged 65 years or older. Am J Surg 201:179–185

Miserez M, Peeters E, Aufenacker T, Bouillot JL, Campanelli G, Conze J, Fortelny R, Heikkinen T, Jorgensen LN, Kukleta J, Morales-Conde S, Nordin P, Schumpelick V, Smedberg S, Smietanski M, Weber G, Simons MP (2014) Update with level 1 studies of the European hernia society guidelines on the treatment of inguinal hernia in adult patients. Hernia 18:151–163

Ngo P, Pélissier E, Levard H, Perniceni T, Denet C, Gayet B (2010) Ambulatory groin and ventral hernia repair. J Visc Surg 147:e325–e328

Palumbo P, Amatucci C, Perotti B, Zullino A, Dezzi C, Illuminati G, Vietri F (2014) Outpatient repair for inguinal hernia in elderly patients: still a challenge? Int J Surg 12 Suppl 2: S 4–7.

Pere P, Harju J, Kairaluoma P, Remes V, Turunen P, Rosenberg PH (2016) Randomized comparison of the feasibility of three anesthetic techniques for day-case open inguinal hernia repair. J Clin Anesth 34:166–175

Sanjay P, Leaver H, Shaikh I, Woodward A (2011) Lichtenstein hernia repair under different anaesthetic techniques with special emphasis on outcomes in older people. Australas J Ageing 30:93–97

Scarfe A, Duncan J, Ma N, Cameron A, Rankin D, Karatassas A, Fletcher D, Watters D, Maddern G (2018) Day case hernia repair: weak evidence or practice gap? ANZ J Surg 88:547–553

Schulz G (2008) Kosten und Erlöse des Ambulanten Operierens. Ambulant Operieren 3(2008):125–130

Simons MP, Aufenacker T, Bay-Nielsen M, Bouillot JL, Campanelli G, Conze J, de Lange D, Fortelny R, Heikkinen T, Kingsnorth A, Kukleta J, Morales-Conde S, Nordin P, Schumpelick V, Smedberg S, Smietanski M, Weber G, Miserez M (2009) European hernia society guidelines on the treatment of inguinal hernia in adult patients. Hernia 13:343–403

Standl T, Lussi C (2012) Ambulantes Operieren. Rahmenbedingungen, Organisation, Patientenversorgung, 2. Aufl. Springer, Heidelberg

Toftgaard C, Parmentier G (2006) International terminology in ambulatory surgery and its worldwide practice. In: Lemos P, Jarett B, Philip B (Hrsg) Day Surgery – development & Practice. IAAS, S. 35–39

Weyhe D, Winnemöller C, Hellwig A, Meurer K, Plugge H, Kasoly K, Laubenthal H, Bauer KH, Uhl W (2006) 115 b SGB V threatens outpatient treatment for inguinal hernia. Analysis of outcome and economics. Chirurg 77:844–855

Wirth U, Saller ML, von Ahnen T, Köckerling F, Schardey HM, Schopf S (2017) Inguinal hernia repair in TAPP technique in a day-case surgery setting – at what price? Chirurg 88:792–798

Zinn GC, Tabori E, Weidenfeller P (2008) Praxishygiene und Qualitätsmanagement. Verlag für medizinische Praxis

# Praktische Hinweise bei oraler Antikoagulation in der offenen Hernienchirurgie

*Johannes Baur*

**Inhaltsverzeichnis**




U. A. Dietz et al. (Hrsg.), *Offene Hernienchirurgie*,
https://doi.org/10.1007/978-3-662-61348-1_37

Dieses Kapitel befasst sich mit dem korrekten Umgang mit oralen Antikoagulanzien in Form von Vitamin-K-Antagonisten (z. B. Marcumar), direkten oralen Antikoagulanzien (DOAK, z. B. Rivaroxaban) und Thrombozytenaggregationshemmern im Rahmen von offenen Hernienoperationen.

### ▪ Perioperativer Umgang mit therapeutischer Antikoagulation

Vor der Durchführung einer offenen Hernienoperation sollte die therapeutische Antikoagulation mit Marcumar oder direkten oralen Antikoagulanzien pausiert werden; Ziel es ist jedoch stets, die Pausierung so kurz als möglich zu halten. Darüber hinaus ist zu erwägen, ob für die Dauer dieser Unterbrechung eine Überbrückungstherapie, ein sog. Bridging, mit Heparinpräparaten durchzuführen ist.

Marcumar unterscheidet sich von den direkten oralen Antikoagulanzien insbesondere dadurch, dass es in der Regel eine längere Zeit zum Abklingen bzw. Einsetzen der Wirkung benötigt. DOAK verlieren ihre Wirkung in der Regel 2–3 Tage nach Absetzen und sind sofort bei Wiedereinnahme wirksam. Aufgrund dessen ist ein Bridging beim Pausieren von DOAK in der Regel nicht erforderlich.

### ▪ Perioperativer Umgang mit direkten oralen Antikoagulanzien (DOAK)

37

Einen guten Überblick zum perioperativen Umgang mit DOAKs geben die Handlungsempfehlungen der European Heart Rhythm Association (Steffel et al. 2018). Bei elektiven Eingriffen mit Blutungsrisiko, wie z. B. bei offenen Hernienoperationen, werden Apixaban (Eliquis), Edoxaban (Lixiana) und Rivaroxaban (Xarelto) für 48 h präoperativ pausiert. Bei Dabigatran (Pradaxa) ist die einzuhaltende Latenz zwischen Absetzen und Operation abhängig von der Nierenfunktion. Ist diese nicht eingeschränkt, beträgt die Latenz ebenfalls 48 h. Bei leicht eingeschränkter Nierenfunktion (Kreatinin-Clearance 50–79 ml/min) sollte die Latenz 72 h und bei stark eingeschränkter Nierenfunktion (Kreatinin-Clearance 30–49 ml/min) 96 h betragen. Eine sichere chirurgische Hämostase vorausgesetzt, können DOAKs ab dem 3. postoperativen Tag wieder begonnen werden. Da so die Dauer der DOAK-Pausierung sehr kurz gehalten wird, ist eine Bridging-Therapie in der Regel nicht erforderlich.

### ▪ Perioperativer Umgang mit Marcumar

Da die Wirkung von Marcumar nach dessen Absetzen erst nach einigen Tagen vollständig abgeklungen ist, muss dieses Präparat präoperativ deutlich früher abgesetzt werden als DOAKs. Gemäß den Empfehlungen der Deutschen Gesellschaft für Kardiologie sollte Marcumar ca. 7 Tage vor dem geplanten Eingriff pausiert werden (Hoffmeister et al. 2010). Sollte die Wirkung bis 2 Tage präoperativ nicht ausreichend abgeklungen sein, kann dies durch die orale Gabe von Vitamin K unterstützt werden.

Da Marcumar auch postoperativ eine gewisse Zeit benötigt, bis beim Patienten therapeutische INR-Werte erreicht werden, wird nach offenen Hernienoperationen bereits am 2. postoperativen Tag wieder mit der Einnahme begonnen. Es wird dabei die gleiche Dosierung wie vor der Unterbrechung verabreicht. So ist ca. am 5.–6. postoperativen Tag mit therapeutischen INR-Werten zu rechnen. Da die erforderliche Pausierung des Marcumar somit deutlich länger als bei DOAKs ist, muss bei diesen Patienten eine überbrückende Therapie mit Heparinen (Bridging) erwogen werden.

### ▪ Bridging mit Heparinen

Die Sinnhaftigkeit einer Bridging-Therapie wurde in einer beachtenswerten Studie, dem BRIDGE-Trial, untersucht (Douketis et al. 2015). Hierbei handelte es sich um eine randomisierte, doppelt verblindete und Placebo-kontrollierte Studie an 1884 Patienten mit Vorhofflimmern, bei denen eine Therapie mit einem oralen Vitamin-K-Antagonisten (Warfarin) aufgrund eines geplanten chirurgischen Eingriffs unterbrochen werden musste. Die Patienten erhielten entweder ein niedermolekulares Heparin subkutan als Bridging oder ein Placebo.

> Die Patienten in der Bridging-Gruppe erlitten dabei postoperativ mit 3,2 % im Vergleich zur Placebogruppe mit 1,3 % signifikant häufiger relevante Blutungen (Douketis et al. 2015).

Jedoch zeigten sich keine Unterschiede im Auftreten eines thrombembolischen Ereignisses zwischen den Gruppen. Hieraus lässt sich jedoch nicht schließen, dass eine Bridging-Therapie stets unterlassen werden soll. Bei den in der Studie untersuchten Patienten handelte sich vorwiegend um Patienten, die einen niedrigen $CHADS_2$-Score und somit überhaupt nur ein niedriges thrombembolisches Risiko aufgrund des Vorhofflimmerns aufwiesen. Ob Patienten mit einem wegen ihrer Grunderkrankung hohen thrombembolischen Risiko von einer Bridging-Therapie profitieren würden, ist aus den Daten dieser Studie nicht abzuleiten. Daher lässt der BRIDGE-Trial nur den Schluss zu, dass Patienten präoperativ anhand ihres thrombembolischen Risikos stratifiziert werden müssen. Auf Grundlage dieser Stratifizierung ist abzuleiten, ob Patienten perioperativ eine Bridging-Therapie zu erhalten haben.

### ▪ Abschätzung des thrombembolischen Risikos

Ob und in welcher Form Patienten ein Bridging erhalten, ist abhängig von ihrem individuellen Risiko auf dem Boden der Grunderkrankung, welche die orale

■ Tab. 37.1 Abschätzung des perioperativen thrombembolischen Risikos (Lock et al. 2018)

| Grunderkrankung | Thrombembolisches Risiko | | |
|---|---|---|---|
| | Gering | Mittel | Hoch |
| Vorhofflimmern | $CHADS_2$-Score 0–2 | $CHADS_2$-Score 3–4 | $CHADS_2$-Score 5–6 |
| Tiefe Venenthrombose | >12 Monate zurückliegend | 3–12 Monate zurückliegend<br>TVT bei gleichzeitigem Malignom<br>Rezidivierende TVT | <3 Monate zurückliegend<br>TVT mit Lungenembolie<br><12 Monate zurückliegend |
| Herzklappenersatz | Doppelflügenaortenklappe ≥3 Monate ohne Risikofaktoren und im Sinusrhythmus | Doppelflügelaortenklappe mit VHF<br>Biologische Herzklappe im Sinusrhythmus | Mitralklappenersatz<br>Ältere mechanische Aortenklappe<br>Biologische Herzklappe bei VHF |
| Andere | | | Zerebrale Ischämie vor <3 Monaten<br>Erhebliche Thrombophilie |

$CHADS_2$-Score: Die Risikokriterien werden mit Punkten gewichtet: Zustand nach zerebraler Ischämie (2), Alter >75 Jahre (1), arterielle Hypertonie (1), Diabetes mellitus (1) und Herzinsuffizienz (1). Die Punkte werden zum Score addiert
TVT = tiefe Beinvenenthrombose, VHF = Vorhofflimmern

Antikoagulation notwendig macht, perioperativ ein thrombembolisches Ereignis zu erleiden. Es erfolgt die Stratifizierung in Patienten mit einem niedrigen, einem mittleren und einem hohen thrombembolischen Risiko (■ Tab. 37.1). Je nach Indikation der oralen therapeutischen Antikoagulation wurden in der Literatur Kriterien definiert, die zu dieser Einteilung führen (Lock et al. 2018).

#### ■ Wann eine Bridging-Therapie durchzuführen ist

Da es sich bei offenen Hernien um Eingriffe mit einem mittleren bis hohen Nachblutungsrisiko handelt, sollte in Würdigung der Ergebnisse des BRIDGE-Trials bei Patienten mit einem niedrigen thrombembolischen Risiko kein Bridging durchgeführt werden. Patienten mit einem hohen thrombembolischen Risiko hingegen sollten stets perioperativ ein Bridging erhalten. Bei Patienten mit einem mittleren thrombembolischen Risiko ist das Vorgehen abhängig vom durchzuführenden Eingriff. Bei großen offenen Narbenhernienoperationen sollte in Anbetracht des hohen Blutungsrisikos auf ein Bridging verzichtet werden. Bei der offenen Versorgung von Leistenhernien oder kleinen ventralen Hernien kann in diesen Fällen ein Bridging mit halber Dosierung (sog. Halbdosisantikoagulation) erwogen werden. Patienten, die kein Bridging erhalten, erhalten eine normale medikamentöse Hochdosis-Thromboseprophylaxe (z. B. Enoxiparin 40 mg 1 × tgl.).

#### ■ Wie eine Bridging-Therapie durchzuführen ist

Zur Durchführung einer Bridging-Therapie steht in erster Linie das niedermolekulare Heparin Enoxiparin (Clexane) zur Verfügung. Auch wenn dieses Medikament offiziell für diese Indikation nicht zugelassen ist, ist die Verwendung des Präparates zu diesem Zweck allgemein anerkannt.

- Volldosisantikoagulation: Bei normwertiger Nierenfunktion wird Enoxiparin 2 × täglich in der Dosierung 1 mg/kg Körpergewicht appliziert. Bei adipösen Patienten sollte jedoch die Maximaldosis 100 mg 2 × täglich betragen.
- Halbdosisantikoagulation: Bei normwertiger Nierenfunktion wird Enoxiparin 1 × tgl in der Dosierung 1 mg/kg Körpergewicht appliziert. Hier ist die Maximaldosis auf 1 × 100 mg zu beschränken.

Bei deutlich eingeschränkter Nierenfunktion steht zur Volldosisantikoagulation als Ersatzpräparat unfraktioniertes Heparin zur Verfügung. Es sollte aufgrund der Pharmakokinetik kontinuierlich mittels Perfusor appliziert werden. Die Dosierung ist abhängig von der partiellen Thromboplastinzeit (PTT). Diese sollte im Bereich zwischen 50 und 70 s liegen.

Begonnen wird das Bridging 2–3 Tage nach Absetzen des Marcumars. Die letzte Gabe präoperativ erfolgt 24 h vor der Operation. Postoperativ wird am Abend des 1. postoperativen Tages wieder mit der Bridging-Therapie begonnen [4]. Am ersten Abend nach der Operation werden in der Regel 40 mg Enoxiparin als Hochdosisthromboseprophylaxe appliziert. Die Bridging-Therapie wird beendet, sobald nach Wiederbeginn der Marcumar-Gabe ein therapeutischer INR erreicht ist (■ Abb. 37.1).

#### ■ Perioperativer Umgang mit Thrombozytenaggregationshemmern

Thrombozytenaggregationshemmer (TAH) werden zumeist nach einem kardio- oder zerebrovaskulären

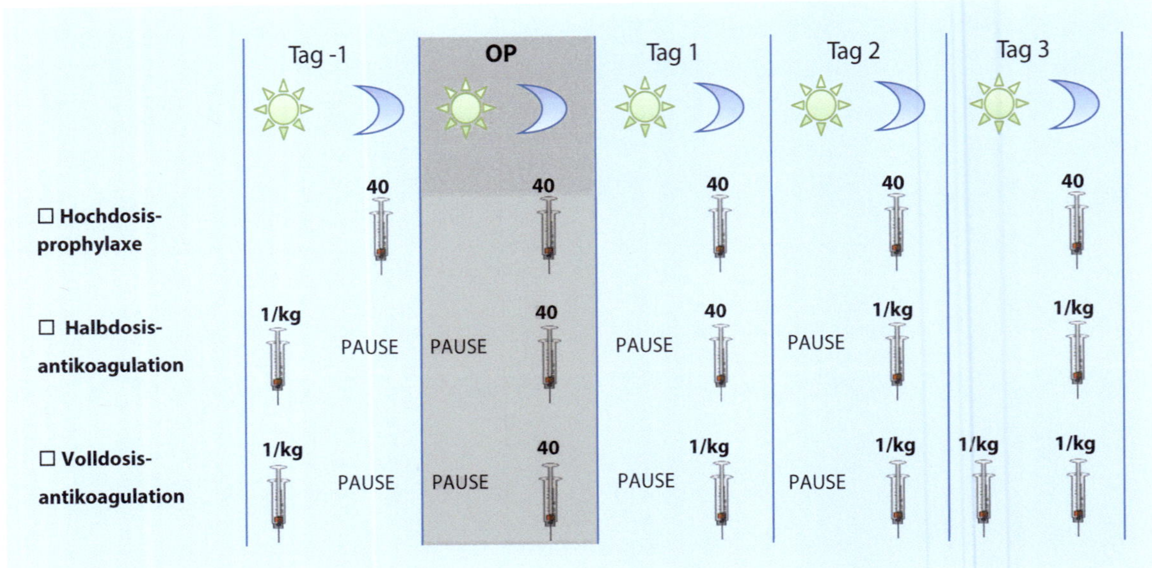


**Abb. 37.1** Management des perioperativen Bridging in Abhängigkeit vom benötigten Antikoagulationseffekt (Lock et al. 2018)

Ereignis als Sekundärprophylaxe eingenommen. Dies geschieht als Monotherapie oder aber – zeitlich limitiert – als duale Plättchenaggregationshemmung z. B. nach endovaskulären Interventionen.

37

> Da eine offene Hernienversorgung in den allermeisten Fällen einen elektiven Eingriff darstellt, sollte vor der Operation das Ende der dualen Thrombozytenaggregationshemmer-Therapie abgewartet werden.

Werden TAH zur Sekundärprophylaxe als Monotherapie eingenommen, sollte dies in Abwägung von Nutzen und Risiko perioperativ fortgesetzt werden. In einigen Fällen werden TAH auch ohne zuvor stattgehabtes vaskuläres Ereignis eingenommen, um im Vorfeld ein solches zu verhindern (Primärprophylaxe). In diesen Fällen sollten TAH perioperativ pausiert werden (Wagner et al. 2018). Das Präparat wird 7 Tage vor der geplanten Operation pausiert. Ein Wiederbeginn der Therapie ist ab dem 3. postoperativen Tag möglich.

**Perioperative medikamentöse Thromboseprophylaxe**

- Bei **nicht oder nur gering eingeschränkter Nierenfunktion:** Enoxiparin 40 mg 1 × täglich subkutan appliziert.
- Bei **stark eingeschränkter Nierenfunktion** (GFR < 40 ml/min/1,73 m²): unfraktioniertes Heparin 7500 IE 2 × täglich subkutan appliziert.
- **Beginn** am Vorabend der Operation. **Postoperative Fortsetzung** am Abend nach der Operation, frühestens 6h nach dem Eingriff. Gabe in der Regel bis einschließlich 7. postoperativer Tag. Bei Gabe von unfraktioniertem Heparin sind regelmäßige Kontrollen der Thrombozytenzahlen zum Ausschluss einer HIT II bis 14 Tage nach Operation erforderlich (Encke et al. 2016).

## Literatur


Douketis JD, Spyropoulos AC, Kaatz S, Becker RC, Caprini JA, Dunn AS, Garcia DA, Jacobson A, Jaffer AK, Kong DF, Schulman S, Turpie AGG, Hasselblad V, Ortel TL (2015) Perioperative bridging anticoagulation in patients with atrial fibrillation. NEJM 373:834–833

Encke A, Haas S, Kopp I (2016) Prophylaxe der venösen Thromboembolie. Dt Ärztebl 113:532–538

Hoffmeister HM, Bode C, Darius H, Huber K, Rybak K, Silber S (2010) Unterbrechung antithrombotischer Behandlung (Bridging) bei kardialen Erkrankungen. Kardiologe 4:365–374

Lock JF, Wagner J, Luber V, Dietz UA, Lichthardt S, Matthes N, Krajinovic K, Germer CT, Knop S, Wiegering A (2018) Perioperativer Umgang mit Antikoagulation Chirurg 89:95–102

Steffel J, Verhamme P, Potpara TS, Albaladejo P, Antz M, Desteghe L, Haeusler KG, Oldgren J, Reinecke H, Roldan-Schilling V, Rowell N, Sinnaeve P, Collins R, Camm AJ, Heidbüchel H (2018) The 2018 European Heart Rhythm Association Practical Guide on the use of non-vitamin K antagonist oral anticoagulants in patients with atrial fibrillation. Eur Heart J 39:1330–1393

Wagner J, Lock JF, Luber V, Dietz UA, Lichthardt S, Matthes N, Krajinovic K, Germer CT, Koop S, Wiegering A (2018) Perioperativer Umgang mit Thrombozytenaggregationshemmern. Chirurg 89:90–94

# Lebensqualität nach Hernienreparationen

*Simone Andrea Günster*

## Inhaltsverzeichnis




U. A. Dietz et al. (Hrsg.), *Offene Hernienchirurgie*,
https://doi.org/10.1007/978-3-662-61348-1_38

In den letzten Jahren hat sich ein zunehmendes Interesse an den Themen „Lebensqualität", „Patientenzufriedenheit" und „Patient Reported Outcomes" (PRO) entwickelt. Muysoms et al. erklärten 2016, dass die Zeiten, in denen der Erfolg einer Hernienoperation allein durch die Rezidivhäufigkeit bemessen wird, endgültig vorbei seien (Muysoms et al. 2016). Bei der konzeptionellen Auseinandersetzung mit dem Thema müssen folgende Fragen beantwortet werden:

1. Was ist unter dem Begriff Lebensqualität zu verstehen?
2. Wie kann Lebensqualität gemessen werden?
3. Welche Erkenntnisse können aus der Lebensqualitätsforschung gewonnen werden?
4. Welcher Nutzen kann aus der Lebensqualitätsmessung gezogen werden?

1948 deklarierte die WHO, dass Gesundheit ein Zustand vollständigen körperlichen, psychischen und sozialen Wohlbefindens sei und nicht nur das Freisein von Beschwerden und Krankheit bedeute und stieß damit den Beginn der Lebensqualitätsforschung an. Der Begriff Lebensqualität kommt ursprünglich aus dem sozialwissenschaftlichen Bereich und gewann seit den 1970er Jahren zunehmendes Interesse in der Medizin. Unter Lebensqualität wird ein subjektives, multidimensionales Konstrukt aus Wohlbefinden und Funktionsfähigkeit eines Individuums verstanden. Dazu gehören körperliche, emotionale, mentale, soziale und alltagsfunktionale Dimensionen (Bullinger 2014). Dabei muss berücksichtigt werden, dass nicht nur Erkrankung und Therapie, sondern auch individuelle Charakteristika eines Patienten – wie beispielsweise Verarbeitungsstrategien – Auswirkungen auf die Lebensqualität haben. Deshalb gehen neuere Ansätze davon aus, dass zur Messung der Lebensqualität auch Persönlichkeitsmerkmale erhoben werden müssen (Brinkers et al. 2014).

38

Bislang erfolgte eine Nutzen-Risiko-Bewertung von medizinischen Therapien vornehmlich durch umfassende Berichte über Komplikationen und Nebenwirkungen (Adverse Events, AE), wozu beispielsweise das Klassifizierungssystem nach Clavien Dindo gehört (Clavien et al. 2009). Hierbei erfolgt die Bewertung jedoch vorrangig durch medizinisches Personal, was das Risiko birgt, AEs zu übersehen oder unterzubewerten. Patient Reported Outcomes (PRO) bereichern und ergänzen diese Beurteilung um die Sicht des Patienten. Sie können definiert werden als jedes Ereignis, das direkt vom Patienten selbst evaluiert wird und auf der Wahrnehmung des Patienten bezüglich seiner Krankheit und seiner Behandlung basiert (EMA 2014, 2016). In den letzten Jahren hat das Interesse an PROs in klinischen Studien stark zugenommen. Es ist immer wichtiger geworden, den vollen persönlichen und sozialen Kontext einer Erkrankung sowie ihrer Therapie zu erfassen.

**Abkürzungen**

- PRO: Patient Reported Outcomes
- PROM: Patient Reported Outcome Measurements
- VAS: visuelle Analogskala
- VRS: verbale Ratingskala
- AE: Adverse Events
- CCS: Carolina Comfort Scale
- EuraHS: European Hernia Society
- QoL: Quality of Life

PROs können mit spezifischen Werkzeugen bewertet werden, die man Patient Reported Outcome Measurements (PROM) nennt. Dazu gehören auch Messmethoden zur Erfassung der Lebensqualität. Es hat sich etabliert, standardisierte Fragebögen zu verwenden, um eine Vergleichbarkeit der Ergebnisse über Personengruppen hinaus zu ermöglichen. Hierbei werden generische Fragebögen wie der SF-36-Fragebogen (Short form-36) und krankheitsspezifische Fragebögen unterschieden (Muysoms et al. 2016).

Zum heutigen Zeitpunkt stehen eine Vielzahl verschiedener Operationsmethoden und Materialien für die Hernienchirurgie zur Verfügung. Durch die Etablierung der Netzimplantation und Verbesserung der Operationstechniken hat die Entstehung von Rezidiven deutlich abgenommen. Der Erfolg einer Hernienreparation kann nicht länger allein durch die Rezidivhäufigkeit bemessen werden. Deshalb stellen PROMs ein ebenso wichtiges Werkzeug zur Evaluierung dar (Muysoms et al. 2016). Dabei müssen nicht nur Symptome wie Schmerzen und Bewegungseinschränkungen, sondern auch die Beeinträchtigung im Alltag und die Ästhetik berücksichtigt werden. Im Folgenden sollen exemplarisch einzelne Fragebögen zur Messung der Lebensqualität in der Hernienchirurgie vorgestellt werden.

Der **SF-36-Gesundheits-Survey** gehört zu den am häufigsten angewendeten Fragebögen zur Erfassung der krankheitsübergreifenden Lebensqualität. Er besteht in seiner ursprünglichen Form aus 36 Items (evaluierte Kriterien), die in 8 Skalen kategorisiert werden können, welche wiederum zwei Summenskalen zum körperlichen und psychischen Wohlbefinden zugeordnet werden (Ware und Sherbourne 1992; Ware 2000). Rogmark et al. publizierten 2016 eine Studie zur Lebensqualitätserfassung nach laparoskopischer und offener Narbenhernienreparation unter Verwendung der SF-36-Fragebögen. Bereits 8 Wochen nach der Operation zeigte sich ein Anstieg der Lebensqualität in allen Bereichen außer den mentalen Aspekten. Es konnte gezeigt werden, dass generische PROMs wie der SF-36-Score die Lebensqualität von Hernienpatienten hinreichend messen und Änderungen sensitiv erfassen können (Rogmark et al. 2016).

2008 stellten Heniford et al. einen hernienspezifischen Quality-of-life-Fragebogen (QoL) vor, die **Carolina Comfort Scale** (CCS). Diese besteht aus 23 Items (evaluierte Kriterien), evaluiert neben Schmerzen und Bewegungseinschränkungen bei 8 verschiedenen Aktivitäten auch die Wahrnehmung des Netzes als Fremdkörper und konnte in einer großen internationalen Studie mit über 3000 Patienten hinreichend validiert werden (Heniford et al. 2008, 2018).

Die Europäische Herniengesellschaft gründete 2012 eine internationale Onlineplattform, in deren Zuge ein Fragebogen zur Erfassung der Lebensqualität nach Hernienreparation etabliert wurde: der **EuraHS-QoL-Score** (Muysoms et al. 2012). Der QoL-Score von EuraHS besteht aus lediglich 9 Items (Fragen), die zu 3 Skalen (Schmerzen, Beeinträchtigungen im Alltag und kosmetischer Zufriedenheit) zusammengefasst werden können. Im Gegensatz zu den Items des CCS können alle Fragen sowohl prä- als auch postoperativ erhoben werden. Zudem ist der Survey als internationaler Onlinefragebogen leicht verfügbar und interkulturell vergleichbar (Muysoms et al. 2016). In einer 2016 veröffentlichten Studie von Muysoms et al. wurde die Lebensqualität nach unilateraler laparoskopischer Leistenhernienreparation mittels des EuraHS-QoL-Scores erhoben und die Ergebnisse durch gleichzeitige Erfassung der Lebensqualität durch den CCS in den Bereichen Schmerzen und Bewegungseinschränkung sowie der visuellen Analogskala (VAS) und der verbalen Ratingskala (VRS) für Schmerzen validiert. Dabei zeigten sich eine gute Retest-Reliabilität und hohe Korrelationen mit den zu vergleichenden Skalen. Es stellte sich eine signifikante Verbesserung der Lebensqualität postoperativ nach 3 Wochen und 12 Monaten im Vergleich zu den präoperativ erhobenen Daten dar. Wenngleich der EuraHS-QoL-Score aktuell nur bei laparoskopisch operierten Leistenhernienpatienten validiert wurde, ist der Fragebogen sowohl für offene Operationen als auch für Patienten mit ventralen Bauchwandhernien anwendbar und aufgrund der Anzahl der Fragen schnell und einfach auszuführen (Muysoms et al. 2016).

Bei der Interpretation der Ergebnisse von Lebensqualitätsmessungen gilt es jedoch zu berücksichtigen, dass mitunter Divergenzen zwischen Selbst- und Fremdeinschätzung bestehen können. Es konnte beobachtet werden, dass manche Patienten trotz suboptimalem Gesundheitszustand von einer hohen Lebensqualität berichten. Dieses „Zufriedenheitsparadoxon" wird unter anderem durch eine generalisierte Tendenz des Menschen erklärt, sich selbst und seine Lebenssituation eher positiv als negativ wahrzunehmen (Herschbach 2002). Demgegenüber steht das „Unzufriedenheitsdilemma", das beschreibt, dass einige Patienten trotz objektiv gutem Gesundheitszustand ihre Lebensqualität als niedrig einschätzen. Das Fehlen von Symptomen alleine geht also nicht zwangsläufig mit einer hohen Patientenzufriedenheit einher. Dies wird vor allem durch die unterschiedlichen Erwartungshaltungen der Patienten an eine Therapie erklärt. Patientenzufriedenheit ist also oftmals damit gleichzustellen, ob die Erwartungen des Patienten erfüllt wurden (Brinkers et al. 2014). Es wird angenommen, dass die Persönlichkeitsstruktur eines Patienten der stärkste Prädiktor für Lebensqualität ist und es Persönlichkeitsmerkmale gibt, die eine Person für „Zufriedenheit" prädisponieren (Herschbach 2002). Die Lebensqualität als Endpunkt ist also nicht nur von Krankheit und Therapie abhängig, sondern wird auch von psychosozialen Faktoren beeinflusst. Somit korrelieren Unterschiede in der Lebensqualität nicht zwangsläufig mit dem Erfolg einer Therapie oder dem Schweregrad der zugrunde liegenden Erkrankung.

Einer der wichtigsten limitierenden Faktoren der Lebensqualität nach Hernienoperationen sind postoperative Schmerzen. So treten bei bis zu 17 % der Patienten nach offener Leistenhernienreparation chronische Schmerzen auf (Aasvang et al. 2010). Dies gewinnt vor allem bei Patienten an Bedeutung, die an asymptomatischen oder oligosymptomatischen Hernien leiden. Aus Patientensicht können Schmerzen, Bewegungseinschränkungen oder die Ästhetik wichtiger sein als das Rezidivrisiko. Demzufolge müssen bei der Therapieempfehlung auch Patienteneigenschaften und die präoperative Lebensqualität berücksichtigt werden, um Phänomene wie das Zufriedenheitsparadoxon aufzudecken und eine individuelle Nutzen-Risiko-Abwägung zu ermöglichen.

Die Lebensqualitätsforschung hat in der Hernienchirurgie im letzten Jahrzehnt zunehmend an Bedeutung gewonnen. Nichtsdestotrotz fehlen zum heutigen Zeitpunkt Metaanalysen, um allgemeingültige Empfehlungen abgeben zu können, da die klinische Evidenz der bisher veröffentlichten Studien für Behandlungsempfehlungen noch zu gering erscheint. Sowohl mit generischen als auch mit hernienspezifischen Fragebögen kann die Lebensqualität von Hernienpatienten gemessen werden. Es hat sich gezeigt, dass eine Zunahme der individuellen Lebensqualität im prä- und postoperativen Verlauf wichtiger als das letztendliche absolute Scoreergebnis ist (Rogmark et al. 2016). Es ist also unerlässlich, die Lebensqualität bereits vor der Operation zu erheben und Faktoren zu identifizieren, die das Outcome beeinflussen können. Schmerzstudien zeigen, dass Kommunikation und Vertrauen zwischen Arzt und Patient positive Auswirkungen auf die Schmerzwahrnehmung und die Patientenzufriedenheit haben können

(Quinlan-Colwell 2009). Demzufolge können PROMs auch von äußeren Begebenheiten wie dem Untersuchungssetting beeinflusst werden.

Zukünftig können durch die Messung der Lebensqualität Behandlungseffekte und Therapien in der Hernienchirurgie evaluiert werden. Daraus ergeben sich nicht nur klinische, sondern auch gesundheitsökonomische und gesundheitspolitische Konsequenzen. Die Schwierigkeit in der Bewertung der Lebensqualität liegt in einem Aufeinandertreffen von subjektiven und objektiven Variablen. Nur durch die Messung der Lebensqualität im prä- und postoperativen Verlauf können die Ergebnisse implementiert und zur Qualitätssicherung sowie zum Vergleich von Behandlungsstrategien verwendet werden.

## Literatur

Aasvang EK, Gmaehle E, Hansen JB, Gmaehle B, Forman JL, Schwarz J, Bittner R, Kehlet H (2010) Predictive risk factors for persistent postherniotomy pain. Anesthesiology 112:957–969

Brinkers M, Gerth N, Pfau G, Hachenberg T (2014) Sind die erfolgreich therapierten Patienten die zufriedenen Patienten? Anästhesiol Intensivmed Notfallmed Schmerzther 49:134–138

Bullinger M (2014) Das Konzept der Lebensqualität in der Medizin-Entwicklung und heutiger Stellenwert. Z Evidenz Fortbild Qual G 108:97–103

Clavien PA, Barkun J, de Oliveira ML, Vauthey JN, Dindo D, Schulick RD, de Santibañes E, Pekolj J, Slankamenac K, Bassi C, Graf R, Vonlanthen R, Padbury R, Cameron JL, Makuuchi M (2009) The Clavien-Dindo classification of surgical complications: five-year experience. Ann Surg 250:187–196

EMA (2014) Reflection Paper on the use of patient reported outcome (PRO) measures in oncology studies. EMA/CHMP/292464/2014.

EMA (2016) The use of patient-reported outcome (PRO) measures in oncology studies. Appendix 2 to the guideline on the evaluation of anticancer medicinal products in man. EMA/CHMP/292464/2014.

Heniford BT, Walters AL, Lincourt AE, Novitsky YW, Hope WW, Kercher KW (2008) Comparison of generic versus specific quality-of-life scales for mesh hernia repairs. J Am Coll Surg 206:638–644

Heniford BT, Lincourt AE, Walters AL, Colavita PD, Belyansky I, Kercher KW, Sing RF, Augenstein VA (2018) Carolinas comfort scale as a measure of hernia repair quality of life: a reappraisal utilizing 3788 international patients. Ann Surg 267:171–176

Herschbach P (2002) Das „Zufriedenheitsparadox" in der Lebensqualitätsforschung. Psychother Psych Med 52:141–150

Muysoms F, Campanelli G, Champault GG, DeBeaux AC, Dietz UA, Jeekel J, Klinge U, Köckerling F, Mandala V, Montgomery A, Morales Conde S, Puppe F, Simmermacher RK, Śmietański M, Miserez M (2012) EuraHS: the development of an international online platform for registration and outcome measurement of ventral abdominal wall hernia repair. Hernia 16:239–250

Muysoms FE, Vanlander A, Ceulemans R, Kyle-Leinhase I, Michiels M, Jacobs I, Pletinckx P, Berrevoet F (2016) A prospective, multicenter, observational study on quality of life after laparoscopic inguinal hernia repair with ProGrip laparoscopic, self-fixating mesh according to the European Registry for Abdominal Wall Hernias Quality of Life Instrument. Surgery 160:1344–1357

Quinlan-Colwell AD (2009) Understanding the paradox of patient pain and patient satisfaction. J Holist Nurs 27:177–182; quiz 183–185

Rogmark P, Petersson U, Bringman S, Ezra E, Osterberg J, Montgomery A (2016) Quality of life and surgical outcome 1 year after open and laparoscopic incisional hernia repair: PROLOVE: a randomized controlled trial. Ann Surg 263:244–250

Ware JE Jr, Sherbourne CD (1992) The MOS 36-item short-form health survey (SF-36). I. Conceptual framework and item selection. Med Care 30:473–483

Ware JE Jr (2000) SF-36 health survey update. Spine 25:3130–3139

# Randomisierte kontrollierte Studien vs. Versorgungsforschung in der Hernienchirurgie: Was für den Alltagspatienten wichtig ist

*Christoph Seiler*

**Inhaltsverzeichnis**




U. A. Dietz et al. (Hrsg.), *Offene Hernienchirurgie,*
https://doi.org/10.1007/978-3-662-61348-1_39

Versorgungsforschung ist ein fachübergreifendes Forschungsgebiet, das die Kranken- und Gesundheitsversorgung und ihre Rahmenbedingungen beschreibt und kausal erklärt, zur Entwicklung wissenschaftlich fundierter Versorgungskonzepte beiträgt, die Umsetzung neuer Versorgungskonzepte begleitend erforscht und die Wirksamkeit von Versorgungsstrukturen und -prozessen unter Alltagsbedingungen evaluiert (Pfaff und Schrappe 2011). Naturgemäß geht dies nur in Kollektiven und damit unter Einsatz von Studien. Generell sind zwei Studientypen zu unterscheiden: aktive, sog. experimentelle Studien und passive oder beobachtende Studien (z. B. Kohortenstudien auf der Basis von Registern). Einzig bekannter experimenteller Studientyp ist derzeit die randomisierte Studie. Bei diesem Studientyp werden sämtliche Aspekte der Behandlung und Beobachtung a priori festgelegt und dann wird mit der Durchführung begonnen. Diese Studienform kann auch unter Alltagsbedingungen durchgeführt werden und ist für die Versorgungsforschung besonders relevant, denn hier wird unter optimalen wissenschaftlichen Bedingungen im Anschluss an den Nachweis der Wirkung eines Verfahrens in der Spezialsituation dessen Effektivität im breiten Einsatz unter Alltagsbedingungen kausal untersucht (Seiler 2005).

Registerstudien und daraus extrahierte Kohortenstudien sind ein wichtiges Werkzeug im Kasten des Versorgungsforschers zur Beschreibung von Gegebenheiten. Diese heute oft prospektiven Längsschnitt- und Qualitätssicherungsstudien (z. B. Herniamed) sammeln eine Fülle von Daten ohne konkrete Fragestellungen und dienen der Abbildung der Realität in der Versorgung. Mit der Zeit werden an diese Daten oft auch Fragestellung a posteriori herangetragen und mit aufwendigen statistischen Verfahren untersucht, um systematische und zufällige Fehler, die gemessene Effekte verzerren können, weitestgehend zu kontrollieren. Da es sich um reine Beobachtungen und nicht um ein Experiment wie bei einer randomisierten kontrollierten Studie (RCT) handelt, sind Fehler, die das Ergebnis beeinflussen können nicht mit letzter Konsequenz zu eliminieren. Zur Bestätigung eines festgestellten Effektes aus einer beobachtenden Studie muss deshalb je nach Fragestellung (zum Beispiel Behandlung A ist besser als B) konfirmatorisch oder beweisend eine RCT erfolgen.

39

## Ein Gedankenexperiment

In Ihrem Krankenhaus oder Ihrer Praxis haben Sie bei der Versorgung eines Hernienpatienten im Alltag eine Frage. Die Beseitigung Ihrer Unwissenheit bei der Diagnostik und Behandlung muss meistens unter mangelnden Ressourcen (Zugänglichkeit zu Wissensinformationssystemen, Zeit, Raum) stattfinden.

Die zentrale Frage lautet: Haben Sie Zeit?

1. Antwort: Nein.
   Treffen Sie eine heuristische Entscheidung. Anders ausgedrückt: Handeln Sie nach Ihrem Bauchgefühl. Sie fangen ja nicht bei Null an, sondern sind Arzt und haben eine gewisse fachliche und menschliche Erfahrung. Überprüfen Sie das Ergebnis Ihrer Entscheidung und stellen Sie die Fragen später. Vielleicht können Sie kurz zur Erinnerung ein paar Stichworte schriftlich notieren. In komplexen Situationen – und das ist die Regel in der Medizin – ist das Bauchgefühl durchaus eine Möglichkeit, Lösungen zu finden, wenn eben keine Zeit da ist (Gigerenzer 2013).
2. Antwort: Ja, aber nur eine Minute.
   Gibt es einen kompetenten Fachkollegen oder Vorgesetzten? Wenn ja, fragen Sie den Kollegen, wenden Sie das Wissen an und überprüfen Sie das Ergebnis in der konkreten Situation.
3. Antwort: Ja, die Entscheidung kann um eine Stunde verschoben werden.
   Wenn kein direkter Ansprechpartner Ihnen eine Antwort geben kann, können und sollten Sie sich selbst eine suchen. Spätestens in einer leitenden oder eigenverantwortlichen Position werden Sie auf kurzem Wege auch keinen sofortigen Ansprechpartner mehr haben. Dann müssen Sie die folgenden grundlegende Fragen für eine zielführende Lösung stellen und beantworten.
   a) Wie stelle ich eine beantwortbare Frage?
   b) Wie finde ich die entsprechende relevante Literatur?
   c) Wie kann ich diese auswerten?
   d) Wie kann ich diese in der konkreten Situation umsetzen?

   Kommen Ihnen diese Fragen bekannt vor? Vermutlich ja, denn sie sind trotz 20 Jahren evidenzbasierter Medizin viel älter und unverändert aktuell. Im Wissenschaftsprozess sind die Fragen a) und b) bei der Generierung von Hypothesen übrigens genau gleich.

   Warum fällt die Umsetzung in der Klinik dennoch so schwer? Es fehlt die tägliche Praxis. Wie mit einem Operationsverfahren gibt es eine Lernkurve. Wenn Sie täglich in der Medizin weiter Fragen haben und sich diesen stellen, lesen Sie bitte weiter:

## Formulierung von Fragen

Schreiben Sie sich Ihre Frage auf. Folgen sie dabei dem Schema: P (Patient) I (Intervention) C (Comparison) O (Outcome). Fangen Sie beim Patienten und seiner konkreten Situation an. Welche Interventionen und Kontrollen stehen zur Auswahl (bei Diagnostik: welche Verfahren z. B. der Bildgebung, klinischen Untersuchung etc.), und was ist eigentlich Ihr Ziel?

Beispiel:

- Ziel A: Die Wahrscheinlichkeit für das Vorliegen einer Erkrankung zu erhöhen (z. B. Nervus-ileus-inguinalis-Syndrom) oder auszuschließen? = Diagnostik
- Ziel B: Die Komplikationsraten bei verschiedenen Operationstechniken für eine Narbenhernie EHS W3 M2 zu vergleichen? = Therapie

Bevor Sie jetzt eine Antwort suchen, beachten Sie Ihre Rahmenbedingungen. Was ist in Ihrer Praxis oder Ihrem Krankenhaus möglich? Was steht Ihnen an technischen Dingen zur Verfügung? Damit können Sie von vornherein klären, welche Alternativen Ihnen überhaupt zur Verfügung stehen oder ob der Patient vielleicht sogar besser in ein spezialisiertes Zentrum verlegt werden sollte.

Merke: Ihre Fragen sind nur dann gut, wenn Sie sich diese in einer konkreten Alltagssituation genauso auch bei sich selbst oder einem nächsten Angehörigen stellen würden. Die Sicherheit für eine genaue Fragestellung ist bei diesem Ansatz am höchsten und die Frage wird am einfachsten zu beantworten sein.

### Literatursuche nach Sekundärquellen

Jetzt haben Sie von der Stunde schon mindestens 10 min verbraucht und müssen zur Suche übergehen. Falls Sie in ihrem Smartphone oder am Computer keine Wissensinformationssysteme oder Literatursuchmöglichkeiten zur Verfügung haben, können Sie aufhören und wie unter 2. vorgehen. Falls doch, dann schauen Sie dort nach. Doktor Google ist dabei natürlich keine vertrauenswürdige Quelle, sondern es müssen schon vernünftige Systeme sein, die Ihnen Informationen aus aufbereiteten Primärdaten liefern (z. B. UptoDate, Amboss, Cochrane-Library, S. 3-Leitlinien der AWMF-Fachgesellschaften). Diese Sekundärquellen müssen Sie einmal vorab für sich geprüft und als tauglich bewertet haben (AWMF und ÄZQ 2008). Sie haben im Alltag nur eine Stunde, und wenn Sie nach 20 min hier keine Antwort finden und 2. nicht gegeben ist, müssen sie wieder nach 1. verfahren.

Wenn Ihre Suche erfolgreich war und Sie eine Antwort auf Ihre Frage gefunden haben, stellt sich die Frage der Umsetzung auf Ihren Patienten.

Falls Ihr Bauchgefühl bezüglich der Anwendung des gefundenen Wissens auf den konkreten Patienten rebelliert: Achtung bei der Umsetzung! Handeln Sie immer nach besten Wissen und Gewissen und begründen Sie vor Umsetzung einer Maßnahme (z. B. Indikationsstellung im OP-Bericht vor dem beschreibenden Teil der Operation), wenn Sie von einer Empfehlung abweichen. Hinterher überprüfen Sie das Ergebnis. Wenn es falsch war, haben Sie etwas gelernt. Ist Ihr Wissen neu und hilfreich für andere, kommunizieren Sie es in Form eines Fallberichts (Schimmack et al. 2011).

> Achtung: Die Antwort auf eine Frage kann auch dazu führen, dass Sie einen Patienten an eine spezialisierte Einrichtung abgeben sollten. Ihr Patient wird es ihnen sicherlich danken.

### Literatursuche nach Primärquellen

4. Antwort: Ja, Sie haben einen Tag Zeit.

Sie formulieren die Frage nach dem PICO-Schema wie oben aufgeführt und haben Ihre Sekundärquellen zu Rate gezogen. Die Antwort ist für Sie unbefriedigend und Sie suchen anhand der Quellen oder nach einer qualifizierten Suche in der Cochrane Library oder in PubMed – wofür Sie idealerweise vorab einen einschlägigen Kurs an einer medizinischen Bibliothek Ihrer nächstgelegenen Universität besucht haben – die Originalliteratur heraus. Die Publikationen aus sog. „Pseudo- oder Räuberzeitschriften" haben Sie vorab ausselektiert (Antes 2018).

### Studienanalyse und -bewertung

Jetzt geht es an die Bewertung dieser Arbeiten, denn Sie wollen wissenschaftlich vertrauenswürdige Studien zur Beantwortung Ihrer Frage heranziehen. Hierzu gibt es einschlägige Publikationen mit guten Checklisten (Guyatt 2008).

Gute Studien haben als Qualitätsmerkmal einen Methodenteil mit Informationen zu Maßnahmen der Reduktion der Wahrscheinlichkeit von systematischen und zufälligen Fehlern, die zur Verfälschung der Studienergebnisse führen können. Ein Zentralbegriff kommt in experimentellen Studien dabei immer vor: Randomisierung! Das ist ein Verfahren, welches bei korrekter Durchführung sicherstellt, dass die einzelnen Teilnehmer eines Experiments allein nach dem Zufall einer Gruppe zugeordnet werden. Dadurch wird versucht, alle bekannten wie auch unbekannten Faktoren zwischen zwei Gruppen gleich zu verteilen und somit den Einfluss dieser Faktoren auf das Ergebnis maximal zu reduzieren. In der berühmten Tab. 1 jeder randomisierten Studie wird gezeigt, ob das auch funktioniert hat.

Es gibt derzeit kein anderes Verfahren, um den systematischen Selektionsfehler in einer Studie zu kontrollieren. Alle anderen Studientypen, also auch die gesamten Auswertungen aus Herniamed oder anderen Registern, sind immer für diesen Selektionsfehler anfällig und können deshalb, egal wie groß die Fallzahl auch ist, nie beweisend für oder gegen ein Verfahren sein.

Der Vergleich von operativen Verfahren in einer randomisierten Studie ist nicht nur notwendig, sondern auch machbar. Allerdings ist eine korrekte Randomisierung am geeignetsten Zeitpunkt – generell nah bei der Intervention – kein Garant für eine gute Studie. Es müssen zur Kontrolle des zufälligen Fehlers Maßnahmen für eine ausreichende Fallzahl (Powerberechnung) sowie zur Herstellung der Behandlungs- und Beobachtungsgleichheit ergriffen werden. Dies gilt gleichermaßen für die systematischen Fehlermöglichkeiten. Verblindung ist ein klassisches Beispiel zur Sicherstellung einer Behandlungs- und Beobachtungsgleichheit. Schmerzforscher in der Leistenhernienchirurgie werden sich dieses Instrumentes bei kurzfristiger Endpunkterhebung beim Vergleich offener (z. B. Lichtenstein-Operation) und endoskopischer Verfahren (TAPP) einfach bedienen können. Es müssen die Patienten mit einem entsprechenden Verband versorgt werden, der alle möglichen Inzisionen abdeckt und der Endpunkterheber (z. B. Narkosearzt oder Schmerzkrankenschwester) darf nichts über die angewendete OP-Methode beim konkreten Patienten wissen. Komplexer wird die Verblindung von Patienten langfristig. Je nach Relevanz muss hier dann mit Placebochirurgie, d. h. also Inzisionen ohne OP, gearbeitet werden.

In der Chirurgie spielt der Operateur bei der Behandlungsgleichheit eine wichtige Rolle. Lernkurven sind ein Fakt und müssen berücksichtigt werden, falls in einer Studie nicht eine Lernkurve untersucht werden soll, sondern der Effekt eines Operationsverfahrens. Dazu gibt es verschiedene Instrumente, wie zum Beispiel das expertenbasierte Design, bei dem das OP-Verfahren an Operateure mit abgeschlossener Lernkurve gekoppelt wird (Ergina et al. 2009).

#### ▪ Übertragbarkeit von Ergebnissen aus Studien auf den Alltagspatienten



Im praktischen Alltag, bei Entscheidungen für den individuellen Patienten, werden Sie in der Regel RCTs heranziehen. Falls diese fehlen, müssen Sie mit Daten aus störanfälligeren Studien arbeiten. Das muss Ihnen bewusst sein (Guyatt et al. 2008). Idealerweise prüfen Sie bei sich in Ihren in der Praxis wiederkehrenden und ungelösten Fragen die Teilnehme an einer laufenden Studie über die Studienregister (z. B. clinicaltrials.gov), führen eine Studie selber durch oder regen die Studiendurchführung über eine Fachgesellschaft bzw. Universität an.

Bei der Übertragbarkeit von Ergebnissen aus Studien auf den Einzelfall wird es immer Defizite geben. Jeder Ihrer Hernienpatienten ist einzigartig und seine Diagnostik und Behandlung sind stets individuell durchzuführen. Ergebnisse aus Studien können Ihnen helfen, nehmen Ihrem Patienten und Ihnen die Entscheidung über ein konkretes Vorgehen aber nicht ab. Ihnen werden Einschränkungen bei der Übertragung von Wissen aus Kollektiven auf den Einzelnen und damit letztlich offene Fragen verbleiben. Sie können aber Ihre Unsicherheit bei Entscheidungen im Alltag durch die Rezeption des Erkenntnisgewinns der systematischen Forschung wie auch zufälliger Entdeckungen in der Praxis reduzieren. Forschen Sie auch im Alltag!

Medizinische Onkologen und Kardiologen haben für ihre Fachgebiete eindrucksvoll zeigen können, wie eine kontinuierliche Studienkultur über Jahrzehnte die Versorgung von Patienten in der Alltagssituation verbessern kann. Aufgrund der Häufigkeit von Hernien kommt der Optimierung der symptomatisch orientierten Verfahren in Form von randomisierten kontrollierten Studien eine besondere Bedeutung zu. Eine Kausaltherapie der primären Hernien ist bis heute nicht bekannt und auch für die nahe Zukunft nicht absehbar. Was Karl Popper einmal formulierte, gilt auch für die Hernienforschung:

> » „Weder der erkennende Mensch noch seine Wissenschaft sind im sicheren Besitze der Wahrheit. Wir sind Wahrheitssucher; wir versuchen, unsere Fehlurteile durch die strenge kritische Prüfung unserer Theorien zu entdecken, um aus unseren Irrtümern zu lernen." Sir Karl Popper (Popper 1972).

## Literatur

Antes G (2018) Publikationen in Räuberzeitschriften. Deutsches Ärzteblatt 115:B1469

AWMF und ÄZQ (2008) Deutsches Instrument zur methodischen Leitlinien-Bewertung (DELBI)Fassung 2005/2006 + Domäne 8 (2008) ► https://www.leitlinien.de/mdb/edocs/pdf/literatur/delbi-fassung-2005-2006-domaene-8-2008.pdf Zugegriffen: 14. März 2019

Ergina PL, Cook JA, Blazeby JM, Boutron I, Clavien PA, Reeves BC, Seiler CM, for the Balliol Collaboration (2009) Challenges in evaluating surgical innovation. Lancet 374: 1097–1104.

Guyatt G (2008) Users' guide to the medical literature: essentials of evidence-based medicine clinical practice, 2. Aufl. The McGraw-Hill Companies Inc, USA

Guyatt GH, Oxman AD, Vist GE, Kunz R, Falck-Ytter Y, Alonso-Coello P, Schünemann HJ (2008) GRADE: an emerging consensus on rating quality of evidence and strength of recommendations. BMJ 336:924–926

Pfaff H, Schrappe M (2011) Einführung in die Versorgungsforschung. In: Pfaff H et al (Hrsg) Lehrbuch Versorgungsforschung, 1. Aufl. Schattauer, Stuttgart, S 2–7

Popper KR (1972) Objektive Erkenntnis – Ein evolutionärer Entwurf, 1. Aufl. Hoffmann und Campe, Hamburg

Schimmack S, Schmitz-Winnenthal H, Bergmann F, Büchler MW, Seiler CM (2011) Rupture without warning. Lancet 377:966

Seiler CM (2005) Patientenorientierte Forschung in der Chirurgie. In: Krukemeyer M, Spiegel H (Hrsg) Chirurgische Forschung, 1. Aufl. Georg Thieme, Stuttgart, S 205–211

# Der mündige Hernienpatient: Von der selbstständigen Informationssuche im Internet bis zur Faktenbox

*Felix G. Rebitschek*

**Inhaltsverzeichnis**




U. A. Dietz et al. (Hrsg.), *Offene Hernienchirurgie*,
https://doi.org/10.1007/978-3-662-61348-1_40

Informieren tritt an die Stelle von Überzeugen: Patienten wünschen sich die Beteiligung an den sie betreffenden Gesundheitsentscheidungen nicht nur. Sie ist ihr Recht (Braun und Marstedt 2014). Nicht erst seit dem Patientenrechtegesetz 2013 wird auf die mündige Entscheidung des Patienten hingearbeitet. Sie ist schon länger für die Qualität der Versorgung zentral. Der Hernienpatient trifft idealerweise eine informierte Entscheidung, das heißt auf Basis der besten verfügbaren Evidenz zu den möglichen Nutzen und Schäden einer Behandlungsoption, zu potenziellen Alternativen und unter Einbezug seiner persönlichen Präferenzen mithilfe seines Arztes (Marteau et al. 2001). Nur, um medizinische Evidenz nutzen zu können, muss man Zugang zu ihr erlangen – und zwar im mehrfachen Sinne. Zum einen müssen solch medizinische Risikoinformationen nach den Standards der Risikokommunikation ausgewogen, transparent und verständlich für Ärzte und Patienten aufbereitet sein. Risikokompetenzen Bei Ärzten und Patienten müssen zudem Risikokompetenzen vorhanden sein, um diese Informationen reflektieren und anwenden zu können. Zum anderen muss hochqualitative Evidenz überhaupt existieren, diese Erkenntnisse sind jedoch sehr oft eben nicht verfügbar. Man spricht dann von Problemen der Unsicherheit (Gigerenzer 2015). Dieses Kapitel beschränkt sich demgegenüber auf Probleme des Risikos und beleuchtet diese anhand von Schlüsselaufgaben für die moderne medizinische Risikokommunikation, deren Bewältigung den mündigen Patienten in der digitalen Welt ermöglicht.

40

#### ▪ Nutzen und Schaden ausgewogen darstellen

Informiert zu entscheiden bedeutet, dass der Patient potenzielle Nutzen und Schäden, die sich als Konsequenz aus einer Maßnahme ergeben können, abzuwägen vermag. Daraus folgt als Schlüsselaufgabe, dass möglicher Nutzen den möglichen Schäden transparent und ausgewogen gegenübergestellt werden muss, sei es durch eine Gesundheitsinformation oder durch den Arzt selbst. Im Bereich der Krebsfrüherkennung wurde beispielsweise jahrelang einseitig kommuniziert, wodurch der Nutzen von Früherkennungsprogrammen durch die Bevölkerungen der europäischen Staaten deutlich überschätzt wird (Gigerenzer et al. 2009). Auch Hernienpatienten müssen hinsichtlich aller patientenrelevanten Endpunkte – nutzen- und schadenseitig – vor einer Entscheidung aufgeklärt werden. Dies schließt die Kommunikation von Wahrscheinlichkeitsinformationen ein, um eine Abwägung potenzieller Konsequenzen zu ermöglichen.

#### ▪ Bezugsgruppen für Einzelfallwahrscheinlichkeiten erläutern

Obwohl Einzelwahrscheinlichkeiten den Patienten aus ihrem Alltag bekannt sein dürften, kann man sich leider nicht auf deren Verständlichkeit verlassen, wenn die Informationsquellen das Problem sind. Zur Illustration dieser Schlüsselaufgabe ein Beispiel: Bei Wettervorhersagen werden Niederschlagswahrscheinlichkeiten angegeben, jedoch wird nicht erklärt, was es bedeutet, wenn die Wahrscheinlichkeit des Niederschlags zum Beispiel 30 % beträgt. Viele mutmaßen, dass es die Fläche der jeweiligen Region oder die Dauer des Tages betrifft. Das Problem ist hier die fehlende oder oft unzureichende Spezifikation der Bezugsgruppe bzw. der Bezugsmenge. Es wird nicht spezifiziert, dass es in der Vergangenheit an 3 von 10 Tagen mit gleichen atmosphärischen Eigenschaften wie dem morgigen Tag geregnet hat. Und wenn das Risiko für eine verminderte Libido oder Impotenz als Nebenwirkung eines Medikaments zwischen 20 und 30 % läge, gilt das dann ab und an für alle, die es einnehmen, oder sind 20–30 von 100 einnehmenden Patienten betroffen? Die letztere Referenzgruppe zu spezifizieren, obliegt dem Arzt, denn sie kann beim Patienten nicht vorausgesetzt werden.

#### ▪ Immer absolute Risiken vermitteln

Als im Jahr 1995 die Kommission zur Arzneimittelsicherheit in Großbritannien erklärte, dass das Risiko einer Thromboembolie durch die Einnahme der Pille der dritten Generation um 100 % steige, verunsicherte das weite Teile der Bevölkerung. Anstatt auf ältere Präparate auszuweichen, setzten tausende Frauen die Pille ab. 12.400 Geburten und 13.600 Abtreibungen in England und Wales lassen sich diesem Medienereignis zuschreiben (Furedi 1999). Sein Ausgangspunkt, das verdoppelte Thromboserisiko, beruhte allerdings lediglich darauf, dass von je 7000 Frauen, welche die Pille der dritten Generation einnähmen, zwei eine Thrombose bekämen. Eine mehr als unter jenen Frauen mit der Pille der zweiten Generation. Dass der Anstieg von 1 auf 2 pro 7000 Frauen – also Angaben in Form absoluter Risiken – stattdessen nur als relative Risikozunahme um 100 % kommuniziert wurde, war ein schwerwiegender Verstoß gegen die Standards der Risikokommunikation. Ohne absolute Risikoinformationen ist weder erkennbar, wie hoch ein Ausgangsrisiko ist, noch wie groß ein vergrößernder oder vermindernder Effekt tatsächlich ist. Ein neuartiges Medikament mag Nebenwirkungen um 50 % senken, doch ob das bedeuten würde, dass statt 8 von 10 Patienten nur noch 4 betroffen sind, oder ob das bedeutet, dass von 100.000 Patienten nur noch 1 statt 2 betroffen ist, kann mit einer relativen Angabe nicht vermittelt werden. Die absolute Risikoinformation ist hiernach zwingend für den mündigen Patienten und die Schlüsselaufgabe für die Ärzte ist es, diese bereitzustellen.

#### ▪ Testergebnisse anschaulich erklären

Dass Testergebnisse niemals sicher sind, ist vielen Menschen nicht klar. Besonders was ein positives oder negatives Testergebnis angesichts der Seltenheit einer Erkrankung bedeuten, ist den meisten unklar. Ein Beispiel: Eine Autoalarmanlage, die perfekt darin ist, bei jedem Diebstahlversuch anzuspringen (100 % Sensitivität wären das), könnte auch anspringen, wenn ein Passant das Auto nur berührt – auch ohne Diebstahl. Aufgrund solcher Fehlalarme ist die Wahrscheinlichkeit, dass tatsächlich ein Autodieb zugange ist, wenn man den Alarm aus der Ferne hört, deutlich niedriger als 100 % (positiver Vorhersagewert). Es braucht diesen Vorhersagewert, um einen Test zu beurteilen, und es ist eine Schlüsselaufgabe der Gesundheitsfachleute, diesen zu vermitteln, damit Patienten die ihnen angebotene Diagnostik und das Testergebnis einzuschätzen verstehen.

Das Bayes-Theorem aus der Wahrscheinlichkeitstheorie ermöglicht es, die bedingte Wahrscheinlichkeit zu ermitteln, ob eine Erkrankung vorliegt, wenn ein Test das anzeigt (positiver Vorhersagewert). Ohne Zweifel ist das eine Herausforderung für Patienten wie Experten (Gigerenzer et al. 2016). Tatsächlich liegt der Schlüssel hier in der Berechnung der natürlichen Häufigkeiten: Man stelle sich 1.000 Menschen einer bestimmten Zielgruppe vor. Nun überlege man, wie viele von ihnen die gesuchte Krankheit aufweisen könnten, im Sinne der Inzidenz bislang unerkannter Neuerkrankungen (Sedlmeier und Gigerenzer 2001). Wären es 10 Erkrankte, wären 990 entsprechend frei davon (im Folgenden 'Gesunde' genannt). Ein Test mit 90 % Sensitivität würde natürlich 9 der 10 Erkrankten aufdecken, nur 1 Erkrankter entginge ihm. Hätte derselbe Test des Weiteren eine Spezifität von 90 %, würde er 10 %, sprich 99 der 990 Gesunden, nicht korrekt als gesund erkennen. Stattdessen würden diese 99 Gesunden fehlalarmiert werden und ein positives Testergebnis erhalten, genau wie die 9, welche er aufgedeckt hatte. In Summe folgt daraus, dass nur 9 von 108 (=99 + 9) Menschen, die ein positives Testergebnis erhalten haben, tatsächlich erkrankt sind. Der positive Vorhersagewert ist mit 8 % also sehr niedrig.

Die hier ausgeführte Berechnung lässt sich mit Zettel und Stift grafisch leicht nachvollziehen und erweist sich als Schlüsselwerkzeug, um informierte Testentscheidungen vorzubereiten und Ergebnisse zu verstehen. Ärzte sollten lernen, dieses Werkzeug einzusetzen. Dass Grundkenntnisse evidenzbasierter Medizin und speziell zur Risikokommunikation auch die Medizinstudiengänge erreichen, zum Beispiel mithilfe des Nationalen longitudinalen Mustercurriculums Kommunikation in der Medizin, ist schlusslogisch. Hatte es vielen Medizinern bislang an Risikokompetenz und Evidenzkenntnissen gemangelt, lassen solche Anpassungen der Ausbildungen Verbesserungen bei den gemeinsamen Entscheidungen von Arzt und Patient erwarten (Hoffmann und Del Mar 2017).

#### ▪ Von der selbstständigen Informationssuche im Internet bis zur Faktenbox

Gesundheitsinformationen für Patienten sind in größerer Anzahl und aus mehr Quellen verfügbar als je zuvor, seien es durch klassische Medien, medizinische Fachzeitschriften, den Arzt oder Internetseiten und Apps. Gerade in die Digitalisierung werden viele Hoffnungen gesetzt; doch ohne die Schwächen des klassischen Gesundheitssystems zu lösen, haben sie kaum ein Fundament (Lux et al. 2017). So geht gerade das digitale Angebot mit der ganzen Bandbreite der Qualität von Informationen einher. Irreführende Informationen über medizinische Interventionen führen zu Fehleinschätzungen von Risiken und verhindern informierte Entscheidungen mit teils gravierenden Konsequenzen (Gigerenzer und Muir Gray 2011).

Dieses Problem kann von zwei Seiten angegangen werden: von Seiten der Anbieter und der Nachfragenden. Auf der Angebotsseite müssen unabhängige Organisationen (wie zum Beispiel das Institut für Qualität und Wirtschaftlichkeit im Gesundheitswesen) evidenzbasierte Gesundheitsinformationen, aber auch Entscheidungshilfen bereitstellen (Lühnen et al. 2015). Ein methodischer Ansatz, um Evidenz transparent, ausgewogen und auch verständlich für den Praxiseinsatz zu verdichten, sind dabei Faktenboxen (McDowell et al. 2016). ◘ Abb. 40.1 zeigt ein Muster, wie potenzielle Nutzen und Schäden zweier medizinischer Optionen mithilfe einer Faktenbox zur Darstellung absoluter Risiken kontrastiert werden können. Dieses Format ist nicht nur transparent, ausgewogen und verständlich, sondern es unterstützt auch den kurzfristigen Wissenserwerb (McDowell et al. 2019).

Wenn die systematische evidenzbasierte Erstellung von Gesundheitsinformationen gelingt, besteht eine weitere Aufgabe darin, dass unabhängige, evidenzbasierte Gesundheitsinformationen in der Menge konkurrierender Angebote auffindbar gemacht werden (Stichwort Nationales Gesundheitsportal) – oder aufgefunden werden, was wiederum die Nachfrageseite betrifft. In der Tat muss sich die Allgemeinbevölkerung die reflektierte Auseinandersetzung mit Gesundheitsinformationen zu eigen machen. Nicht nur jeder Hernienpatient, jeder Verbraucher muss lernen, auf welche Kriterien er bei Gesundheitsinformationen zu achten hat, um weitestgehend solche Angebote auszuschließen, die seine informierte Entscheidung behindern könnten. Ohne diese kritische Reflexion von digitalen Informationen ist ein mündiger Patient nicht mehr vorstellbar. Geeignete Kompetenzinterventionen dürfen nicht nur auf die institutionelle Bildung (Schulen, Universitäten) beschränkt sein, sondern müssen den berufstätigen Verbraucher oder Senioren im Alltag erreichen. Nutzeranleitungen wie zum Beispiel auf Basis von Fast-and-Frugal Decision Trees (Rebitschek und Gigerenzer 2020) helfen allen Patienten zum Beispiel, digitale Gesundheitsinformationen kritisch zu prüfen (Forschungsprojekt gefördert vom Bundesministerium der Justiz und für Verbraucherschutz, ► www.risikoatlas.de).

Es gehört zum Menschsein, sich mit statistisch beschriebenen Risiken und auch unvermeidbaren, kaum

**Unauffällige Leistenbrüche - 5 Jahre beobachtend abwarten oder sofort operieren**

Die Zahlen sind Durchschnittswerte von Männern (im mittleren Alter von 54 Jahren) mit zu Beginn unauffälligen Hernien und von verschiedenen endoskopischen Methoden.

***Zusammenfassung:** Die Schmerzen unterschieden sich bei Männern mit und ohne endoskopische Operation nicht. Potenziellen Notfallsituationen und Notfalloperationen wird durch die sofortige Operation des unauffälligen Leistenbruchs zwar vorgebeugt, jedoch ist diese selbst manchmal mit Komplikationen behaftet, von denen einzelne lebensbedrohlich sind.*

| Nutzen | 1.000 Männer, die zunächst beobachtend abwarteten | 1.000 Männer, die sofort operiert wurden |
|---|---|---|
| Notfalloperationen bei Darmeinklemmung innerhalb von 5 Jahren | 10 | – |
| Entscheidung für Hernienoperation innerhalb von 5 Jahren | 427–540 | 1.000 |
| **Schaden** | | |
| Operationsfolgen nach 5 Jahren | | |
| anhaltendes Taubheitsgefühl | 0–69 | 0–127 |
| mittlerer bis schwerwiegender chronischer Schmerz | mindestens 8–10 | mindestens 19 |
| Tod durch Operation | 0–2 | 0–4 |
| Erneutes Auftreten des bereits operierten Leistenbruchs | 15–25 | 35–45 |

Bitte beachten Sie, dass die angegebenen Zahlen keine endgültige Bewertung von endoskopischen Operationen bei unauffälligen Leistenbrüchen sind, sondern die potenziellen Nutzen und Schäden auf Grundlage der besten derzeit verfügbaren Erkenntnisse für diesen Bruchtyp darstellen.

Nächste notwendige Überarbeitung: 11.07.2017

Quellen: Eklund 2006. *Br J Surg, 93*, 1060-1068.
Eklund 2009. *Ann. Surg.*, 249(1), 33-38.
Eklund 2010. *Br J Surg, 97*(4), 600-608.
Fitzgibbons 2006. *Jama*, 295(3), 285-292.
Fitzgibbons 2013. *Ann. Surg.*, 258(3), 508-515.
Heikkinen 2004. *Surg. Endosc.*, 18(3), 518-522.
Mizrahi 2012. *Archives of Surgery*, 147(3), 277-281.
Ohana 2004. *Hernia* 8(2), 117-120.
Van den Heuvel 2011. *Hernia*, 15(3), 251-259.

**Abb. 40.1** Muster einer Faktenbox

vorherzuberechnenden Unsicherheiten in seiner Umwelt auseinanderzusetzen, sei es im Alltag oder wenn es um die eigene Gesundheit geht. Wenn Gesundheitsexperten Patienten in dieser Auseinandersetzung unterstützen, kann es das Jahrhundert des mündigen Patienten werden, und die Probleme des Gesundheitssystems können gemeinsam mit den Patienten eingedämmt werden (Gigerenzer und Rebitschek 2016).

## Literatur


Braun B, Marstedt G (2014) Partizipative Entscheidungsfindung beim Arzt: Anspruch und Wirklichkeit. Gesundheitsmonitor 31(2):107–131

Furedi A (1999) Social consequences. The public health implications of the (1995) pill scare. Human Rep Update 5(6):621–626

Gigerenzer G, Mata J, Frank R (2009) Public knowledge of benefits of breast and prostate cancer screening in Europe. J Nat Cancer Inst 101:1216–1220

Gigerenzer G, Muir Gray JA (2011) Launching the century of the patient. Better doctors, better patients, better decisions: envisioning health care 2020. MIT Press: 3–28. DOI: ▶ https://doi.org/10.7551/mitpress/9780262016032.003.0001

Gigerenzer G (2015) Risk savvy: how to make good decisions. Penguin Books LTD, London

Gigerenzer G, Rebitschek FG (2016) Das Jahrhundert des Patienten: zum Umgang mit Risiken und Chancen. Zeitschrift für Allgemeinmedizin 92:213–219

Gigerenzer G, Kuoni J, Ritschard R, Jenny M, Held A (2016) Was Ärzte wissen müssen: die Kunst der Risikokommunikation. Hessisches Ärzteblatt 77:674–683

Hoffmann TC, Del Mar C (2017) Clinicians' expectations of the benefits and harms of treatments, screening, and tests: a systematic review. JAMA 177:407–419

Lühnen J, Albrecht M, Hanßen K, Hildebrandt J, Steckelberg A (2015) Leitlinie evidenzbasierte Gesundheitsinformation: Einblick in die Methodik der Entwicklung und Implementierung. Zeitschrift für Evidenz, Fortbildung und Qualität im Gesundheitswesen 109:159–165

Lux T, Breil B, Dörries M, Gensorowsky D, Greiner W, Pfeiffer D, Rebitschek FG, Gigerenzer G, Wagner G (2017) Digitalisierung im Gesundheitswesen – zwischen Datenschutz und moderner Medizinversorgung. Wirtschaftsdienst 97:687–703

Marteau TM, Dormandy E, Michie S (2001) A measure of informed choice. Health Expect 4:99–108

McDowell M, Rebitschek FG, Gigerenzer G, Wegwarth O (2016) A simple tool for communicating the benefits and harms of health interventions. MDM Policy & Practice 1(1). DOI: ▶ https://doi.org/10.1177/2381468316665365

McDowell M, Gigerenzer G, Wegwarth O, Rebitschek FG (2019) Effect of tabular and icon fact box formats on comprehension of benefits and harms of prostate cancer screening: a randomized trial. Med Dec Making 39(1):41–56

Rebitschek FG, Gigerenzer G (2020) Einschätzung der Qualität digitaler Gesundheitsangebote: Wie können informierte Entscheidungen gefördert werden?. Bundesgesundheitsblatt – Gesundheitsforschung – Gesundheitsschutz 63(6):665–673

Sedlmeier P, Gigerenzer G (2001) Teaching Bayesian reasoning in less than two hours. J Exp Psychol Gen 130:380–400

# Optimierung der prästationären und stationären Abläufe in der offenen Hernienchirurgie

*Bernhard Lammers*


U. A. Dietz et al. (Hrsg.), *Offene Hernienchirurgie*,
https://doi.org/10.1007/978-3-662-61348-1_41

Die Veränderung der Patientenbehandlung in der Hernienchirurgie der letzten zwei Jahrzehnte ist rückwirkend als dramatisch zu bezeichnen. Waren in der Zeit bis Ende des Jahrtausends vor allem stationäre Behandlungen für die Hernienpatienten die Regel, hat sich dies in letzten zwei Jahrzehnten durch eine zunehmende Ökonomisierung,aber auch Optimierung der Patientenbehandlung deutlich verändert. Dieses Kapitel soll die Optionen für eine gute, erfolgreiche prästationäre und stationäre Behandlung von Hernienpatienten darlegen. Aufgrund der Vielfalt der Erkrankten sind keine detaillierten Analysen möglich, zumal wissenschaftliche Analysen gerade diesen Teil betreffend relativ marginal sind.

#### Prästationäre Phase

Bei Patienten mit einer Hernienerkrankung ist in der überwiegenden Mehrheit der Fälle eine elektive Behandlungssituation (ca. 95 % aller Fälle) gegeben, die es dem Betroffenen wie auch den Behandelnden ermöglicht, aus einer planerisch optimalen Situation heraus die Diagnostik und die Therapieplanung zu gestalten. Hier ist von ganz herausragender Bedeutung, den Erstkontakt zum Patienten sicher und in ruhiger Atmosphäre zu gestalten. Nach Möglichkeit sollte ein erfahrener Chirurg verfügbar sein, um im Einzelfall sofortige Besonderheiten im Behandlungsplan zu arrangieren. Wenn dies nicht gewährleistet werden kann, entstehen häufig Verunsicherungen beim Patienten, die oftmals nicht mehr kompensiert werden können.

Jede Klinik sollte einen Ablaufplan für Patienten mit Hernienerkrankungen vorhalten, damit diese relativ häufigen Patienten sicher und routiniert in den Behandlungsprozess eingebunden werden können.

Nach Anamnese und klinischer Befunderhebung sind neben einem Aufklärungsgespräch über die Behandlungsoptionen und den zu vollziehenden operativen Maßnahmen einige ergänzende Untersuchungen apparativer Art zu empfehlen (s. unten). Eine Sonografie erscheint bei nahezu allen Hernienpatienten eine sinnvolle Ergänzung zur Darstellung der Hernie und etwaiger Nebenbefunde wie Lipome, zusätzliche klinisch inapparente Hernien und morphologisch bedeutsame Nebenbefunde. Diese Untersuchung ist für die meisten primären Hernien ausreichend, bei sehr adipösen Patienten kann eine primäre Computertomografie sehr wohl diagnostisch angezeigt sein.

**Präoperative Untersuchungen bei Hernienerkrankungen**

Immer:

1. Anamnese
2. Klinische Untersuchung
3. Sonografie
4. Blutbild und Gerinnung
5. Anästhesievorbereitung

Fakultativ:

6. Computertomografie
7. Magnetresonanztomografie
8. Lungenfunktion
9. Echokardiografie

Bei Patienten mit Rezidivleistenhernien und Inzisionalhernien, oder sehr ausgedehnten Hernienerkrankungen ist nahezu in jedem Fall eine Computertomografie oder Magnetresonanztomografie indiziert. Für die operative Planung erscheint die schnittbildmorphologische Darstellung der Herniendefekte und die Bauchwandmorphologie sehr sinnvoll. Gerade zur Objektivierung der pathologischen Befunde und zur Operationsplanung ist dies heute in der Regel nicht verzichtbar. Auch sollten Vorbefunde und Operationsberichte zur Planung der Inzisionalhernien- bzw. Rezidiv-Leistenhernienoperation auf jeden Fall organisiert werden.

Weiterhin sind zur Vorbereitung von Operationen gelegentlich auch Funktionsuntersuchungen kardiologischer und pulmologischer Art angezeigt. Bei großen, voluminösen Hernien mit einer sog. Loss-of-Domain-Situation (mind. 25 % der Bauchhöhleninhalts sind extraabdominell verlagert) sind diese Untersuchungen obligat. Auch bei Lungen- und Herzfunktionsstörungen sind diese Untersuchungen angezeigt. Insofern behandlungsrelevante Funktionsstörungen identifiziert werden, sollten diese auf jeden Fall vor der operativen Therapie der Hernie optimiert werden. Bei komplexen Hernienpatienten ist also auch hier eine interdisziplinäre präoperative Einschätzung vorzunehmen. Die Grenzen einer Operabilität bei Hernienpatienten zu fixieren, ist aktuell nicht möglich. Erfahrung und Einschätzung durch den Operateur sind hier essenziell. Wissenschaftlich fundierte Erkenntnisse liegen dazu nicht vor. Kardiologische und pulmologische Risikofaktoren sollten auf jeden Fall bezüglich zu erwartender perioperativer Sterblichkeit evaluiert werden (s. auch ► Kap. 28).

Entscheidend beim Erstkontakt ist dann die Festlegung des weiteren Behandlungsablaufs in ein ambulantes oder stationäres Setting. Hierzu sind in Deutschland gerade bei Leisten- und Nabelhernien die sog. AOP-Richtlinien zu berücksichtigen (GKV-Richtlinien für Ambulantes Operieren). Sollten Patienten primär ambulant operiert werden müssen (z. B. primäre einseitige Leistenhernie ohne wesentliche Begleiterkrankung), ist es womöglich für den Leistungserbringer sinnvoll, direkt eine ambulante Operation zu planen

(s. auch ► Kap. 36). Hierzu ist es in der Regel notwendig, ein entsprechend auf ambulante Operationen spezialisiertes OP-Zentrum vorzuhalten. Nur so sind reibungslose Abläufe mit entsprechender Patientenzufriedenheit aufrechtzuerhalten. Kommt der Patient nur für eine stationäre Behandlung in Betracht, sollte auch in diesem Fall ein modernes Patientenmanagement zur Verfügung stehen. Bei stationär zu behandelnden Fällen sind die Herausforderungen für den Patienten und den Operateur größer. Zu Vermeidung von intra- und postoperativen Komplikationen ist ein kooperativer, optimal vorbereiteter Patient sehr wesentlich. Zum sog. Blutgerinnungsmanagement gibt es in diesem Buch ein eigenes Kapitel (s. auch ► Kap. 37).

Bei stationärer Behandlung kommen viele Patienten am Wochentag vor der Operation nach der ambulanten Vorstellung nochmals in die Klinik für eine erneute klinische Untersuchung, ggfs. Durchführung von o. g. Untersuchungen und Vorstellung in der Anästhesiologie. So die Patienten in der Nähe leben, dürfen sie zuhause übernachten, um dann am Operationstag zur operativen Versorgung ihrer Hernien in die Klinik zu kommen. Noch vor zwei Dekaden wäre das nicht erlaubt gewesen.

Wesentlich ist schon in diesem Stadium der Behandlung, dem Patienten detailliert die weiteren Abläufe zu skizzieren, damit er nicht überrascht wird und sich auf seine weitere, in der Regel kurze stationäre und anschließende ambulante Behandlung einstellen kann. Nur so ist eine effektive Behandlungsdauer von z. B. weniger als 5 Tagen Verweildauer bei Inzisionalhernien zu erreichen. Nichtsdestotrotz sind die Sorgfaltskriterien zu beachten, eine sog. Checkliste nach den WHO-Empfehlungen (s. unten) sollte zur Vermeidung von schweren Fehlern und Verwechslungen immer ausgefüllt und vor allem auch in der täglichen Routine gelebt werden. Das sog. Team-Time-Out ist Teil davon und vor jeder Operation der Standard. Hier werden kurz vor Beginn des operativen Eingriffs die Essentials abgefragt und die Kernerkrankung mit Risikofaktoren präsentiert. Hiervon darf niemals abgewichen werden, bei Haftpflichtversicherern werden diese Sicherheitskontrollen erwartet.

**WHO-Empfehlungen**

[Haynes AB, Weiser TG, Berry WR et al. (2009) A Surgical Safety Checklist to Reduce Morbidity and Mortality in a Global Population. NEJM 360: 491–498]

- Initialer Check (vor Narkoseeinleitung)
- Zweite Überprüfung vor Hautschnitt: das Team-Time-Out
- Finaler Check, bevor der Patient den OP-Saal verlässt

Bei der postoperativen Planung der Patientenbehandlung ist es unerlässlich, für häufige Prozeduren und Behandlungen Standard Operating Procedures (SOP) zu definieren. Diese sollten in jeder Abteilung zumindest für Leistenhernie und die Inzisionalhernie vorliegen. Oftmals ergeben sich die SOPs aus den Leitlinien zur Behandlung der einzelnen Erkrankungen, da hier regelhaft Standards der Diagnostik und Therapie definiert werden.

### ▪ Zertifizierung als Optimierungshilfe

In den vergangenen zehn Jahren wurde durch eine Vielzahl von Zertifizierungen verschiedenster Fachrichtungen der Nachweis erbracht, dass durch diese strategischen Maßnahmen eine Verbesserung der Resultate in der Behandlung von Patienten möglich ist. Durch die in die einzelnen Abteilungen konkret verteilte Verantwortung zur Umsetzung der individualisierten Therapie kommt es mittelfristig in vielen Abteilungen zu Ergebnisverbesserungen. Beispielhaft sind die Zertifizierungen der Koloproktologen in Deutschland zu erwähnen, wo eine Minderung der Letalität nach kolorektaler Resektion bei Karzinomerkrankungen eindeutig nachzuweisen ist. In der Hernienchirurgie liegen noch keine detaillierten abteilungsbezogenen Analysen vor, sie sind aber aufgrund der Resultate in anderen Bereichen zu erwarten. Die Chirurgische Arbeitsgemeinschaft Hernienchirurgie (CAH) der Deutschen Gesellschaft für Allgemein- und Viszeralchirurgie (DGAV) arbeitet derzeit aktiv daran, diese Effekte nachzuweisen. Durch die prospektive Dokumentation bei Herniamed lässt sich schon jetzt nachweisen, dass die dokumentierenden Zentren in den frühpostoperativen Ergebnissen und auch bei den 12-Monatsresultaten durchweg gute Behandlungsergebnisse erzielen. Zentren mit unterdurchschnittlichen Behandlungsergebnissen werden zukünftig Experten von CAH/Herniamed im Rahmen von Peer-Review-Prozessen zur Seite gestellt, um eine Fehleranalyse durchzuführen und die Fehler zu beseitigen. Zusammenfassend ist festzuhalten, dass eine Zertifizierung in jedem Fall sinnvoll für die Abläufe der Behandlung und auch für die Ergebnisqualität ist. Zukünftig ist auch vonseiten der Patientenverbände mit einer immer höheren Bewertung dieser Zertifikate auszugehen.

# Qualitätskriterien der Hernienchirurgie aus Sicht des Patienten

*Lukas Eisner*


U. A. Dietz et al. (Hrsg.), *Offene Hernienchirurgie,*
https://doi.org/10.1007/978-3-662-61348-1_42

Präoperative Qualitätskriterien:
- Vertrauenerweckende Untersuchung und Information
- Gute Organisation
- Wunschgemäßer Termin für die Operation
- Kennen des Operateur.

Perioperative Qualitätskriterien:
- Unkomplizierte Aufnahme
- Geringe Wartezeit am Tag der Operation
- Ambulante oder kurzstationäre Aufnahme

Postoperative Qualitätskriterien:
- Postoperative Information über die Operation und das weitere Prozedere
- Postoperativ möglichst rasche Wiederaufnahme der täglichen Aktivitäten
  - Arbeitgeber: rasche Aufnahme der Arbeit
  - Arbeitnehmer: erholen, bis „sicher" nichts mehr passieren kann
- Rasche Aufnahme der sportlichen Aktivitäten
- Keine Komplikationen
- Keine Schmerzen
- Kein Rezidiv
- Kein Re-Eingriff.

# Soll und darf ich alles machen, was ich zu machen vermag? Medizin-ethische Überlegungen in Form eines Hernienfalls

*Nils Ole Oermann*

## Inhaltsverzeichnis




U. A. Dietz et al. (Hrsg.), *Offene Hernienchirurgie*,
https://doi.org/10.1007/978-3-662-61348-1_43

Ethik in der Medizin wird wie ihre Geschichte im Medizinstudium als Orchideenfach wahrgenommen. Interessant – aber fürs medizinische Staatsexamen nicht relevant. Im späteren Berufsalltag des Arztes setzt sich dies fort, mit einem entscheidenden Unterschied: Die als vermeintlich „weiche Themen" wahrgenommenen ethischen Topoi werden im Berufsalltag plötzlich zu „harten Themen", und zwar aufgrund ihrer ökonomischen bis hin zu juristischen Konsequenzen. Am Beispiel der Hernienchirurgie drei konkrete Fallbeispiele:

- OP-Indikation, ja oder nein? Wenn ich die OP-Notwendigkeit verneine, weil der Patient die OP nicht unbedingt braucht, wird mein Nachbarkollege die OP machen und abkassieren. Ich gehe leer aus.
- OP-Indikation, ja oder nein? Wenn ich im Zweifelsfall operiere, ist die Verwaltung zufrieden, mein Gehalt stimmt, und der Patient hat das Risiko. Wenn ich (zum Vorteil des Patienten) nicht operiere, ist meine Verwaltung böse und mein Gehalt steht auf dem Spiel.
- Wenn der Patient eine OP „X" braucht, ich aber nur OP „Y" beherrsche, werde ich aus oben genannten Gründen dazu versucht werden, den Patienten von meiner OP „Y" zu überzeugen und sie ihm gut verkaufen.

So umgangssprachlich diese gängigen Dilemmata formuliert sind, so wenig strukturiert und damit oft aus einer Mischung aus Kassenlage und Bauchgefühl entscheidet der Operateur.

Ethik als Wissenschaft und philosophische Disziplin mit Medizin als ihrer Bezugswissenschaft in diesem Fall hat eine andere Aufgabe: Anders als ein Pfarrer, erklärt Ethik als akademisches Fach ihren Adressaten nicht, was gut und böse ist (das lernen Menschen gemeinhin positiv wie negativ im Elternhaus oder der Schule). Sondern die Ethik hilft ihnen, Dilemmata wie die obigen zu strukturieren. Die Grundfrage der Ethik nach Kant („Was soll ich tun?") müssen die „Ichs" am Ende selbst beantworten – aber nun mit einer begrifflichen und systematischen Struktur ausgestattet. In der Philosophie gelingt das letztlich über Begriffe.

Ein praktisches Beispiel: Was wird da oben eigentlich geschildert: Ein Problem oder ein Dilemma?

Dazu sollte man sich bewusst machen, dass ein Problem zumindest potenziell eine Lösung hat, während ein Dilemma gerade nicht positiv auflösbar ist, etwa: „Sie haben drei Haufen Mist. Welchen sollten Sie essen?" Ethik kann nur helfen, den kleinsten Haufen zu identifizieren. Essen muss ihn der obige Operateur selber.

Grundsätzlich stellt sich der Medizinethik wie jeder anderen Bereichsethik die nur scheinbar simple Grundfrage jeder Ethik nach Immanuel Kant. Das heißt Medizinethik, Wirtschaftsethik oder politische Ethik bilden im Sinne Trutz Rendtorffs eine Begleit- und keine Bescheidwissenschaft. Oder noch deutlicher: Es gibt keine spezielle Ethik der Hernienchirurgie, wohl aber spezielle ethische Dilemmata im Bereich dieses Faches, die von jenen adressiert werden, die mit der Materie medizinisch wie ethisch hinreichend bewandert sind.

Die Aufgabe der Ethik liegt dabei in der systematischen und strukturierten Entwicklung von Kriterien für moralisches Handeln. Darum wird das Folgende begrifflich abstrakt und allgemein daherkommen, sollte aber dem Operateur am Ende helfen, den kleinsten Haufen zu essen.

Als eigenständige philosophische Ethik hat Aristoteles diese fundamental als Erster behandelt, als er die Disziplinen der praktischen Philosophie (Ökonomie, Politik und Ethik) von denjenigen der theoretischen Philosophie (Logik, Mathematik, Physik und Metaphysik) abzugrenzen vermochte (Aristoteles 2011; Pieper 2007; Oermann und Weinert 2014).

**Ethos – Ethik – Moral**

Der Begriff „Ethik" leitet sich von dem griechischen „ethos" her, das in zwei Varianten besteht: Ethisch im Sinne des weiteren ἔθος (Gewohnheit, Sitte, Brauch) handelt, „[w]er durch Erziehung daran gewöhnt worden ist, sein Handeln an dem, was Sitte ist […], auszurichten" (Pieper 2007). Im engeren Sinne ethisch handelt eine Person, bei der sich die Gewohnheit, „aus Einsicht und Überlegung das jeweils erforderliche Gute zu tun" (Pieper 2007), als ἦθος (Charakter) zum Charakter verfestigt hat (Pieper 2007; Fenner 2008). Das Wort „Moral" stammt ab vom lateinischen „mos" (Gewohnheit, Sitte, Brauch), das beide semantischen Dimensionen des „ethos"-Begriffes umfasst im Sinne von eingeübten Handlungsmustern, die dann ethisch reflektiert werden.

Während sich im heutigen Sprachgebrauch der Ausdruck „Moral" als „*Inbegriff* moralischer Normen, Werturteile, Institutionen" etabliert hat, wird mit „Ethik" die „*philosophische Untersuchung* des Problembereichs der Moral" bezeichnet (Hervorhebungen im Original) (Patzig 1971). Die Ethik hat es im Gegensatz zur Moral nicht mit Handlungen selbst zu tun, sondern reflektiert und bewertet mehr oder minder moralisches Handeln und Verhalten. Eine so verstandene, Moral reflektierende Ethik lässt sich unterteilen in die allgemeine und die angewandte Ethik. Zentrales Anliegen der *allgemeinen Ethik* ist „die Bereitstellung eines Begriffs- und Methodeninstrumentariums, mit dessen Hilfe sie in grundsätzlicher Weise die fundamentalen Probleme der Moral erörtert" (Pieper und Thurnherr 1998). Sie ist wiederum unterteilbar in drei Subdisziplinen: die normative Ethik, die deskriptive Ethik und die Metaethik.

Normative Ethik formuliert begründbare normative Urteile. Wenn etwa Aristoteles nach dem fragt, was ein Leben zu einem guten Leben macht, so werden die Antworten darauf je nach Perspektive unterschiedlich ausfallen. Darum sollte die normative Ethik weiter in teleologische und deontologische Entwürfe untergliedert werden: Teleologische Ethikkonzeptionen (griech. „telos“: Vollendung, Zweck, Ziel) richten ihr Hauptaugenmerk bei der Bewertung von Handlungen auf bestimmte Zwecke oder Ziele, die in einem umfassenderen Verständnis „gut“ sind (Hübenthal 2006). Sie nehmen eine Trennung zwischen moralischer Richtigkeit und außermoralischer Gutheit vor und bestimmen das moralisch Richtige danach, ob es das außermoralisch Gute bestmöglich fördert (ebenda). Die moralische Beurteilung von Handlungen misst sich dabei an der Beurteilung von deren Folgen. Und diese vermag beim Thema Chirurgie der Chirurg gemeinhin angemessener zu beurteilen als etwa der Fleischer.

Ein prominentes Beispiel hierfür bildet etwa der klassische Utilitarismus, der im 18. Jahrhundert im angelsächsischen Raum seine Wurzeln hat. Er gehört zu den sog. teleologisch-konsequentialistischen Ansätzen, d. h. seine moralischen Beurteilungen menschlichen Handelns nehmen ihren Ausgang in der Beurteilung von Handlungsfolgen. Seinen leitenden Wert bildet der Nutzen („utility“), der als „das Ausmaß des von einer Handlung bewirkten Glücks, Wohlbefindens oder der Befriedigung von Wünschen (Präferenzen)“ verstanden wird (Birnbacher 2006; Thurnherr 2000). Wie aber misst der obige Operateur den Nutzen seiner Arbeit und vor allem: Wie wägt er das medizinische und das ökonomische Ergebnis optimal ab?

Eine der ersten systematischen Ausarbeitungen des Utilitarismus bildet etwa Jeremy Benthams (1748–1832) „Einführung in die Prinzipien von Moral und Gesetzgebung“ (1780). Zur Beurteilung von Handlungsfolgen zieht Bentham ihren sog. Gratifikationswert heran, der das Maß an Lust oder Unlust einer Handlung für alle von ihren Folgen Betroffenen umfasst. Der Gratifikationswert einer Handlung wird zunächst für jeden Betroffenen einzeln errechnet. Addiert man dann die individuellen Gratifikationswerte eines jeden Betroffenen, ergibt sich in der Summe der kollektive Gratifikationswert, der Gesamtnutzen einer Handlung (Höffe 2008). Als weitere klassische Vertreter des Utilitarismus gelten etwa John Stuart Mill (1806–1873), Henry Sidgwick (1838–1900) und Richard M. Hare (1919–2002).

Deontologische Entwürfe (griech. „to deon“ – die Pflicht) verneinen demgegenüber, dass das Richtige und das moralisch Gute direkt oder indirekt von einem abstrakten Guten abhängen. Sie ziehen nicht die Handlungsfolgen, sondern Eigenschaften der Handlung selbst zu ihrer Bewertung heran. Klassischerweise stehen in deontologischen normativen Entwürfen moralische Pflichten im Mittelpunkt: Ein Beispiel dafür wäre Kants gebotsethischer Ansatz, welcher die Pflicht als eine durch die Vernunft gebotene Handlung versteht. Die deskriptive Ethik, die zweite Subkategorie der allgemeinen Ethik, beschreibt die empirisch vorfindlichen Normen- und Wertsysteme, ohne ihrerseits moralische Urteile zu fällen. Hierin liegt eine Parallele zur Metaethik, der dritten Subdisziplin. Im Gegensatz zur deskriptiven Ethik beschreibt sie jedoch nicht, welche konkreten moralischen Urteile gefällt werden, sondern widmet sich auf einer Metaebene der „Reflexion, die sich nicht unmittelbar auf den Gegenstand der Ethik, sondern auf die Struktur der ethischen Reflexion selber sowie auf die Art und Weise bezieht, wie die Ethik über ihren Gegenstand spricht“ (Pieper 1998).

Die angewandte Ethik bildet die zweite große Kategorie, der ethische Entwürfe zugeordnet werden können. Sie leistet die „systematische Anwendung normativ-ethischer Prinzipien auf Handlungsräume, Berufsfelder und Sachgebiete“ (Höffe 2008). Hierfür greift sie die in der normativen Ethik getroffenen „allgemeine[n] begründete[n] Aussagen über das glückliche Leben des Einzelnen oder das gerechte Zusammenleben in der Gemeinschaft“ auf und wendet sie auf konkrete gesellschaftliche Handlungsbereiche an (Fenner 2010). Der Vielfalt unterschiedlicher Problem- und Handlungsfelder ihrer Bezugsdisziplinen entsprechend, hat sie verschiedene Bereichsethiken wie etwa die Medizin-, Wissenschafts-, Technik-, Rechts- oder Wirtschaftsethik als eigene Fächer herausgebildet.

Wo lässt sich in diesem Zusammenhang die Medizinethik einordnen? Sie kann als eine Bereichsethik der angewandten Ethik verstanden werden, die sich im Rahmen der Gesundheit mit ethischen Problemstellungen auseinandersetzt und diese mit dem Ziel zu strukturieren versucht, in konkreten Handlungssituationen eine Orientierung zu bieten.

Beispiele für die Ergebnisse dieser Suche bilden etwa Kants kategorischer Imperativ oder das Prinzip des größtmöglichen Nutzens für die größtmögliche Zahl, das dem Utilitarismus zugeschrieben wird. Während es sich bei diesen Beispielen um Handlungsgebote handelt, können zur Strukturierung ethischer Dilemmata auch inhaltliche Prinzipien wie etwa die Freiheit im „Prinzip Freiheit“ oder die Gerechtigkeit im „Prinzip Gerechtigkeit“ oder die Verantwortung in Hans Jonas „Prinzip Verantwortung“ herangezogen werden (Jonas 1987a, b).

Die Aufgabe einer so verstandenen Medizinethik im Allgemeinen kann nicht etwa die schon semantisch unmögliche Auflösung ethischer Dilemmata oder gar die paternalistische Beantwortung der Frage nach dem „richtigen“ bzw. „guten“ Leben oder Handeln sein. Sie kann aber die Lösungssuche strukturieren, indem sie „ihre spezifisch philosophische Kompetenz in dem öffentlichen Prozess der Problemlösung zur Geltung bringt“ (Bayertz 1994). Ihr Beitrag ist darum primär ein hermeneutischer (von griech. „hermeneus“: der Dolmetscher), eine Übersetzungsleistung zwischen Prinzip und Praxis, die sich in der präzisen Definition von Begrifflichkeiten und im Strukturieren ethischer Dilemmata zur Identifizierung von realen Handlungsoptionen manifestiert.

#### Fazit: Das Dilemma des Operateurs

Wer nun auf die Auflösung der drei anfangs geschilderten Dilemmasituationen des Hernienchirurgen hofft, der wird enttäuscht werden, zudem wenn er während der Lektüre über die Ausrichtung einer Ethik das Gefühl hatte, Steine statt Brot geliefert zu bekommen.

Bei genauerem Hinsehen ist das aber nicht der Fall: So weiß der Chirurg nun, dass er sich mit dem Hippokratischen Eid einem verbindlichen, deontologischen Prinzip unterworfen hat, das aber eine – wenn auch nur scheinbare – utilitaristische Note hat, wenn dort der „Nutzen des Kranken“ im Mittelpunkt steht. Nur scheinbar utilitaristisch, denn es ist dieser individuelle Nutzen – zumindest nach Hippokrates – dem ökonomischen Nutzen der Gesellschaft überzuordnen.

Der Operateur hat aber auch internalisiert, dass genau diese Abwägung zwischen medizinischem Nutzen für den Patienten und ökonomischem Eigennutz bzw. Nutzen für den Krankenhausbetreiber zu seiner Dilemmasituation führt. Ethik ist hier die Begleitwissenschaft seiner anschließenden, eigenen Entscheidung, und Medizin ist die Fachwissenschaft. Wenn nun das deontologische Prinzip seiner medizinischen Wissenschaft ist, den Patienten laut Hippokrates „vor Schaden und willkürlichem Unheil“ zu schützen, dann ist eine Abwägung, die er am Ende vor seinem Gewissen wie seinem Arbeitgeber verantworten können muss, diese:

Wie weit kann ich mit dem ökonomischen Interesse an der Hernienoperation gehen? Doch in keinem Fall so weit, dass der Patient durch eine nicht medizinisch begründbare Entscheidung nachhaltig Schaden nimmt. Das Dilemma ist nun, dass dies durch systemische, strukturelle und ökonomische Zwänge in der täglichen Behandlung immer wieder vorkommen wird. Nur weiß der Operateur nun, dass bestimmte ethische Argumentationsketten wenig zur Rechtfertigung seines Handelns taugen. Nach der philosophischen Begriffsdefinition darum zum Schluss nochmals etwas handfester:



- „Wenn ich's nicht mache, macht's ein anderer“. Wer allein darauf seine OP-Entscheidung basiert, der sollte wissen, dass diese Argumentationsfigur in der Ethik das sog. „Waffenhändler/Drogendealer“-Argument heißt – und seine Schlüsse daraus ziehen.
- Oder: „Das machen doch alle“. Auf dieses sog. „Schwarzfahrerargument“ ist sachlogisch zu erwidern, dass es keine Gleichheit im Unrecht gibt.
- Oder: Das „Dammbruchargument“. Hier sollte der Operateur sich erinnern, dass Kant nicht zufällig fragt „Was soll ich tun?“, um das eigene Handeln ethisch zu rechtfertigen. Er fragt nicht: „Was sollen *wir* tun?“. Bei Lateinarbeiten hieß damals die positive Abwandlung „Jeder für sich und Gott mit uns allen“.

Zum Schluss darum zur vielleicht häufigsten ethischen Argumentationsfigur in der Medizinethik: dem „Sachzwangargument“. Zu den drei eingangs geschilderten Dilemmata werden die meisten Operateure vor einem staatlichen oder ihrem inneren Gericht am Ende zur Rechtfertigung ihrer Entscheidung sagen: „Aus diesem oder jenem Grund musste ich mich so und so verhalten.“

Diese Aussage kann so juristisch legal wie ethisch legitim sein. Nur sollte der sie Verwendende nach Lektüre dieses Aufsatzes sich der mit seiner Antwort verbundenen Prämissen klar sein und diese ethisch zu strukturieren vermögen, bevor er sich entscheidet:

Es gibt stets und ausschließlich höchstens zwei Alternativen, sonst heißen diese „Optionen“. Will heißen: Konnte ich aus medizinischer Sicht wirklich nur so handeln, wie ich gehandelt habe, und konnte ich Vor- und Nachteile der Behandlung für den Patienten – und dessen Wohl steht über dem des Krankenhauses – absehen und habe ich ihm diese transparent kommuniziert? War die OP-Komplikation ein „schwarzer Schwan“ oder absehbar durch die aus ökonomischen Gründen getroffene, am Ende vielleicht fatale Entscheidung? Wohlgemerkt: Die Übergänge und Grade der Zwänge sind fließend, und genau das macht Ethik als Wissenschaft der Grauzonen gerade nicht schwarz.

Nun kennt der Operateur verschiedene Facetten und Prinzipien seines Handelns: Die Goldene Regel des „Was Du nicht willst, das man Dir tu …“, den hippokratischen Eid, der kategorische Imperativ – all diese Prinzipien korrespondieren am Ende oft – wenn auch längst nicht immer, sonst gäbe es solche täglichen Dilemmasituationen nicht – mit Aristoteles' Grundfrage nach dem „eu sän“, nach dem also, was ein Leben zu einem guten Leben macht. Eine Rolle spielt da auch das gute Leben des Arztes und des Krankenhausbetreibers in ihren ökonomischen Facetten. Entscheidend bleibt aber am Ende das gute Leben des Patienten. Dabei ist ein relevanter Faktor des Ausgangsfalles, dass die Krankenhausverwaltung zu ihrem Recht kommt. Wird das aber zum Hauptmaßstab, entstehen dann Probleme, die nur noch schwer lösbar sind, weil die Gesundheit eines Menschen nicht bezahlbar ist, auch wenn sie bezahlt werden muss. Im Englischen ist sie „priceless“, was das genaue Gegenteil von „wertlos“ meint. Maßstab der Ethik ist am Ende der Mensch. Nicht zufällig war es darum erneut Kant, der 1793 diese Grundfrage jeder Anthropologie als vierte Grundfrage der Philosophie so einfach wie prägnant formulierte: „Was ist der Mensch?“ (Kant 1969, 1972). In der Vorrede zu seiner Logik stellt Kant fest, dass die oben vorgestellten vorangehenden drei Grundfragen nach dem menschlichen Wissen, Sollen und Hoffen „im Grunde" zur Anthropologie gerechnet werden können, „weil sich die drei ersten Fragen auf die letzte beziehen" [16].

Wer an medizinethischen Entwürfen arbeitet, wird die anthropologischen und begrifflichen Prämissen seiner Suche vorab möglichst deutlich herausarbeiten: Wer schuldet wem etwas in Gegenwart und Zukunft? Was bedeutet das Eingehen eines Risikos und wie schätzt man dessen Folgen ab? Was ist eine gerechte Verteilung über die ökonomische Mechanik derselben hinaus? Ganz gleich, ob eine Ethik in der Medizin über Aristoteles (Aristoteles 2011) oder Kant (Kant 1970, 1973), Jonas (Jonas 1987a, b) oder Rawls (Rawls 1975), Marx oder Habermas konstruiert wird: Ethik im Allgemeinen und Medizinethik im Besonderen sind kein Addendum, kein Kosmetikum des eigenen Faches und Berufes, sondern Ethiken definieren deren Reichweite und strukturieren deren Handlungsoptionen. Ethik soll ihren Bezugswissenschaften nicht abstrakt die Welt erklären, sondern die Prämissen und Bedingungen menschlichen Handelns zu verstehen suchen, bevor sie daraus ein mehr oder auch weniger moralisches Handeln ethisch reflektiert, strukturiert oder kritisiert. Medizinethik fragt darum in letzter Konsequenz im aristotelischen Sinne danach, was das Leben des Menschen sinnvoll und lebenswert macht, was es zu einem „guten" Leben und damit zu einem solchen werden lässt, das dem Menschen sein Menschsein ermöglicht. Und sie fragt gleichzeitig mit Kant nach der Pflicht des Einzelnen und danach, wie nachhaltiges Handeln vernünftig begründbar auf einem Zeitstrahl geschehen kann, der die Lebensspanne des Einzelnen weit überschreitet.

## Literatur

Aristoteles (2011) Nikomachische Ethik (EN), 3. Aufl. Rowohlt, Reinbek

Bayertz K (1994) Praktische Philosophie als angewandte Ethik. In: K Bayertz (Hrsg) Praktische Philosophie. Grundorientierungen angewandter Ethik. Rowohlt, Reinbek, S 26

Birnbacher D (2006) Utilitarismus. In: Düwell M, Hübenthal C, Werner MH (Hrsg) Handbuch Ethik. Metzler, Stuttgart, S 95–107

Fenner D (2008) Ethik: Wie soll ich handeln? Francke, Tübingen

Fenner D (2010) Einführung in die Angewandte Ethik. Francke, Tübingen, S 11

Höffe O (2008) Einleitung. In: O Höffe (Hrsg) Einführung in die utilitaristische Ethik. Klassische und zeitgenössische Texte. Francke, Tübingen, S 7–51

Hübenthal C (2006) Teleologische Ansätze. In: Düwell M, Hübenthal C, Werner MH (Hrsg) Handbuch Ethik. Metzler, Stuttgart, S 61–108

Jonas H (1987a) Das Prinzip Verantwortung. Versuch einer Ethik für die technologische Zivilisation. Suhrkamp, Frankfurt a. M.

Jonas H (1987b) Technik, Medizin und Ethik. Zur Praxis des Prinzips Verantwortung. Suhrkamp, Frankfurt a. M.

Kant I (1969) Brief an Carl Friedrich Stäudlin, 4.5.1793. In: Kant's gesammelte Schriften (Hrsg) von der Preußischen Akademie der Wissenschaften, Berlin [Nachdruck der Ausgabe Berlin und Leipzig 1923], Bd XI. S 429

Kant I (1970) Grundlegung zur Metaphysik der Sitten. In: Kant I (Hrsg) Werke in sechs Bänden v. W. Weischedel, Bd. IV. Darmstadt: Wissenschaftliche Buchgesellschaft.

Kant I (1972) Logik. In: Kant's gesammelte Schriften (Hrsg) von der Preußischen Akademie der Wissenschaften [Nachdruck der Ausgabe Berlin und Leipzig 1922], Bd. IX. S 25

Kant I (1973) Kritik der reinen Vernunft. In: Kant's gesammelte Schriften (Hrsg) von der Preußischen Akademie der Wissenschaften [Nachdruck der Ausgabe Berlin und Leipzig 1911], Bd. III

Oermann NO, Weinert A (2014) Nachhaltigkeitsethik. In: Heinrichs H, Michelsen G (Hrsg) Nachhaltigkeitswissenschaften. Springer, New York, S 63–85

Patzig G (1971) Ethik ohne Metaphysik. Vandenhoek & Ruprecht, Göttingen, S 3

Pieper A (2007) Einführung in die Ethik. Tübingen. Francke, Basel, S 24, 25 ff

Pieper A, Thurnherr U (1998) Einleitung. In: Pieper A, Thurnherr U (Hrsg), Angewandte Ethik. Eine Einführung. Beck, München, S 7–13

Rawls J (1975) Eine Theorie der Gerechtigkeit. Übers. von Hermann Vetter. Suhrkamp, Frankfurt a. M.

Thurnherr U (2000) Angewandte Ethik zur Einführung. Junius, Hamburg, S 14

# Die eigenen Ergebnisse kennen: das Geheimnis für Exzellenz

*Reinhard Bittner*

## Inhaltsverzeichnis




U. A. Dietz et al. (Hrsg.), *Offene Hernienchirurgie*,
https://doi.org/10.1007/978-3-662-61348-1_44

Erkenntnisgewinn ist in der Chirurgie schwieriger als in den anderen Disziplinen der Medizin. In einem operativen Fach gilt es nicht nur eine theoretische Ebene zu beherrschen, sondern auch praktisch-handwerkliche Fähigkeiten zu erlernen. Während theoretisches Wissen vergleichsweise einfach zu erwerben ist, z. B. durch Lesen von Lehrbüchern und Fachzeitschriften sowie Zuhören bei Visiten, Vorträgen, Besuch von Fort- und Weiterbildungsveranstaltungen sowie von Kongressen, kann die Ausbildung in der Handwerkskunst mit vielen Hindernissen belastet sein. Hier ist zunächst die Häufigkeit des zu erlernenden Eingriffs in der jeweiligen Klinik zu nennen; nicht wenige Operationen kommen nur einmal in der Woche oder noch seltener vor. Zudem ist die Anwesenheit der jungen Chirurgen in der Klinik durch neue Arbeitszeitgesetze begrenzt. Ebenso nicht zu unterschätzen sind Wille und Motivation von Chef-, Leitenden- und Oberärzten zur Ausbildung. Ausbildung kostet Geduld, Zeit und Geld. Dem Druck des Managements zur kosteneffizienten Leistung kann häufig nicht standgehalten werden. Nachsorgeprogramme zur Ergebniskontrolle werden weder gestattet noch bezahlt. Darüber hinaus soll die Krankenhausverweildauer, wie von den Krankenkassen verlangt, möglichst kurz sein oder der Patient ohnehin ambulant operiert werden. Schwere Operationsfehler können sich natürlich sofort bemerkbar machen, andere jedoch erst nach Tagen, Wochen oder Monaten. Um jedoch Fehler entdecken oder um eine optimale Operationsstrategie entwickeln sowie die Qualität erhöhen und Komplikationen für den Patienten vermeiden zu können, ist die Kenntnis der eigenen Ergebnisse unverzichtbar.

Absolut notwendig ist die Kenntnis der eigenen Ergebnisse bei Einführung einer neuen Operationsmethode, deren Wertigkeit nur durch die Analyse von Vor- und Nachteilen gegenüber dem traditionellen Verfahren ermittelt werden kann. Dies gilt im Besonderen für Operationen, die häufig und von vielen Chirurgen durchgeführt werden, wie beispielsweise die Versorgung von Leistenhernien. Anfang der 1990er Jahre sind in Deutschland in der Hernienchirurgie zwei Entwicklungen zu beobachten: 1. der zunehmende Übergang von der Nahtreparation (Bassini/Shouldice) zu den netzbasierten Verfahren (Lichtenstein), 2. das Aufkommen minimalinvasiver Techniken (transabdominelle präperitoneale Patch-plastik [TAPP], total extraperitoneale Plastik [TEP]). Während die netzbasierten Verfahren vor allem in den USA und Frankreich rasch Eingang in die klinische Routine fanden, war die Akzeptanz von TAPP und TEP nur sehr zögerlich. Während die propagierten Vorteile – weniger Schmerzen und raschere Erholung des Patienten durch das kleinere Bauchdeckentrauma und den vollkommen spannungsfreien Wirkungsmechanismus nach Pascal[1] (erstmals von René Stoppa auf die Bauchdecke bezogen) – durchaus nachvollziehbar waren, erschien die Operation als sehr schwierig bei hohem Komplikationspotenzial. Die neue Technik erforderte ein radikales Umdenken. Eine neue, noch nicht vollständig abgeklärte Anatomie aus laparoskopischer Sicht, im Besonderen der Nervenverläufe innerhalb der Bauchhöhle, neue Sichtgewohnheiten bei zweidimensionaler Visualisierung des Operationsfeldes, neue Instrumente und indirektes Arbeiten versprachen einen langwierigen Lernprozess. Hinzu kam die kostenintensive Anschaffung des Videoturmes. Autoritäten warnten, dass aus einem risikoarmen extraabdominellen Eingriff ein risikoreicher intraabdomineller Eingriff mit der Gefahr einer Verletzung von Darm, Harnblase und großen Gefäßen gemacht wird. Nur wenige Chirurgen waren daher zunächst bereit, sich dem schmerzhaften, teuren und scheinbar risikoreichen Lernprozess zu unterziehen, zumal noch keine verlässlichen Ergebnisse vorlagen, dagegen aber mit der traditionellen Technik ebenfalls gute Ergebnisse erzielt werden konnten. Im Gegensatz zur laparoskopischen Cholezystektomie, die rasch weltweite Akzeptanz fand, wurde die endoskopische Hernioplastik nicht nur abgelehnt, sondern auch deren Protagonisten wurden angefeindet mit Parolen wie „Die Technik läuft dem Verstand davon" oder „Patientensicherheit wird auf dem Altar der kleinen Schnitte geopfert" oder „Was ist Ihnen lieber, eine große Narbe oder ein kleiner Grabstein?" Persönlicher Ehrgeiz, populistisches Marketing und Druck der Industrie wurden den Befürwortern unterstellt. Schließlich fand sich sogar in einem bekannten Magazin (Der Spiegel 46/1999) ein Artikel unter dem Titel „Schrumpfende Netze", in dem behauptet wurde: „Unsere Klinik hat bereits 120 Gitter ausgebaut, bei einigen Patienten fanden sich entartete Zellen – mögliche Vorstufen von Krebs.".

Da der Autor dieses Kapitels seit 25 Jahren nahezu ausschließlich laparoskopisch operiert, wird die Fragestellung „Eigene Ergebnisse kennen – das Geheimnis für Exzellenz" am Beispiel der minimalinvasiven Operationstechnik veranschaulicht. Es gilt jedoch zu betonen, dass die Grundprinzipien im Prozess der Erkenntnisgewinnung die gleichen sind wie auch für offene Operationsverfahren.

## ▪ Methodik

Meine erste TAPP führte ich 1993 nach ausführlicher Aufklärung bei einem Patienten mit einem Rezidiv nach einer Bassini-Operation durch. Der Patient hatte die konventionelle Operation in schrecklichster Erinnerung, sodass er seine Zustimmung gab, auch als ich

1 Blaise Pascal (1623–1662). Nach dem Pascal-Prinzip ($p = F/A$) breitet sich der intraabdominelle Druck gleichmäßig (senkrecht) auf das ganze Netz aus.

ihm sagte, er müsse noch einige Tage warten, da noch nicht alle Instrumente vorhanden seien. Diese erste Operation dauerte zweieinhalb Stunden, es ging alles gut, der Patient war sehr zufrieden und wir ermutigt, zunächst mit eher einfachen Hernienbefunden weiterzumachen. Beeindruckend waren die geringen Schmerzangaben der Patienten, die uns nicht nur unerwartet hohe Patientenzahlen brachten, sondern uns auch mehr und mehr von den Vorteilen der neuen Technik überzeugten.

Die technischen Prinzipien, wie sie bei dem ersten Patienten Anwendung fanden, entsprachen der Erstbeschreibung durch Maurice Arregui 1992 und gelten auch heute noch (Arregui 1992). Wesentliche Details wurden jedoch im Laufe der Jahre verändert:

1. Infolge eines besseren Verständnisses der anatomischen Schichten und vor allem auch der Nervenverläufe wurde die Dissektionstechnik zunehmend atraumatischer.
2. Es wurde gelernt, die Dissektion bis zu 2 cm über die Symphyse zur Gegenseite fortzuführen, um sehr weit medial gelegene Defekte (supravesikal) nicht zu übersehen.
3. Die Netzgröße wurde von anfänglich 8 × 12cm auf 10 × 15cm erhöht, um die Rezidivrate zu senken.
4. Bald wurde auch ein geschlitztes Netz nicht mehr eingesetzt, da der Schlitz als Ursache eines Rezidivs bei einigen Patienten gesehen wurde.
5. Es musste gelernt werden, dass bei Einsatz eines ungeschlitzten Netzes die Parietalisierung des Peritonealsackes optimiert werden muss, um ein Aufrollen des Netzes mit späterem Rezidiv zu vermeiden.
6. Des Weiteren wurde gelernt, dass das Netz bei der Mehrzahl der Patienten nicht fixiert werden muss (Ausnahme: große mediale Hernie), was Zeit und Geld spart sowie Schmerzen vermeiden kann.
7. Die mediale Hernie mit großem Hernienpseudosack prädestiniert nicht selten zu einer ausgeprägten postoperativen Serohämatombildung. Hier wurde gelernt: a) Der Pseudosack wurde möglichst vollständig mit dem Elektrokauter verschorft. b) In jüngerer Zeit wird dieser Pseudobruchsack in die Bauchhöhle invertiert und am Ligamentum Cooperi fixiert. Dadurch ergibt sich neben dem Verschluss des „Totraumes" auch ein kräftigeres Widerlage für das Netz.
8. Der Peritonealverschluss sollte nicht, wie anfänglich, mit Tacker erfolgen, was einfacher und schneller machbar ist, sondern mit Naht. „Mehr Mühe für den Chirurgen, aber weniger Schmerzen für den Patienten".
9. Der Durchmesser der Trokare wurde reduziert. Bei Einsatz von 10-mm-Optiken am Nabel ist nach 5 Jahren bei über 4 % der Patienten eine Nabelhernie zu beobachten, sodass in den letzten Jahren nur 5-mm-Optiken benutzt wurden. Allerdings war in der gleichen Studie die Rezidivrate des Leistenbruchs bei 952 konsekutiv und nicht selektioniert operierten Patienten (98 % der Gesamtpopulation von Leistenbruchpatienten) nach 5 Jahren 0,4 % (Follow-up-Rate 85 %) und die Rate von Patienten mit nennenswertem chronischem Schmerz (VAS >6) nur 0,59 % (Muschalla 2016).

- **Wie konnten diese Ergebnisse erreicht werden?**

1. Bereits 1993, mit den ersten TAPP-Patienten, führten wir ein Dokumentationssystem ein. Auf einem einfach auszufüllenden Bogen (▫ Abb. 44.1) wurden die wichtigsten Behandlungsdaten festgehalten und in ein entsprechendes Register eingetragen, wofür ein Assistent in der Weiterbildung sowie zwei Dokumentationsassistentinnen (alle laparoskopischen Eingriffe wurden registriert) verantwortlich waren. Jederzeit konnten so die Ergebnisse überprüft, diskutiert und die Operationstechnik gegebenenfalls optimiert werden. Heute besteht mit „Herniamed" ein deutschlandweites und weitaus umfangreicheres und professionelles Register. Dieses Register erlaubt nicht nur die Analyse der eigenen Ergebnisse, sondern auch ein Benchmarking mit anderen Kliniken. Wir empfehlen dringlich, dass jeder an der Hernienchirurgie interessierte Chirurg an diesem Register teilnimmt.
2. Jeder Patient wurde nach der Operation sonografiert, hierzu wurde ein spezieller Dienst (OA, FA, AA) mit festem Zeitplan eingerichtet. Zwei Vorteile: Zum einen können Serohämatome, Samenstrangschwellungen oder Veränderungen des Hodenparenchyms verlässlich diagnostiziert werden, zum anderen werden auch die Ausbildungsassistenten mit der Ultraschalltechnik vertraut.
3. Alle Patienten wurden in ein Nachsorgeprogramm eingeschlossen. Bei Entlassung bekamen sie ein Merkblatt, in dem sie aufgefordert wurden, sich nach 4 Wochen, einem halben Jahr, 1 Jahr, 5 Jahren und 10 Jahren wieder vorzustellen. Es wurde darauf hingewiesen, dass jeden Nachmittag ab 14.00 Uhr eine Herniensprechstunde stattfindet, zu der sie ohne Anmeldung jederzeit kommen könnten.
4. Jeder Patient mit einem Rezidiv wurde erneut laparoskopisch operiert. Dadurch war eine exakte Diagnose der Rezidivursache und eine entsprechende Änderung des operativen Vorgehens möglich. Auch wenn nach der aktuellen Leitlinie ein Rezidiv nach laparoskopischer Hernioplastik offen operiert werden sollte – wie auch umgekehrt bei einem Rezidiv nach offener Operation dann laparoskopisch – empfiehlt es sich immer, eine Laparoskopie vorauszuschicken, um präzise die Ursache für das Rezidiv feststellen zu können (HerniaSurge 2018).

## Kontrolluntersuchung nach Leistenbruchoperation mit Netzimplantation

***Fragebogen nur für rechte Leiste*** (fur linke leiste siehe Ruckseit)

Name, Vorname, Geburtsdatum:

Telefon/Adresse: Operationsdatum: ☐ unilateral ☐ bilateral

NU: ☐ 4 Wochen > AU (Tage): > Beruf: ☐ 1 J. ☐ 2 J. ☐ 5 J. ☐ 10 J.

Sehr geehrter Patient,
wir freuen uns, daß Sie sich zu einer Nachuntersuchung bei uns vorstellen. Wir mochten das Langzeitergebnis Ihrer Operation genau dokumentieren und bitten Sie deshalb die folgenden Fragen zu beantworten. Anschließend werden Sie von einem Arzt oder einer Ärztin untersucht.

**Haben Sie derzeit Schmerzen im rechten Leisten- oder Hodenbereich?** Bitte beschreiben Sie das Ausmaß der Schmerzen bei verschiedenen Tatigkeiten mit einer Zahl anhand der unten abgebildeten Schmerz-Skala zwischen 0 (kein Schmerz) und 100 (maximal vorstellbarer Schmerz):

| *Schmerzintensität* | Im rechten Leistenbereich | Im rechten Hodenbereich |
|---|---|---|
| Bei längerem Sitzen auf einem Stuhl | | |
| Beim Aufstehen aus dem Bett | | |
| Beim Gehen (ca. 100 Meter) | | |
| Beim Treppensteigen (ca. 2 Stockwerke) | | |

**Schmerz-Skala**

0 10 20 30 40 50 60 70 80 90 100

**Wie häufig leiden Sie unter Schmerzen im rechten Leisten- oder Hodenbereich?** (Bitte markieren!):
☐ nie ☐ ca. 1x in 6 Monaten ☐ ca. 1x pro Monat ☐ ca. 1x pro Woche ☐ täglich

**Wie häufig nehmen Sie wegen dieser Beschwerden Schmerzmittel ein?** (Bitte markieren!):
☐ nie ☐ ca. 1x in 6 Monaten ☐ ca. 1x pro Monat ☐ ca. 1x pro Woche ☐ täglich

**Empfinden Sie zur Zeit ein „Fremdkorpergefuhl" in der rechten Leistenregion?** Bitte beschreiben Sie das Ausmaß des Fremdkorpergefuhls mit einer Zahl anhand der obigen Skala zwischen 0 (kein Fremdkorpergefühl) bis 100 (extremes Fremdkorpergefuhl):

**Wie stark fühlen Sie sich zur Zeit durch rechtsseitige Leisten- oder Hodenschmerzen in Ihrer körperlichen Aktivität eingeschrankt?** Bitte beschreiben Sie das Ausmaß des Einschrankung anhand der obigen Skala zwischen 0 (keine Einschrankung) bis 100 (extreme Einschränkung):

**Haben Sie Gefühlsstorungen z.B. ein „Taubheitsgefühl" oder „Kribbeln" im rechten Leisten- oder Hodenbereich oder am rechten Oberschenkel?** ☐ Ja ☐ Nein

**Ärztlicher Untersuchungsbefund der rechten Inguinalregion:**
☐ **o.p.B.** ☐ **Narbenhemie** ☐ **Sero-/Hämatom** ☐ **Punktion ml** ☐ **Rezidiv** ☐ **Hodenatrophie**
**Genauere Beschreibung, weitere Befunde (ggf. sonographischer oder neurologischer Befund):**

**Datum der Untersuchung:** **Unterschrift des Arztes/der Arztin:**

**Abb. 44.1** Dokumentationssystem für Nachuntersuchungen nach TAPP-Operationen. Mit geringen Anpassungen kann dieser Dokumentationsbogen auch für offene Leistenhernienreparationen verwendet werden

44

» „Wer einen Fehler gemacht hat und ihn nicht korrigiert, begeht einen zweiten.“ (Konfuzius, 551–479 v.Chr.).

Zur Korrektur muss ich jedoch die Ursache kennen. Aus einem Fehler kann nicht selten mehr gelernt werden als aus 100 gelungenen Operationen.

## Ergebnisse

Das primäre Ziel einer jeden Hernienoperation ist der dauerhafte Verschluss des Herniendefektes und damit die Vermeidung eines Rezidivs. Prinzipiell ist die laparoskopische Hernioplastik (TAPP) in der Lage, die Hernienkrankheit definitiv zu heilen, allerdings muss die Operationstechnik absolut standardisiert und alle Operationsschritte müssen nach aktuellem Stand des Wissens durchgeführt werden. Am Beispiel der Rezidive soll dargestellt werden, wie durch Kenntnis der Ursachen und entsprechender Veränderung der Operationstechnik exzellente Ergebnisse erzielt werden können.

Insgesamt wurden bei 15101 Patienten 106 Rezidive beobachtet, 86 Patienten davon wurden erneut laparoskopisch operiert. Erwartungsgemäß fand sich die höchste Rezidivrate in den ersten zwei Jahren nach der Einführung der TAPP. Seit 1995 war die Rezidivrate jedes Jahr unter 1 %, was für die Verlässlichkeit und Reproduzierbarkeit der Technik spricht.

Wie war es möglich, die in den ersten zwei Jahren hohe Rezidivrate so drastisch zu senken? Vier Phasen sind zu unterscheiden:

1. Phase I: Die Reoperationen in dieser Frühphase unserer Erfahrungen zeigten bei 3 Patienten (3,3 %), dass ein sehr weit medial gelegener Defekt übersehen und somit vom Netz nicht ausreichend überlappt wurde. Bei 14 Patienten (15,2 %) war das Netz zu klein, um eine ausreichende Überlappung zu gewährleisten. Konsequenz: Die Dissektion wurde standardmäßig bis zu 2 cm über die Mittellinie zur Gegenseite fortgesetzt und die Mindestnetzgröße auf 10 × 15cm festgesetzt.
2. Phase II: In den ersten Jahren wurde ein geschlitztes Netz vergleichbar dem bei Lichtenstein-Operation eingesetzt. Hierbei wurde das Netz bis zur Mitte eingeschnitten, und dann wurden beide Schenkel zur Bildung eines inneren Leistenringes um die Samenstranggebilde herumgelegt, wie es in der Literatur empfohlen wurde. Dieser Schlitz wurde zwar immer mit Clips verschlossen, doch bei unseren Reoperationen stellten wir fest, dass es bei 17 Patienten wieder zu einer Eröffnung und damit zu einem Rezidiv gekommen war. Der Schlitz muss daher als Schwachpunkt angesehen werden.
   Konsequenz: Einführung ungeschlitzter Netze.
3. Phase III: Während beim geschlitzten Netz die Samenstranggebilde das Netz mit in Position halten, muss bei Einsatz eines ungeschlitzten Netzes die Parietalisierung des Peritonealsackes wesentlich radikaler erfolgen, sodass das Netz ohne Falten absolut flach den Samenstranggebilden und der Bauchwand in der Leistenregion anmodelliert werden und entsprechend der Peritonealsack sich vollständig ohne Interposition von Fett- und Bindegewebe mit dem Netz verkleben kann. Bleiben Adhäsionen zwischen den Samenstranggebilden oder der Fascia transversalis mit dem Peritonealsack bestehen, so besteht die Gefahr, dass beim Peritonealverschluss das Netz angehoben werden und sich im Langzeitverlauf ein Rezidiv darunter entwickeln kann. Bei den Reoperationen konnten wir feststellen, dass dies in den weiteren Jahren als die häufigste Ursache für ein Rezidiv in Betracht kam.
4. Konsequenz: 1. Es wurde gelernt, dass die Parietalisierung so weit erfolgen muss, dass bei ihrem Abschluss eine Distanz von 1–2 cm zwischen Netzunterkante und Umschlagfalte des Peritonealsackes besteht. Test: Bei Anheben des Peritonealsackes vor dem Verschluss des Peritoneums darf das Netz sich nicht bewegen.
5. Ein weiterer Aspekt, der in diese Phase fällt, betrifft die Größe des Herniendefektes. Der mediale Defekt ist in der Regel rund sowie klar sicht- und abgrenzbar. Der laterale Defekt dagegen ist trichterförmig und nicht immer leicht abgrenzbar, kann jedoch bis zur Spina iliaca ant. sup. gehen; d. h. um eine befriedigende Überlappung bei diesen Patienten zu erreichen, sollte ein größeres Netz (z. B. 13 × 17cm) eingesetzt werden, das bei einigen Patienten bis über die Spina nach lateral hinausreichen muss.
6. Phase IV. Bei standardisierter Technik und strenger Beachtung der erarbeiteten Kriterien, sollten heute Rezidivhernien nach endoskopischer Operation – im Gegensatz zur offenen Operation, bei der immer auch gewisse Gewebequalitäten des Patienten eine Rolle spielen – vollständig vermieden werden können. Allerdings sind durch individuelle Fehler, im Besonderen durch Fehleinschätzung des notwendigen Größenverhältnisses zwischen Herniendefekt und Netz, auch heute noch Rezidive möglich. Die Kenntnis und Analyse der eigenen Ergebnisse sind daher von überragender Bedeutung. Auch wenn leitliniengemäß das Rezidiv nach laparoskopischer Hernienreparation offen operiert werden sollte, ist nach Erfahrung des Autors eine vorgeschaltete Laparoskopie zur präzisen Ursachenabklärung zu empfehlen.

## Zusammenfassung

Exzellenz in der Hernienchirurgie kann nur erreicht werden, wenn die Ergebnisse dokumentiert und analysiert werden. Die Dokumentation kann heute in einem Register („Herniamed") erfolgen, das auch ein Benchmarking mit anderen Institutionen erlaubt. Die Analyse der Ergebnisse sollte in regelmäßigen Abständen in der jeweiligen Einrichtung stattfinden. Eine strenge Standardisierung der Operationstechnik unter sorgfältiger Beachtung der genannten Kriterien, routinemäßiges Pflegen einer Fehlerkultur, kontinuierliche Weiterentwicklung der chirurgisch-technischen Fertigkeiten, Vermeiden jeglicher Kompromisse wie Zurechtschneiden des Netzes oder unzureichende Parietalisierung müssen das Bewusstsein des Chirurgen prägen. Er sollte immer eine ideale Operation imaginieren und vor jedem Eingriff die einzelnen Schritte in seiner Vorstellung durchgehen. Die anatomischen Schichten, in denen atraumatisch operiert werden kann, sowie sämtliche Leitstrukturen müssen bestens vertraut sein.

> Die Operation beginnt im Kopf, die Hände sind nur ausführendes Organ. Nur durch tiefgehende Kenntnisse der Anatomie, durch eine prospektive Dokumentation sämtlicher Behandlungsdaten und die regelmäßige Analyse und Überprüfung der Operationsstrategie können ideale und reale Operation sich annähern und letztlich auch Exzellenz erreicht werden.

## Literatur

Arregui ME, Davis CJ, Yucel O, Nagan RF (1992) Laparoscopic mesh repair of inguinal hernia using a preperitoneal approach: A preliminary report. Surg Laparosc Endosc 2:53–58

HerniaSurge (2018) International guidelines for groin hernia management. Hernia 22:1–165

Muschalla F, Schwarz J, Bittner R (2016) Effectivity of laparoscopic inguinal hernia repair (TAPP) in daily clinical practice: early and long-term results. Surg Endosc 30:4985–4994

# Übungskonzepte und Modelle für die Weiterbildung in der offenen Hernienchirurgie

*Stella Mavroveli, Jimmy Kyaw Tun, Fotis Petrou, Georges Petrou, Danilo Miskovic und George B. Hanna*

**Inhaltsverzeichnis**




U. A. Dietz et al. (Hrsg.), *Offene Hernienchirurgie*,
https://doi.org/10.1007/978-3-662-61348-1_45

Veränderungen des Arbeitszeitgesetzes, die natürliche Weiterentwicklung ethischer Standards, Patientenbewusstsein und -anforderungen, OP-Kosten und technologische Innovationen führten zu einem deutlichen Rückgang der Ausbildungsmöglichkeiten im Operationssaal (Hanna 2012; Dieckmann 2012). Daher ist in den letzten drei Jahrzehnten die Entwicklung von Simulatoren, Simulationsprogrammen und die Entstehung von Trainingszentren gefördert worden, um die chirurgische und klinische Weiterbildung zu ergänzen (Hanna 2012). Unstrukturiertes Training im Rahmen von Kongressen und Symposien sowie der traditionelle „See one, do one, teach one"-Ansatz von William Steward Halsted (1852–1922) entsprechen nicht mehr den Bedürfnissen in der chirurgischen Weiterbildung der jungen Generation. Wohlgemeinte, aber unstrukturierte Weiterbildungsangebote können schon lange nicht mehr das exponentielle Wachstum des Spektrums – zum Beispiel der laparoskopischen Chirurgie – abdecken; auch ist in einigen Bereichen der Chirurgie eine erhebliche Lernkurve nötig; daher ist aktuell der Erwerb von Ad-hoc-Fertigkeiten unzureichend, während maßgeschneiderte, strukturierte und systematische Weiterbildungsangebote von großem Vorteil sind (Hanna 2012; Moulton 2006). Die Lehrforschung hat sich in den vergangenen Jahren dieser Entwicklung und Herausforderung gestellt und die Bedeutung von Skills-Förderung und dem Training an Simulatoren in verschiedensten wissenschaftlichen Studien nachgewiesen (Poenaru 1998; Reznick 2006).

Das Simulationstraining ist weder neu noch unerforscht, in der Luftfahrtindustrie ist die Simulation formal in den Ausbildungsweg integriert und die Piloten müssen vor dem Führen eines Flugzeugs ausgiebig am Simulator trainieren und entsprechend zertifiziert werden (Kyaw 2015; Cohen 2006; Elspeth 2015). Das „London General Surgical Skills Programme des Imperial College" war eines der ersten Programme weltweit, das Simulationstraining in ein chirurgisches Trainingsprogramm integrierte und darauf abzielte, Bestehenskriterien auf der Grundlage von Kompetenz und nicht nach absolvierten Ausbildungsjahren zu definieren, ähnlich wie es die Luftfahrtindustrie seit Längerem umsetzt. Durch die Optimierung des Kompetenzerwerbs ist das Trainingsprogramm ein erprobtes Mittel, um gute Chirurgen in einer überschaubaren Weiterbildungszeit hervorzubringen. Das Trainingsprogramm am Imperial College entspricht den Zielen der ISCP/MMC und den EWTD-Arbeitszeitbeschränkungen[1].

1 ISCP: Intercollegiate Curriculum Programme, Online-Evaluationstool, das seit 2007 für alle Assistenten im Bereich Chirurgie in Großbritannien Pflicht ist. MMC: Modernising Medical Careers, Weiterbildungsprogramm für junge Assistenten. EWT: European Working Time Directive.

Das Programm wurde 2006 am Imperial College London konzipiert und umgesetzt, da chirurgische Assistenten zunehmend auf externe und teils sehr heterogene Weiterbildungsangebote angewiesen waren, um den nötigen Fortschritt zu erlangen; mit dem Programm wurde ein zentrales Institut für Weiterbildung geschaffen, welches ein validiertes und standardisiertes Angebot offeriert (Hanna 2012). Das Programm bietet eine Reihe von Vorteilen, die bei anderen simulationsbasierten Trainingsangeboten unter Umständen nicht zu finden sind:

1. Das Programm ist in den klinischen Alltag integriert und bietet thematisch maßgeschneiderte Trainingseinheiten in Absprache mit den Ausbildern; die kurzen Wege zwischen dem Team des Programms und den leitenden Ärzten ermöglichen zeitnahe Anpassungen und Weiterentwicklungen der Inhalte und Simulatoren.
2. Das Programm ist dynamisch und entwickelt sich ständig weiter; es werden auch kontinuierlich neue Entwicklungen und chirurgische Innovationen im Bereich der offenen und laparoskopischen Chirurgie berücksichtigt. So wird aktuell zum Beispiel auch die Roboterchirurgie angeboten.
3. Das Curriculum des Programms ist über das Jahr verteilt und ermöglicht die Rotation aller Assistenten in Weiterbildung.
4. Das Programm fördert die Entwicklung von Fähigkeiten; die individuellen Ergebnisse und Fortschritte werden in einem wissenschaftlich anspruchsvollen und robusten Bewertungskonzept monitoriert.
5. Die Weiterbildungsmodule sind praxisnah und bieten auch im Simulationsumfeld eine kontrollierte und stressfreie Umgebung für die Übungen.
6. Das Programm bietet Trainingsmöglichkeiten für Verfahren, die nicht häufig durchgeführt werden – insbesondere auch offene chirurgische Verfahren.
7. Das Programm basiert auf Technologien, die in ihrer breiten Anwendung kosteneffizient sind.

#### ▪ Eigene Entwicklung chirurgischer Simulatoren, spezifisch des Herniensimulators

Training ist ein dynamischer Prozess, da sich die Bedürfnisse der Assistenten ständig weiterentwickeln. Das Skills-Programm verfügt über ein eigenes Simulatorentwicklungs- und -produktionslabor. Die Bedeutung des eigenen Modellentwicklungslabors zeigt sich besonders in der ständigen gegenseitigen Anpassung zwischen den Simulationsmodellen, den Bedürfnissen der Assistenten und den Weiterbildungszielen. Die Anpassungsbedürfnisse werden über gezielte Performance-Evaluationen der Operationsmodelle identifiziert. Wir bewerten das Operationsmodell als ganzes, aber auch auf Ebene der einzelnen Teilkomponen-

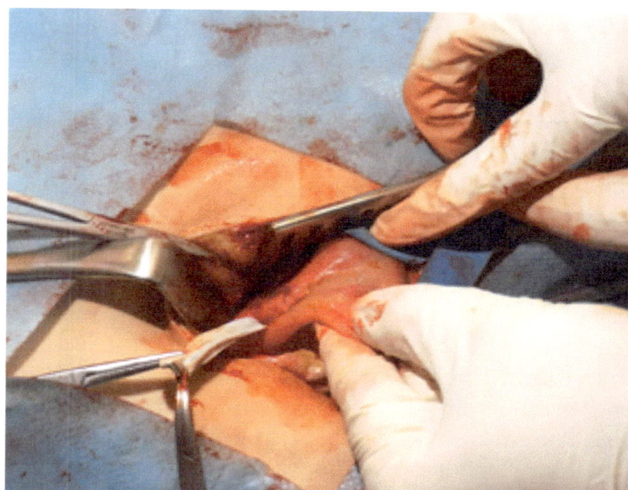
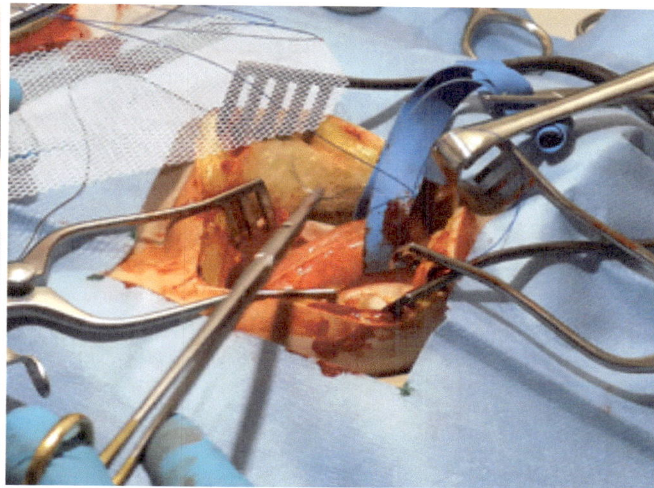

**Abb. 45.1** **a,b:** Am Imperial College entwickeltes Operationsmodell (In-House-Modell) für die offene Reparation lateraler Leistenhernien mit Netz. (Lichtenstein-Reparation)

ten sowie von der Gesamtwahrnehmung des Modells durch den Assistenten her. Realitätsnähe (Fidelity), wenn auch ein umstrittenes Konstrukt, wird auf der Ebene des subjektiven Eindrucks der Assistenten, des visuellen und taktilen Realismus und der verfahrensspezifischen Nähe zur Realität im OP bewertet (Kyaw 2015). Unter Berücksichtigung der Frage, welche Realitätsnähe erforderlich ist, um eine effektive Trainingsmöglichkeit und einen effektiven Lerntransfer zu bieten, berücksichtigen wir nicht nur den Nutzer (d. h. den chirurgischen Assistenten), sondern auch die Kosten und die Vergleichbarkeit mit dem chirurgischen Alltag, die allesamt in das Design des Modells einbezogen werden. Somit produzieren wir für den Eigengebrauch High-Fidelity-Modelle. Wie Kyaw Tun et al. bemerken, wird High Fidelity in der Medizin oft mit technologischer Raffinesse verwechselt, was in vielen Fällen zu Missverständnissen und Verschwendung von Ressourcen und wertvoller Weiterbildungszeit führt (Kyaw 2015).

Im Rahmen unseres Programms bieten wir praktische Schulungen mit einer Reihe von unterschiedlichen Simulatoren an, wie z. B. Teilaufgabentrainer aus synthetischen oder tierischen Geweben, Hybridmodelle oder auch Full-Procedure-Modelle. Das Operationsmodell wird nicht als Endziel, sondern als Mittel zum Zweck betrachtet; die Trainingsmöglichkeit ist das Ziel, weshalb wir mehrere verschiedene Simulatoren einsetzen, die sich in ihrer Realitätsnähe unterscheiden können. Gleichzeitig ist es das Ziel unseres Teams im Imperial College, einen dynamischen und dennoch praktischen Ansatz für die Weiterentwicklung von Simulatoren und Operationsmodellen anzuwenden, mit dem Ziel, sehr realistische Modelle für Training und Bewertung zu schaffen. Dieser Ansatz zur Simulation steht in gewissem Maße im Einklang mit dem Rahmenwerk von Kyaw Tun et al. zur Realitätsnähe der Simulation im Gesundheitswesen (Kyaw 2015; Roberts 2006).

Die Leistenhernie ist im 3. und 4. Jahr der chirurgischen Weiterbildung integriert (ST3 und ST4). Für ST3 und ST4 liegt der Schwerpunkt auf der offenen Leisten- und Schenkelhernienreparation (die endoskopische Leistenhernienversorgung nach TAPP mit einem Hybridsimulator ist Bestandteil der Weiterbildung kolorektaler Assistenten im 5. und 6. Weiterbildungsjahr). Das Operationsmodell für offene Leisten- und Schenkelhernienversorgung beinhaltet folgende anatomische Komponenten: Haut, subkutanes Fettgewebe, oberflächliche epigastrische Vene, Scarpa-Faszie, Aponeurose des M. obliquus externus, äußerer Leistenring, M. obliquus internus und tranversus („conjoint tendon"), Fascia transversalis, N. ilioinguinalis, Samenstrang, lateraler Bruchsack, innerer Leistenring und Vena iliaca externa (Abb. 45.1).

Das erste Feedback für das Modell war sehr vielversprechend:

> „Ich beobachte, wie effizient sie [die Assistenten] das Verfahren durchführen, wie sie die Prinzipien der Operation einhalten und auch ihre Geschicklichkeit. Ich denke, es ist durchaus möglich, mit dem, was wir hier beobachten, die Kompetenz des Assistenten in praktischen Fähigkeiten wie Bewegungskoordination und Knotenexpertise etc. beurteilen zu können. Und du weißt, Operationsschritte wie das Einnähen des

Netzes, die musst du dir gut vorstellen können […] das Modell ist dafür ausgezeichnet, weil du dir diese Bilder einprägen kannst.“ (Consultant-Trainer)

Auch die Assistenten finden das Modell äußerst nützlich:

» „Wenn man durch die Haut schneidet, fühlt es sich genauso an, wie wenn man einen Hautschnitt macht. Wenn man durch das Fettgewebe schneidet, fühlt es sich tatsächlich an, wie durch Fett zu gehen. Die Faszie ist sehr realistisch in Bezug auf die Dicke und den Widerstand, den man spürt, wenn man eine Nadel durch sie sticht oder wenn man sie mit einer Pinzette greift.“ (ST4-Assistent)


▪ **Zusammenfassung**

Operationsmodelle für Simulation sind nicht mehr nur wünschenswert, sondern ein wesentlicher Bestandteil der chirurgischen Weiterbildung. Das „London General Surgical Skills Programme“ des Imperial College leistet bei der Entwicklung solcher Modelle Pionierarbeit. Dabei orientiert es sich an den dynamischen Anforderungen, die an die aktuelle Weiterbildung gestellt werden, wie auch am zunehmenden Bedarf strukturierter Weiterbildung. Die hohe Teilnehmerzahl (Assistenten) und die große Zahl der Fakultätsmitglieder (über 170 Tutoren) zeugen von der Bedeutung des Programms.


## 45.1 Kommentar der Herausgeber: Weitere Modelle für offene Hernienreparationen

Inspiriert vom Erfolg und der vorbildlichen Professionalität des Trainingsprogramms des Imperial College in London, besuchten wir – damals am Universitätsklinikum Würzburg – Prof. George B. Hanna und Dr. Stella Mavroveli,um das Programm näher kennenzulernen. Wir hatten bereits erste Erfahrungen mit dem mehrfach verwendbaren laparoskopischen TAPP-Modell gesammelt, welches mit großem Erfolg auch im Rahmen der DGAV-Hernien-Workshops in Würzburg und den Kursen der Viszeralchirurgie Warnemünde eingesetzt wurde. Dr. Mavroveli hatte die Freundlichkeit, uns in die Geheimnisse der Silikonmanufaktur einzuführen und zeigte uns das Lichtenstein-Modell. Mit ihrer Unterstützung und der statistisch-methodischen Beratung von Prof. Sarah König und Dr. Joy Backhaus vom Institut für Medizinische Lehre und Ausbildungsforschung der Universität Würzburg entwickelten wir zwei High-Fidelity-Full-Procedural-Modelle, eines für die offene Nabelhernienreparation mit Netz in Underlay-Position (s. auch ▶ Abschn. 4.1) und ein zweites für die morphologische und funktionelle Bauchdeckenrekonstruktion medianer Inzisionalhernien mit Präparation des Fatty Triangles und *Retrorectus*-Netzimplantation (Operation nach Rives-Stoppa) (s. auch ▶ Abschn. 45.2). Beide Modelle sind zwischenzeitlich validiert worden (◘ Abb. 45.2 und 45.3).

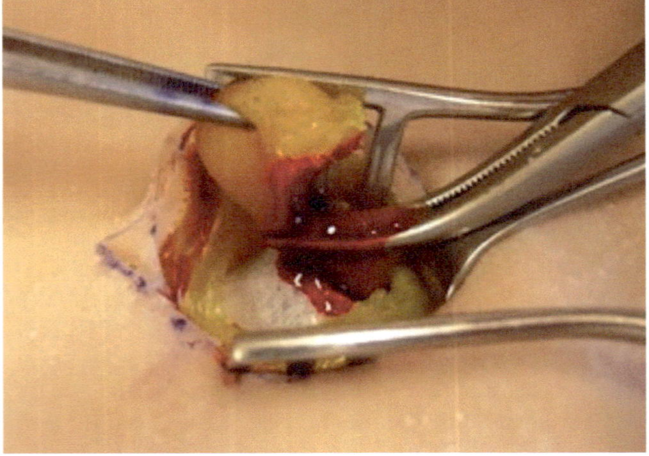
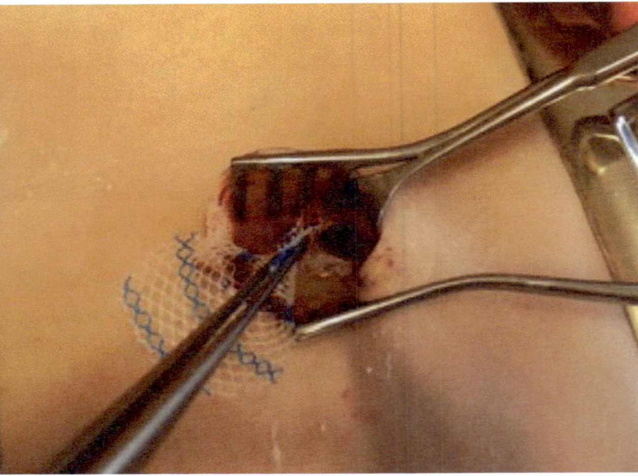



◘ **Abb. 45.2** **a,b:** High-Fidelity-Full-Procedural-Modell aus Silikon zur Versorgung einer Umbilikalhernie in offener Technik mit Implantation eines Netzes in Underlay-Position (NANEP-Technik). (Friedrich 2020)

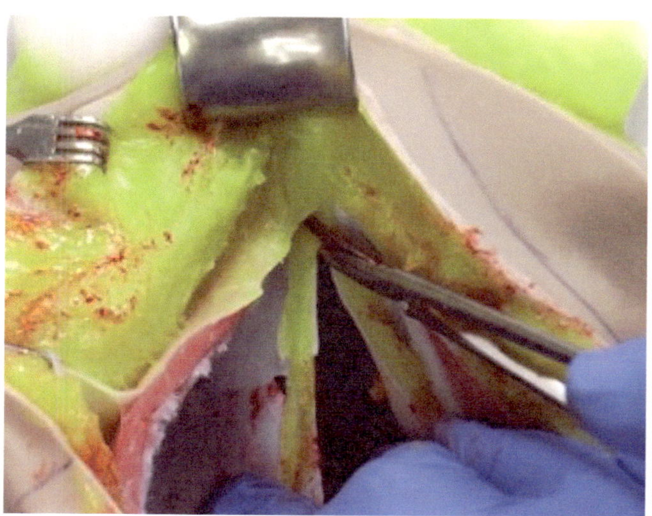
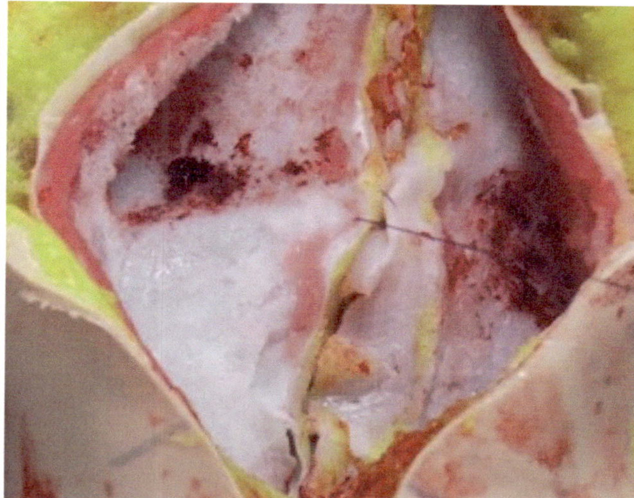

**Abb. 45.3** **a,b:** High-Fidelity-Full-Procedural-Modell aus Silikon zur Versorgung einer medianen Inzisionalhernie mit Präparation des Fatty Triangle und *Retrorectus*-Netzimplantation (Operation nach Rives-Stoppa). (Zipper 2020)

## Literatur

Cohen J, Nuckolls L, Mourant RR (2006) Endoscopy simulators: lessons from the aviation and automobile industries. Gastrointest Endosc Clin N Am 16:407–423

Dieckmann P, Friis SM, Lippert A, Østergaard D (2012) Goals, success factors, and barriers for simulation-based learning: a qualitative interview study in health care. Simulation & Gaming 43:627–647

Elspeth M (2015) McDougall Simulation in education for health care professionals. BCMJ 57:444–448

Friedrich U, Backhaus J, Zipper CT, König S, Mavroveli S, Wiegering A, Olbrecht S, Puppe F, Dietz UA (2020) Validation and educational impact study of the NANEP high-fidelity simulation model for open preperitoneal mesh repair of umbilical hernia. Hernia. 24:837–881

Hanna GB, Mavroveli S, Marchington S, Allen-Mersh T, Paice E, Standfield N (2012) The feasibility and acceptability of integrating regular centralised laboratory-based skills training into a surgical training programme c2(34):e827–e832

Kyaw Tun J, Alinier G, Tang J, Kneebone RL (2015) Redefining simulation fidelity for healthcare education. Simulation & Gaming 46:159–174 (I highly recommend this publication to anyone who wants to consider fidelity and simulation)

Moulton CAE, Dubrowski A, MacRae H, Graham B, Grober E, Reznick R (2006) Teaching surgical skills: what kind of practice makes perfect? A randomized, controlled trial. Ann Surg 244:400–409

Poenaru D, Davidson L, Donnely M, Tekian A (1998) Is a mandatory general surgery rotation necessary in the surgical clerkship? Am J Surg 175:515–517

Reznick RR, MacRae H (2006) Teaching surgical skills – changes in the wind. NEJM 355:2664–2669

Roberts KE, Bell RL, Duffy AJ (2006) Evolution of surgical skills training. World J Gastroenterol 12:3219–3224

Zipper CT, Friedrich U, Backhaus J, König S, Mavroveli S, Wiegering A, Olbrecht S, Puppe F, Günster SA, Dietz UA (2020) Incisional hernia repair in a high fidelity silicone model for open retro-muscular mesh implantation with preparation of the fatty triangle: validation and educational impact study. Hernia. 24:1307–1315

# Die Bedeutung der offenen Hernienchirurgie außerhalb des deutschsprachigen Raumes

**Inhaltsverzeichnis**

# Offene Hernienversorgung im Vereinigten Königreich

*Neil Smart*

## Inhaltsverzeichnis




U. A. Dietz et al. (Hrsg.), *Offene Hernienchirurgie*,
https://doi.org/10.1007/978-3-662-61348-1_46

Im Gegensatz zu vielen EU-Ländern bleibt die Hernienspezialisierung in Großbritannien unter dem Dach der „General Surgery" – einer uneinheitlichen Mischung von Chirurgen, die aus verschiedenen Subspezialitäten der kolorektalen, ösophagogastrischen, HPB-, Transplantations-, Gefäß-, endokrinen und Brustchirurgie stammen. Angesichts der unterschiedlichen Ausbildung und Expertise in der minimalinvasiven Chirurgie in dieser heterogenen Gruppe ist es vielleicht nicht verwunderlich, dass die offene Chirurgie für alle Formen von Hernien nach wie vor üblich ist. Die finanziellen Zwänge des NHS (National Health Services, Großbritannien) – mit sinkendem Budget im Verhältnis zum BIP und der daraus resultierenden Betonung evidenzbasierter Praxis bei gleichzeitiger Kosteneffizienz – führen dazu, dass die technologischen Innovationen, insbesondere die Robotik, die in den USA und einigen Teilen der EU zu beobachten sind, keine nennenswerten Auswirkungen auf die UK-Hernienchirurgie hatten und dies auf kurze Sicht wahrscheinlich auch nicht haben werden.

#### ▪ Leistenhernien

Trotz der Vielzahl nationaler und internationaler Richtlinien, die die Wirksamkeit und Sicherheit der Laparoskopie bei der Leistenhernienreparation hervorgehoben haben, bleibt die Lichtenstein-Operation das häufigste Verfahren. In den Jahren 2015/2016 wurden 40.889 von 50.081 (81,6 %) primären einseitigen Leistenhernien im NHS England durch einen offenen Zugang repariert, wobei fast ein Drittel (2001 von 6246) der Patienten mit primären bilateralen Leistenhernien ebenfalls offen operiert wurden. Die Versorgung von Rezidivhernien erfolgte ebenfalls bei einseitigen Hernien (68,2 %) mehrheitlich in offener Technik, während bilaterale Hernien (35,4 %) signifikant häufiger laparoskopisch versorgt wurden.

Die Mehrheit der Patienten mit offenen Leistenhernienoperationen (77 %) wird tageschirurgisch (ambulant, ohne Übernachtung) behandelt, die Raten an 30-Tagen-Wiederaufnahme (ca. 7 %) und Reoperation (ca. 1–2 %) sind gering. Obwohl dies die Leistenhernienversorgung im NHS-Modell (Single Payer) auf nationaler Ebene kosteneffizient macht, wirft das breite Spektrum und die große Anzahl von Chirurgen, die Leistenhernienreparationen durchführen, Fragen nach dem individuellen Volumen der Chirurgen auf. Da die meisten britischen Chirurgen weniger als 25 Leistenhernienreparationen pro Jahr durchführen, müssen die Auswirkungen auf die Ergebnisse im Hinblick auf das, was wir über Volumen/Ergebnisqualität wissen, sorgfältig geprüft werden (Aquina 2015).



#### ▪ Inzisionale Hernien

Die Umsetzung chirurgischer Innovationen bleibt eine der großen Herausforderungen der Hernienchirurgie. Die anfängliche Hoffnung, dass laparoskopische Verfahren zu weniger Komplikationen, weniger Schmerzen und schnellerer Wiederaufnahme der Arbeit führt, schien sich in den letzten zehn Jahren zu bewahrheiten, insbesondere was die intraperitoneale Netzimplantation (IPOM-Technik) angeht, bei der im Bridging-Verfahren der Herniendefekt überbrückt wird. Als sich allerdings langsam herausstellte, dass mit Netzmigration, Rezidiven und Pseudorezidiven die Ergebnisse im Langzeitverlauf doch nicht so ideal waren, fand eine Neubewertung bezüglich der Eignung für diese Verfahren in Hinsicht auf Patientenselektion und Art der Hernien statt. Obwohl es einige erste Anpassungen der laparoskopischen IPOM-Technik mit zusätzlichem Defektverschluss gab (IPOM-Plus), wurde ein weiterer Fokus in den letzten Jahren auf schwerwiegende Netzkomplikationen wie Erosion und Fisteln gelegt, was zwangsläufig zu einem Rückzug der intraperitonealen Netzplatzierung insgesamt und einem Wiederaufleben der offenen Hernienchirurgie geführt hat.

In den Jahren 2015/2016 wurden im NHS England 82 % (6973 von 8462) der primären Inzisionalhernien mittels offener Reparation versorgt, von denen die Mehrheit eine Netzimplantation beinhaltete (82 %), aber immerhin noch etwa 22 % als Nahtreparation versorgt wurden. Statistische Dates des NHS liefern keine Erklärung dafür, warum kein Netz implantiert wurde oder ob die primäre Wunde kontaminiert/infiziert war. Rezidivierte Inzisionalhernien wurden zu 85 % (1404 von 1658) durch ein offenes Verfahren mit Netz repariert und lediglich in 13 % der Fälle mittels Direktnaht versorgt. Obwohl sich diese Daten spannend präsentieren, steckt der Teufel im Detail. Das Fehlen nationaler Register für die Reparation von Hernien bedeutet, dass die Nuancierung der verwendeten Techniken verlorengeht und es unmöglich ist, herauszufinden, wie genau operiert wurde.

Im Vereinigten Königreich liegen weder Daten darüber vor, in welcher Position die Netze bei offener Reparation implantiert wurden (z. B. ob onlay oder retromuskulär usw.), noch welche Netzarten verwendet wurden, auch liegen Daten zur Art der Netzfixation vor. Anekdotisch gesehen gab es aufgrund der Probleme mit großen lipokutanen Lappen (z. B. Nekrose, Infektion, Serom usw.) eine Verlagerung weg vom einfachen Onlay-Verfahren in der Versorgung von Inzisionalhernien hin zu neuem Interesse an der Rives-Stoppa-Technik mit der retromuskulären Netzimplantation. Die Rives-Stoppa-Operation ist für viele Chirurgen, die zuvor das laparoskopische IPOM angewendet haben, zur zuverlässigen Alternative bei Inzisionalhernien geworden. Ob einige der neuartigen laparoskopischen Techniken (z. B. eTEP, MILOS etc.) das Pendel in die entgegengesetzte Richtung – weg von der offenen Operation – zurückschwenken lassen, bleibt noch abzuwarten.

Die sich ändernden Modalitäten der chirurgischen Aus- und Weiterbildung einschließlich des neuen Trends zur Durchführung von Kursen an präparierten Leichen in der Anatomie, das Aufkommen der sozialen Medien und das wachsende Angebot an speziellen Herniensymposien haben zu einer weitreichenden Verbreitung verschiedener Techniken zur Reparation großer Inzisionalhernien geführt. Hernien bei komorbiden Patienten, die früher konservativ behandelt wurden, stehen heute im Vereinigten Königreich neu im Fokus von Chirurgen des kolorektalen und benignen oberen Gastrointestinaltraktes. Obwohl es derzeit kein offizielles Akkreditierungssystem für Chirurgen oder Abteilungen gibt, die Patienten mit großen Bauchdeckendefekten behandeln, haben sich in den meisten britischen Regionen Kliniken mit anerkannter chirurgischer Expertise entwickelt. Solche Zentren spezialisieren sich in der Regel auf die Prähabilitation und perioperative Versorgung ihrer anspruchsvollsten Patienten sowie auf eine hochentwickelte und multidisziplinäre chirurgische Versorgung, die für solche schwierigen Fälle benötigt wird.

In den letzten fünf Jahren ist in Großbritannien auch das Interesse an der Komponentenseparation in allen ihren Varianten aufgekommen, insbesondere am Transversus-Abdominis-Release (TAR). Das Thema ist auch in vielen allgemeinchirurgischen Sitzungen präsent, aber die Anzahl der an den chirurgischen Abteilungen durchgeführten Eingriffe ist gering und die Indikationen für den Einsatz sind nicht immer klar. Die Peritoneallappentechnik (Malmö) hat nach wie vor ihre Anhänger und wird zweifellos einen Platz im Repertoire derjenigen einnehmen, die Riesenbrüche der Bauchdecke behandeln (Malik 2014) (s. auch ► Abschn. 20.3).

Während es verlockend ist zu glauben, dass diese regionalen Zentren einen im gesamten Vereinigten Königreich einheitlichen Versorgungsstandard darstellen, haben die jüngsten Daten der NHS-Initiative „Getting-it-right-first-time" jedoch die weit verbreiteten Unterschiede in der Praxis deutlich gemacht. Es bleibt unklar, wie sich diese Prozessvariation auf die Ergebnisse im Allgemeinen und die Ergebnisse der Patienten im Individualfall bezieht, aber Ergebnisunterschiede zwischen den Krankenhäusern sind wahrscheinlich nicht allein auf einen systemischen Fehler der Patientenauswahl zurückzuführen. Es bleibt so noch viel zu tun, um unnötige Normvarianten zu reduzieren und die Implementation der Standards für die Hernienchirurgie zu erhöhen. Register und die Veröffentlichung von Ergebnisdaten haben andere Bereiche der „Allgemeinen Chirurgie" verändert, so bleibt abzuwarten, ob sich ähnliche Initiativen auf die Hernienchirurgie auswirken werden.

Die offene Hernienchirurgie ist bei weitem keine obskure Fußnote in der chirurgischen Geschichte, sondern hat in den letzten zehn Jahren im Vereinigten Königreich wieder an Bedeutung gewonnen, da die Grenzen alternativer Methoden geklärt und neue Indikationen für die offene Chirurgie beschrieben wurden.

## Literatur

Aquina CT, Probst CP, Kelly KN, Iannuzzi JC, Noyes K, Fleming FJ, Monson JR (2015) The pitfalls of inguinal herniorrhaphy: surgeon volume matters. Surgery 158:736–746

Malik A, MacDonald ADH, de Beaux AC, Tulloh BR (2014) The peritoneal flap hernioplasty for repair of large ventral and incisional hernias. Hernia 18:39–45

# Offene Hernienversorgung in den Beneluxländern

*Gabrielle H. van Ramshorst*

## Inhaltsverzeichnis




U. A. Dietz et al. (Hrsg.), *Offene Hernienchirurgie,*
https://doi.org/10.1007/978-3-662-61348-1_47

Die Beneluxländer bestehen aus Belgien, den Niederlanden und Luxemburg und werden von rund 29 Mio. Einwohnern bevölkert. In den Niederlanden ist die Krankenversicherung obligatorisch und der Großteil der Bauchdeckenoperationen wird im öffentlichen Sektor durchgeführt. In Belgien und Luxemburg steht eine staatlich geförderte Gesundheitsversorgung zur Verfügung mit der Möglichkeit, eine zusätzliche private Krankenversicherung abzuschließen.

Im Ländervergleich bestehen auch im Gesundheitswesen „kulturelle" Unterschiede. In den Niederlanden müssen Chirurgen ihre Argumentation für die Nichteinhaltung der verfügbaren Leitlinien sorgfältig dokumentieren, während Behandlungsentscheidungen in Belgien und Luxemburg eher auf „Autorität oder Expertise" beruhen. Die Niederländische Chirurgische Gesellschaft hat sich an über 70 Leitlinien beteiligt, darunter die 2003 veröffentlichten Leitlinien für die Behandlung von Leistenhernien (Simons 2003). Die wichtigste Empfehlung in diesen Leitlinien war die Verwendung von netzbasierten Techniken für alle Leistenhernienreparationen bei Erwachsenen. Das Verfahren nach Lichtenstein wurde für die primäre einseitige Leistenhernie empfohlen. Bei Rezidiven nach anteriorem Verfahren und bei beidseitiger Leistenhernie wurden endoskopische Techniken empfohlen, die von einem geschulten Team durchgeführt werden sollten. Die Hernienreparation nach TEP wurde auf Grundlage der damals verfügbaren Daten gegenüber der TAPP bevorzugt. Zur Schmerzbehandlung wurde bei allen offenen Leistenhernienreparationen die Lokalanästhesie empfohlen. Darüber hinaus wurde für Patienten ASA I-III der American Society of Anaesthesiology empfohlen, die Operation ambulant durchzuführen (Simons 2003).

De Lange et al. bewerteten die Umsetzung der Empfehlungen der Leitlinien durch den Vergleich von Patientenkohorten aus den Jahren 2001 und 2005 (De Lange et al. 2005; De Lange 2019). Im Jahr 2005 wurden Erwachsene deutlich häufiger mit netzbasierten Techniken behandelt als 2001 (95,5 % vs. 78,5 %). Patienten mit bilateralen Hernien wurden deutlich häufiger mit endoskopischen Techniken behandelt (41,5 vs. 22,3 %). Bei 53,5 % der Patienten wurde 2005 ein tageschirurgisches Verfahren durchgeführt, im Vergleich dazu waren es im Jahr 2001 38,6 % (De Lange 2019).

In den letzten Jahren hat sich die Versorgung von Leistenhernien in Richtung endoskopischer Techniken verlagert. Die Popularität endoskopischer Techniken wuchs zum Teil aufgrund verschiedener multizentrischer randomisierter kontrollierter Studien, bei denen offene Techniken mit endoskopischen Operationen verglichen wurden. Darüber hinaus wurde von den Krankenkassen für Krankenhäuser und Chirurgen ein finanzieller Anreiz geschaffen, um Genesungszeiten und Krankenhausaufenthalte zu verkürzen.

Daten der Organisation für Wirtschaftliche Zusammenarbeit und Entwicklung (OESO) zeigen eine stabile Anzahl von Leistenhernienreparationen pro Land (◘ Tab. 47.1 und 47.2). Der Prozentsatz der in der Tageschirurgie durchgeführten Fälle variiert von Land zu Land: Während 2010 bzw. 2012 0,3–0,4 % aller Leistenhernienversorgungen in Deutschland ambulant operiert wurden, erfolgten 72,8–77,2 % der Eingriffe in den Niederlanden tageschirurgisch. Belgien und Luxemburg

**◘ Tab. 47.1** Gesamtzahl der Leistenhernienreparationen pro Land und Jahr

| | 2010 | 2011 | 2012 | 2013 | 2014 | 2015 |
|---|---|---|---|---|---|---|
| Deutschland | 173.505 | 176.137 | 177.740 | 174.713 | 173.360 | 172.073 |
| Belgien | 24.665 | 25.068 | 24.770 | 24.911 | 24.397 | k.A. |
| Luxemburg | 885 | 1056 | 1077 | 1059 | 1002 | 1048 |
| Niederlande | 28.383 | k.A. | 31.980 | k.A. | k.A. | k.A. |

k.A. = keine Angaben

**◘ Tab. 47.2** Anzahl der offenen, ambulant durchgeführten Leistenhernienoperationen pro Land und Jahr (% der Gesamtzahl der offenen Reparationen)

| | 2010 | 2011 | 2012 | 2013 | 2014 | 2015 |
|---|---|---|---|---|---|---|
| Deutschland | 590 (0,3) | 620 (0,4) | 614 (0,4) | 581 (0,3) | 535 (0,3) | 539 (0,3) |
| Belgien | 7294 (29,6) | 7617 (30,4) | 8337 (33,7) | 8965 (36,0) | 9290 (38,1) | k.A. |
| Luxemburg | 201 (22,7) | 237 (22,4) | 320 (29,7) | 312 (29,5) | 293 (29,2) | 370 (35,3) |
| Niederlande | 20.672 (72,8) | k.A. | 24.690 (77,2) | k.A. | k.A. | k.A. |

k.A. = keine Angaben

**Tab. 47.3** Anzahl der laparoskopischen Hernienversorgungen nach Land und Jahr (% der Gesamtzahl der Versorgungen)

| | 2010 | 2011 | 2012 | 2013 | 2014 | 2015 |
|---|---|---|---|---|---|---|
| Deutschland | 83488 (48,1) | 89347 (50,7) | 93369 (52,5) | 95720 () | 97138 (56,0) | 99443 (57,8) |
| Belgien[a] | 83 (0,3) | 51 (0,2) | 70 (0,3) | 29 (0,1) | 31 (3,1) | k.A. |
| Luxemburg | k.A. | k.A. | k.A. | k.A. | k.A. | k.A. |
| Niederlande | 6506 (22,9) | k.A. | 11670 (36,5) | k.A. | k.A. | k.A. |

[a]Diese Zahl ist nicht überprüft
k.A. = keine Angaben

**Tab. 47.4** Anzahl der laparoskopischen Reparationen in der Tageschirurgie pro Land (% der gesamten laparoskopischen Reparationen)

| | 2010 | 2011 | 2012 | 2013 | 2014 | 2015 |
|---|---|---|---|---|---|---|
| Deutschland | 165 (0,2) | 161 (0,2) | 179 (0,2) | 211 (0,2) | 199 (0,2) | 216 (0,2) |
| Belgien | 15 (18,1) | 8 (15,7) | 33 (42,9) | 10 (34,4) | 12 (38,7) | k.A. |
| Luxemburg | k.A. | k.A. | k.A. | k.A. | k.A. | k.A. |
| Niederlande | 5064 (77,8) | k.A. | 9730 (83,4) | k.A. | k.A. | k.A. |

k.A. = keine Angaben

wiesen vergleichbare Raten von Tagesoperationen auf. In Belgien stiegen die Entgelte für ambulante Operationen von 29,6 % im Jahr 2010 auf 38,1 % im Jahr 2014. Für Luxemburg stiegen diese Quoten im gleichen Zeitraum von 22,7 % auf 35,3 %.

Der Anteil der endoskopisch durchgeführten Leistenhernienversorgungen im Jahr 2015 war in Deutschland mit 57,8 % am höchsten (Tab. 47.3). In den Niederlanden stieg die Anzahl laparoskopischer Reparationen von 22,9 % im Jahr 2010 auf 36,5 % im Jahr 2012. Tab. 47.4 veranschaulicht die unterschiedlichen Anteile von ambulanten Operationen in den einzelnen Ländern. Während 2012 in den Niederlanden 83,4 % aller laparoskopischen Hernienversorgungen ambulant durchgeführt wurden, wurden in Deutschland nur 0,2 % der Patienten in der Tagesklinik behandelt. Entgeltunterschiede zwischen ambulant und stationär, strukturelle Voraussetzungen und kulturelle Aspekte können diese Unterschiede wahrscheinlich erklären (HerniaSurge 2018).

Der Wechsel zu endoskopischen Techniken bedeutet auch, dass die Auszubildenden während ihrer Ausbildung zunehmend mit endoskopischen Techniken zur Reparation von Leistenhernien konfrontiert sind. Dieser Effekt wurde bereits bei der laparoskopischen Cholezystektomie, der Appendektomie, der bariatrischen Chirurgie und der kolorektalen Chirurgie beobachtet. Heutzutage gehören TEP, Lichtenstein-Operation und TAPP zu den am häufigsten in der Weiterbildung gelehrten Techniken.

Die Forschung der Beneluxländer im Bereich der offenen Leistenhernienreparation konzentrierte sich in den vergangenen fünf Jahren auf die Reduzierung postoperativer Schmerzen. Belgische und niederländische Zentren nahmen an einer multizentrischen Studie teil, um die Verwendung von selbstfixierenden Netzen im Vergleich zu konventionellen Netzen bei Lichtenstein-Operation zu untersuchen. Eine Verringerung der frühen postoperativen Schmerzen wurde für die Gruppe mit selbstfixierendem Netzen beobachtet. Eine niederländische randomisierte kontrollierte Studie, die selbstfixierende Netze mit Standard-Polyprolennetzen bei der offener Leistenhernienreparation verglich, fand signifikant kürzere Operationszeiten und seltenere Fälle von Unbehagen für die Gruppe mit sebstfixierenden Netzen. Allerdings wurden bereits nach 1 Jahr deutlich mehr Rezidive (5,5 vs. 2,2 %) in der Gruppe der selbstfixierenden Netze beobachtet, eine Rate, die nach 3 Jahren weiter auf 11,5 % stieg – im Vergleich zu 5 % in der Gruppe mit Standard-Polyprolennetzen (Verhagen 2016; Zwaans 2018). Diese Ergebnisse konnten in einer kürzlich veröffentlichten Metaanalyse allerdings nicht bestätigt werden (Molegraaf 2018).

Eine randomisierte kontrollierte Studie untersuchte die Verwendung von leichten vs. schweren Netzen bei der TEP-Reparation (Burgmans 2015; Burgmans 2016). Sowohl kurz- als auch langfristig wurden keine signifikanten Unterschiede zwischen diesen Netzen in Bezug auf die Häufigkeit von Schmerzen oder Fremdkörpergefühl festgestellt (Burgmans 2015; Burgmans 2016).

Um chronische Schmerzen zu vermeiden, wurden andere präperitoneale Techniken wie die transinguinale präperitoneale Netzreparation (TIPP) und die Transrektusscheiden-präperitoneale Netzreparation (TREPP) entwickelt (Koning 2013; Akkersdijk 2016). Die TIPP-Reparation zeigte 1 Jahr nach der Operation signifikant bessere Ergebnisse für die Lebensqualität in den Kriterien „körperlicher Schmerz“ und „körperliche Funktion“. Berrevoet et al. berichteten über zufriedenstellende Ergebnisse mit einem Netz mit Memory-Ring im Rahmen einer TIPP-Technik zur Reparation offener Leisten- und Schenkelhernien (Berrevoet 2013). Die TREPP-Technik wird aktuell für Weiterbildungszwecke untersucht und standardisiert (Akkersdijk 2016; Bökkerink 2017).

Verbesserungen in der chirurgischen Versorgung werden zunehmend in der prä- und postoperativen Rehabilitation angestrebt. Praktische und evidenzbasierte Richtlinien zu diesem Thema, insbesondere für die Operation von Bauchwandhernien, liegen nur in geringer Zahl vor, es werden aber derzeit Anstrengungen unternommen, diese Situation für eine Vielzahl von chirurgischen Eingriffen zu verbessern (van Vliet 2016).

In den letzten Jahren ist die Öffentlichkeit auf Berichte über Komplikationen im Zusammenhang mit der Verwendung von Netzen in der Chirurgie aufmerksam geworden. Netzerosionen und chronische Schmerzen wurden hauptsächlich mit der Verwendung von Netzen im Bereich der Vagina in Verbindung gebracht. Chronische netzassoziierte Schmerzen wurden jedoch auch bei der Bauchwandhernienchirurgie gesehen, und Patientengruppen, die gegen die Verwendung von Netzen auftreten, werden juristisch durch Anwälte vertreten (► www.meshedup.eu). Die mediale Berichterstattung hat in der Öffentlichkeit diesbezüglich große Aufmerksamkeit und eine fortlaufende Diskussion ausgelöst. Einige Patienten wehren sich gegen die Implantation von permanenten synthetischen Netzen. Die Studie von De Lange et al. zeigt jedoch einen signifikanten Rückgang der Verwendung von netzfreien Techniken, z. B. dem Shouldice- und dem Bassini-Verfahren. Zwischen 2001 und 2005 sank insbesondere die Zahl der durchgeführten Shouldice-Verfahren von 8,6 % auf 0,4 %. Das bedeutet, dass nur sehr wenige erfahrene Chirurgen qualitativ hochwertige, netzfreie Techniken für Patienten mit dieser Anforderung anbieten können.

Die internationalen Leitlinien für das Leistenhernienmanagement wurden von einer Vielzahl von wissenschaftlichen Gesellschaften aus den Beneluxländern und Deutschland unterstützt. Es wird erwartet, dass die Umsetzung der Empfehlungen letztendlich zu mehr Homogenität bei der chirurgischen Behandlung von offenen Leistenhernien führen wird.

## Literatur


Akkersdijk WL, Andeweg CS, Bökkerink WJ, Lange JF, van Laarhoven CJ, Koning GG (2016) Teaching the transrectus sheath perperitoneal mesh repair: TREPP in 9 steps. Int J Surg 30:150–154

Berrevoet F, Vanlander A, Bontinck J, Troisi RI (2013) Open preperitoneal mesh repair of inguinal hernias using a mesh with nitinol memory frame. Hernia 17:365–371

Bökkerink WJ, Persoon AM, Akkersdijk WL, van Laarhoven CJ, Koning GG (2017) The TREPP as alternative technique for recurrent inguinal hernia after Lichtenstein's repair: a consecutive case series. Int J Surg 40:73–77

Burgmans JP, Voorbrood CE, Schouten N, Smakman N, Elias S, Clevers GJ, Davids PH, Verleisdonk EJ, Hamaker ME, Simmermacher RK, van Dalen T (2015) Three-month results of the effect of Ultrapro or Prolene mesh on post-operative pain and well-being following endoscopic totally extraperitoneal hernia repair (TULP trial). Surg Endosc 29:3171–3178

Burgmans JP, Voorbrood CE, Simmermacher RK, Schouten N, Smakman N, Clevers G, Davids PH, Verleisdonk EM, Hamaker ME, Lange JF, van Dalen T (2016) Long-term results of a randomized double-blinded prospective trial of a Lightweight (Ultrapro) versus a Heavyweight mesh (Prolene) in laparoscopic total extraperitoneal inguinal hernia repair (TULP-trial). Ann Surg 263:862–866

De Lange DH, Aufenacker TJ, Roest M, Simmermacher RK, Gouma DJ, Simons MP (2005) Inguinal hernia surgery in the Netherlands: a baseline study before the introduction of the Dutch Guidelines. Hernia 9:172–177

De Lange DH, Kreeft M, van Ramshorst GH, Aufenacker TJ, Rauwerda JA, Simons MP (2019) Inguinal hernia surgery in The Netherlands: are patients treated according to the guidelines? Hernia 14:143–148

HerniaSurge Group (2018) International Hernia guidelines for Groin Hernia management. Hernia 22:1–165

Koning GG, de Vries J, Borm GF, Koeslag L, Vriens PW, van Laarhoven CJ (2013) Health status one year after TransInguinal PrePeritoneal inguinal hernia repair and Lichtenstein's method: an analysis alongside a randomized clinical study. Hernia 17:299–306

Molegraaf M, Kaufmann R, Lange J (2018) Comparison of self-gripping mesh and sutured mesh in open inguinal hernia repair: a meta-analysis of long-term results. Surgery 163:351–360

Simons MP, de Lange D, Beets GL, van Geldere D, Heij HA, Go PM (2003) Nederlandse Vereniging voor Heelkunde. The ‚Inguinal Hernia‘ guideline of the association of surgeons of the Netherlands. Ned Tijdschr Geneeskd 147:211107

Van Vliet DC, van der Meij E, Bouwsma EV, Vonk Noordegraaf A, van den Heuvel B, Meijerink WJ, van Baal WM, Huirne JA, Anema JR (2016) A modified Delphi method toward multidisciplinary consensus on functional convalescence recommendations after abdominal surgery. Surg Endosc 30:5583–5595

Verhagen T, Zwaans WA, Loos MK, Charbon JA, Scheltinga MR, Roumen MR (2016) Randomized clinical trial comparing self-gripping mesh with a standard polypropylene mesh for open inguinal hernia repair. Br J Surg 103:812–818

► www.meshedup.eu/. Zugegriffen: 29. Apr 2018

Zwaans WAR, Verhagen T, Wouters L, Loos MJA, Roumen RMH, Scheltinga MRM (2018) Groin pain characteristics and recurrence rates: three-year results of a randomized controlled trial comparing self-gripping Progrip mesh and sutured polypropylene mesh for open inguinal hernia repair. Ann Surg 267:1028–1033

# Offene Hernienversorgung in Frankreich

*Jean-François Gillion*

## Inhaltsverzeichnis




U. A. Dietz et al. (Hrsg.), *Offene Hernienchirurgie*,
https://doi.org/10.1007/978-3-662-61348-1_48

Französische Chirurgen beschäftigen sich seit vielen Jahren mit der Bauchdeckenchirurgie (Parietologie), sowohl mit offenen als auch mit laparoskopischen Techniken.

Seit Henri Fruchaud zum ersten Mal den myopektinealen Trichter beschrieb (s. auch ◘ Abb. 7.5), haben viele französische Chirurgen unterschiedliche Operationsverfahren entwickelt: Zagdoun beschrieb 1959 eine Technik, die derjenigen ähnelt, die von Lichtenstein weltweit verbreitet wurde; Rives und Stoppa beschrieben verschiedene Techniken für Leisten- und Ventralhernienreparationen, die noch immer als Standardverfahren gelten; Jean Henri Alexandre beschrieb die „Parietalisierung" des Samenstranges über eine Leistenzugang; Pélissier schuf ein Netz, das in der TIPP-Technik (Trans-Inguinal-Pre-Peritoneal) über einen minimalinvasiven Zugang eingesetzt wird und in der operativen Technik durch Berrevoet, Gillion, Chollet und Soler weiterentwickelt wurde.

In der Zwischenzeit waren die französischen Chirurgen J. L. Dulucq (2000) und G. F. Begin (1993) die Pioniere der laparoskopischen TEP-Technik, während G. Fromont und J. Leroy (1993) die Pioniere der TAPP-Technik waren. J. G. Balique (2002) veröffentlichte zunächst die ventrale laparoskopische IPOM-Technik – mit einem in Frankreich hergestellten zweischichtigen Polyestergewebe –, die weltweit mehr als 1 Mio. Mal Anwendung fand.

### ▪ Innovation ohne Evaluation ist wissenschaftlicher Unsinn

Von Anfang an waren diese Pioniere durch einen grundlegend wissenschaftlichem Ansatz motiviert und scheuten sich nicht, ihre Ergebnisse zu evaluieren: Sie gründeten 1979 die erste Gesellschaft zur Forschung und Evaluation der parietalen Anatomie und Chirurgie – als GREPA bekannt (Groupe de Recherche et d'Ètude de la Paroi Abdominale) – und gründeten kurz darauf die Zeitschrift „Hernia", herausgegeben vom Springer Verlag (Jean-Paul Chevrel), um ihre Ergebnisse mit ihren Freunden aus ganz Europa zu teilen. Deutsche und italienische Chirurgen waren die ersten, die sich dieser Gesellschaft anschlossen, die später zur Europäischen Hernien-Gesellschaft wurde und 1998 den Namen EHS-GREPA (European Hernia Society) erhielt.

Heute werden in Frankreich jedes Jahr etwa 140.000 Leistenhernien, 48.000 primäre ventrale Hernien und 30.000 Inzisionalhernien operiert, davon etwa die Hälfte im öffentlichen und die andere Hälfte im nichtöffentlichen Krankenhäusern.

Club-Hernie ist eine Vereinigung von ca. 50 im öffentlichen oder privaten Sektor tätigen Chirurgen, die sich auf die Hernienchirurgie spezialisiert haben. Sie entsprechen in etwa 2 % aller Hernienchirurgen Frankreichs, vertreten jedoch die Gesamtheit. Club-Hernie sammelt prospektive und aufeinanderfolgend einen umfassenden Datensatz zu den durch diese 50 Chirurgen durchgeführten Hernienreparationen; diese werden in einer gesicherten, verschlüsselten Datenbank registriert; bisher wurden 30.000 Patientendatensätze aufgenommen. Diese Daten wurden bereits für mehr als 50 Vorträge auf internationalen Kongressen und ca. zehn in internationalen Reviews veröffentlichten Beiträge verwendet (Kroese 2018; Drissi 2018). Die Mitglieder von Club-Hernie nehmen seit 2003 an der Organisation von Herniensitzungen bei den meisten nationalen und internationalen Kongressen teil und organisieren jedes Jahr ihren spezifischen internationalen Kongress in Paris (MESH) (◘ Abb. 48.1).

In Frankreich, einem Pionierland im Bereich der laparoskopischen Hernienversorgung, werden ca. ein Drittel der Leistenhernienversorgungen in öffentlichen Krankenhäusern laparoskopisch durchgeführt; im privaten Sektor werden ca. 50 % und im Club-Hernie ca. 60 % der Leistenhernienreparationen minimalinvasiv durchgeführt. Dieser Unterschied zum öffentlichen Sektor hat zwei Hauptgründe: Erstens konzentriert sich die Mehrheit der öffentlichen, insbesondere der akademischen Krankenhäuser, nicht auf die Hernienchirurgie, sondern auf Leber-, Pankreas- und gastrointestinale Operationen; zweitens ist es einfacher, offene Reparationen wie die Lichtenstein-Technik zu erlernen als ein laparoskopische Verfahren.

Die aktuellen internationalen Leitlinien der HerniaSurge-Gruppe, die auf randomisierten kontrollierten Studien und Metaanalysen basieren, favorisieren die Laparoskopie (HerniaSurge 2018). Vor diesem Hintergrund initiieren wir in einigen ausgewählten privaten chirurgischen Abteilungen laparoskopische Kurse für Assistenten, die in ihrem eigenen Krankenhaus nicht darin weitergebildet werden können. Diese Weiterbildung hat eine besondere Bedeutung, denn fast alle (wenn auch sehr seltene) Todesfälle nach einer elektiven Leistenhernienreparation wurden nach einem laparoskopischen Verfahren beobachtet. Schließlich sind offene Techniken wahrscheinlich die beste Wahl für Chirurgen, die selten

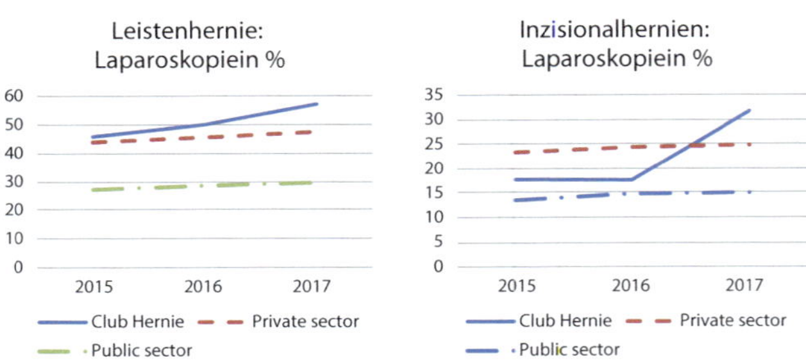


◘ **Abb. 48.1** **a,b** Offene (alle nichtlaparoskopischen) und laparoskopische Verfahren bei Hernienreparationen in Frankreich. (2015–2017)

Leistenhernien operieren. Dahingehend zeigt eine der letzten von Club-Hernie veröffentlichten Studie, dass die 2-Jahres-Ergebnisse nach offenen und nach laparoskopischen Leistenhernienreparationen, mit einem PROM (Patient Reported Outcomes Measures) untersucht, vergleichbar sind (◘ Abb. 48.1) (Romain 2018).

Primäre ventrale Hernien werden zu 15 % im öffentlichen Bereich und bis zu 25 % in Einheiten des Club-Hernie laparoskopisch versorgt. Im Club-Hernie besteht der Trend weg von den sog. „Ventral-Patches" hin zu laparoskopischen Verfahren. In öffentlichen Einrichtungen werden 85 % der kleinen und großen Ventralhernien offen operiert. In naher Zukunft, nach erfolgter Kostenkalkulation, wird die Roboterchirurgie, welche eine extraperitoneale Netzpositionierung in Kombination mit einem minimalinvasiven Verfahren ermöglicht, eine wichtigen Stellenwert einnehmen (Gillion 2016).

Zusammenfassend lässt sich sagen, dass derzeit in Frankreich etwa die Hälfte der Leistenhernien und die Mehrheit der ventralen Hernien durch offene Operationsverfahren behandelt werden.

## Literatur

Drissi F, Jurczak F, Cossa JP, Gillion JF, Baayen C, Club H (2018) Outpatient groin hernia repair: assessment of 9330 patients from the French „Club Hernie" database. Hernia 22:427–435

Gillion JF, Sanders D, Miserez M, Muysoms F (2016) The economic burden of incisional ventral hernia repair: a multicentric cost analysis. Hernia 20:819–830

HerniaSurge Group (2018) International Hernia guidelines for Groin Hernia management. Hernia 22:1–165

Kroese LF, Kleinrensink GJ, Lange JF, Gillion JF, Hernia C (2018) External validation of the European Hernia society classification for postoperative complications after incisional Hernia repair: a cohort study of 2,191 patients. J Am Coll Surg 226(223–229):e1

Romain B, Gillion JF, Ortega-Deballon P, Meyer N, Club H (2018) Patient's satisfaction at 2 years hernia repair: any difference according to the technique? Hernia 22:801–812

# Offene Hernienversorgung in den USA

*David C. Chen*

Inhaltsverzeichnis




U. A. Dietz et al. (Hrsg.), *Offene Hernienchirurgie*,
https://doi.org/10.1007/978-3-662-61348-1_49

Die Hernienchirurgie ist Vorreiterin des chirurgischen Fortschritts und der Innovation, mit rasanten Entwicklungen in den Operationsverfahren, den technologischen Hilfsmitteln, den Netzmaterialien und vor allem mit der Optimierung der Ergebnisse. In den Vereinigten Staaten hat die Entwicklung und Einführung von minimalinvasiven Operationen (MIC), zunächst mit laparoskopischen Systemen und seit Kurzem auch mit Robotern, die verfügbaren Möglichkeiten für die Rekonstruktion der Bauchdecke erweitert und damit noch weitere Verbesserungen mit weniger Infektionen, geringerer Verweildauer, besserer Kosmetik und Lebensqualität bewirkt. In den USA werden jährlich schätzungsweise 1.000.000 Hernienoperationen durchgeführt: 40–45 % der Leistenhernienoperationen werden als MIC versorgt, davon wiederum etwa die Hälfte mit dem Roboter; 20–25 % der Ventral- und Inzisionalhernien werden in MIC-Technik versorgt. Trotz dieser aktuellen Fortschritte und des großen und aufregenden Potenzials für zukünftige Entwicklungen sind nach wie vor offene Verfahren bei Hernien- und Bauchwandrekonstruktionen die fundamentale Grundlage, welche jeder Chirurg beherrschen muss.

Allein die Tatsache, dass man ein eigenes Lehrbuch braucht, um die wichtige Rolle der offenen Hernienchirurgie zu lehren und zu stärken, wäre vor einer Generation noch unvorstellbar gewesen. Es ist nicht nur akademische Rhetorik, dass Chirurgen offene Operationsverfahren beherrschen müssen; es ist eine pragmatische Bedingung, da die offene Technik als Grundlage für minimalinvasive Chirurgie dient und schlussendlich oft als einzige Wahl für die komplexesten Fälle bleibt. Der wichtigste Vorteil der offenen Chirurgie ist, dass es kaum Einschränkungen oder Kontraindikationen gibt. Offene Operationen bleiben auch in der kommenden Zeit die Standardmethode, wenn Ressourcen begrenzt sind, bei Patienten mit erhöhten Anästhesierisiken, bei monströsen Hernien, bei inkarzerierten Befunden, in kontaminierten Fällen (bei denen keine Netze verwendet werden können), bei Weichteildefekten und auch bei ausgedehnten Verwachsungen. Es erübrigt sich fast die Anmerkung, dass offene Verfahren auch bei den meisten unkomplizierten Hernien anwendbar sind. Die technischen Prinzipien einer erfolgreichen minimalinvasiven Chirurgie basieren auf den anatomischen und physiologischen Prinzipien der offenen Technik: Das Beherrschen offener Operationsverfahren ist die Voraussetzung für gute minimalinvasive Technik.

Das Gebiet der Hernienchirurgie ist insofern einzigartig, als die Vielfalt der Befunde in Abhängigkeit von Diagnose, Befundgröße, Alter, Geschlecht, Lokalisation, Anatomie, Komorbiditäten, Komplexität und dem sozioökonomischen Umfeld immens ist. Das gewünschte Ergebnis – sowohl aus der Sicht des Chirurgen als auch der des Patienten – hängt nicht allein von der Verhinderung eines Rezidivs ab, sondern beinhaltet auch die Lebensqualität, die Erhaltung oder Wiederherstellung der Funktion sowie die Vermeidung von Risiken und Komplikationen. Die Hernienchirurgie schöpft aus einer Vielfalt an technisch ausgereiften, evidenzbasierten, offenen, laparoskopischen und roboterassistierten Operationsverfahren, welche alle auf ihre Weise hervorragende Ergebnisse ermöglichen. Sicher ist aber, dass aufgrund dieser o. g. Vielfalt keine einzige Technik ausreicht, um jeden Patienten über das gesamte Spektrum der Hernienbefunde optimal zu behandeln, und dass in vielen Fällen die offene Hernienreparation die beste, sicherste und effizienteste Option ist (Lichtenstein 1986).

Während minimalinvasive Techniken hervorragende Ergebnisse und gewisse Vorteile gezeigt haben, ist die Gesamtqualität der Hernienversorgung bei offenen Techniken vergleichbar gut. Die absoluten Unterschiede zwischen offener und minimalinvasiver Leistenhernienversorgung sind im Hinblick auf Rezidiv, chronische Schmerzen, Komplikationen und Lebensqualität nur gering (Simons 2018). Im Hinblick auf die Versorgung von Ventral- und Inzisionalhernien bieten minimalinvasive Verfahren Vorteile in Bezug auf die Verweildauer und die Infektion, offene Verfahren bieten allerdings langfristige und dauerhafte Ergebnisse (Bittner 2019). Es muss aber auch festgehalten werden, dass die MIC-Ergebnisse auch bei komplexeren Hernienreparationen immer besser werden (Henriksen 2019; Martin-Del-Campo 2018).

Die Möglichkeit, Leisten-, Umbilikal- und kleine Ventralhernienreparationen in Lokalanästhesie durchzuführen, ist ein deutlicher und wichtiger Vorteil der offenen Verfahren (Lichtenstein 1986). Für Patienten mit schwerwiegenden kardialen und pulmonalen Komorbiditäten kann eine sichere Hernienversorgung dank Lokalanästhesie auch bei Kontraindikation einer Vollnarkose angeboten werden. Die meisten Leistenhernien können routinemäßig mit einer naht- oder netzbasierten offenen Reparation unter Lokalanästhesie versorgt werden. Einfache Umbilikalhernien und kleine epigastrische Hernien können bei kooperativen und entspannten Patienten ebenfalls unter Lokalanästhesie (mit oder ohne Sedierung) versorgt werden. Eingriffe in Lokalanästhesie zu beherrschen, ist eine wichtige Voraussetzung, um als Hernienchirurg ausgewählten Patienten zu dienen.

Die offene Leistenhernienversorgung ist nach wie vor die universellste, allgegenwärtigste, zuverlässigste und kostengünstigste Methode, um der globalen Belastung durch Leistenhernien zu begegnen. Während minimalinvasive laparoskopische und roboterassistierte Verfahren an Popularität, Verfügbarkeit und Zuverlässigkeit zugenommen haben, ermöglichen offene Leistenhernienreparationen weiterhin langfristige Ergebnisse mit geringem perioperativem Risiko und minimalen Kosten; sie sind relativ einfach zu lehren und das eigentliche Fundament der Hernienchirurgie

(Simons 2018). Während in den aktuellen Studien chronische Schmerzen und die Lebensqualität das Rezidiv als wichtigstes klinisches Ergebnis der Leistenhernienversorgung ablösen, ist die Möglichkeit des „maßgeschneiderten Ansatzes" (von naht- und netzbasierten offenen Verfahren bis hin zu minimalinvasiven Netzverfahren) in den Vordergrund getreten.

Unkomplizierte und kleine Ventralhernien können auf verschiedene Arten repariert werden, aber offene Verfahren zeigen das niedrigste perioperative Risiko, mit kurzer Operationszeit und geringen Kosten. Die Vorteile der minimalinvasiven Verfahren zur Leistenhernienversorgung bei unkomplizierten Fällen sind im Vergleich zu ambulanten Operationen weniger überzeugend (Henriksen 2019): Die Unterschiede in der kürzeren Hospitalisierung, der schnelleren Rekonvaleszenz, der guten Kosmetik und der geringen Schmerzen sind minimal. Während die Präferenzen von Chirurgen und Patienten und die individuellen Charakteristika des Befundes die Wahl der Operationstechnik beeinflussen, führen manchmal minimalinvasive intraperitoneale und extraperitoneale Techniken zu einem unnötigen Schwierigkeits- und Risikograd für ein ansonsten unkompliziertes Problem.

Komplexe Hernien bleiben die wichtigste Domäne der offenen Hernienchirurgie (Martin-Del-Campo 2018). Loss-of-Domain, Infektion oder Kontamination, kombinierte Mittellinien- plus laterale Defekte, ausgedehnte Darmadhäsionen, das Vorhandensein von Darmfisteln oder Stomata, vernarbte Bauchdeckenschichten nach fehlgeschlagenen Voroperationen sowie Gewebeverlust durch Tumor oder Retraktion sind herausfordernde Szenarien, die mitunter nur mit einem offenen Verfahren sicher und effektiv zu bewältigen sind. Der Hernienchirurg muss daher mit den unterschiedlichsten Optionen für Weichteilrekonstruktion, Komponentenseparation, Hautschwenklappen, Abdominoplastiken, Knochenverankerungen, Netzverstärkungen sowie der gesamten viszeralen Manipulation vertraut sein, um eine sichere und ideale Lösung für seine Patienten zu finden. Hier sind offene Techniken die Grundlage für eine funktionelle, lebensfähige und erfolgreiche Reparation.

Der aktuelle Fortschritt in der Hernienchirurgie ist rasant, grundlegend und aufregend. Die Hernienchirurgie wächst, expandiert und verändert sich weiter mit technologischen Innovationen und neuen Operationsverfahren. Die historische Denkweise, dass die offene Chirurgie Gegenspieler zu minimalinvasiven Techniken sei, ist veraltet und wenig hilfreich. Hernienchirurgen sind zunehmend mit einer größeren und komplexeren Vielfalt an Hernienbefunden konfrontiert. Ihnen stehen neue Instrumente, OP-Techniken, Netze und Technologien zur Verfügung, die zunehmend helfen werden, den Erfolg und die Ergebnisse aus Patientensicht zu maximieren. All diese Optionen sind nötig, um dieser Komplexität gerecht zu werden. Offene Verfahren werden die Errungenschaften der laparoskopischen Chirurgie nicht rückgängig machen und sind auch nicht als Konkurrenz zu werten. Wie alle dauerhaften OP-Techniken, müssen auch offene Verfahren allerdings weiter verfeinert, perfektioniert und im Indikationsspektrum bewährt werden. Die laparoskopische und roboterassistierte Chirurgie wird die Praxislandschaft der Hernienchirurgie weiterhin kontinuierlich verändern; die Expertise in offenen Verfahren wird aber jedem Chirurgen während seiner gesamten Karriere, auch weit in die absehbare Zukunft hinein, dienlich sein.

## Literatur

Bittner R, Bain K, Bansal VK, Berrevoet F, Bingener-Casey J, Chen D, Chen J, Chowbey P, Dietz UA et al (2019) Update of Guidelines for laparoscopic treatment of ventral and incisional abdominal wall hernias (International Endohernia Society (IEHS)) Part A. Surg Endosc 33:3069–3139

Henriksen NA, Jensen KK, Muysoms F (2019) Robot-assisted abdominal wall surgery: a systematic review of the literature and meta-analysis. Hernia 23:17–27

Lichtenstein IL (1986) Hernia repair without disability. Ishiyaku EuroAmerica

Martin-Del-Campo LA, Weltz AS, Belyansky I, Novitsky YW (2018) Comparative analysis of perioperative outcomes of robotic versus open transversus abdominis release. Surg Endosc 32:840–845

# Offene Hernienversorgung in Afrika

*Mathias Rohr*


U. A. Dietz et al. (Hrsg.), *Offene Hernienchirurgie*,
https://doi.org/10.1007/978-3-662-61348-1_50

Afrika ist ein großer Kontinent und die Gesundheitssysteme sind in den verschiedenen Staaten von unterschiedlichem Standard; nur wenige Länder sind mit Europa und der westlichen Welt vergleichbar. Südafrika und einige andere Staaten wie Ägypten, Nigeria oder Kenia haben wahrscheinlich einen vergleichbaren Standard. In allen anderen Ländern ist auch heute noch Hernienchirurgie keine elektive Operationsindikation und Hernieneingriffe werden größtenteils als „Notfalloperationen" durchgeführt. Leistenhernien und Nabelhernien sind der Teil der Hernien, wo ansatzweise eine standardisierte Operation durchgeführt wird. Andere Hernienformen werden oft gar nicht operiert.

Auch ist die Weiterbildung zum Chirurgen nur in wenigen Ländern als „Postgraduate Study" etabliert. Nur wenige Staaten haben eigene Universitäten, zum größten Teil werden die Mediziner im Ausland ausgebildet, aber nur einige wenige kommen in ihre Heimat zurück. Bedingt durch all dies, ist die elektive Hernienchirurgie keineswegs etabliert. Auch ist es schwer, von einer modernen Standardtechnik zu sprechen. Noch immer ist die Operationsmethode nach Bassini oftmals der Goldstandard und nur in wenigen Ländern werden Netze in der Hernienversorgung verwendet.

Namibia ist ein gutes Beispiel für Hernienchirurgie und ihren Standard. Zunächst gilt es zwischen Privatkrankenhäusern und Staatskrankenhäusern mit angestellten Fachärzten und „Medical Officers" zu unterscheiden. In den privaten Krankenhäusern arbeiten nur Fachärzte für Chirurgie und der Standard ist hier sehr hoch. Lichtenstein- oder Shouldice-Technik und auch endoskopische Operationen sind hier Standard. In den Staatskrankenhäusern arbeiten zwar ebenfalls Fachärzte für Chirurgie, aber bedingt durch Mangel an medizinischem Material wird als Standardoperation die Shouldice-Operation durchgeführt. Diese Operation erfolgt aber oft mit resorbierbarem oder vor Ort verfügbarem Material. Zudem sind Staatskrankenhäuser (in Namibia gibt es für 2,4 Mio. Einwohner 3 Krankenhäuser und 14 Zuweisungskrankenhäuser) für alle Regionen des Landes zuständig. Eine elektive Hernienchirurgie wird nur in diesen drei Staatskrankenhäusern durchgeführt. In diesen zentralen Staatskrankenhäusern werden die „Medical Officers", vergleichbar einem Assistenzarzt, von „Consultants" (Fachärzten) angelernt. Eine speziellere Weiterbildung dieser Assistenzärzte kann nur über eine mindestens dreijährige Anstellung in einem Staatskrankenhaus außerhalb des Landes erfolgen. Standard ist in den öffentlichen Krankenhäusern die Shouldice-Operation, nur selten wird eine Lichtenstein-Operation angewendet.

Darüber hinaus werden Patienten im Rahmen von sog. Outreach-Programmen in regionalen Krankenhäusern operiert. So kann zumindest eine teilweise elektive Hernienchirurgie landesweit gewährleistet werden. In vielen anderen Ländern herrschen völlig andere Bedingungen: Mangel an Fachärzten in Anästhesie und Chirurgie, Mangel an medizinischem Material und fehlende Ausrüstung der Krankenhäuser reduzieren die Hernienchirurgie auf den Standard einer Notfalloperation. Standardtechnik ist hier noch vielerorts die Bassini-Operationstechnik. Da diese Operationen in den wenigsten Fällen von Fachärzten durchgeführt werden, kann man hier aber auch kaum von einem Standard ausgehen. Leider fehlt es auch an Ergebniskontrolle und Forschung. Nur in wenigen Ländern gibt es statistische Auswertungen – und wenn ja, dann oft nur mit Diagnose, elektiv oder Notfall, aber ohne Erfassung weiterer Parameter.

Die Leistenhernienchirurgie ist die am häufigsten durchgeführte Operation, meist handelt es sich um laterale Hernien, oft inguinoskrotal mit großem Bruchinhalt und immenser Dimension. Daneben gibt es aber auch sehr viele kongenitale Defekte wie Omphalozelen und Gastroschisis. Diese werden von Fachärzten für Allgemeinchirurgie und nicht von Kinderchirurgen durchgeführt. Es mangelt an modernem medizinischem Material, und dementsprechend negativ ist der postoperative Verlauf. Nabelhernien und Inzisionalhernien werden oftmals vernachlässigt. Sie sind oft, auch in Namibia, Notfalloperationen, und auch hier kann nicht entsprechend den europäischen Leitlinien operiert werden.

Die verschiedene Gesundheitssysteme entwickeln sich weiter, und über die Jahre ist ein Wandel zu leitlinienorientierten Operationen zu vermerken. Vielerorts werden medizinische Universitäten eröffnet und chirurgische Gesellschaften gegründet. Somit kommt es mehr und mehr zur Weiterbildung von Chirurgen im eigenen Land und die Patientenversorgung kann besser gewährleistet werden.

Nicht zu vergessen und Dank dafür zu sagen bleibt, dass viele Chirurginnen und Chirurgen aus Europa und Übersee im Rahmen privater oder durch Organisationen initiierten Hilfsaktionen nach Afrika kommen, und hier vor Ort operieren und lehren. Auch dies hilft die Hernienchirurgie als elektive, an moderne Standards orientierte Chirurgie zu etablieren.

# Offene Hernienversorgung in Skandinavien

*Agneta Montgomery*

## Inhaltsverzeichnis




U. A. Dietz et al. (Hrsg.), *Offene Hernienchirurgie*,
https://doi.org/10.1007/978-3-662-61348-1_51

51

Die offene Versorgung von Leistenhernien hat nach wie vor ihren Stellenwert in der Hernienchirurgie. Mit der Einführung endoskopischer Techniken Anfang der 90er Jahre betrat die Hernienchirurgie der weltweiten Chirurgengesellschaften eine neue Ära, welche sich zunehmend nicht nur mit Innovation, sondern auch mit Ergebnisqualität beschäftigte. Der primäre Fokus lag zunächst auf der Rezidivrate und rückte später auf das von Patienten berichteten Outcome (PROMs). Es gab eine enorme Entwicklung von Operationstechniken, die sich mit chirurgischen Details und Standardisierung befassten. Die „My-Way"-Technik gehört seit Langem nicht mehr in die Herniengemeinschaft. Skandinavien hat einen anerkannten Ruf für seine nationalen Register. Schweden, Dänemark und Finnland haben derzeit nationale Register, die im Jahr 1992, 2000 bzw. 2018 eingerichtet wurden. Norwegen und Island haben derzeit noch keine Register..

Ende der 1980er Jahre erfuhr **Erik Nilsson** erstmals über die sehr guten Ergebnisse der Hernienchirurgie der Shouldice-Klinik und des Lichtenstein Hernia Instituts in den USA. Diese Ergebnisse waren viel besser als seine eigenen. Dies veranlasste ihn, genauer auf seine eigenen Ergebnisse zu schauen, um besser werden zu können. Bereits nach 3 Jahren konnte er seine Ergebnisse signifikant verbessern. Damit begann das Swedish Hernia Registry, ein Register, das bis heute einen unschätzbaren Qualitätsbeitrag leistet und eine Inspirationsquelle für die Hernienchirurgie ist.

Das Swedish Inguinal Hernia Register (SBR) wurde 1992 von Erik Nilsson gegründet, indem acht chirurgische Abteilungen eingeladen wurden, sich an der Einführung des Registers zu beteiligen. Die derzeitige Leiterin des Registers ist Hanna Nilsson, Tochter von Erik Nilsson. Heute sind 96 % aller in Schweden durchgeführten Leistenhernienoperationen in das Register aufgenommen (▶ www.svensktbrackregister.se/). Das Register hat sich im Laufe der Jahre weiterentwickelt und verfügt über eine nationale Steuerungsgruppe, die die Aktivitäten in Zusammenarbeit mit den für die Hernienchirurgie zuständigen nationalen chirurgischen Abteilungen regelt. Es wird teilweise mit öffentlichen wie auch nichtöffentlichen Mitteln finanziert. Die Existenz dieses Registers hat es ermöglicht, alte Techniken zu eliminieren und über eine Übergangsperiode standardisierte, evidenzbasierte Techniken auf nationaler Ebene zu etablieren (◘ Abb. 51.1). Die wissenschaftliche Forschung hat die relevanten Vorteile von Registern deutlich gemacht. Die Rezidivrate nach 5 Jahren Follow-up mittels klinischer Untersuchung betrug in einem lokalen

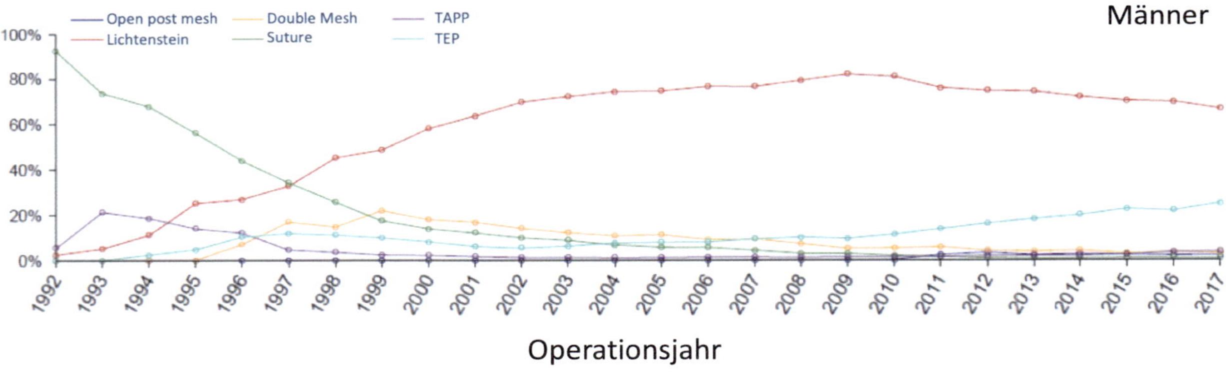


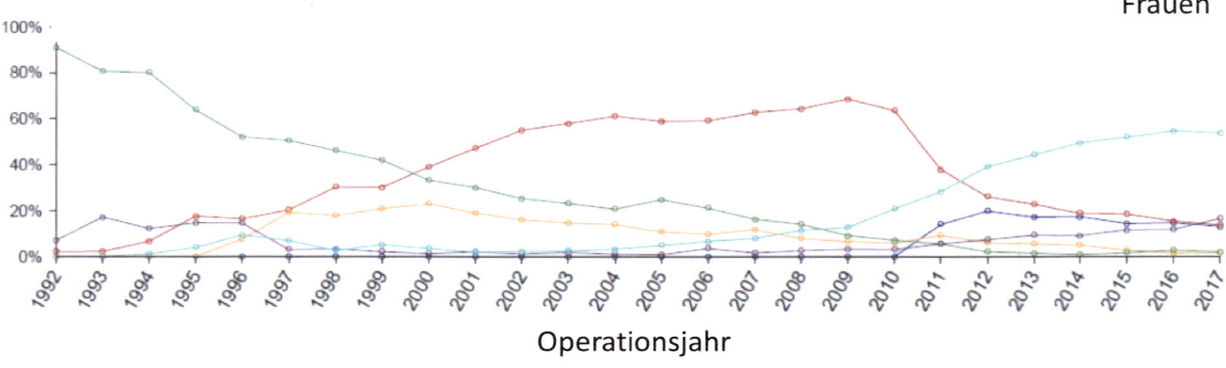


◘ **Abb. 51.1** **a,b:** Entwicklung des Anteils offener und laparoskopischer Leistenhernienreparationen (nach Geschlecht) in Schweden von 1992–2017

Krankenhaus vor dem Beitritt ins Register 22 % und sank nach dem Beitritt zum Register auf 1,5 %, was deutlich macht, dass die Teilnahme am Register die Einstellung des Einzelnen zur chirurgischen Leistung verändert (Bemdsen 2002). Die Haltung des „My-Way" wurde beseitigt. Insgesamt sind >300.000 Operationen in diesem Register enthalten, und jedes Jahr kommen 16.000 neue Operationen dazu.

Die dänische Datenbank für Leistenhernien wurde 1998 gegründet mit dem Ziel, Rezidive zu verringern und das chirurgische Ergebnis zu überwachen bzw. zu verbessern. Die Datenbank umfasst heute fast ausschließlich Personen im Alter von >18 Jahren, die an einer Leistenhernie operiert werden (Friis-Andersen 2016). Einer nationalen Steuerungsgruppe von 11 Personen obliegt die Entwicklung und Regelung des Registers. Jedes Hernienrezidiv wird als neues Ereignis im Register verzeichnet. Das Follow-up beinhaltet auch den Abgleich mit Daten aus anderen nationalen klinischen Datenbanken und den Versand von Fragebögen zu spezifischen Ergebnissen. Insgesamt sind seit Beginn >170.000 Operationen erfasst, und 12.000 Operationen werden jedes Jahr neu registriert.

Zahlreiche Forschungsarbeiten wurden auf Basis der schwedischen und dänischen Register durchgeführt und veröffentlicht.

Die Finnische Herniengesellschaft wurde im November 2017 von einer Gruppe von Chirurgen aus insgesamt fünf Universitäten/Zentralkliniken mit Interesse an der Forschung und Entwicklung von Hernien gegründet. Das Finnische Hernienregister wurde erstmals im Juli 2018 im Newsletter der Europäischen Herniengesellschaft „#EHSnewsletter" vorgestellt (► www.europeanherniasociety.eu/node/ehsnewsletter-2).

Weder in Norwegen noch in Island gibt es offizielle nationale Register. Die Hernienchirurgie in Island ist vorwiegend auf einige wenige Spezialisten zentralisiert, die im Ausland in Hernienzentren ausgebildet wurden und mit dem schwedischen Hernienverband zusammenarbeiten. Island ist ein kleines Land, wo nur etwa 500 Hernienoperationen pro Jahr durchgeführt werden. Ein isländischer Chirurg, der ein Hernienzentrum leitet, operiert allein 200 Patienten im Jahr. Insgesamt werden in Island 52 % der Patienten mit der Lichtenstein- und 48 % mit der TEP-Technik versorgt. Eine nationale Erhebungsstudie aus Norwegen mit nahezu vollständiger Beteiligung aller chirurgischen Abteilungen aus dem Jahr 1999 ergab, dass in den meisten Abteilungen zu 50 % offene Netztechniken als Standard verwendet wurden (Mjaland 2001). Endoskopische Techniken wurden nur in sehr begrenzter Anzahl eingesetzt. Bis 1999 wurden nur 400 Patienten mit einer endoskopischen Technik in Norwegen operiert. Standardisierte netzbasierte Techniken sind heute in Norwegen weit verbreitet, wobei die Lichtenstein-Reparation die häufigste ist; endoskopische Techniken werden hingegen vor allem in den kleineren Krankenhäusern angeboten.

Die Ergebnisqualität der Hernienchirurgie der meisten skandinavischen Länder ist durch ihre nationalen Register bekannt. Register sind wahrscheinlich ein kostengünstiges Instrument, um die Qualität und das Ergebnis der Leistenhernienreparationen zu überwachen. Die von den Patienten gemeldeten Ergebnisse sind aus heutiger Erkenntnis sehr geeignet, die speziellen Indikationen für Leistenhernienoperationen in Zukunft noch besser zu präzisieren. Denn am Ende steht noch immer die Frage: Verursachen wir für einzelne Patientengruppen mehr Schaden als Heilung?

## Literatur

Bemdsen F, Sevonius D (2002) Changing the path of inguinal hernia surgery decreased the recurrence rate ten-fold. Report from a county hospital. Eur J Surg 168:592–596

Friis-Andersen H, Bisgaard T (2016) The Danish Inguinal Hernia database. Clin Epidemiol 25:521–524

Mjaland O, Johnson E, Myrvold H (2001) Hernia surgery in Norway. Tidsskr Nor Laegeforen 121:2481–2483

► www.europeanherniasociety.eu/node/ehsnewsletter-2

► www.svensktbrackregister.se/

# Offene Hernienversorgung in Südamerika

*Pedro Henrique de Freitas Amaral und Sergio Roll*

## Inhaltsverzeichnis




U. A. Dietz et al. (Hrsg.), *Offene Hernienchirurgie*,
https://doi.org/10.1007/978-3-662-61348-1_52

### Gesundheitsversorgung und epidemiologische Daten in Brasilien

Brasilien ist mit einer geschätzten Bevölkerung von 207 Mio. Menschen das größte Land Südamerikas. Obwohl Brasilien eine große Wirtschaftsmacht auf diesem Kontinent ist, bestehen soziale und wirtschaftliche Probleme, die auch Gesundheitsfragen betreffen.

Eine aktuelle Analyse des brasilianischen „Federal Board of Medicine" schätzt, dass rund 904.000 Patienten auf der Warteliste stehen, um eine Operation zu erhalten. Derzeit warten 95.752 Patienten – mehr als 10 % der allgemeinen Warteliste – auf die Behandlung von Hernien. Die Wartezeit von der Anmeldung bis zur Operation kann bis zu 10 Jahren betragen.

Im Jahr 2014 wurden in Brasilien 143.153 Leistenhernienoperationen durchgeführt: 15.951 bilaterale, 124.962 einseitige und 2240 Rezidivreparationen. In einigen Orten, weiter entfernt von den wichtigsten Städten des Landes (z. B. Tocantins und Sergipe), ist die Diagnose Leistenbruch an erster Stelle auf den Wartelisten. Auch im Südosten des Landes (dem wirtschaftlichen Zentrum) sind die Wartelisten beeindruckend: In den Bundesstaaten São Paulo und Rio Grande do Sul waren 2014 ganze 21.602 bzw. 3748 Patienten mit Herniendiagnosen auf Wartelisten.

### Leistenhernie als gesellschaftliches Gesundheitsproblem

Hernienerkrankungen betreffen junge, mittlere und ältere Menschen. Eine Leistenhernie gefährdet die Produktivität der erwerbstätigen Bevölkerung, die morbiditätsbezogenen Folgen wirken sich negativ auf sozioökonomische Aspekte sowohl für arme Patienten als auch für Bevölkerungsschichten mit schlechtem Zugang zur Gesundheitsversorgung aus. In Anbetracht der Tatsache, dass die Mehrheit der ärmeren Bevölkerung Schwerstarbeit leistet (Landwirtschaft oder Baugewerbe), verlieren die meisten dieser Patienten am Ende ihren Arbeitsplatz, weil sie nicht in der Lage sind, diese Arbeiten auszuführen. Außerdem werden sie bei der Suche nach einer neuen Arbeitsstelle nicht zur körperlichen Eignungsüberprüfung zugelassen. Wenn der „Ernährer einer Familie" nicht arbeiten kann, ist daraus folgend das Familieneinkommen reduziert – und damit sind auch die Bildungsmöglichkeiten der Kinder betroffen. Das ist ein Teufelskreis.

Für das Jahr 2014 zeigen Daten des Ministeriums für Soziales, dass 101.762 Personen Krankengeld der Sozialversicherung wegen einer Herniendiagnose bezogen haben. Die Leistenhernien stellten 52 %, ventrale Hernien 10 % der Sozialversicherungsleistungen in der Gruppe der abdominalen Hernien dar (► www.portal.cfm.org.br).

1988 wurde das „Einheitliche Gesundheitssystem" eingeführt, das bis heute für die Regulierung der nationalen Gesundheitspolitik zuständig ist. Zu den Grundsätzen dieses Systems zählt das Recht eines jeden Bürgers und die Verpflichtung des Staates auf einen allgemeinen und freien, umfassenden Zugang zur Gesundheitsversorgung. Doch in der Praxis ist dieses System bei der Erbringung der Dienstleistung fehlerhaft, auch der Zugang ist je nach Region des Landes unterschiedlich gewährleistet. Wohlhabende Personen (ca. 25 % der Bevölkerung) können sich ergänzende private Krankenversicherungen leisten und entziehen sich so dem öffentlich-staatlichen System und den langen Wartezeiten für eine Operation.

### Offene Hernienchirurgie und Hilfseinsätze

In öffentlichen Krankenhäusern wird eine große Anzahl von Hernienoperationen offen durchgeführt, laparoskopische Verfahren stellen eine unbedeutende Minderheit dar. In Brasilien gibt es keine Leitlinie, welche die Standardisierung der Operationstechnik für Leistenhernien definiert. Obwohl die Verwendung von Netzen seit 2002 vom Gesundheitsministerium genehmigt und standardisiert ist, wird noch eine bedeutende Anzahl an Operationen ohne Netz durchgeführt. Es ist mittelfristig mit einem Anstieg der Rezidivrate zu rechnen, was die soziale und wirtschaftliche Belastung des Systems durch die Krankheit mangels Standardisierung der Operationen weiter erhöht.

Bildungs- und Sozialprojekte, die in der Regel in der Nähe zum akademischen Umfeld stattfinden, können zur Verbesserung der Qualität der Versorgung weniger privilegierter Patienten beitragen; sie dienen auch der Weiterbildung lokaler Chirurgen und tragen dazu bei, durch Steigerung der Kosteneffizienz die ordnungsgemäße Nutzung lokaler Ressourcen zu verbessern. In den letzten Jahren wurden drei solcher Projekte in sechs verschiedenen Städten des Bundesstaates São Paulo mit Unterstützung von „Hernia Help" (Hernia Repair for Under-Served, HRUS) etabliert. Chirurgen aus den USA und Deutschland nahmen teil, sie tauschten ihre Erfahrungen aus und boten Weiterbildungen an (Schroeder et al. 2017). Bei diesen Einsätzen erhielten 213 bedürftige Patienten, die seit Langem auf der Warteliste des Gesundheitssystems standen, eine kostenlose Hernienreparation. Das wichtigste Ergebnis ist, dass 46 lokale Chirurgen im Rahmen ihrer Teilnahme in neuen Operationstechniken geschult und zertifiziert wurden; damit wurden unter anderem auch Standards der weltweit anerkannten Lichtenstein Amid Hernia Clinic der University of California im Kontext brasilianischer Chirurgie umgesetzt. Im Laufe der Jahre entwickelten sich die damaligen teilnehmenden Chirurgen zu führenden Experten, die sich ihrerseits der Verbreitung von Fachwissen an weitere Chirurgen verschrieben haben (Moore et al. 2017).

Üblicherweise werden bei diesen Einsätzen nicht nur Chirurgen, sondern auch Weiterbildungsassistenten und Medizinstudenten integriert, wodurch sowohl die Effizienz der Aus- und Weiterbildung wie auch die Vertrautheit mit neuen Techniken erhöht werden. Während solcher Einsätze in den Jahren 2014 und 2015 wurden die Ergebnisse der systematisierten Weiterbildung untersucht. Ein Weiterbildungschirurg durchläuft dabei 5 Hernienreparationen, bei der ersten wird er von einem Tutor assistiert und angeleitet; bei den weiteren 4 Folgeeingriffen der gleichen Operationsart wird eine qualitative Überprüfung mittels eines definierten Scorings erhoben. Die Ergebnisse waren mit Lernzuwachs in allen Teilaspekten ermutigend: Dissektion ($p=0{,}09$), Präparation ($p=0{,}02$), Netzvorbereitung ($p=0{,}01$), Netzfixation ($p<0{,}01$), Instrumenten-Handling ($p<0{,}01$), schonender Umgang mit dem Gewebe ($p=0{,}03$), Effizienz der Bewegungen ($p<0{,}01$), „operativer Fluss" ($p=0{,}01$) und Reparation ($p<0{,}01$) (Lazzarini-Mendes et al. 2016).

Die Weiterbildung von Chirurgen ist von grundlegender Bedeutung für die Verbreitung standardisierter Verfahren und zur Förderung von Multiplikatoren für die Lehre und Weiterbildung. Bessere Ergebnisse mit reduzierten Kosten, optimierter Zugang zur Hernienbehandlung für die Ärmsten der Armen sowie die Wahrnehmung sozialer Verantwortung und Bürgerpflicht sollen das Ergebnis sein.

## Literatur

Lazzarini-Mendes CJ, Júnior PAM, Destro BB, Tamaro C, Nogueira FA, Chen D, Reinpold W, Bruscagin V, Roll S, Silva RA (2016) Systematic training model for teaching, development and training of instructors in inguinal hernia treatment using the Lichtenstein technique. Rev Col Bras Cir 43:382–391

Moore AM, Datta N, Wagner JP, Schroeder AD, Reinpold W, Franciss MY, Silva RA, Chen DC, Filipi CJ, Roll S (2017) Centralized, capacity – building training of Lichtenstein hernioplasty in Brazil. Am J Surg 213:277–281

Schroeder AD, Campanelli G, Cavalli M, Cusick R, Fitzgibbons R, Gilbert A, Lawson C, Manion J, Matthews B, Reinpold W, Roll S, Telemaque LF, Wagner JP, Chen DC, Filipi CJ (2017) Humanitarianism in surgery. Hernia 21:963–971

▸ www.portal.cfm.org.br – Brazilian Federal Board of Medicine

# Offene Hernienversorgung auf den Philippinen

*José Macario Faylona*

## Inhaltsverzeichnis




U. A. Dietz et al. (Hrsg.), *Offene Hernienchirurgie*,
https://doi.org/10.1007/978-3-662-61348-1_53

53

Die Hernienchirurgie ist eine der häufigsten Operationen auf dem Gebiet der Allgemeinchirurgie. Die häufigste unter den Bauchdeckenhernien ist die Leistenhernie. In einer Studie von Burcharth machen Leistenhernien etwa 97 % der Bauchwandhernien aus (Burcharth et al. 2013). Es folgen ventrale Hernien und andere seltene Formen von Hernien. In den letzten zehn Jahren hat sich die Chirurgie wie auch das Management von Hernien weiterentwickelt.

▪ **Hernienversorgung in Asien**

Die Praxis der Hernienchirurgie in Asien ist vielfältig. Sie hängt von mehreren Faktoren wie z. B. der Expertise der Chirurgen vor Ort, den gesundheitlichen Prioritäten der Patienten, ihrer Aufklärung in Bezug auf Gesundheitsprobleme, dem sozioökonomischen Status des Landes, dem Wohnort des Patienten oder den verfügbaren chirurgischen Instrumenten (z. B. laparoskopischer Turm, prothetisches Material, Roboter) ab. In Bezug auf Hernienstatistik und Epidemiologie gibt es aus Asien nicht viele verfügbare Daten. Hochgerechnete Daten aus Populationsstudien zeigen, dass in den meisten Ländern Asiens mit Ausnahme von Indien und China – wo es fast 1 Mio. Hernienoperationen pro Jahr gibt – jährlich Hernienoperation an etwa 200.000–250.000 Patienten durchgeführt werden (Lomanto et al. 2015). Die Herangehensweise ist ebenfalls je nach den oben genannten Faktoren unterschiedlich. Unveröffentlichte Marketingdaten von Geräteherstellern zeigen, dass die Mehrheit der Leistenhernien in offener Technik und nicht minimalinvasiv durchgeführt wird. Dies gilt auch für Ventral- und Inzisionalhernien.

▪ **Leistenhernien**

Leistenhernien sind die häufigste Form von Bauchdeckenbrüchen. Bis heute wird die Mehrheit der Leistenhernien auf der Welt mittels offener Technik behandelt (◘ Tab. 53.1). Dies gilt auch für Asien. Veröffentlichte Daten aus Japan und Singapur zeigen, dass die offene Technik bei Chirurgen am beliebtesten ist (Cheong et al. 2014; Onitsuka et al. 2003). Es gibt verschiedene Arten von offenen Leistenhernien-Reparationsverfahren, darunter rein auf das Gewebe bezogene und auf Netzverstärkung ausgerichtete Verfahren. Den Leitlinien der Asia–Pacific Hernia Society (APHS) und der HerniaSurge folgend, sollten Leistenhernien bevorzugt mittels Netzverfahren versorgt werden (Lomanto et al. 2015; HerniaSurge 2018). Unter den offenen Netzverfahren ist die Lichtenstein-Technik am beliebtesten, gefolgt von Modifikationen der Lichtenstein-Operation wie die Mesh-Plug-Technik, Doppelnetztechniken und offenen präperitonealen Netzverfahren. In Asien sind auch netzfreie Techniken weit verbreitet, insbesondere in Regionen, in denen das Netzmaterial teuer oder nicht verfügbar ist. Unter den nahtreparativen Verfahren sind die Techniken nach Bassini (s. auch ▶ Kap. 11), Shouldice (s. auch ▶ Kap. 10), Desarda (s. auch ▶ Abschn. 11.1) und „Darn“[1] (s. auch ▶ Abschn. 11.3) am beliebtesten (Lifschutz und Juler 1986). Auch wenn Leitlinien und Zentren in den westlichen Ländern ambulante Operationen unter Lokalanästhesie empfehlen, gilt dies jedoch nicht für Asien. Die beliebtesten Formen der Anästhesie in Asien sind entweder die Vollnarkose oder die Regionalanästhesie (Lomanto et al. 2015; Onitsuka et al. 2003). Es gibt nur wenige Zentren, die die Leistenhernienoperation als Tageschirurgie durchführen. Die Mehrheit der Patienten wird für einige Tage stationär aufgenommen. Aufgrund dieser Unterschiede in der Technik und der Nichtverfügbarkeit eines Registers ist es sehr schwierig, die Endergebnisse der Praxis der Chirurgen in Asien zu verfolgen. Künftig werden nur Kompetenzzentren, Universitätskliniken oder Zentren mit hernienchirurgischen Publikationen über Daten zu Rezidiven, chronischen Leistenschmerzen sowie Komplikationen verfügen.

**◘ Tab. 53.1** Anzahl der Leistenhernienreparationen in den USA und Europa (2010)

| | USA (2010) | Europa (2010) |
|---|---|---|
| Gesamtzahl Leistenhernienoperationen | 842.000 (100 %) | 703.000 (100 %) |
| Reparation mit Spannung | 41.000 (4.8 %) | 92.000 (13 %) |
| Reparation ohne Spannung | 801.000 (95.2 %) | 611.000 (87 %) |
| Offen | 635.000 (80.3 %) | 491.000 (69 %) |
| Laparoskopisch | 207.000 (19.7 %) | 120.000 (17 %) |

Quelle: Millenium Research Group. ▶ https://www.mrg.net [2]

▪ **Ventrale Hernien**

Die Praxis der Reparation ventraler Hernien ist in Asien vielfältig. In spezialisierten Zentren und entwickelteren Ländern sind laparoskopische ventrale Hernienversorgungen und sogar roboterassistierte Verfahren möglich. Die Mehrheit der verwendeten operativen Verfahren sind jedoch immer noch offene Techniken. Es werden verschiedene offene Verfahren eingesetzt,

1 Die von G.E. Moloney seit 1948 empfohlene Leistenhernienreparation mittels Naht mit Nylonfaden („darn of monofilamentous nylon“) in einer Zeit, als Seide-, Stahl-, Leinen- oder Catgut-Nähte immer noch der Standard waren (Dietz 2007). Es scheint, dass im Laufe der Zeit aus „darn“ im Sinne von „Faden“ ein Eigennahme bzw. Eponym für die Nahtreparation der Leiste nach „Darn“ geworden ist. Bei dieser Operation wird die Rektusscheide in 3 Schichten an das Leistenband genäht (Lifschutz 1986).

das beliebteste Verfahren ist die retromuskuläre Rives-Operation. Andere verwendete Techniken sind die Onlay-Netz-Implantation von Chevrel und in einigen wenigen Fällen auch Bridging-Verfahren. In komplizierteren Fällen wird die anteriore Komponentenseparation sowohl in der offenen als auch in der endoskopischen Technik eingesetzt. In jüngster Zeit gewinnt die Transversus-abdominis-Release-Technik (TAR), wie sie aus der Gruppe um Yuri Nowitski verbreitet wurde, an Popularität, insbesondere bei komplexen Bauchwandhernien.

#### ▪ Notfall-Hernienchirurgie

Die meisten Notfall-Hernienoperation werden in offener Technik durchgeführt. Obwohl es in diesen Fällen Berichte über die Machbarkeit eines minimalinvasiven Ansatzes gibt, verwenden Chirurgen in Asien diese Technik im Notfall sehr selten. Der Einsatz von Netzmaterialien in Notfällen orientiert sich an den verschiedenen Leitlinien, die besagen, dass in kontaminierten Fällen keine Netzmaterialien verwendet werden sollen. Für kontaminierte Fälle wird empfohlen, netzfreie Verfahren oder eine Reparation der Hernie im Intervall durchzuführen (Lomanto et al. 2015; HerniaSurge 2018; Kockerling und Simons 2018; Sartelli et al. 2013).

#### ▪ Hernienausbildung und Training in Asien

In den letzten zwei Jahren hat die Asia–Pacific Hernia Society (APHS) das Programm „Hernia Essentials" entwickelt, um die Standardisierung der Hernienoperationen zu strukturieren. Es ist ein Ausbildungs- und Trainingsinstrument, das jungen Chirurgen die Grundlagen der Hernienchirurgie sowie die verschiedenen Techniken im Management von Bauchwandhernien vermittelt: ein dreistufiges Konzept, das einem angehenden Hernienfachmann mittels Vorlesungen, Skills-Training sowie einem Proktorship den Diplomabschluss „Hernienspezialist" bietet. Mit diesem Lehrmittel will APHS das Niveau der Hernienweiterbildung in Asien unterstützen. APHS hat auch dazu beigetragen, das Wissen und die Daten der HerniaSurge-Leitlinien bekannt zu machen, um die weiterzubildenden und praktizierenden Chirurgen über das richtige Management von Hernien aufzuklären.

## Literatur

Burcharth J, Pederson M, Bisgaard T, Pedersen C, Rosenberg J (2013) National prevalence of groin hernia. PLoS One 8:e54367

Cheong KX, Lo HY, Neo JX, Appasamy V, Chiu MT (2014) Inguinal hernia repair: are the results from a general hospital comparable to those from dedicated hernia centres? Singapore Med J 55:191–197

Dietz UA, Kehl F, Hamelmann W, Weisser C (2007) On the 100th anniversary of sterile catgut Kuhn: Franz Kuhn (1866–1929) and the epistemology of catgut sterilization. World J Surg 31:2275–2283

HerniaSurge Group (2018) International Hernia Guidelines for Groin Hernia Management. Hernia 22:1–165

Kockerling F, Simons M (2018) Current concepts of inguinal hernia repair. Visc Med 34:145–150

Lifschutz H, Juler GL (1986) The inguinal darn. Arch Surg 121:717–719

Lomanto D, Wei-Keat C, Faylona JM, Huang CS, Lohrisiwat D, Maleachi A, Yang G, Li M, Tumtavitikul S, Harma A, Hartung R, Choi YB, Sutedja B (2015) Inguinal hernia repair: toward Asian Guidelines. Asian J Endosc Surg 8:16–23

Onitsuka A, Katagiri Y, Kiyama S, Yasunaga H, Mimoto H (2003) Current practices in adult groin hernias: a survey of Japanese general surgeons. Surg Today 33:155–157

Sartelli M, Coccolini F, van Ramshorst GH, Campanelli G, Mandala V (2013) WSES guidelines for emergency repair of complicated abdominal wall hernias. World J Emer Surg 8:1–11

# Offene Hernienversorgung in Taiwan

*Ching-Shui Huang*

## Inhaltsverzeichnis




U. A. Dietz et al. (Hrsg.), *Offene Hernienchirurgie*,
https://doi.org/10.1007/978-3-662-61348-1_54

Vor 1990 wurde in Asien bei Leistenhernien am häufigsten die modifizierte Bassini-Technik durchgeführt. Von 1990 bis 2000 wurden die Reparationen von Shouldice (für primäre Leistenhernien) und Stoppa (für Rezidivleistenhernie) zunehmend populär, obwohl modifizierte Bassini-Verfahren in dieser Zeit noch immer die Leistenhernienchirurgie dominierten (Huang et al. 2001; Huang 2010). Die endoskopischen Verfahren (TAPP und TEP, 1992 und 2004, respektive) wurden in Asien vor der offenen spannungsfreien Reparationsprinzipien eingeführt („tension-free repair“, TFR), jedoch wurden die TFR-Techniken von Chirurgen aus asiatischen Ländern schnell angepasst. Spannungsfreie Netzreparationen sind heute die am weitesten verbreitete Methode zur Leistenhernienversorgung in Asien und machen 70 % aller in entwickelten Ländern durchgeführten Leistenhernienoperationen aus. TFR-Reparationen werden je nach Topografie der Netzplatzierung unterschiedlich klassifiziert: Es gibt anteriore und posteriore Netzreparationen sowie die Kombination von anteriorer mit posteriorer Netzversorgung (Lomanto et al. 2015).

In den europäischen Ländern ist die am häufigsten verwendete offene TFR-Technik die Lichtenstein-Reparation (1984), während in asiatischen Ländern die Plug-and-Patch-Technik, die Kugel-Patch-Technik und die Verwendung von zweilagigen Netzen beliebter sind als die Lichtenstein-Technik. Alle diese Verfahren können in Lokal-, Regional- (Epidural-, Spinal-) oder Vollnarkose durchgeführt werden.

Die Lichtenstein-/Amid-Technik wurde von Chastan mit einem selbsthaftenden Netz modifiziert, wodurch die Anzahl der Fixationsnähte reduziert werden konnte. Die selbsthaftenden Netze werden in asiatischen Ländern üblicherweise verwendet, wenn ein anteriore Leistenhernienversorgung durchgeführt wird (2006).

Bei der Plug-and-Patch-Technik nach Millikan wird nach dem Invertieren des lateralen Herniensackes der Kunststoff-Plug neben den inneren Leistenring eingebracht, die äußeren Schichten des kegelförmigen Plugs werden gespreizt und an der Unterseite der Fascia transversalis positioniert, wobei die zentralen Netzanteile mit zwei Nähten an das umgebende Gewebe des inneren Leistenringes befestigt werden (Millikan et al. 2003). Wenn eine mediale Hernie vorliegt, wird die ausgedünnte Fascia transversalis inzidiert, der präperitoneale Raum eröffnet, ein größerer Plug eingebracht und mit 4–6 Nähten fixiert. Zusätzlich zum Plug wird ein Onlay-Netz auf die Hinterwand und um den Samenstrang seitlich zum inneren Leistenring gelegt; das Onlay-Netz erfüllt einen vergleichbaren Zweck wie das Netz bei der Lichtenstein-Reparation.

Beim modifizierten Kugel-Patch handelt es sich um Polypropylen-Gewebe mit einem Memory-Ring, wodurch das Netz sich nach Implantation flach ausbreitet. Bei lateralen Hernien wird der Bruchsack vom Samenstrang gelöst und reponiert. Der präperitoneale Raum von Bogros und Retzius kann nun durch den inneren Leistenring als Zugang genutzt werden. Bei medialer Hernie wird der präperitoneale Raum von Retzius zunächst durch Eröffnung der Fascia transversalis eröffnet. Nachdem der präperitoneale Raum einschließlich der lateralen, medialen und femoralen Bruchlücken präpariert ist, wird das Netz eingeführt. Die Netzanteile werden mit Nähten am Leistenband und am M. transversus abdominis befestigt. Es kommt zum Schluss durch den intraabdominalen Druck (Pascal-Prinzip) zur Fixation von dorsal.

Das zweilagige Netzmodell ist eine Kombination aus Onlay-Netz (wie bei der Lichtenstein-Technik) und Underlay-Netz (wie bei der Stoppa-Technik); beide Netzanteile werden durch einen Konnektor zusammengehalten. Wie bereits oben beschrieben, wird der präperitoneale Raum (Bogros und Retzius) stumpf präpariert und das Netz durch den hinteren Wanddefekt oder inneren Leistenring eingeführt. Mit Nähten wird das Onlay-Netz am Ligamentum pectinatum (Cooperi) und am Leistenband fixiert. Der Samenstrang wird durch einen zentralen oder seitlichen Schlitz des Onlay-Netzes ausgeleitet.

- **Maßgeschneiderte offene TFR (Erfahrungen aus dem Cathay General Hospital)**

Das Prinzip des "tension-free repair“ ersetzt seit 2001 am Cathay General Hospital die Shouldice-Technik und ist aktuell das Standardverfahren für Leistenhernien bei Erwachsenen. In einem Tailored Approach-Prinzip werden die vier oben erwähnten Arten von Netzverfahren angeboten: Onlay-Netz, Plug-and-Patch, zweilagiges Netzmodell und Kugelnetz. Die Wahl des jeweiligen Verfahrens wird entsprechend der Pathologie der myopektinealen Öffnung und der Komorbiditäten des individuellen Patienten gefällt. Die Auswahlkriterien sind: Für einen lokalisierten Defekt mit gesundem umgebendem Hinterwandgewebe (Gilbert[1]-Typ 1, 2, 5 und 7) wird eine anteriore Netzreparation mit Plug-and-Patch oder das Lichtenstein-Verfahren mit selbstfixierendem Netz verwendet. Diese anterioren Netzverfahren werden auch bei Frauen, jungen Erwachsenen, sehr alten Patienten oder Patienten mit schwerer Komorbidität bevorzugt. Bei Patienten mit mäßiger Schwächung

1 Arthur I. Gilbert (1989), einer der Mitbegründer der American Hernia Society (AHS), klassifiziert die Leistenhernien gemäß intraoperativem Befund nach Vorhandensein oder Nicht-Vorhandensein eines peritonealisierten Bruchsacks, der Größe des inneren Leistenrings und der Integrität der Hinterwand des Leistenkanals in 5 Typen (Gilbert 1989). Später wurden von anderen Autoren weitere 3 Hernientypen hinzugefügt. Diese Klassifikation findet in Europa kaum Anwendung.

des inneren Leistenringes oder der Hinterwand (Gilbert-Typ 3, 4 und 6) werden zweilagige Netzmodelle oder das Kugel-Patch implantiert. Patienten mit starker Schwächung des inneren Leistenringes oder des Hinterwandgewebes (Gilbert-Typ 3, 4 und 6, Skrotalhernien sowie große mediale Gleithernien) bekommen eine posteriore Netzreparation mittels Kugel-Patch (auch als Mini-Stoppa-Verfahren bekannt). Von Februar 2001 bis November 2015 wurden 3299 Patienten mit 3850 Seiten von Leistenhernien nach TFR-Prinzipien operiert (124 Onlay-Netze; 1105 Plug-and-Patch; 1727 zweilagige Netzmodelle; 894 Kugel-Patches). Von den 3850 Reparationen wurden 499 für Rezidivleistenhernien durchgeführt. Die Langzeitnachbeobachtung ergab, dass 6,9 % der Patienten an chronischen Leistenschmerzen litten (starke Schmerzen: 0,8 %), 0,4 % der Patienten verzeichneten Rezidive. Die Rezidivrate betrug 2,0 % für die Rezidivhernienpatienten (Huang et al. 2005; Huang 2013; Wong et al. 2011].

Wesentlich für eine erfolgreiche, maßgeschneiderte, spannungsfreie Leistenhernienversorgung sind die korrekte Präparation des anterioren bzw. präperitonealen Raumes mit einer adäquaten Auswahl an Netzen bzw. Netzpositionen, entsprechend der myopektinealen Pathologie und der Komorbidität der Patienten.

## Literatur


Chastan P (2006) Tension free open inguinal hernia repair using an innovative self gripping semi-resorbable mesh. J Minim Access Surg 2:139–143

Gilbert AI (1989) An anatomic and functional classification for the diagnosis and treatment of inguinal hernia. Am J Surg 157:331–333

Huang CS (2010) The evolution of groin hernioplasty, an update. Formosan J Sur 43:278–284

Huang CS (2013) Macroporous partially absorbable light-weight mesh materials reduce postoperative pain for patients with groin hernia repair. Chin J Hernia Abdominal Wall Surg 7:115–118

Huang CS, Liu JS, Tu SH (2001) Stoppa operation for complex recurrent groin hernia: a ten-year experience. Formosan J Surg 34:178–184

Huang CS, Huang CC, Lien HH (2005) Prolene hernia system compared with mesh plug technique: a prospective study of short-to mid-term outcomes in primary groin hernia repair. Hernia 9:167–171

Lomanto D, Wei-Keat C, Faylona JM, Huang CS, Lohrisiwat D, Maleachi A, Yang G, Li M, Tumtavitikul S, Harma A, Hartung R, Choi YB, Sutedja B (2015) Inguinal hernia repair: toward Asian guidelines. Asian J Endosc Surg 8:16–23

Millikan KW, Cummings B, Doolas A (2003) The Millikan modified mesh-plug hernioplasty. Arch Surg 138:525–529

Wong JU, Leung TH, Huang CC, Huang CS (2011) Comparing chronic pain between fibrin sealant and suture fixation for bilayer polypropylene mesh inguinal hernioplasty: a randomized clinical trial. Am J Surg 202:34–38

# Offene Hernienversorgung in Spanien

*Manuel López-Cano*

## Inhaltsverzeichnis




U. A. Dietz et al. (Hrsg.), *Offene Hernienchirurgie*,
https://doi.org/10.1007/978-3-662-61348-1_55

Die Bauchdeckenchirurgie umfasst heterogenes klinisches Problem. Wahrscheinlich sind Bauchwandhernien die bekannteste Pathologie, die eine operative Behandlung dieser Region der menschlichen Anatomie erfordern. Aufgrund ihrer Prävalenz sind die Leisten- und Inzisionalhernien von besonderer Bedeutung. Die minimalinvasive Chirurgie (MIS) der gesamten Viszeralchirurgie ergänzt mit dem neuen Zugangsweg die klassische offene Chirurgie (OS) seit den 90er Jahren und stellt eine echte Revolution auf dem Gebiet der Chirurgie dar (Kelley 2008). Offensichtlich konnte sich die Chirurgie der Bauchdecke dieser Revolution nicht entziehen. Derzeit spielt jedoch die offene Chirurgie immer noch eine wesentliche Rolle in der Behandlung von Hernien. Je nach Art und Charakteristik der Hernie sind verschiedene Zugangsarten (z. B. OS oder MIS) angezeigt. Der Entscheidungsprozess im Hinblick auf die Durchführung eines MIS- oder OS-Verfahrens in der Hernienchirurgie basiert einerseits auf den Literaturdaten und deren Interpretation in Kombination mit der Erfahrung von Chirurgen und andererseits – nach einem gründlichen Informationsprozess – auf den Patientenpräferenzen. Auch die Entscheidung, das eine oder andere Verfahren durchzuführen, wird von den Möglichkeiten des Gesundheitssystems und verfügbarer Ressourcen beeinflusst. Unserer Meinung nach kann die Nutzungsrate von OS oder MIS aufgrund all der oben genannten Faktoren von Region zu Region variieren.



Ziel dieses Kapitels ist es, eine allgemeine Beschreibung der OS-Rate bei der Reparation von Leisten- und Inzisionalhernien in Spanien zu geben. In einigen Fällen ist die Parallele zur MIS-Operation aufschlussreich und unvermeidlich.

In Bezug auf Leistenhernien existiert in Spanien kein nationales Register. Derzeit sind die exakten Daten zu den verschiedenen Operationsmodalitäten bei Leistenhernienversorgung nicht bekannt. Nur Chirurgen, die an der Kenntnis, dem Austausch und der Verbreitung von Erfahrungen interessiert sind, liefern einige epidemiologische Daten. In einer Studie wurden 50 spanische Abteilungen für Allgemeinchirurgie befragt. Die Ergebnisse dieser Umfrage waren, dass Netztechniken (d. h. die Lichtenstein-Technik) am häufigsten bei der Behandlung von primären (72 %) und rezidivierenden Leistenhernien (100 %) eingesetzt werden. Das am häufigsten verwendete Netzmaterial ist das Polypropylen (76 %). Lediglich 28 % der befragten Abteilungen führen ein netzfreies Verfahren bei der Reparation einer primären Leistenhernie durch (d. h. Shouldice- und/oder Bassini-Technik). Die häufigste Operationsart bei Schenkelhernien ist der Lichtenstein-Plug (78 %). 68 % der befragten Zentren führen eine Regionalanästhesie durch, 18 % eine Vollnarkose und nur 14 % eine Lokalanästhesie plus Sedierung (Porrero et al. 2005). Erst kürzlich zeigte eine Analyse der letzten 25 Jahre der laparoskopischen Chirurgie in Spanien, dass 64 % der spanischen Chirurgen nie eine endoskopische Operation zur Versorgung einer Leistenhernie anwenden, 30 % machen es gelegentlich und nur 6 % tun es im Regelfall (Moreno-Sanz et al. 2014).

Was Inzisionalhernien betrifft, wurde 2012 in Katalonien das spanische Register (EVEREG) gegründet. Die Initiative erstreckte sich unter Beteiligung der Spanischen Vereinigung der Chirurgen ab Januar 2013 über ganz Spanien (Pereira et al. 2016). In einer ersten Analyse zu 4501 Patienten wurden 5,6 % in einer Notfallsituation behandelt. Das Durchschnittsalter der Patienten betrug 62,7 Jahre, 56,5 % waren Frauen, der durchschnittliche BMI betrug 30,2 kg/m$^2$. Das chirurgische Risiko war bei 29,8 % der Patienten als hoch einzustufen (z. B. ASA III-V). In Bezug auf die Art des Zuganges wurden 88,3 % in offener Technik versorgt, 22,2 % waren Rezidivinzisionalhernien. 66,9 % der Hernien waren median; 18,6 % waren komplexe Narbenhernien mit einer Defektbreite von mehr als 10 cm; 5,8 % hatten eine Breite von mehr als 15 cm. Bei 16,3 % aller Operationen wurde eine Komponentenseparationstechnik angewendet. In 96,2 % der Fälle wurde ein Netz verwendet (Polypropylennetz bei 66 %), wobei onlay die häufigste Netzposition war (50,9 %). Der postoperative Aufenthalt betrug im Mittel 5,3 Tage und in 29,1 % der Fälle trat eine postoperative Komplikation auf (Hämatom, Serom oder Wundinfektion). Die Mortalitätsrate betrug 0,8 %. Nach einem medianen Follow-up von 7,7 Monaten wurde eine Rezidivrate von 20,7 % festgestellt, insbesondere bei Hernien, die wegen eines Rezidivs operiert wurden (18,1 % primär vs. 30,6 % rezidivierend) (Pereira et al. 2016).

Das EVEREG-Register ist in Spanien ein nützliches Instrument, um den aktuellen Stand der Versorgung von Inzisionalhernien zu ermitteln. Die Analyse der Daten zeigt mehrere Punkte, die verbessert werden können, vor allem die niedrige Follow-up-Rate und die hohe Rezidivrate. Aktuell wird in Spanien zur Behandlung von Leisten- und Inzisionalhernien hauptsächlich die offene Chirurgie angewendet.

## Literatur


Kelley WE Jr (2008) The evolution of laparoscopy and the revolution in surgery in the decade of the 1990s. J Soc Laparoendosc Surg 12:351–357

Moreno-Sanz C, Tenías-Burillo JM, Morales-Conde S, Balague-Ponz C, Díaz-Luis H, Enriquez-Valens P, Manuel-Palazuelos JC, Martínez-Cortijo S, Olsina-Kissler J, Socas-Macias M, Toledano-Trincado M, Vidal-Pérez O, Noguera-Aguilar JF, Salvador-Sanchís JL, Feliu-Pala X, Targarona-Soler EM (2014) 25 years of laparoscopic surgery in Spain. Cir Esp 92:232–239

Pereira JA, López-Cano M, Hernández-Granados P, Feliu X (2016) Initial results of the National Registry of Incisional Hernia. Cir Esp 94:595–602

Porrero JL, Sánchez-Cabezudo C, Bonachía O, López- Buenadicha A, Sanjuánbenito A, Hidalgo M (2005) Inguinofemoral hernia: multicenter study of surgical techniques. Cir Esp 78:44–49

# Serviceteil




U. A. Dietz et al. (Hrsg.), *Offene Hernienchirurgie*,
https://doi.org/10.1007/978-3-662-61348-1

# Stichwortverzeichnis

## A



## B

## C



## D



## E



## F

## G



## H



## I



## K

## L

## M



## N

## O



## P

## Q



## R



## S

## T



## U



## V



## W

## X



## Z

MIX
Papier aus verantwortungsvollen Quellen
Paper from responsible sources
FSC® C105338

If you have any concerns about our products,
you can contact us on
**ProductSafety@springernature.com**

In case Publisher is established outside the EU,
the EU authorized representative is:
**Springer Nature Customer Service Center GmbH**
**Europaplatz 3, 69115 Heidelberg, Germany**

Printed by Libri Plureos GmbH
in Hamburg, Germany